Windows 移动游戏开发实战

——使用 C#语言

（美）　Adam Dawes　著

杨　剑　译

清华大学出版社

北　京

Adam Dawes

Windows Mobile Game Development: Building Games for the Windows Phone and other Mobile Devices
EISBN: 978-1-4302-2928-5

Original English language edition published by Apress, 2855 Telegraph Avenue, #600, Berkeley, CA 94705
USA. Copyright © 2010 by Apress L.P. Simplified Chinese-language edition copyright © 2011 by Tsinghua
University Press. All rights reserved.

本书中文简体字版由 Apress 出版公司授权清华大学出版社出版。未经出版者书面许可，不得以任何方式复制
或抄袭本书内容。

北京市版权局著作权合同登记号　图字：01-2010-5501

图书在版编目(CIP)数据

Windows 移动游戏开发实战——使用 C#语言/(美)道威斯(Dawes，A.) 著；杨剑 译.
—北京：清华大学出版社，2012.1
ISBN 978-7-302-27194-9
I. W… Ⅱ. ①道… ②杨… Ⅲ. ①C 语言—程序设计 ②移动电话机—游戏程序—程序设计　Ⅳ. ①TN929.53
②TP311.5

中国版本图书馆 CIP 数据核字(2011)第 221476 号

责任编辑：王　军　吴　乐
装帧设计：牛艳敏
责任校对：邱晓玉
责任印制：杨　艳
出版发行：清华大学出版社　　　　　　地　　　址：北京清华大学学研大厦 A 座
　　　　　http://www.tup.com.cn　　　邮　　　编：100084
　　　　社　　总　　机：010-62770175　邮　　　购：010-62786544
　　　　投稿与读者服务：010-62776969，c-service@tup.tsinghua.edu.cn
　　　　质　量　反　馈：010-62772015，zhiliang@tup.tsinghua.edu.cn
印　刷　者：北京富博印刷有限公司
装　订　者：北京市密云县京文制本装订厂
经　　销：全国新华书店
开　　本：185×260　印　张：25.5　字　数：621 千字
版　　次：2012 年 1 月第 1 版　　印　　次：2012 年 1 月第 1 次印刷
印　　数：1～3000
定　　价：58.00 元

产品编号：036886-01

作者简介

Adam Dawes 是一位来自顶级在线服务开发公司的软件开发者，同时也是一位系统架构师。

Adam 四岁时，第一次接触到一台黑白的 Commodore PET 计算机，就不由自主地成为一名程序员。在接下来的 30 年中他始终热情不减，经历了 8 位机的辉煌时代，到今天的多核处理器以及便携式超级计算机时代。

Adam 对计算机游戏的喜爱是一成不变的。从 1980 年初次看到 Nightmare Park 游戏在绿色字符的背景中显示着弯弯曲曲的迷宫开始，他就热衷于各种派别、各种风格的游戏。现在，他会利用空余时间在 PC 机上尝试最新的 3D 游戏，有时也会在立式游戏机上或者坐在赛车驾驶仓中体验一些经典的游戏。Adam 喜爱创建自己的游戏，虽然未曾打算进入专业的游戏行业，但开发自己的游戏为他带来了许多乐趣。

Adam 同妻子 Ritu、儿子 Kieran 生活在英格兰的东南部。他的网站是 www.adamdawes.com(可以下载他完成的所有项目)，您可以通过 adam@adamdawes.com 联系他。他尤其喜欢看到读者自己开发的游戏项目。

技术评论专家简介

Don Sorcinelli 在设计、开发、部署企业级应用程序方面有超过 15 年的工作经验。在 20 世纪 90 年代后期他开始涉足 PDA 平台。他现在是马萨诸塞州的一名企业移动平台顾问。他通常服务于大型企业的移动平台的各个方面，包括设计和开发 Windows Mobile 商业应用程序。

Don 经常为用户、开发人员以及 IT 专业人员发表一些 Windows Mobile 主题文章，由于在 Windows Mobile 论坛社区中成绩突出，2004 年 1 月被 Microsoft 公司授予 Windows Mobile 平台最有价值专业人士(MVP)。

Don 现在是 Boston/New England Windows Mobile User and Developer Group 的联合经理人，并且是 BostonPocketPC.com(http://www.bostonpocketpc.com)的网络管理员。您可以通过 donsorcinelli@bostonpocketpc.com 联系他。

致 谢

首先我必须感谢我的父母在我成长的过程中给予我的各种机会，是他们在我很小时就鼓励我接触电脑。

感谢 Apress 出版社的每一个人在编写和出版本书的过程中给予我的帮助，尤其是 Mark Beckner，是他给了我这次机会，还有 Debra Kelly 对我孜孜不倦的帮助和鼓励。

最后，当然要非常感谢我的妻子 Ritu 和我的儿子 Kieran，每个晚上和每个周末我都投入到学习和写作当中，感谢他们一直以来对我的包容——我保证以后一定会多多陪你们。

前　　言

本书的目标

移动游戏在近几年非常流行。随着 Nintendo 的 Gameboy 的出现，人们就意识到能将他们的游戏随身携带。随着技术更加复杂，这些游戏也在不断地成长，融合了复杂的游戏机械学、先进的 2D 和 3D 图形技术以及引人入胜的故事和游戏世界，使玩家流连其中。

在游戏不断成长的同时，移动通信设备也实现了巨大的普及。几乎所有的人每次出门在外时都会携带一部手机，然而现在这些手机已经不只是打电话，它们能够提供联系人管理、E-mail、Web 浏览、卫星导航以及强大的娱乐功能。

为移动设备编写游戏时能将这些趋势都融合到一起。人们拿起手机来玩游戏是一件很容易的事，因为人们通常将手机放在口袋中。在乘坐火车时可以进入角色扮演游戏打发时间，在等待约会时可以玩几分钟休闲游戏，这些需求手机游戏都可以提供。

本书旨在让您掌握创建在 Windows Mobile 及 Window Phone 经典设备上的游戏所需的知识和技术。首先介绍了平台及开发环境方面的基础知识，然后逐渐扩展到 3D 图形之类的高级主题。本书将引导您逐步创建一个简单且可管理的环境，您可以通过它编写自己的手机游戏，还能将游戏向外部发布，用于娱乐或盈利。本书还提供了示例项目，对所有讨论到的技术都进行了演示，这些示例项目是理想的试验素材。

要适应 Windows Mobile 硬件的多样性是有难度的。本书将展示如何创建能适用于尽可能多的设备、适用于不同的屏幕分辨率、触摸屏或非触摸屏设备，满足各种您可能需要处理的其他硬件功能的需要的游戏。

本书的读者对象

本书适用于已经对 C#或 Visual Basic.NET(Visual Studio 中两种主要的托管语言)比较熟悉的读者，假定您已经掌握了程序设计的基础知识，并且能够熟练使用基于 PC 的应用程序开发环境。本书并不是专门介绍编程或 Visual Studio 开发环境本身的。

然而，本书将全程引导您设置 Windows Mobile 程序开发环境，编译首个程序，以及在 Visual Studio 的 Windows Mobile 仿真器或真实手机上对游戏进行交互式调试。

要为您的手机开发软件，需要使用 Visual Studio 2005 标准版或 Visual Studio 2008 专业版。虽然本书中许多项目都可以通过 Windows Mobile 仿真器进行开发，但还是强烈建议您使用真实的手机来测试您的游戏。

为了使用 OpenGL 开发游戏，您需要一部支持 OpenGL 硬件加速的手机，因为当前没有仿真器能够提供该功能(这在本书最后一个部分会讨论)。大多数新手机都支持 OpenGL——当不确定时，您可以通过 Internet 进行查询。

本书中的示例全部使用 C#语言编写，但大部分可以毫无问题地转换为 VB.NET。在书中会为 VB.NET 程序员给出提示和建议，对于少数无法直接进行转换的情形也给出了解决方案。

各章内容简介

下面简要介绍各个章节。各章之间是相互衔接的，所以建议您按照顺序阅读以避免在后续章节中出现知识缺漏的问题。

第 1 章介绍了 Windows 移动平台及如何使用 Visual Studio 开发环境创建 Windows 移动游戏应用程序。还涵盖了一些您可能会遇见的不同的硬件配置，最后介绍了如何在仿真器和硬件设备上安装简单的.NET Compact Framework 项目。

第 2 章探究了用户界面，介绍如何使用窗体和控件、菜单、计时器以及一些特定的主题，如使用摄像头捕获图片。

第 3 章介绍了第一个游戏开发的概念，介绍了图形设备接口(Graphics Device Interface, GDI)系统。尽管 GDI 在性能上还相当原始，但仍能用于开发有趣而可玩的游戏，也能够适用于所有的 Windows Mobile 设备。其创建方式将详细调研。

第 4 章开始构建一个可重用的游戏引擎，在创建复杂灵活的游戏时，需要用到许多功能，该游戏引擎使这些功能在使用方式上简单化。它还提供了一套简单的机制，用于创建游戏环境中独立的对象和相互关联的对象，还对 GDI 渲染过程进行了优化，使游戏在运行速度上尽可能快。

第 5 章介绍如何使游戏中的计时器在所有设备上保持一致，而不论其速度、图形性能或系统其他部分的处理器负载有何不同。动画的速度完全可以预测，不会损失灵活性或流畅度。

第 6 章涵盖了用户输入这一主题，Windows Mobile 设备支持各种输入设备，从触摸屏和键盘到重力感应器，该章会详细介绍如何将这些设备应用于游戏操控中。

第 7 章介绍声音，揭示了各种游戏音频格式选项，包括简单的 MP3 音效及背景音乐。您需要了解的各方面的游戏声音知识都可以在该章找到。

第 8 章将之前讨论过的所有技术都融合到一个名为 GemDrops 的完整游戏中。该游戏图形颜色丰富、提供能够适用于不同设备的操控方式、自适应屏幕分辨率、包含音效和音乐，整个游戏是一步一步构建完成的，向您展示了如何开发一个实际的游戏。

第 9 章提供了一系列可重用于任何游戏中的组件。其中包括：对用户设置进行加载和保存，一个信息提示窗口，一个灵活的积分排行榜，以及一个应用程序信息页面。通过这些组件您可以将重心放到游戏本身，而不用再费力开发这些功能。

第 10 章打开了 OpenGL for Embedded Systems(OpenGL ES)图形编程的大门。探究了 OpenGL ES 的概念和后台运行机制，同 GDI 进行了对比和对照。在该章中您可以学到如何初始化 OpenGL ES 环境，以及如何提供颜色丰富的纹理映射图片。

第 11 章将第 10 章中介绍的 OpenGL ES 功能整合到游戏引擎中，提供了一系列可重用的函数用于简化 OpenGL ES 游戏开发。该章的焦点是对 2D 图形使用该游戏引擎，探究了 OpenGL ES 所提供的这些功能是如何超越 GDI 所提供的相应功能的。

第 12 章进入到 OpenGL ES 的 3D 功能中，解释如何创建 3D 游戏世界。涉及的主题包括视角、深度缓冲区以及光照，使场景真正能够接近现实。

第 13 章继续探索 OpenGL ES 在 3D 世界中的应用，为游戏引擎引入了许多有用的新功能。这包括导入 3D 对象及第三方模型包、在游戏世界中移动和处理镜头以及对 3D 场景应用雾化。

第 14 章将所有这些代码包装起来用于向外界发布您的游戏，介绍了版本控制、创建安装包、注册码系统、反向工程以及游戏升级方面的信息。

目　　录

第 I 部分

Windows 移动平台开发

第 1 章

■■■

Windows 移动平台开发与.NET

使用 Visual Studio .NET 为 Windows 移动设备开发软件真的是件愉快的事。在绝大多数的历史进程中，Microsoft 的移动操作系统编程主要使用的是 eMbedded Visual Tools 套件，该工具支持两种不同的语言：eMbedded Visual Basic 与 eMbedded Visual C++。

eMbedded Visual Basic 基于与 Visual Basic for Applications(VBA)相同的技术，与当前桌面版 Visual Basic 6(VB6)有很多相似之处，但也存在许多不足，例如，缺乏强类型变量，以及具有很弱的面向对象功能。此外，程序是在一个独立的 IDE 中进行编写的，该 IDE 具有自己的特性，与 VB6 的使用方式有所不同。

eMbedded Visual C++则更具有挑战性，因为它不但在 IDE 上有所不同，而且在代码上也有很大差异。有经验的 C++程序员可以轻松地使用这种语言，而不会遇到太多问题。但对复杂的 C++不甚精通的人就会发现他们需要学习很多新知识，这后来被证明是巨大的入门障碍。

随着 Visual Studio .NET 和.NET Compact Framework(.NET CF)的发布，这一切都改变了。.NET CF 提供了一套与桌面版.NET Framework 相平行但是并不完全相同的库，因为.NET Framework 中很大一部分函数在.NET CF 中并没有提供。但是，由于存在一套相同的替代函数，熟悉 C#或者 Visual Basic .NET Windows 应用程序开发的程序员可以很快地适应 Windows 移动平台开发。

.NET Framework 受到了大约 1/4 的 Windows 桌面开发人员的抵制。尽管最近的几个 Windows 版本中都预先安装了一些不同版本的.NET Framework，但是让用户认为.NET 是程序运行所需要的则非常困难。幸运的是，在 Windows 移动设备上安装.NET CF 就显得不那么勉强了，可能很大程度上是因为很多软件在运行时都需要用到它。

使用 Visual Studio .NET 来开发 Windows 移动应用程序的主要优势在于，它与开发 Windows 桌面程序时使用的 IDE 完全相同。因此，不需要再学习一个新的 IDE 的细节或快捷键。反之，可以在自己已经熟悉的环境中工作，它包含了所有需要用到的用户界面工具和使用偏好。为 Windows 移动平台开发应用程序仅仅是简单地创建一个不同类型的项目而已。

使用 Visual Studio .NET 进行编程还意味着 Windows 移动开发人员可以利用其开发环境中的成熟的功能。Microsoft 花了许多年的时间来提高 Visual Studio 的用户界面和功能，发布了无数的版本，通过积累，使它成为在应用程序设计、开发、调试等各个方面都很强大和友好的工具。囊括了 Windows 移动应用程序开发的各个环节。

该框架本身也保留了桌面版中很多强大的功能，例如，可扩展的面向对象、强变量类型、泛型、灵活的集合以及强大的 XML 处理函数。

本章将深入了解.NET Framework，了解 Windows Mobile 平台的过去和现在，以及为不同的硬件(适合运行 Microsoft 移动操作系统)创建游戏时需要克服的挑战。本章将创建首个简单的 Windows Mobile 应用程序，并介绍在游戏开发中有哪些图形 API 可供选择。

1.1　深入了解用于 Windows 移动开发的.NET

让我们首先来了解可用于 Windows 移动软件开发的 Visual Studio 的不同版本。

有两个版本的 Visual Studio 可以用于移动开发：

- Visual Studio 2005 标准版
- Visual Studio 2008 专业版

Visual Studio 2005 针对的是.NET CF 2.0 版，Visual Studio 2008 可以用于 2.0 版或 3.5 版，.NET CF 3.5 中引入了很多新功能及语言增强。

Microsoft 决定在 Visual Studio 2008 标准版中不再支持智能设备开发，您需要购买价格更高的专业版。如果预算有限，不计划购买 Visual Studio 2008 专业版，那么本书中绝大部分内容是与.NET CF 2.0 以及 Visual Studio 2005 标准版兼容的。在介绍每个新功能时会对可能的异常进行突出显示。

真正可惜的是免费的 Visual Studio Express 版不支持智能设备开发。如果提供了这些功能，那么很多无法购买或者不愿购买完整版 Visual Studio 的开发人员也可以加入 Windows Mobile 开发阵营。

现在还无法预知即将发布的 Visual Studio 2010 是否还继续存在着这种情况。近几年来 Windows Mobile 应用开发不像其他移动平台那样迅猛增长，希望 Microsoft 能够意识到：实现开发工具的免费能激励为该平台进行开发。

1.1.1　选择语言

与桌面版.NET 开发一样，.NET CF 支持下列语言：

- C#
- Visual Basic
- C++

创建一个新项目时，必须选择使用哪种语言。而托管的.NET 项目编译获得的可执行程序代码的功能是相同的，与所选择的语言无关。

1.1.2　.NET 运行库

为了使程序能够在 Windows 移动设备上运行，需要安装合适的.NET CF 运行库。该库可以从 Microsoft 的 Web 站点上下载，并不是特别庞大(.NET CF 2.0 运行库需要占用 24.5MB 的磁盘空间，.NET CF 3.5 运行库需要 33.3MB)。一旦将它安装到设备上，.NET CF 应用程序就可以运行。

■注意:

　　.NET Framework 安装程序向后兼容各种旧的 Framework 版本，安装.NET CF 3.5 运行库以后，用早期.NET 版本编写的程序仍可以运行；旧版本的.NET 不需要再单独安装。

1.1.3　IDE 功能

　　由于使用 Visual Studio，它提供了很多非常有用的功能来帮助开发和调试 Windows Mobile 应用程序。

1．仿真器

　　Visual Studio 提供了几个 Windows Mobile 仿真器来帮助测试程序。正如您即将看到的，来自不同厂商的很多硬件都可以运行 Windows Mobile，根据您所处的环境，可能只有一到两部这样的设备。但要确保您的游戏在所有其他设备上也可以运行，这就成了一个潜在的问题。如图 1-1 所示的仿真器就巧妙地解决了这个问题，它允许您将自己的代码运行在各种不同类型的虚拟硬件及不同版本的 Windows Mobile 上。

图 1-1　一个显示 Today 屏幕的 Visual Studio 仿真器

　　这些仿真器实际上提供了一整套仿真设备，能够运行真正的 Windows Mobile 应用程序。它提供了真实设备的部分功能的完全访问，诸如模拟网络、电池电量以及屏幕旋转等能力。

　　在仿真器中运行应用程序非常简单。只需要选择想要使用的仿真器，然后开始执行应用程序即可。这时，仿真器窗口就会弹出，并运行程序。在本章第 1.3.5 节中将介绍如何使用这些仿真器的更多细节。

2. 窗体设计器

在一个功能完整的窗体设计器中，可以放置 Windows 窗体以及程序中使用到的控件。窗体设计器只是将程序的窗体边框显示为相应的设备外观图片，使之在视觉上可见(如果不喜欢，可以将其关闭)。

3. 断点

另一个非常有用的功能是 Visual Studio 的断点功能。任何桌面程序开发人员都熟悉该功能。无论是在仿真器上运行还是在真实设备上运行，Windows Mobile 开发都能够完整地支持断点功能。在您桌子旁边的真实设备上查看程序运行结果时，它可以中断代码、监视变量的值、逐步跟踪指令，这非常有用。

4. 调试输出

要访问 Visual Studio Output 窗口，可以在 IDE 中运行 Windows Mobile 应用程序。任何时候都可以向 Output 窗口中写入文本，使您能轻松地跟踪程序所做的操作。两个独立的屏幕(PC 以及移动设备)配合起来将使该功能非常强大。

1.2　为 Windows 移动平台开发做准备

Windows 移动平台开发人员所面对的最大挑战恐怕就是在各式设备中多样的硬件了。接下来我们会对此进行介绍。不要为此而感到过多的不安，我们将在本书后面章节中处理这些问题，提出一些解决方案来减少设备多样性所产生的影响。

1.2.1　多种 Windows 移动操作系统版本

多年来，选择 Microsoft 的操作系统的名称有点让人感到迷惑，让人无法确切地知道到底是对什么系统进行开发。尤其是在 Web 上查询相关信息时会因为名称的不一致而使查询很棘手。下面将介绍与该操作系统有关的术语和版本。

1. Windows CE

下列所有版本的 Windows 移动底层操作系统都是 Windows CE。实际上，CE 并不正式代表任何东西，据 Microsoft 介绍："Windows CE 在设计上包含了一些原则，即简洁(Compact)、可连接(Connectable)、可兼容(Compatible)、协作(Companion)以及高效(Efficient)"。

Windows CE 能够驱动各种低资源嵌入式设备，并且能在机顶盒、收银台系统、信息终端等其他类似的硬件设施上运行。

尽管名称相似，但它并不属于桌面 Windows 操作系统家族。但是在设计上，它包含了很多相似的地方，甚至为很多类扩展了一个在 Windows 和 Windows CE 之间可以通用的应用程序编程接口(Application Programming Interface，API)。

Windows CE 构成了下列用于 Windows Mobile 设备的底层平台。它们都使用了很多由核心操作系统提供的功能和服务，但它们都增加了很多适合当前设备的附加功能，例如 Today 屏幕、电子邮件，电话系统、移动 Office 应用程序等。

2. Pocket PC

Pocket PC 是 Microsoft 在 Windows Mobile 6 之前用来描述移动设备的称谓。Pocket PC 设备具备与我们所熟悉的 Windows Mobile 设备同类型的功能和用户体验，但它不需要集成具有通话功能的硬件。因此，这些设备通常被归属于 PDA，而不是像近来看到的移动电话或者个人 Internet 设备。

3. Windows Mobile

Windows Mobile 这个名称最初是作为 Pocket PC 平台的一个新版本推出的，即 Windows Mobile 2003。从 Windows Mobile 2003 开始到当前版本(Windows Mobile 6.5)之间出现了很多不同的版本。2003 版、2003SE 版以及 5.0 版都分别包含了以下三个独立的版本：

- Windows Mobile for Pocket PC   此版本用于不包含通话功能的设备。
- Windows Mobile for Pocket PC Phone   此版本用于集成了通话功能的设备。
- Windows Mobile for Smartphone   该版本用于非触摸屏的通话设备。

到了 Windows Mobile 6 时，情况有所改变：

- Windows Mobile 经典版   用于不包含通话功能的设备。
- Windows Mobile 专业版   用于具有通话功能并使用触摸屏的设备。
- Windows Mobile 标准版   用于具有通话功能的非触摸屏设备。

4. Windows Phones

从 Windows Mobile 6.5 开始，Microsoft 开始将这些设备命名为 Windows Phones。但其底层技术仍然是 Windows Mobile。

1.2.2   硬件考虑

许多运行其他竞争的操作系统的智能设备都有统一的硬件形式和特征，这样可以大大简化这些平台的编程任务，因为软件需要处理的变数和未知情况几乎为 0.

但是，Windows Mobile 设备并不存在这种情况，其性能和硬件变化很大。甚至最新的设备在功能上也会有巨大的差异，如果想让使用旧硬件的用户也能运行您的游戏，就必须处理更多复杂的东西。

再次重申，我们将在后文中处理这些问题，但在设计游戏和规划用户交互之前，须先考虑几件事情。

1. 触摸屏

绝大多数新设备都将触摸屏作为标准配置，但仍有大量的设备不支持触摸屏。因此，要提供与标准设备相近的界面，包含数字键盘以及其他少数几个按键用于对设备进行控制。

触摸屏的出现对用户与游戏的交互方式产生了重要的影响：通过触摸屏来操作游戏与

通过按键来操作游戏有明显的差别。

有些类型的游戏不适合在非触摸屏设备上玩;而另一些游戏用硬件按键控制会更好玩。您要为自己的游戏做出实际的选择,但要意识到,需要触摸屏的要求将失去一些潜在的用户,他们无法玩您的游戏。

2. 硬件按键

不同的设备上可以使用的按键千差万别。通常期望设备具有能够在 4 个方向上进行导航的面板,但情况并非总是如此:最近很多设备为了将屏幕能做得尽可能大,就没有为这样的输入方式预留空间。例如制造商 HTC 的许多新设备,只保留了一个接听键、一个挂断键、一个返回键以及一个 Windows 键。

还有一些设备则内置了一个键盘,使用滑盖的方式或者将它置于屏幕的下方,这些键盘包含了很多您并不很常用的按键。

当对游戏进行规划时,需要考虑所有这些可能性,这样就能够支持尽可能多的设备。

3. 处理器

在开发手机游戏时,会遇到一个桌面游戏开发人员更熟悉的问题,那就是处理器的性能问题。台式机 CPU 在这些年快速发展,同样,嵌入式 CPU 也变得很强大(虽然与对应的台式机 CPU 相比还有较大的差距)。

如果不考虑这些因素,那么在一个新设备上运行良好的程序可能在老设备上运行起来让人无法忍受,原因仅仅是处理器无法像开发人员期望的那样快速处理数据。同样,为老的硬件所编写的游戏可能会在新的设备上运行得过快。

4. 屏幕分辨率

在很长一段时间中,Windows Mobile 设备使用 QVGA 作为标准分辨率,即 240×320 像素。但随着先进技术的出现,该分辨率早已过时,现在广泛使用了一些新的分辨率。

很多设备现在使用了全 VGA 分辨率(480×640 像素)以及 480×800 像素的 Wide VGA (WVGA)分辨率。在低分辨率上,现在有 240×400 像素的 Wide Quarter VGA(WQVGA),以及 240×240 像素或 480×480 像素的 Square QVGA。由于需要考虑到这些不同的分辨率,因此游戏设计人员在处理时会遇到很多头疼的问题。

使游戏尽可能地在不同屏幕分辨率上正常显示,并且运行良好是非常重要的。我们常常会失望的看到在比较新的设备上运行老的游戏时,游戏只显示在屏幕的左上角(由于分辨率不匹配)。

我们还要考虑未来设备的不确定性:从现在起,什么样的分辨率可以在未来 1 至 2 年内使用,我们可以只为当前市场上销售的高分辨率的设备进行开发,但游戏运行时至少要进行一些智能探测,当硬件无法满足运行条件时就停止游戏的运行以避免在其上运行不正常。

在为移动平台设计游戏时,需要重点考虑的一件事是与台式 PC 相比,其屏幕通常是发生了 90°旋转的:屏幕的高度超过了宽度。这对某些游戏有帮助(例如,类似俄罗斯方块游戏),但也会对有些程序造成问题;在规划游戏结构的时候不要忽略这个基本但重要的细节。

5. 图形硬件

在 Windows Mobile 的世界中，硬件加速图形芯片是相对比较新的技术。许多新的设备都提供了具备一定级别的图形加速芯片，这意味着 3D 渲染开始成为可能的选择。由于旧的设备没有配置这些硬件，所以性能会更加受到限制。

如果您想针对新的图形硬件进行开发，就必须面对有限的目标用户这个现实。希望支持硬件加速的设备所占比例在未来能够持续地增长。

在本章的第 1.4.2 节中，我们将介绍不同的图形技术以及用于 Windows Mobile 开发的 API。

6. 与设备协作

我们不能忽略一个非常重要的事实是：游戏是在手机或个人便携设备上运行的。与玩游戏相比，使用者还有更重要的任务，例如，接听电话，或接收日历提醒。所以，必须使游戏能与手机的其他功能协调好，避免令用户感到不便。

我们可以采用很多方法来减少此类中断所造成的影响：如果另一个程序到前台运行，就自动将游戏暂停，或者当游戏关闭时将游戏的状态保存到设备中，当再次运行游戏时自动还原到该状态。人们会喜欢这样的细节。

这类功能在正常运行的时候，看不到它的效果，但如果它们不运行了，后果将非常明显——请务必考虑到这些未知的中断。

1.3　使用 Visual Studio 进行 Windows 移动平台开发

接下来看看开始进行 Windows Mobile 游戏和应用程序开发时需要哪些步骤。

1.3.1　安装 Visual Studio

将 Visual Studio 配置为支持移动设备开发其实非常简单。如果您尚未安装 Visual Studio，那么只需要在安装过程中确保将 Smart Device Programmability 选项选中即可(如图 1-2 所示)。在安装时执行自定义安装 Visual Studio，就可以看到这些选项。

如果系统中已经安装了 Visual Studio，就可以通过创建新项目(如图 1-3 所示)来检查是否支持移动开发。如果存在这种项目类型，就表示移动开发所必需的项都已安装完成且可以使用。

如果 Smart Device 项目类型不可用，那么就要添加这些缺失的功能，可以在 Control Panel(在 Windows Vista 及 Windows 7 中是 Programs and Features)中打开 Add/Remove Programs 窗口，然后选择 Uninstall/Change 选项，在安装程序中遵循下列步骤来添加 Smart Device Programmability 功能，如图 1-2 所示。只要将所需的项都安装好，就可以进行开发了。

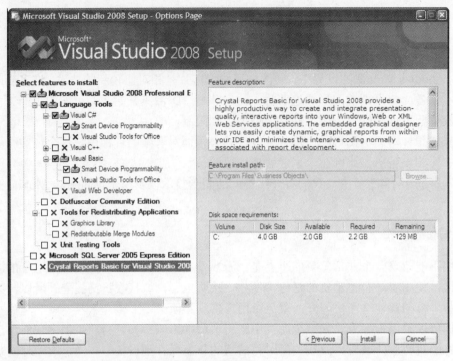

图 1-2　在 Visual Studio 安装窗口中选择 Smart Device Programmability 选项

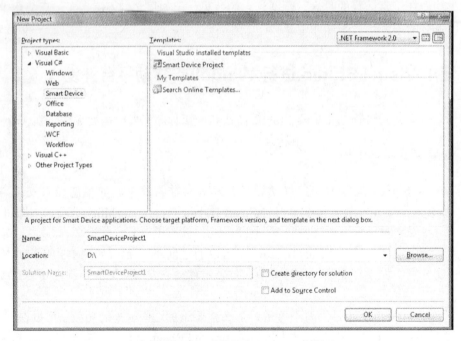

图 1-3　创建一个新的 Smart Device 项目

1.3.2　创建 Windows 移动项目

所需的工具都已到位，现在来创建一个 Windows Mobile 应用程序，看看我们如何同仿真器以及真实的设备进行交互。

为此，选择 File|New|Project 菜单项，查找并选择 C# Smart Device 项目类型，接下来创建空项目的精确步骤根据所使用的 Visual Studio 版本的不同而有所区别。

1. Visual Studio 2005

在 Visual Studio 2005 中，Smart Device 项中包含了一些子选项。现在，选择 Windows Mobile 6 Professional，然后选择 Device Application 模板，如图 1-4 所示。

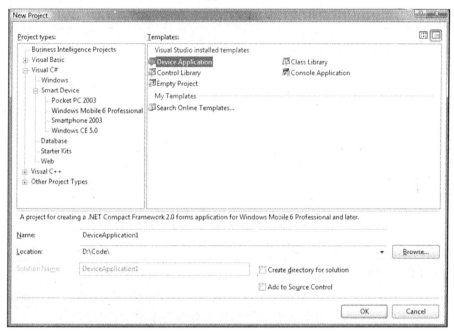

图 1-4　在 Visual Studio 2005 中创建 Smart Device 项目

选择好后，为项目设置一个您想要的名称(例如：FirstProject)，并设置要创建的项目文件想要存放的位置。

单击 OK 按钮，过几秒钟，项目就会创建，这时将会出现一个空白的窗体设计器窗口。

2. Visual Studio 2008

在 Visual Studio 2008 中，没有适用于 Smart Device 类别的项目模板；相应的选择被安排到下一步中进行。在窗口中有一个选项，即要选择使用.NET Framework 的哪个版本进行开发。不过，我们其实可以将其忽略，因为它不适用于 Smart Device 项目。稍后我们将选择要编译的.NET CF 版本。

为项目设置名称和位置，然后单击 OK 按钮，进入到下一个对话框中。

这时将出现 Add New Smart Device Project 窗口(如图 1-5 所示)，我们将在这里为即将创建的项目选择平台和.NET Compact Framework 版本以及项目类型。

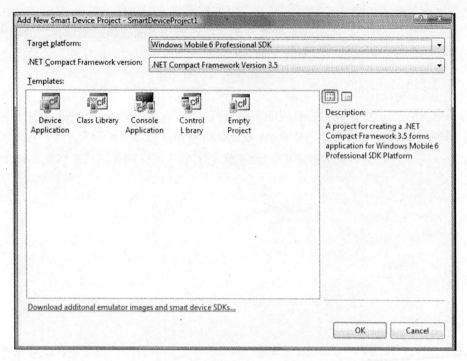

图 1-5　在 Visual Studio 2008 中选择 Smart Device 项目的类型

在目标平台(target platform)下拉框中，可以选择项目所使用的仿真器。注意，选择不同的仿真器不会对您的应用程序在旧版或新版 Windows Mobile 上运行时的功能产生任何影响：Pocket PC 2003 平台上的项目也可以在 Windows Mobile 6 设备或其他设备上运行良好，反之亦然(前提是没有使用到新版操作系统中有但旧版本中没有的新功能)。在这个测试项目中，选择 Windows Mobile 6 Professional 为目标平台。

还有一步操作是选择项目所要使用的.NET Compact Framework 的版本。为了能使功能最大化，选择 3.5 版本。

■**注意：**

也许您希望程序能在只安装了.NET CF 2.0 版的设备上运行，那么可以在目标平台中选择该版本。但.NET CF 3.5 版可以向后兼容到运行 Windows Mobile 2003 SE 的设备。所以，从硬件方面考虑，您不会因为针对.NET 3.5 进行开发而失去大批用户。并且在项目创建以后，还可以根据需要来更改目标.NET Framework 的版本。

最后，选择 Device Application 作为我们想要用的模板，单击 OK 按钮，将会出现一个空白的窗体设计器窗口。

3. 项目模板

在创建项目的过程中，您已经看到 Visual Studio 提供了很多不同的模板。每个模板都会创建一个不同的初始项目，列举如下：

- **Device Application**　这将创建一个能够被编译为可执行应用程序(.exe 文件)的项目。进行开发时，为了使代码能够执行，在解决方案中总需要这样一个应用程序作为启动项目。这是最常用的模板之一。
- **Class Library**　这是另一个很常用的模板，将项目编译为可重用代码库(.dll 文件)。Class library 中通常包含需要在多个应用程序之间进行共享的代码。
- **Console Application**　该模板的名称有些误导人，因为 Windows Mobile 中不包含 Windows 那样的控制台。Console Application 项目将被编译为没有用户输入输出的可执行程序，并且不显示窗体。要创建非交互式的后台进程就需要使用此模板。
- **Control Library**　与桌面版.NET Framework 相似，.NET CF 也支持创建用户控件，以及可以放置在窗体中的用户定义的窗体控件元素。它们将被编译到.dll 文件中。
- **Empty Project**　该模板将创建一个未包含任何初始文件的空项目。

如果想在项目创建好后修改项目类型，那么可以通过项目属性窗口来完成。在 Solution Explorer 中右击项目节点，然后从弹出菜单中选择 Properties 命令就可以打开此窗口。然后在 Application 选项卡中，将 Output type 域设置修改为想要变更的项目类型。

1.3.3　设计窗体

现在，我们可以为这个测试程序创建一个窗体了。可以看到，窗体设计器是包围在一张设备样式的图片中，它模拟了程序在目标设备上运行窗体时的具体情况。我个人很喜欢这种方式，如果您更喜欢在没有图片背景的环境中设计窗体，那么可以打开 Tools/Options 窗口，在选项目录树中选择 Device Tools 项，然后取消选中 "Show skin in Windows Forms Designer" 复选框以关闭图片显示。注意，需要将窗体设计器关闭再重新打开，修改才能生效。

根据我们的简单的应用程序的目的，我们只在该窗体中放置一个 Button 控件，单击该 Button 将显示一条消息。就像设计桌面应用程序时那样，从工具栏中将 Button 控件拖放到窗体上(如图 1-6 所示)。

添加好 Button 后，在 Properties 窗口中查看其属性(如图 1-7 所示)，一切都是那么的熟悉，您将发现这些属性都是标准的桌面 Button 控件属性的子集。

图 1-6　Smart Device 窗体设计器

图 1-7　Button 的属性

13

■提示：

如果 Properties 窗口没有打开，那么可以从 Visual Studio 主菜单中选择 View | Properties
Window 菜单项来打开它。此外，在默认的键盘配置下，可以通过快捷键 F4 来打开该窗口。

双击该按钮，打开代码设计器，创建按钮的 Click 事件处理程序。同样，该代码与开
发桌面应用程序时是完全相同的，在这一步中，您可以清楚地看到 IDE 和 Smart Device 项
目的开发方式与桌面应用程序开发是多么的相似。

完成 button1_Click 过程的实现，这样它就可以简单地显示一个消息框(参见程序清单
1-1)。

程序清单 1-1　button1_Click 过程

```csharp
private void button1_Click(object sender, EventArgs e)
{
    MessageBox.Show("Hello mobile world!");
}
```

1.3.4　运行应用程序

接下来按 F5 键对准备好的项目进行编译并运行，编译完成后(假设没有出现任何编译
错误)，Visual Studio 会打开部署设备选择窗口。在该窗口中我们将选择是通过一个仿真器
还是在一个实际的设备上运行程序(如图 1-8 所示)。

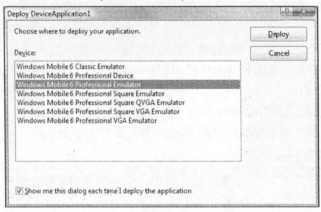

图 1-8　部署设备选择

现在，我们选择在其中的一个仿真器上运行程序，可用的仿真器列表会根据创建项目
时选择的运行平台而有所不同。

单击 Deploy 按钮后，选定的仿真器就会开启。Visual Studio 将项目运行所需的每一项
都进行部署，包含.NET CF 本身，过了几秒钟，一切完成之后，仿真器就会运行我们刚才
编写的程序，单击按钮，就会弹出意料之中的消息框(如图 1-9 所示)。

图 1-9　测试程序展示其功能

要让程序停止运行，单击 Visual Studio 中的 Stop Debugging 按钮。这样 IDE 会返回到编辑模式，仿真器上的程序也会关闭。但仿真器还将保持开启状态，准备下一次程序的运行。

下面来看看该程序中一些更细节的行为。再次运行程序，切换到仿真器中，等待测试程序窗口出现。这次，不是在 IDE 中终止程序，而是在仿真器中单击程序窗口右上角的关闭按钮。您的程序将会关闭并消失且再次显示 Today 界面。

但是要注意，这时 Visual Studio IDE 仍然处于运行模式，这是因为 Windows Mobile 应用程序中的关闭按钮通常只是将程序最小化，令其在后台中运行。如果不了解的话，这个操作会让人感到非常迷惑(不论是对开发人员还是对使用者)，因为这与桌面版的 Windows 程序在使用上不完全相同。对于开发人员而言，这在某些情况下是有用的，可以将应用程序置于该状态来测试它是否运行正确。

想要重新显示程序，需要在仿真器上进行一些操作。首先，单击 Start 按钮，然后选择 Settings 选项。在 Settings 窗口中，打开 System 选项卡，然后单击 Memory 图标。最后，选择 Running Programs 选项卡，在 Running Programs List 中会列出 Form1(测试窗体的标题)。单击该项，然后单击 Activate 按钮就可以重新显示该程序窗口。

当然，如果想在最小化后彻底关闭应用程序，可以在 Visual Studio IDE 中单击 Stop Debugging 按钮。

1.3.5　使用仿真器

设备仿真器是一项非常有用的服务，允许您在各种各样不同的硬件及操作系统配置中测试自己的程序，而不需要使用实际硬件。接下来就详细介绍仿真器的一些功能。

1. 选择设备

每次运行程序时，Visual Studio 都会提示您想选择使用哪种设备作为应用程序的宿主。但过段时间，这会令人感到厌烦，尤其是每次都使用相同设备的话。

为了避免重复操作，可以取消该窗口下方的"Show me this dialog each time I deploy the application"复选框的选中状态。Visual Studio 就会记住您所选的设备，并在将来运行程序时能自动使用所选的仿真器。

如果以后想更改为其他的设备，就需要将 Device 工具栏添加到 Visual Studio IDE 中(即使您喜欢使用仿真器选择窗口，还是建议您添加该工具栏)。右击已有工具栏的任意位置，然后在弹出菜单中将 Device 项选中即可添加该工具栏。

Device 工具栏中显示了当前使用的设备，并且可以选择不同的设备。

■提示：

　　工具栏中所选择的设备与在 Solution Explorer 中所选的项目有关，而与整个解决方案或者 IDE 无关。如果在解决方案中包含了多个项目，那么在选择所用的设备时，就必须选择启动项目，因为当应用程序运行时，在仿真器中运行的就是该项目。

如果您以后想再使用该设备选择窗口，则单击 Device 工具栏中的 Device Options 按钮(或从菜单中选择 Tools | Options 菜单项，然后是 Device Tools)，并且选中"Show device choices before deploying a device project"复选框。这样就会重新将该选择窗口激活。

注意，多个仿真器可以并排运行。如果需要在不同的设备之间重复切换，那么可以打开多个仿真器，然后在应用程序运行起来后，将焦点切换到您的应用程序所需的仿真器上。

2. 与仿真设备共享文件

如果需要同其中一个仿真设备发送和接收文件，那么可以通过在仿真器中配置一个共享文件夹来实现。在仿真器窗口中选择 File | Configure 菜单项，然后在 Shared folder 框中，设置一个硬盘上的目录作为共享文件夹。

使用共享文件夹，仿真器就可以像访问存储卡一样来访问选择的路径。使用 File Explorer，打开 Storage Card 项，您就会发现该指定路径中的文件可以访问。

由于仿真器对硬盘中的某个文件夹具有完全访问权限，建议您专门创建一个新的文件夹用于文件交换。这样可以消除仿真器对计算机中的文件造成意外的破坏或修改所带来的危险。

3. 重新使 Alt-Tab 组合键可用

如果您发现在仿真器获得焦点时，Alt-Tab 组合键无效了。那么可以编辑仿真器的配置文件，将 Host 键修改为 Left Alt。然后就可以正常地切换任务了。

4. 仿真器状态

当将仿真器关闭时，会出现一个对话框窗口询问是否要在退出前保存仿真器的状态。这正如在使用设备的过程中，当按开关键将其关机时，设备会将正在进行的操作进行记忆。这样仿真器会将它当时的状态保存起来，在下次启动时恢复到该状态中。

通常情况下，当仿真器处于空闲状态且没有运行任何应用程序实例时将其状态保存起来是明智的。首次使用仿真器运行程序后，将其状态保存起来是个好办法，因为所保存的状态中已经安装了.NET CF，在下一次使用该仿真器时，可以加快部署的速度。

将该初始状态保存后，在关闭仿真器时就可以不用保存状态了，除非为了将来使用而对设备进行了修改。

注意，配置选项(在 File | Configure 菜单中)也是设备状态的一部分。如果修改了它们，并想保持所做的修改，那么就需要保存设备的状态。

5. 获得更多的仿真器

Visual Studio 本身就包含了许多仿真器和平台，Microsoft 只要发布了新版的 Windows Mobile，就会推出相应的仿真器。例如，Windows Mobile 6.5 仿真器已经可用了，但由于 Visual Studio 发布时它们还未完成，因此默认情况下不包含该仿真器。

这些仿真器可以从 Microsoft 的 Web 站点上下载。安装好后，它们要么作为一个新的平台出现(与 Windows Mobile 5.0 Pocket PC SDK、Windows Mobile 6 Professional SDK 等并列)，要么作为一个新设备出现在一个已有的平台中。

要查找更新了的 SDK，最简单的方法是在 Google 中进行搜索它们。例如，要下载 Windows Mobile 6.5 SDK，直接搜索短语 windows mobile 6.5 sdk 即可。

总体来讲，Windows Mobile 操作系统的最新版在安装之前需要安装该操作系统的原始版。为了使用 Windows Mobile 6.5 SDK，必须先安装 Windows Mobile 6.0 Professional 版或 Standard SDK。

1.3.6 针对不同的平台

在创建项目时就要选择程序运行的 Windows Mobile 平台，但有时需要为已有项目的平台进行修改。这可以通过访问 Project | Change Target Platform 菜单选项来实现。

Visual Studio 会显示 Change Target Platform 窗口，可以选择任意可用的平台。您的项目会自动关闭并重新打开，新平台中所有可用的设备会显示在设备选择列表中。注意，此操作仅对 Solution Explorer 中当前选定的项目产生影响，因此请确保在使用该选项之前选择了启动项目。

注意，并非所有的平台都能够支持您想使用的功能。例如，当将平台修改为某个 smart phone 平台就会产生问题，因为设备不支持使用 Button 控件。在下一章中我们将详细介绍用户界面控件，给出对于这种情况的处理方式，以及如何防止 Visual Studio 对项目进行意外的修改而造成该结果。

1.3.7 在实际的设备上运行

当听到在实际的设备上运行程序与在仿真器中运行是一样的，您肯定会感到很高兴。现在就让我们做一次尝试。

首先将设备插入 PC 中，确保连接成功并被 Windows 正确识别(假设您曾经在 Windows 与设备之间建立过连接)。如果开始数据同步，那么就先让该操作完成，否则在它完成之前，应用程序的执行效率会降低。

所有准备工作都完成后，就将应用程序部署到一个实际的设备上，而不是部署在仿真器中。例如，如果平台为 Windows Mobile 6，则要选择部署到 Windows Mobile Professional 6 设备上。Visual Studio 将连接到该设备，然后自动安装项目所需要的每一项——.NET CF、每一个被引用了的 DLL 以及可执行程序。

根据设备上 Windows Mobile 的版本，可能会收到一个安全警示对话框，警告一个来自未知发行商的组件要启动(如图 1-10 所示)。实际上，Visual Studio 安装的不同组件都会出现这一系列的问题。您需要依次为每个问题回复"Yes"。这样应用程序才能成功部署。

图 1-10　部署时的安全警告

一旦这些对话框得到认可，那么它们就不会再出现，除非它们所引用的组件被修改。实际上，这意味着您只需要对自己的程序进行确认(因为只有程序才会经常修改)，而不用每次都对其他的.NET CF 组件进行确认。这些警告信息可以被禁用，稍后将会介绍。

这些对话框消失后，程序就会被加载。这看上去与在仿真器上运行时的情形是一样的。至此，您的第一个 Windows Mobile 应用程序已经完成并成功部署！

可执行文件部署在设备内置主存储器的 Program Files 目录中。如果用 File Explorer 进行浏览，就会发现该目录中创建了一个与程序名相匹配的目录。目录中包含了编译好的程序。如果愿意，可以直接从 File Explorer 中运行该程序。

1. 部署时常见的问题

如果在启动程序时出现一个错误消息，一种可能的原因是该程序实际已经在设备上运行了。当发生这种情况时，Visual Studio 会显现一条无意义的提示消息，该消息声明程序无法启动，原因是"The data necessary to complete this operation is not yet available(完成该操作所需的数据不可用)"。

如果收到该错误消息，那么可以使用 Running Programs 窗口来检查程序是否已经处于运行状态，具体步骤请参考第 1.3.4 节。

另一种可能发生的错误是在 ActiveSync(Windows XP)或 Windows Mobile Device Centre(Windows Vista 及 Windows 7)中为设备配置的连接类型。如果部署失败，就打开您所用的同步应用程序，修改连接设置，将"Allow connections to use one of the following: DMA(允许连接使用下列方式之一：DMA)"选项选中，然后应用这些设置，将设备断开并重新连接，之后再次对程序进行部署。

在程序运行时，任何连接失败(例如 USB 连接断开)都会使程序在设备上继续运行，手动运行时也会这样。这两种情况都会导致出现无用的错误消息。

2. 删除安全警告

每次启动应用程序时，设备上都会显示安全警告提示，经过一段时间后，这种提示就会令人厌烦，但您可以禁用该提示，根据使用的 Visual Studio 版本进行操作。

使用 Visual Studio 2008，选择 Tools|Device Security Manager 菜单项。在打开的窗口中，选择 Security Configuration 选项卡，然后右击下方的 Connected Device 项(如图 1-11 所示)。接下来，选择 Connect to Device 命令(首先要确保设备连接到 PC 上)。从列表中选择您的设

备类型(不是仿真器)，再选择 Connect 命令，几秒钟之后就会建立连接，然后可以单击关闭按钮。

图 1-11　Visual Studio 2008 的 Device Security Manager

在该窗口中，设备当前所用的安全配置会被选中。要去掉警告信息，单击 Security Off 配置。最后，在 Connect Devices 列表中右击该设备，并选择 Deploy to Device 命令。更新后的配置信息将会被写入到设备中，警告信息就不会再出现了。

但是 Visual Studio 2005 中未提供该配置窗口，但可以通过修改系统注册表来实现相同的结果。

■注意：

对设备上的注册表进行编辑时应特别小心。不正确的改动会导致设备故障或停止工作。如果对所编辑的注册表项没有信心，或无法确定所做的修改是否正确，那么请立即停止修改。

如果您希望进行修改，那么需要获得一个第三方的注册表编辑器，CeRegEditor 就属于该类编辑器，并且是免费的。该软件在 PC 上运行(不是在设备上运行)，可以访问设备上完整的注册表，要禁用该警告信息，在注册表编辑器中打开下面的键：

HKEY_LOCAL_MACHINE/Security/Policies/Policies

这里，您会发现一个名为 0000101a 的项，该项的数据值为 0。将该数据值修改为 1。如果该项不存在，则创建它，其类型为 DWORD。并设置其值为 1。完成这些修改后，那些警告信息就不会再显示。

当然，这样的修改会影响到所有的程序，所有安装的第三方程序及您自己的程序都去掉了警告信息，所以在进行该操作之前要先确定是否要进行修改。

■提示：

如果在修改注册表时发生了"access denied(拒绝访问)"错误，这是因为注册表被锁定了。可以使用 CeRegEditor 中的注册表解锁工具来将其解锁。

3. 修改程序部署的路径

如果需要对程序默认的部署路径进行修改(例如，对项目进行了重命名)，那么可以在项目的属性中实现。在 Solution Explorer 中选择该项目，然后查看 Properties 窗口。在 Output

File Folder 属性中指定了部署路径。用下面的格式来设置该属性的值：

```
%CSIDL_PROGRAM_FILES%\ProjectName
```

要修改部署文件夹，根据需要修改项目名称(位于反斜杠之后)即可。

1.3.8　调试

现在，您已经完成了一个简单的应用程序，并且能够运行，接下来看一些可用的调试功能。

Visual Studio IDE 提供了强大的调试工具，使得过去的开发方式看上去非常原始。在 Windows Mobile 开发中，我们可以使用它提供的全部调试工具，对问题的跟踪变得很简单。

1．断点

首先，在调用了 MessageBox 函数的那行代码中设置一个断点。启动程序(既可以在真实设备中也可以在仿真器中)，单击窗体中的按钮，与我们所想象的一致，断点会被触发，与桌面应用程序中的情形相同。

在这里，可以查看程序中的所有属性：调用堆栈、对象属性窗口、可视化工具、命令行，每个工具都可以使用。

然而，还是有一个不能使用的功能，即 "edit and continue(编辑后继续运行)"，这是因为程序实际运行在 Visual Studio 的控制范围之外，所进行的修改不能在运行时得到应用，直到 IDE 返回到编辑模式时，修改才能有效。

2．调试输出

在程序的任何阶段都可以在 Visual Studio 的 Output 窗口中显示文本。与桌面应用程序的操作方式相同，即，使用 System.Diagnostics.Debug 对象。为了测试输出，我们对按钮单击处理程序中的代码进行修改，如程序清单 1-2 所示。

程序清单 1-2　向 Debug Output 窗口中写文本

```
private void button1_Click(object sender, EventArgs e)
{
    System.Diagnostics.Debug.WriteLine("Debug text");
    MessageBox.Show("Hello mobile world!");
}
```

每单击一次按钮，您就会看到调试文本出现在 IDE 的 Output 窗口中(如图 1-12 所示)。

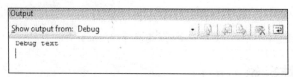

图 1-12　调试文本出现在 Debug Output 窗口中

> ■提示：
>
> 如果 Output 窗口未显示，可以从 Visual Studio 的菜单中选择 View | Output 命令，将它打开。如果 Output 窗口是打开的，但没有显示文本，就要确认将 Show output from 下拉框中的值设置为 Debug。

1.3.9　获得帮助

在开发过程中，会不可避免地会遇到自己无法解决的问题。有很多非常好的资源可供使用，为您提供帮助，使您可以继续完成开发，以下是其中的一些资源。

1. MSDN

正如其他 Microsoft 的产品一样，MSDN 对 Windows Mobile 开发及.NET Compact Framework 的各个方面都有全面而详细的文档。只要安装了 MSDN，在需要帮助时简单地按下 F1 键，就会得到非常好的帮助源。

2. 搜索引擎

与以前一样，Web 也是一个不可缺失的信息源泉。在搜索时，试着以"windows mobile"(包含引号)或者 netcf(不包含引号)进行搜索。以 Google 作为搜索引擎，效果尤其好，它会扩展到与关键字在一定范围内相关的词语上，以帮助您发现相关的信息。如果没有找到满意的结果，也可以试试 pocket pc(虽然通过该关键字会得到一些很旧的信息)。

3. Microsoft 的 Windows Mobile Developer Center

Developer Center 的网址为：http://msdn.microsoft.com/en-us/windowsmobile/。

该站点中包含了大量的文章、开发技巧、常见问题和代码示例以及与特定主题相关的论坛链接，它将链接到论坛中活跃的信息上。使您有机会从高手那里获得一些帮助。

4. 新闻组

Microsoft 提供了很多与.NET CF 开发相关的新闻组。Windows Mobile 编程最好的讨论组为：

```
microsoft.public.pocketpc.development
```

可以使用任何一个 NNTP 客户端(例如 Windows Live Mail 或 Mozilla Thunderbird)在 msnews.microsoft.com 服务器上或通过 Web 上的 Google Groups 来订阅这些讨论组。Microsoft 不会直接对问题进行回复，但许多其他开发人员会经常回复信息，可能会对解决问题有所帮助。

1.4　Windows 移动游戏开发

我们已经花了许多时间来讨论普通的开发，但还未涉及游戏开发。我们将在第 3 章中开始准备实际编写一个游戏,现在,先考虑可以创建的游戏类型以及相关技术,对 Windows Mobile 软件开发做一个概览。

1.4.1　适合的游戏

不幸的是,即使是最先进的设备,其硬件性能也无法达到台式 PC 上的 3D 动作游戏或者诸如 Sony PSP 与 Nintendo 的 DS 等游戏机的要求。然而,很多类型的游戏在 Windows Mobile 设备上表现都很好。

我们可以在诸如策略、角色扮演、解密游戏等休闲游戏上大有作为。这些游戏可以变得非常流行,设备打开即玩的天性非常适合那些闲暇时间很短的人们。这种类型的游戏适合于绝大多数硬件,甚至是老设备,它拥有非常多的潜在用户。

棋类和纸牌类游戏是另外一种容易被广大用户接受的游戏类型,它们很适合手持设备。尤其在触摸屏设备中,可以到处拖动纸牌,有非常好的融入感。

动作和平台游戏对处理能力和图形能力的要求更高些,可能不适合比较老的硬件。不过,新的系统对这种类型的游戏进行了妥善的处理,因此在该领域也有很多机会等待挖掘。

最近,Novelty 游戏在其他平台(如 iPhone)上流行起来了,它允许用户为自己的朋友创建头像,创建不同的与设备进行交互的音效,此外还有许多与众不同的功能。现在这种交互游戏在 Windows Mobile 平台上相对较少。但对于有创新的灵感和想象力的开发者来说,这也是个值得探索的有趣的领域。

必须牢牢记住准备如何让用户来操作游戏。如果只有触摸屏,那么该如何操作游戏?如何在没有触摸屏的设备上玩一个纸牌游戏?第 6 章将讨论与不同的设备进行交互的方式。

1.4.2　图形 API

在开始进行游戏开发时,最先要做出的抉择就是决定使用哪种图形 API。

Windows Mobile 平台图形 API 的历史和 Windows Mobile 操作系统平台一样曲折复杂,所以这个问题很难回答。有许多 API 可供选择,详细列举如下。

1. GDI

图形设备接口(Graphics Device Interface,GDI)是 Windows Mobile 自身的 API,基于其自身的图形输出,它用法简单并且很灵活,但速度不是很快。

由于 Windows Mobile 设备的分辨率较低,对于某些特定类型的游戏,使用 GDI 可能会得到可以接受的效果。它尤其适合填字游戏、策略游戏、棋牌类游戏。然而,当需要流畅的动画或全屏刷新时,GDI 就显得力不从心了,它会使动画变得不流畅、发生抖动。

2. GAPI

Microsoft 的 Game API(GAPI)是理想的游戏开发 API。该 API 从 Windows Mobile 2003 开始引入,以支持所有的硬件设备。然而到了 Windows Mobile 5.0 后,Microsoft 抛弃了 GAPI,将它从硬件需求中去掉了。在比较新的硬件上,基于 GAPI 的游戏仍然能够运行,但不确定在将来是否还会继续支持。

在 Visual Studio .NET 中没有提供 GAPI 的托管接口。

3. DirectDraw

DirectDraw 是 GAPI 的代替品，是桌面版 DirectX 组件的精简版。由 Windows Mobile 5.0 引入。DirectDraw 将会成为理想的游戏开发组件，不过，当前它还有很多问题。很多支持 DirectDraw 的设备没有足够的内存来对 DirectDraw 程序进行初始化(尤其是将大尺寸的 WVGA 屏幕引入到 mix 后)，所以现在还不适合使用该技术。

在 Visual Studio .NET 中没有提供 DirectDraw 的托管接口。

4. Direct3D

Direct3D 几乎是与 DirectDraw 同时引进的。与 DirectDraw 类似，Direct3D 也是桌面版 DirectX 组件的缩减版。它将会成为既支持 2D 游戏又支持 3D 游戏的理想的组件，并且也有托管接口。但随之而来也存在一个问题：Microsoft 从未要求任何 Windows Mobile 设备硬件提供商包含 Direct3D 硬件加速支持。许多设备都支持 Direct3D 硬件加速，而许多其他(主要是来自 HTC，无可厚非的 Windows Mobile 设备领导者)只为 Direct3D 提供了参考驱动。该驱动根本没有利用图形硬件的优势。

因此，很多设备在渲染 Direct3D 图形的时候速度非常慢，有时需要几秒钟才能生成动画中的一帧。

将来，Direct3D 将会成为主要的游戏开发图形 API，但在现在，只有一小部分用户能够使用它。

5. OpenGL ES

用于嵌入式系统的 OpenGL(OpenGL for Embedded System，OpenGL ES)是标准 OpenGL 图形 API 的缩减版，它支持 3D 图形，并也能轻松地应用于 2D 图形。

它并不是 Microsoft 的技术，但已经开始成为 Windows Mobile 设备图形 API 的一个选择。现在大多数设备都包含了支持 OpenGL ES 的硬件，能够基本满足图形的显示要求。OpenGL ES 还能够生成流畅的动画，并在屏幕上很好的移动。

在 Visual Studio .NET 中没有提供用于 OpenGL ES 的托管接口，但创建了一个托管包装，用来访问其所有的底层功能。

1.4.3　本书采用的技术

我们将主要使用两种图形技术：GDI 与 OpenGL。

在开始的时候，我们将使用 GDI，因为它简单易用，使我们能够将重点放到如何创建一个可重用的游戏框架上，并且利用该框架来创建自己的项目。我们将讨论如何有效地将 GDI 利用到游戏开发中，并且为各种不同的设备创建一个统一的游戏使用体验。

在后面，我们会仔细研究 OpenGL ES，并对我们的游戏引擎进行扩展来支持它，其中将用到我们所学到的各种技巧和技术。

1.5　欢迎进入 Windows 移动平台开发世界

本章对 .NET Compact Framework 开发进行了概述，希望能激发您对 Windows 移动平台开发的兴趣和激情。

请先用一些时间来体验开发环境和.NET CF 类库的功能。在接下来的几章中我们将对.NET CF 进行更详细的介绍，现在先适应构建和运行应用程序。

第 2 章

▪▪▪ 用 户 界 面

尽管我知道您的兴趣主要在于编写游戏(我保证我们很快就会进入该主题)，但本书所有的代码仍将在简单的 Windows Mobile 窗体中运行。本章将详解介绍窗体和一些在窗体中可用的控件，并详细介绍如何使用它们。

在很多情况下，Windows Mobile 窗体设计器与其对应的桌面版是很相似的。但是要考虑一些关键的区别。Visual Studio 所提供的很多控件在游戏设计环境中并不适用，我们将忽略这些控件，而其他控件几乎在您编写的每个游戏中都会用到。

2.1 为触摸屏与 smart phone 设备进行开发

触摸屏设备与 smart phone 设备有着不同的操作行为，并且在某些情况下差异很明显。如果您希望 smart phone 使用者也能够成为目标用户(我会鼓励您尽量这样做)，就必须理解这些差异所产生的影响。

要开发一个同时适用于这两类硬件的程序是完全可能的，本章主要讲述的是用户界面(UI)设计，所以我们将看到如何来实现这样的程序。本章中的每一节都会突出显示在设计窗体时所要注意的地方。

通常的问题是，很多功能只适用于触摸屏版本的操作系统。举一些最简单的例子，如窗体中的 ControlBox(屏幕右上角的 X 按钮)以及 Button 控件，在 smart phone 中都不存在。因此 smart phone 用户无法单击它们(当然，用户可以通过在不同的控件上切换焦点从而选中按钮，但这种情况不在本次讨论的范围之内)。

因此，您应当使用一个支持触摸屏的平台来对软件进行设计和编码(如 Windows Mobile 6 Professional)，除非您要开发的软件是专门用于 smart phone 设备的。在触摸屏平台的环境中执行时，smart phone 所不支持的那些属性可以简单地忽略。如果针对 smart phone 平台进行开发，一开始就不会向您提供这些选项。

在某些情况下，必须为这两类设备分别提供不同的代码。我们可以通过调用 Windows Mobile API 函数来判断运行设备是 smart phone 还是触摸屏设备(令人惊奇的是，.NET 中没有内置的函数来获取该信息)。

程序清单 2-1 将查询设备类型，并返回一个 bool 值来表明运行设备是否为 smart phone。

程序清单 2-1　判断代码是否运行在 smart phone 设备上

```
Using System.Runtime.InteropServices;

// Declaration of the SystemParametersInfo API function
[DllImport("Coredll.dll")]
static extern private int SystemParametersInfo(uint uiAction, uint uiParam,
    System.Text.StringBuilder pvParam, uint fWinIni);

// Constants required for SystemParametersInfo
private const uint SPI_GETPLATFORMTYPE = 257;

/// <summary>
/// Determine whether this device is a smart phone
/// </summary>
/// <returns>Returns true for smart phone devices, false for devices with
/// touch screens</returns>
public bool IsSmartphone()
{
    // Declare a StringBuilder to receive the platform type string
    StringBuilder platformType = new StringBuilder(255);

    // Call SystemParametersInfo and check the return value
    if (SystemParametersInfo(SPI_GETPLATFORMTYPE,
        (uint)platformType.Capacity, platformType, 0) == 0)
    {
        // No data returned so we are unable to determine the platform type.
        // Guess that we are not a smartphone as this is the most common
        // device type.
        return false;
    }

    // Return a bool depending upon the string that we have received
    return (platformType.ToString() == "SmartPhone");
}
```

本书配套下载代码中的项目 2_1_IsSmartPhone 就以此段代码作为示例。该程序简单地判断平台类型，并将适当的消息显示在屏幕上。

实际上，将调用 SystemParametersInfo 函数所返回的结果进行缓存可以使效率更高，因为这样就不需要重复调用该函数。在本书后面章节中实现游戏开发框架时，我们将会把该函数包装为一个效率更高的版本。

只要在程序运行过程初期得到该信息，我们就可以快速地判断程序是运行在触摸屏设备还是 smart phone 设备上，并根据结果切换代码的执行路径。

2.2　用户界面控件

接下来，让我们讨论窗体以及能放置在窗体中的控件。

2.2.1　窗体

与开发桌面程序一样，窗体将作为整个应用程序的容器。不过，Windows Mobile 窗体中有一些相关的属性与桌面程序中的窗体的属性不同，详细情况如下。

1. AutoScaleMode 属性

该属性能够帮助窗体适应不同分辨率的设备，.NET CF 使窗体中所有的控件在运行时能够保持设计时的相对比例。

例如，将一个 PictureBox 控件停靠在窗体设计器的左上角，该缩放模式会确保不论终端设备是什么分辨率，在运行时该控件仍然会占据同样的区域。要激活该缩放模式，要为 AutoScaleMode 属性设置一个 DPI 值(这是默认设置)。

反之，如果将该属性设置为 None，那么在运行时控件还会保持设计时的像素大小。这样，控件可能会比您所期望的更大或更小。

注意，不论该属性如何设置，字体的大小都会与设备中的 DPI 设置一致，这样，当将 AutoScaleMode 设置为 None 时，文本可能会超出所在控件的边界。

■注意：

控件的缩放发生在第一次显示窗体的时候。只要窗体完成了初始化，所有控件的尺寸都将以设备的像素为单位。这意味着如果通过程序来修改控件的尺寸，当计算改变后的控件尺寸时，就需要考虑不同的屏幕分辨率。

2. ControlBox 属性

ControlBox 属性用于设置窗体是否在右上角显示最小化按钮或者关闭按钮(即 X 按钮或者 OK 按钮)。您应当设置该属性的值为 True，除非您有非常好的理由不使用这些按钮。如果发现无法使用 ControlBox 来离开窗体，用户就会感到不适应。

在 smart phone 项目中，该属性不可用，因为用户没有触摸屏所以无法使用这些按钮。他们通常采用其他方式来将窗体最小化或关闭(可以从菜单中选择关闭程序，或者按键盘上的 Home 键或 Back 键来切换到其他程序)。

3. FormFactor 属性

默认情况下，窗体设计器会显示一个分辨率为 240×320 像素的设备，如果您的目标终端设备是其他不同的分辨率，那么可以修改窗体设计器来匹配相应的分辨率。

FormFactor 属性允许为窗体设计器选择指定平台下任何一个可用的仿真设备。窗体设计器会马上改变大小以匹配您所选的设备分辨率。

注意，如果 AutoScaleMode 属性设置为 DPI，那么对 FormFactor 进行修改时，窗体中的所有控件会被缩放来适应新的窗体分辨率，否则，它们会保持当前的像素大小。

如果您通常只使用一个 FormFactor，那么可以对其默认值进行修改。为此，在 Visual Studio 中选择 Tools|Options 菜单项，然后找到 Device Tools ｜ Form Factors 项，将默认的 Form Factor 修改为您最常使用的屏幕尺寸(如图 2-1 所示)。这样，所有新创建的窗体都将

默认使用您所选择的屏幕尺寸。

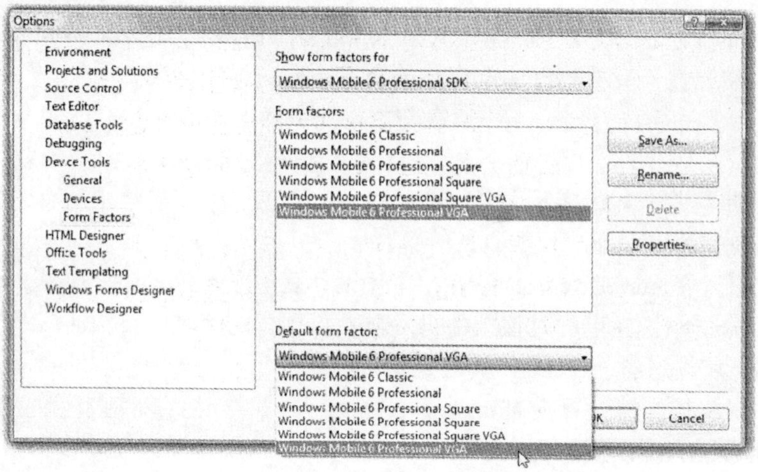

图 2-1　设置默认的窗体

4. MinimizeBox 属性

ControlBox 属性用于控制是否在窗体的右上角显示关闭或最小化按钮。MinimizeBox 属性则用于设置显示这两个按钮中的哪一个。当 MinimizeBox 设置为 True 时，该按钮上将显示 X，它可以将窗体最小化(该按钮与 Windows 中对应的按钮的行为是不同的，Windows 中该按钮会将窗体关闭)，当 MinimizeBox 设置为 False 时，按钮上将显示 OK，单击后窗体将被关闭。

通常情况下，最小化按钮应当显示在主程序窗口中，而关闭按钮则用于对话框窗口中。在 smart phone 项目中该属性不可用。

5. Text 属性

窗体的 Text 属性用于设置显示在窗体顶端的名称。当操作系统的其他部分引用该窗体时也是通过该名称。打开 Windows Mobile Settings 页面的 Running Programs 选项卡，其中就会包含该窗体，并且通过该窗体名称进行标识。

因此，确保为创建的每个窗体设置一个有意义的名称是很重要的，即使这个名称并不实际地显示在窗口中。如果一个应用程序的名称为 Form1，那么它对用户来说将会毫无意义。

6. WindowState 属性

WindowState 属性有两个可用的值：Normal 与 Maximized。当设置为 Maximized 时，窗体会展开到将屏幕顶端的状态栏遮盖住。

很多情况下，状态栏被遮挡后会令用户感到不便，但对于游戏来说，这样会相当有用。使用类似这样的全屏可以使用户获得更强的沉浸感，而不受操作系统的干扰。但要注意，全屏有时候也会耽误用户，因为正常情况下，状态栏一直是可见的。应当确保当窗口最大化后用户可以很方便地退出程序，此外，最好能将窗体最大化作为一个选项供用户选择，而不是强制性地使窗体进入该状态。

7. Resize 事件

将屏幕旋转，改变其默认方向的能力是 Windows Mobile 的一个标准功能。这在任何时间都可能会发生：当一些特定的事件发生时(例如，键盘滑出)许多设备都会自动旋转屏幕，或者设备配备了重力感应器后，一个简单的反转都可能会使屏幕发生旋转。

于是，当游戏运行时，也可能会发生这样的旋转。这时您需要用某种方式做出响应。否则，游戏的宽度或高度可能会撑到屏幕边界之外。

在后文中我们将介绍如何对屏幕旋转进行响应，现在首先要知道如何检测设备发生了旋转。通过对窗体的 Resize 事件进行响应，可以很容易获得该信息。当旋转发生时，实际上是窗口的宽度与高度发生了互换，因此会激发 Resize 事件。

但当屏幕为正方形时，就不能利用 Resize 事件了，那么对于这种设备该如何处理屏幕旋转呢？其实根本不必担心这种情况。因为旋转后窗口的尺寸与旋转前是完全相同的，所以就不用对游戏进行任何修改。

8. 创建非全屏窗体

尽管不是很明确如何去做，您还是可以在程序中创建非全屏窗口的，它很适合于游戏中的对话框，例如，显示最好成绩等信息，这样用户不必退出游戏就可以看到。

要将一个窗体配置为非全屏窗口，可以对其属性进行如下设置：

```
FormBorderStyle = None
MinimizeBox = False
Size = (100, 100)
WindowState = Normal
```

当然，Size 属性可以设置为任意尺寸。

进行完这些设置后，窗口会浮动在屏幕最前端。用于关闭窗口的 X 按钮仍然显示在屏幕的右上角，而不是位于在窗口中。

可以通过 Location 属性来设置窗口的位置，但注意它不等同于桌面程序中的 StartupPosition 属性，所以如果想令窗口居中显示，就必须手动计算窗口的位置。可以在窗体载入事件中通过程序清单 2-2 中的代码来轻松实现。

程序清单 2-2　使非全屏窗体自动居中

```
private void Form1_Load(object sender, EventArgs e)
{
    // Calculate the position required to center the from
    int left = (Screen.PrimaryScreen.WorkingArea.Width - this.Width) / 2;
    int top = (Screen.PrimaryScreen.WorkingArea.Height - this.Height) / 2;
    // Set the form's location
    this.Location = new Point(left, top);
}
```

■注意：

smart phone 平台不支持 FormBorderStyle、MinimizeBox 以及 Location 属性，这些属性不会在窗体设计器的 Property 窗口中显示。它们可以通过代码进行设置，但在窗体中不会有任何效果，并且在该平台下进行编译时会产生警告信息。所以如果要支持 smart phone 设备，就要充分考虑到这些功能的缺失。

要让窗体返回到全屏状态，就需要将窗体的 FormBorderStyle 属性设置为 FixedSingle，窗体会马上恢复到原始尺寸。

这些功能不适用于 smart phone。在 smart phone 平台中，不论这些属性如何设置，窗口都会为全屏状态。

9. 失去焦点与获得焦点

每当窗体成为最前端窗体并获得焦点时，其 Activated 事件就会被激发。相应的，当用户切换到其他应用程序上时，窗体的 Deactivate 事件就会被激发。这个行为使跟踪窗体是否处于激活状态变得很容易。如果窗体不在最前端的话，就不必花费很多 CPU 时间来处理游戏逻辑，这种情况下用户甚至看不到游戏窗体。实际上，最好是将游戏全部挂起，直到用户返回游戏。

如果在应用程序中添加了多个窗体，那么判断其是否拥有焦点时会稍微复杂一些。没有现成的方法能够让您知道是否有一个窗体处在激活状态。这个限制可以很容易得到解决，因为.NET CF 可以激发 Activate 和 Deactivate 这两个事件。在程序中，当焦点从一个窗体切换到另一个窗体时，前者的 Deactivate 事件总是在后者的 Activate 事件之前触发。我们可以创建一个变量，每当程序中的一个窗体被激活时就将该变量设置为 true，并且在程序失去焦点时，将该变量设置为 false；如果该变量为静态的，那么我们随时都可以从项目中的任何一个部分来查看该变量。通过这种方式，就可以跟踪程序中的窗体是否拥有焦点。

本书为该代码提供了实际的例子，请查看配套下载代码中的 2_2_AppFocus 项目。在该程序中，每一秒钟向 Visual Studio Output 窗口中写一条消息，来标识程序是否拥有焦点。试着打开第二个窗口，或将程序最小化然后再将焦点切换给它。程序中 AppHasFocus 的值始终标识了程序是否在最前端。

使用包含了 Panel 控件的单个窗体可以很好地代替使用多个窗体，每个面板都可以当做一个虚拟的窗体，且有其自己的权限。要显示其中一个"窗体"的话，只需要将该"窗体"所对应的面板的 Visible 属性设置为 true，并且将其 Dock 属性设置为 Fill。如果想将它隐藏起来，就将其 Visible 属性设置为 false。在这些面板中可以像在窗体中一样放置其他控件，模拟窗体之间的切换没有处理多窗体时那么复杂。

2.2.2 标签

简单的 Label 在 Windows Mobile 应用程序中所担当的基本任务与在桌面程序中时完全一样：显示文本。虽然使用标签的技术含量可能较低，但绝对不能低估它在游戏中显示文本信息的作用：在窗体中使用一个标签来显示玩家的得分，比使用图形方式在窗体中绘制文本要简单有效得多。

但在 CF 中，标签缺少了一个非常有用的属性 AutoSize。在桌面版的.NET Framework 中，该属性可以自动地对控件的尺寸进行调整，使它与其中所包含文本的尺寸相匹配。在.NET CF 中，标签的尺寸总是需要手动设置。

当然，可以计算出标签中所包含文本的尺寸，然后对标签的尺寸进行相应的调整，从而实现 AutoSize 的功能。此外，再对代码进行一些改进，就可以实现 TextAlign 属性了。如果要使文本居中，就需要计算标签的中心点；如果要使文本靠右，就需要令标签的右边界保持不变。本书配套下载代码中的 2_3_AutoSizeLabel 示例项目就演示了该功能，实现了一个可以复用的自动改变大小的函数，您可以将该函数用在自己的项目中。

2.2.3 按钮

大多数情况下，在.NET CF 中按钮的功能会与您所期望的功能相一致。与桌面版的 Button 控件相比，.NET CF 中的 Button 控件缺失了很多属性(例如，.NET CF 中的按钮不支持使用图片，按钮中的文本也不能选择对齐方式)，但还是保留了很多其他属性(例如，非常有用的 DialogResult 属性)。

对于按钮需要注意一点，前面也曾提到过，它不支持任何 smart phone 设备。如果在 smart phone 设备中打开一个包含了按钮的窗体，系统就会抛出一个 NotSupportedException 异常。

这样的异常其实没有必要在意，因为 smart phone 的 UI 已经支持利用上下导航键在窗体中将焦点在窗体内的区域上移动，这样就可以使按钮通过这种方式获得焦点，然后按选择键来实现单击。

在 Visual Studio 中选择 smart phone 平台，然后用窗体设计器打开一个窗体，如果其中包含了该平台所不支持的控件，设计器就会在该控件上显示一个警告标志，如图 2-2 所示。该控件的所有属性都会被禁用。然而，Visual Studio 实际上并不修改或破坏掉这些控件的属性，如果切换回非 smart phone 平台，这些控件就会还原所有的控件功能。

图 2-2　窗体设计器中不被 smart phone 平台支持的控件

Microsoft 所推荐的能够代替按钮的方法是使用 MainMenu 控件(马上就会看到)。通常情况下它可以有效地替换按钮，但如果您计划在游戏的窗体中包含按钮，那就只能忍受这个限制了。

2.2.4　菜单栏

菜单是 Windows Mobile 环境中使用最广泛的控件之一，也是几乎所有移动应用程序中一个关键的用户接口，用户可以直接通过它在系统中进行导航，执行应用程序所提供的命令，并且可以对配置中的开关设置进行打开或关闭。

因此，在您自己的软件中实现菜单功能是很有用的，MainMenu 控件就能帮您达到目的。

根据游戏的样式和表示，您也许会对如何来实现自己的菜单系统做出很好的选择。若能如您所愿则更好。但要牢记，用户会对标准的菜单非常熟悉，且知道如何准确地使用它们，您自己的菜单可能很美观，但使用起来要稍微复杂一些。另一方面，标准菜单会占用您也许想用于游戏的屏幕空间，因此能够不受屏幕上所显示的内容的影响。

1. 设计菜单时要注意的事项

在 Windows Mobile 的不同发行版本中，菜单的使用方式都有所不同。在早期的版本中，通常是在菜单栏区域提供完整的顶级菜单项，用户可以直接访问应用程序中的各种不同功能。到了 Windows Mobile 5.0，情况发生了改变，在新的软键盘栏中只有两个顶级菜单项。这样的菜单更适合 smart phone 设备，因为 smart phone 设备提供了两个硬件按键，分别用于打开这两个顶级菜单；在触摸屏设备上，可以按屏幕上的按钮来激活对应的菜单项。

图 2-3 并排对比展示了不同版本的操作系统中，同样的应用程序所实现的不同的 MainMenu 控件。

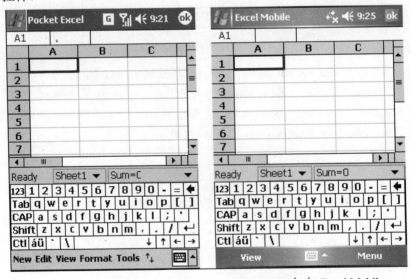

图 2-3　Pocket Excel(运行在 Windows Mobile 2003 上)与 Excel Mobile

(运行在 Windows Mobile 5.0 上)中 MainMenu 控件的实现

Microsoft 菜单状态的设计原则中描述到：左边菜单项应当提供用户最常用的操作命令，右边菜单项则包含不常用的操作。您不必严格遵守这个原则。但一般来说，在设计自己的菜单时应参考该原则。假设有一系列关联性比较弱的操作，如用户偏好，文件选择等，则把这些操作放到右边菜单中；如果在游戏中有一些专门用于用户当前情景的操作，就将这些操作放到左边菜单中。

如果有特殊需求，那么可以在 Visual Studio 的 MainMenu 控件中包含超过两层的菜单项。这样的菜单与运行在触摸屏设备上的老式菜单从外观和运行方式上都是相似的。然而，在 smart phone 平台上，若窗体使用这种菜单的话，在加载过程中就会遇到 NotSupported-Exception 异常。

该菜单还可以只包含一项(显示在左侧)或者为空。

菜单栏与软键盘栏上还有一项重要的功能：即在触摸屏设备中，它包含了打开软输入面板(Soft Input Panel，SIP)的按键。该面板如图 2-3 所示，允许用户利用屏幕上的键盘或者其他方式来输入文本。如果该栏隐藏，用户就无法请求显示 SIP，因此 Microsoft 推荐即使菜单栏中没有菜单项也应保持该栏可见。

2. 子菜单

MainMenu 控件支持不限层次的子菜单，这样就可以生成可扩展的复杂的菜单结构。但应当尽量避免这种复杂的菜单结构，因为通过它们导航会很耗时，并且操作不便。由于屏幕大小的限制，子菜单很容易与其上级菜单重叠到一起，这会使用户在视觉上感到混淆。

应当尽量使子菜单不超过一层，如果可能，要避免在左边菜单中使用子菜单，应当保留直接的操作而不是复杂的分层的菜单。

3. smart phone 菜单

在 smart phone 设备中使用菜单时，系统会自动为每个菜单项分配一个数字快捷键，显示在菜单名称的旁边。在键盘上按相应的数字就会快速激活其对应的菜单项。这为用户选择菜单项提供了一个快捷的方式，不必在菜单列表中上下移动来选择菜单。要激活这些快捷方式不需要另外添加代码，平台会自行添加。

每个菜单项的快捷数字键都是从 1(最上方的菜单项)到 0(最下方的菜单项)。如果还有更多的菜单项(超过 10 项)，则多出来的不会显示数字，只能通过上下键来访问它们。实际上，包含如此多个菜单项的菜单很可能太大了。

4. 使用 MainMenu 控件

所有新窗体在创建之初都会包含一个 MainMenu 表单。如果您愿意，可以删除它，删除后，还可以将它从工具栏中重新添加到窗体上。

在同一个窗体中可以添加多个 MainMenu 控件。每一个 MainMenu 控件都会在窗体设计器的下方以图标的方式显示，选定其图标后，可以根据需要对它进行修改。每次只有一个 MainMenu 控件处于激活状态。通过窗体的 Menu 属性来设置当前激活的菜单，既可以在设计时设定也可以在运行时设定。如果游戏需要在不同的时间显示不同的菜单选项，那么最简单的方式就是创建多个 MainMenu 控件。

MainMenu 控件中任意层上的菜单项都可以设置为禁用来防止被选中。被禁用的菜单项如果包含了子菜单，子菜单项也会变为不可访问。可以在设计时或运行时来设置是否禁用菜单项。

　　MainMenu 控件不支持将菜单项设置为隐藏，如果您希望隐藏某个菜单项，那么需要将它完全从菜单中删除掉，以后如果还想让该菜单项可见，那么需要进行重新添加(还要重新连接该菜单项的事件处理程序)。

　　菜单项可以通过其 Checked 属性来设置是否选中。顶级菜单项与包含了子菜单项的项不能设置为 checked，如果将这些菜单项设置为 checked，系统就会抛出异常。

　　通过创建一个标题为短横线(-)的菜单项，就可以在菜单中添加一个分隔符。分隔符会被显示成一个不可选择的水平横线。在 smart phone 平台中，分隔符项不会被分配快捷数字键。

5. MainMenu 事件

　　菜单项支持两个事件：Click 与 Popup。

　　用户每激活一个菜单项时都会触发该菜单项的 Click 事件。但是，如果该菜单项是包含了子菜单的父项，则其 Click 事件不会被触发。

　　要捕获到子菜单的展开状态，就需要对包含该子菜单的父菜单项的 Popup 事件进行监听。这实际上是一个用来初始化菜单的好方法：如果需要将菜单中的项配置为不同的选项，如 enabled、disabled、checked 等，就可以对顶级菜单项的 Popup 事件进行绑定，通过它来对整个菜单结构中的项进行配置。这能让您将所有的菜单处理逻辑综合到一个地方进行处理，从而降低代码的复杂度。

6. 菜单项命名

　　由于您最终可能会使用很多个菜单项(尤其是使用了多个 MainMenu 控件以后)，因此为菜单项使用一个统一的命名方案是很值得的。

　　我喜欢的方法是为菜单控件本身设置一个名称，如 mnuMain。在这里，我对两个顶级菜单的命名方式为：使用与上级菜单相同的名称作为前缀，后面接一个下划线，然后是它们各自特定的名称。例如，将两个顶级菜单命名为 mnuMain_Restart 以及 mnuMain_Menu。然后，每个子菜单继承了父项的名称，后面再跟一个下划线以及各自特定的名称。所以，在顶级菜单 mnuMain_Menu 中的子菜单项可能名称为 mnuMain_Menu_ShowScores、mnuMain_Menu_Settings 和 mnuMain_Menu_About。这种命名方式为菜单项提供了一个统一的方法来对其进行标识和引用，使得代码的可读性更强。

　　Visual Studio 的文档大纲窗口提供了一个强大工具以用来对菜单项进行查看和修改，如图 2-4 所示。从 Visual Studio 主菜单中选择 View | Other Windows | Document Outline 菜单项就可以打开该窗口。在文档大纲窗口中，单击列表中相应的项可以选择菜单项(相应的菜单项会在窗体设计器中高亮显示)；选中某个菜单项后，再次单击该项就可以对其进行重命名。对窗体中的任何一个控件进行编辑时，都可以采用这种方式。

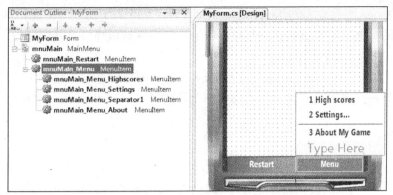

图 2-4 菜单项命名要统一并且有意义

2.2.5 上下文菜单

ContextMenu 控件同 MainMenu 控件的功能非常相似，但它不会总是出现在窗体的下方。当用户在窗体的某个位置点触不放几秒钟之后，该位置上就会弹出 ContextMenu 控件。Windows Mobile 会在点触后显示一个点状的圆圈，经过短暂的暂停后，上下文菜单就会弹出来。

根据用户操作游戏的方式，在您所有的游戏当中，上下文菜单似乎并不处于主导地位。然而，在某些特定的环境中，它非常有用，例如当用户需要同游戏中的某个事物以某种方式进行交互时。比较慢的游戏(例如，基于角色扮演的游戏)比动作类游戏更可能使用到上下文菜单。只要它适合于用户界面，就能够提供一种便捷的输入机制。

向窗体中添加 ContextMenu 控件的方式与添加 MainMenu 控件的方式相同，在窗体设计器中它也出现在下方的图标区。选中该控件后，在窗体设计器中就会出现一个菜单编辑器，您可以在其中输入想要添加的菜单项。

显示上下文菜单的最简单的方法是设置窗体(或其他需要附加菜单的控件)的 ContextMenu 属性，以便引用到相应的 ContextMenu 控件。在该控件上点触不放，就会触发显示相应的上下文菜单。

还有一个方法是调用 ContextMenu 控件的 Show()方法。这提供了一种上下文菜单的按需显示(例如，在一个 Click 事件处理程序中显示上下文菜单)的简单方法，而不必等待 Windows Mobile 显示点状圆圈后才弹出。当添加了多个 ContextMenu 控件后，如果想要动态地根据游戏的状态来显示相应的上下文菜单，也可以采用这种方法。

Show()方法需要两个参数，即触发上下文菜单显示的宿主控件，以及菜单显示位置的左上角相对坐标(相对于宿主控件的左上角坐标)。为了使上下文菜单的左上角能够准确地显示在用户单击的位置上，菜单的位置可以通过程序清单 2-3 中的代码来计算。

程序清单 2-3 为一个 ContextMenu 控件计算位置

```
// Get the position of the 'mouse' within the window
Point mousePos = this.PointToClient(MousePosition);
// Display the menu at the appropriate position
contextMenu1.Show(this, mousePos);
```

ContextMenu 控件支持与 MainMenu 控件相同的事件(Click 与 Popup)，并且他们的触发环境也相同。顶层的 ContextMenu 控件的 Popup 事件可以通过选择窗体设计器底端的图标区域找到。

您或许已经猜到，smart phone 平台不支持 ContextMenu 控件。包含了该控件的窗体并不会报错，但任何企图显示该菜单的操作都会导致另一个 NotSupportedException 异常。

2.2.6　计时器

计时器所执行的任务与桌面版.NET Framework 中的是相同的，允许按照特定的时间间隔执行一段代码。Interval 属性中定义了计时器计数的频率，以千分之一秒作为计量单位。因此，将该属性值设置为 1000，就会使计时器每隔 1 秒计时一次，每当时间间隔完成时，Tick 事件就会被触发。

1. 初始化计时器

通常，明智的做法是在设计时应将计时器的 Enabled 属性设置为 false，当游戏初始化完成后再将它设置为 true。不采用这种方法的话，游戏环境尚未设置完成计数器就开始计时了。当一切都准备好后再使计时器可用，可以避免由此所引发的问题。

2. 并发的计数事件

这里有一个非常值得探究的问题：如果计时器所触发的事件，其运行时间超出了计时器的时间间隔会发生什么情况？

总的来说，答案很简单：任何一个计数事件发生时，如果前一个计数事件尚未执行完成，当前的计数事件就会被忽略。然而，下一个计数事件发生的时间是基于第一个计数事件开始执行的时间，而不是其执行完成的时间。因此前一个计数事件执行完成后与下一个计数事件开始执行之间的间隔可能会比计时器中设置的时间间隔短很多。

在计数行为中有这样一类异常：如果计数事件中的代码调用了 System.Windows.Forms.Application.DoEvents()，那么任何即将发生的窗口消息都会被执行。如果正好在这个点上计时器被触发，它将马上执行自己的代码。如果其代码中又调用了另一个 DoEvents()，那么可能会导致计时器中的计数事件都无法完成各自的进程。

为了避免这两种情形，要在计时器的计数事件代码开始时禁用计时器(消除部分间隔计数问题)。这样会使计时器暂时停止触发下一次间隔完成时的计数事件(消除 DoEvents()问题)。当事件所需的所有进程都完成时，重新启用计时器。为了确保在整个过程中，不管发生了什么，计时器都可以被重新启用，需要使用 try/finally 代码块(见程序清单 2-4)。

程序清单 2-4　在计时器的计数事件中对计时器的禁用和重新启用

```
private void timerMain_Tick(object sender, EventArgs e)
{
    try
    {
        // Disable the timer while we work
        timerMain.Enabled = false;
```

```
    // Do whatever work is required
    DoGameProcessing();
}
finally
{
    // Re-enable the timer for the next tick
    timerMain.Enabled = true;
}
}
```

3. 非活动窗体中的计时器

当包含了计时器的窗体变为非活动状态时，计时器将仍然计时。如果您正在进行密集型的任务操作或在更新游戏，那么当窗体失去焦点后，您会想令计时器在运行过程中停止。继续对游戏进行更新会导致 CPU 时间的浪费，还会导致玩家甚至都没有看到游戏，游戏就终止了的现象。例如，一个电话呼叫中断了用户操作，用户可能会切换回来完成一些其他事件，并且忘记了游戏还在运行状态中，那么您的游戏可能不会被更进一步地注意到。在设备整个开机状态中，应当令其在后台中运行。

因此，当窗体处于非激活状态时，应当先禁用计时器。然后当窗体被激活时，再重新将计时器启动。第 2.2.1 节的第 9 个小节提供了在这些操作发生时将触发的事件的信息。

4. 其他计时器控件

除了 Timer 控件，.NET CF 还提供了一个类，允许代码有规律地按时间间隔来执行代码。该类为 System.Threading.Timer，可以被实例化，为它设置一个时间间隔，当时间间隔完成时可以调用函数。

当计时器触发回调时，回调方法会从其他线程中转到创建计时器的线程中。这意味着计时器非常适合后台操作，而不直接同任何用户界面组件进行交互，这些组件没有被代理回主用户界面线程中。

对于一般的更新目的，Timer 控件常常是更可行的解决方案。

2.2.7　文件对话框控件

Windows Mobile 的文件对话框非常简单，但它是允许用户从设备的存储器中选择一个文件来进行数据的读写的一种可行方案。在您的游戏中这些对话框可能并不太常用，它们通常用来加载和保存游戏的状态。

在.NET CF 中，通过 OpenFileDialog 控件与 SaveFileDialog 控件来访问该对话框。其编程方式与在桌面版中非常相似，也允许对其文件名、后缀名及路径进行读取和设置。

但是，smart phone 设备不支持这些对话框控件。如果将其中某个控件添加到您的窗体中，就会再次看到本章中曾经遇到过几次的 NotSupportedException 异常。

要让这些对话框在触摸屏设备上发挥功能，只需要简单地在代码中声明并实例化一个对话框即可，而不是将控件拖放到窗体中。由此带来的额外代码很短。如果检测到用户使用的设备为 smart phone，就需要告诉用户当前设备不支持该功能，或者用一个代替方案，如根据文件名对文件进行读写访问，就像程序清单 2-5 中所演示的。

程序清单 2-5　在 smart phone 设备中使用 OpenFileDialog

```
private bool LoadGameData()
{
    String filename;
    // Are we running on a smart phone?
    if (IsSmartphone())
    {
        // No OpenFileDialog available -- use a default filename in the My
        // Documents folder
        filename =
            Environment.GetFolderPath(Environment.SpecialFolder.Personal).
            ToString();
        filename = System.IO.Path.Combine(filename, "MyGameData.save");
        // Does the file exist?
        if (System.IO.File.Exists(filename))
        {
            // Read the game data
            ReadGameDataFromFile(filename);
            return true;
        }
    }
    else
    {
        // We can use the OpenFileDialog to select the file
        using (OpenFileDialog openFileDlg = new OpenFileDialog())
        {
            // Configure the dialog
            openFileDlg.FileName = filename;
            openFileDlg.Filter = "Game saves|*.save|All files|*.*";
            // Show the dialog
            if (openFileDlg.ShowDialog() == DialogResult.OK)
            {
                // A file was selected so read the game data
                ReadGameDataFromFile(openFileDlg.FileName);
                return true;
            }
        }
    }
}
```

可以从 Internet 上找到一些为 smart phone 设计的类似于 OpenFileDialog 对话框的实现代码。这些代码用 C#语言编写。事实上，触摸屏设备中内置的对话框是非常基础的，所以这些自定义对话框在某些方面实际上要比它好用，但 Windows Mobile 对话框至少是标准的，当硬件支持时可能是最好用的。

例如，在下面的网站中就可以找到这些自定义对话框：

http://www.eggheadcafe.com/articles/20050624.asp
http://www.devx.com/wireless/Article/17104/1763/page/1

2.2.8 输入面板

在 Windows Mobile 设备上输入文本时，没有硬件键盘的用户会使用一种触摸屏文本输入面板。包括触摸屏键盘、手写识别、以及电话号码输入面板——这些输入方式都被称为软输入面板(Soft Input Panel，SIP)。

能够与 SIP 进行交互，有时会非常有用。例如，当提示用户输入一些文本时，您可以自动打开 SIP，以免用户手动进行操作。此外，还能够分辨用户何时打开或者关闭了 SIP。这样，就可以根据情况选择对可能会被 SIP 遮挡住的部分进行处理。

InputPanel 控件提供了一些简单的方法来执行这些交互操作。您可以将该控件添加到窗体中，它会出现在窗体设计器下方的图标区域中。有一些属性可以在设计时进行设置，但 InputPanel 最有用的功能是用于程序运行时。

在任何时候都可以通过代码检测 SIP 的 Enabled 属性来判断它是否处于打开状态。当 SIP 开启时该属性返回 true，当 SIP 关闭时返回 false。也可以对该属性进行设置，所以根据需要可以通过编程来将 SIP 打开或关闭。

为了使响应变得更加简单，控件还提供了一个名为 EnabledChanged 的事件。每当 SIP 控件的 Enabled 属性值发生改变(无论由用户触发还是由程序代码触发)时就会触发该事件。

为了使您能够对 SIP 的显现与隐藏做出响应，InputPanel 提供了两个非常有用的属性，能够允许您确定 SIP 在屏幕上的准确位置。VisibleDesktop 属性返回了一个 Rectangle，其尺寸等于窗体中未由 SIP 或屏幕顶端的状态栏占用的区域。当判断 SIP 当前是否可见，以及对其坐标进行相应调整时就需要用到该属性。

第二个属性 Bounds 与第一个属性相似。也返回一个 Rectangle，但它返回的是 SIP 本身的位置与尺寸。在实际使用中，当要获取 SIP 的高度时该属性会非常有用。这样您可以将被遮盖的部分处理好。Bounds 属性的返回值不依赖于 SIP 当前是否处于打开状态：即使 SIP 为关闭状态，它还是会返回 SIP 应占区域的位置信息。

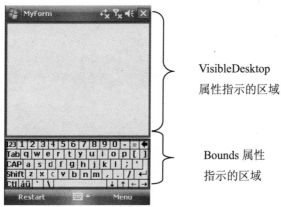

图 2-5　展示了 VisibleDesktop 属性及 Bounds 属性各自实际的区域

您肯定已经猜到了，smart phone 设备显然不支持 SIP。该输入面板只用于通过触摸屏来获取用户输入的文本,所以在 smart phone 设备中根本用不到它。但是,当将一个 InputPanel 控件放置到您的窗体中时,还是会导致 NotSupportedException 异常。

与前文中一样,有一个变通办法能解决这个问题(参见程序清单 2-6)。不用将 InputPanel 控件放到窗体中,您可以首先在自己的代码中定义一个变量,在窗体初始化阶段,如果运行的是触摸屏设备,就将对象实例化。当以后同该对象进行交互时,在调用该对象的属性或方法时,要确保该对象不为空。

程序清单 2-6　使 InputPanel 控件与 smart phone 设备兼容

```
public partial class MyForm : Form
{
    // Declare our InputPanel variable
    private Microsoft.WindowsCE.Forms.InputPanel _inputPanel;

    public MyForm()
    {
        InitializeComponent();
        // If we are running on a touch-screen device, instantiate the
        // inputpanel
        if (!IsSmartphone())
        {
            _inputPanel = new Microsoft.WindowsCE.Forms.InputPanel();
            // Add event handler (if required)
            _inputPanel.EnabledChanged += new
                System.EventHandler(EnabledChanged);
        }
    }

    /// <summary>
    /// Determine whether the SIP is currently open
    /// </summary>
    private bool IsSIPOpen
    {
        get
        {
            // If we have an inputpanel, return its Enabled property
            if (_inputPanel != null) return _inputPanel.Enabled;
            // No input panel present so always return false
            return false;
        }
    }
}
```

■注意:

如果您无法找到 InputPanel 类,请确认已添加了对 Microsoft.WindowsCE.Forms 的引用,因为 InputPanel 类就定义在其中。

2.2.9 捕获照片

剧情类游戏有一个非常流行的功能，即玩家能够为自己(或手边亲近的东西)拍一张照片，然后将照片变形或者修改成具有喜剧效果的图片。照片还可以有其他用途，例如，在积分榜中可以列出表示玩家的图片。这种情形的出现是因为现在很多设备都具备拍照功能，那么我们就快速浏览一下在游戏中如何利用拍照功能。

在 Windows Mobile 5.0 之前的系统中没有提供标准方法来访问照相机。各个供应商和设备会自己来实现拍照功能的 API，所以编写能够用于多种拍照设备的代码是个难题，并且很费时间。到了 Windows Mobile 5.0，Microsoft 引进了一套标准的 API，允许应用程序访问照相机。

这套 API 仍然未能支持各个设备提供商，所以不同设备之间的用户界面及相应的功能会有所不同。此外，即使是标准的 API，也不是所有的设备都能支持使用它来访问照相机，可能在调用拍照功能时抛出 InvalidOperationException 异常。因此，您应使在游戏中使用拍照功能是可选的，或者接受部分用户会无法进行游戏的事实。这里应该有一个选项，允许从外部文件中导入照片来弥补不能访问照相机所导致的缺陷。

综合考虑所有这些因素，其实在代码中访问照相机是很简单的。CameraCaptureDialog 对话框控件提供了一种简单的方法来获取图片，它的使用方法同.NET 中其他类型的对话框很相似(如图 2-6 所示)。CameraCaptureDialog 定义在 Microsoft.WindowsMobile.Forms 中，所以必要时需要对其添加引用。

图 2-6　在 HTC Touch Pro2 设备中使用 CameraDialog

如果成功拍摄了图片，ShowDialog()方法的返回结果就为 OK。不过，该对话框不直接返回拍摄到的图片。而是将图片保存到设备存储器中，并返回相应的文件名。一旦读取了该图片文件，应当将其删除，以防止旧的图片占用存储器中的空间。

要确保将用于拍照的代码放在 try/catch 块中，这样，当无法使用该对话框时还可以对异常进行处理。对于老式设备(早于 Windows Mobile 5.0)和不能访问其照相功能的设备来说，这样做可以避免出现问题。

请查看本书配套下载代码中的 2_4_CameraCaptureDialog 项目，它展示了一个简单的例子，通过 CameraCaptureDialog 捕获了一张图片，并将图片传输到一个 PictureBox 控件中。

2.3　"忙碌"光标

Windows Mobile 标准的忙碌指示符是在屏幕中显示一个转动的色盘。如果您的游戏需要执行一些比较耗费时间的操作，那么可以通过代码来显示该指示符。

"忙碌"指示符的实现方式与 Windows 桌面程序中沙漏光标的实现方式概念相同，它使用了一个名为 Cursor 的对象。要显示该指示符，执行下面一行代码即可：

```
Cursor.Current = Cursors.WaitCursor;
```

要去掉该指示符，使用下面一行代码：

```
Cursor.Current = Cursors.Default;
```

2.4　开始游戏编程

本章介绍了用户界面设计中的各个方面和功能，使您对如何构建游戏中的窗体有了较好的了解。在设计自己的用户界面时有很多事情需要考虑，包含从设备的功能到总体布局与设计等方方面面。

Microsoft 为 Windows Mobile 应用程序开发出版了一系列"设计指南"，提供了创建游戏时所需要的各种技术和示例。这些指南非常值得研读，可以从下面的网址上找到：

```
http://msdn.microsoft.com/en-us/library/bb158602.aspx
```

现在您已经为 Windows Mobile 开发做好了充分准备，让我们进入下一步，开始精彩的游戏编程之旅吧!

第 II 部分

■ ■ ■

创 建 游 戏

第 3 章

GDI 图形编程

现在是时候利用目前所学到的知识来编写一个游戏了。在接下来的几章中，我们将先构建一个直观并且易用的游戏框架，然后再利用这个框架创建自己的作品。该框架会考虑到目前为止我们所发现的各种问题及设备的多样性，将这些细节问题尽可能地解决，扫除我们的后顾之忧。

在本章中，我们将学习图形设备接口(Graphics Device Interface，GDI)，它是 Windows Mobile 中的基本图形技术之一。

3.1　GDI 概述

我们首先要清楚：GDI 不是一个高性能图形接口。我们也不会用它来创建快速移动的 3D 游戏(3D 游戏的详细情况将在后面讲解 OpenGL ES 时进行介绍)。但在此提到它并非是在浪费时间。因为对于很多游戏和游戏形式而言，GDI 足以完美地解决问题，并且非常适合。它的使用很简单，并且在各种版本的 Windows Mobile 中都能够得到支持，几乎在所有的设备上都表现出了很好的性能。

长期以来，移动设备在性能与功能上明显落后于台式 PC。台式计算机承担了主要的 3D 变革，即使很便宜的显卡都具有强大的性能。而移动设备不论在电源消耗上，还是在设备尺寸上，都仍然受到局限。像 DirectX 和 OpenGL 这样的 API 能够提供一系列强大灵活的功能。很多设备不能处理这些技术所需的复杂操作。相比之下，虽然 GDI 提供的功能很简单，但它们在旧硬件和新硬件上都能很好地工作，只需要稍加努力，就可以编写出既好玩又吸引人的游戏。

GDI 是一套能执行简单的图形操作的类与函数。Windows Mobile 操作系统本身在很多自带的显示功能上都使用了 GDI。

在下面的章节中，我们将讨论如何使用 GDI 并介绍它为游戏开发人员提供了哪些功能。

3.2　开始绘图

我们的图形编程将以 Form 类的 Paint 事件为起点，每当窗体(或窗体的某一部分)需要重绘时就会调用 Paint 事件。在该事件中，可以向窗口中绘制我们所需要的任何内容，并可以确保只要我们的窗体可见，这些图像都会持久显示。

Paint 事件的调用包含两个参数，如下所示。

```
private void Form1_Paint(object sender, PaintEventArgs e)
{
}
```

与所有标准的.NET 事件一样，sender 对象提供了对调用该事件的引用(在本例中该对象为需要绘图的窗体)。第二个参数类型为 PaintEventArgs，它是我们将图形显示到屏幕上的渠道。它包含了一个名为 Graphics 的属性(其类名也叫 Graphics)，通过该对象就可以使用 GDI 提供的所有绘图函数与属性。

我们首先来看一个简单的例子，该示例在窗体中绘制了一些线段(参见程序清单 3-1)。

程序清单 3-1　在窗体中绘制线段

```
private void Form1_Paint(object sender, PaintEventArgs e)
{
    // Create a black pen
    using (Pen myPen = new Pen(Color.Black))
    {
        // Draw a line from the top left (0, 0) to the bottom right
        // (Width, Height) of the form
        e.Graphics.DrawLine(myPen, 0, 0, this.Width, this.Height);
        // Draw a line from the top right (Width, 0) to the bottom left
        // (0, Height) of the form
        e.Graphics.DrawLine(myPen, this.Width,0, 0, this.Height);
    }
}
```

将这段代码添加到一个窗体中，然后运行，效果如图 3-1 所示。

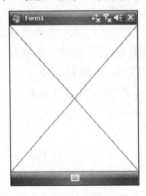

图 3-1　一个经过了绘图的窗体

使用这个框架，我们来研究一下在窗体中绘图所需的功能和方法，以及一些即将用到的相关类与数据结构。

3.2.1　使窗体失效

程序清单 3-1 依赖的是窗体可以自动对其自身进行绘制，绘制发生在窗体第一次被打开时，所以如果利用 Paint 事件在窗体中进行绘制，那么绘制的图形就会被显示出来。

　　然而，在一些重要的例子中，需要对窗体一遍又一遍地重绘以使显示在屏幕上的图形运动起来。为了强制窗体进行重绘，需要调用其 Invalidate 方法。该方法通知 GDI 当前所有的窗体内容都过期了。所以窗体的 Paint 事件会再一次被触发以更新窗体。举个简单的例子：在一个 Timer 控件中，可以调用该方法来更新屏幕上显示的图形。

　　Invalidate 方法还有一个重载，可以只对指定的窗体区域进行重绘，这需要在参数中传递一个 Rectangle。我们可以利用该重载只对窗体中实际发生变化的部分进行重绘来提高游戏的性能。在第 4 章中我们将利用它来对显示更新进行优化。

3.2.2　绘图坐标系

　　窗体中的位置是使用标准的 x 轴(水平轴)和 y 轴(垂直轴)坐标系来确定的。GDI 中的函数将使用命名为 x 和 y 的参数来获取窗体中要被绘图操作更新的点的位置。

　　当记录坐标时，要将坐标中的两个值放在括号中，中间以逗号分隔。第一个值是 x 坐标，第二个值是 y 坐标。例如，(20,50)表示 x 坐标为 20，y 坐标为 50 的一个点。

　　GDI 使用的坐标系以窗体的左上角(0，0)作为原点，然后坐标轴沿着窗体的宽与高进行延伸，所以窗体右下角的坐标为(Form.Width–1, Form.Height–1)。

　　不管窗体的 AutoScaleMode 属性是如何设置的，所有的坐标都以像素为单位。如果您的游戏运行时的分辨率与其设计时的分辨率不同，就需要对图形进行缩放来适应新的显示设备。我们现在不必担心这点，在第 8 章实现一个完整的游戏时，将介绍如何对这种情况进行处理。

3.2.3　颜色

　　不论绘制什么，我们都需要提供一个绘图颜色，可以通过两种方法来指定要使用的颜色：
- 使用一个 System.Drawing.Color 中已命名的颜色值。
- 分别指定组成色彩的红色、绿色、蓝色的值。

　　有很多已经命名好的颜色值，从诸如 Black 和 Blue 这样的标准颜色名称到诸如 PapayaWhip 和 BlanchedAlmond 这样的专业颜色名称。颜色名称列表实际上就是完整的 X11 颜色列表，该表还形成了 HTML 及 CSS(层叠样式表)所用的预定义颜色名称列表。您可以通过位于 http://en.wikipedia.org/wiki/Web_colors 上的 Wikipedia 页面来获取关于这些颜色的更详细信息，该页面中包含了一个完整的列表，并提供了每种颜色的示例。

　　颜色也可以通过红、绿、蓝(加法三原色)亮度值进行表示，根据这三个值可以形成指定的颜色。这三色中的每一项都是独立的，亮度从 0(无亮度)~255(最高亮度)变化。例如，指定红为 255，绿与蓝为 0 时，结果为纯红。通过改变三原色中每个颜色的亮度，就可以创建设备所支持颜色的各种色度。

■注意:

有很多不同的模型可以用来指定颜色。在印刷业中最常用的模型为 CMYK 模型。"CMYK" 是 "Cyan(青色)、Magenta(洋红)、Yellow(黄色)与 Key-black(黑色)" 的缩写。青色,洋红与黄色是减色法三基色——这样命名是因为当加大颜色用量时,会减少反射光,从而形成一个更暗的颜色。在计算机中最常用的模型是 RGB 模型,是 "Red(红色)、Green(绿色)与 Blue(蓝色)" 的缩写。红、绿、蓝是三原色,当将这三种颜色混合到一起会增强其亮度(所以,事实上,三原色混合到一起为白色)。.NET framework 支持使用 RGB 模型来指定颜色。

三原色中的每个颜色分量都有 256 个色阶,所以我们可以从一个总共包含了 16 777 216 种不同颜色的色板上创建颜色(256×256×256 = 16 777 216)。这与现在几乎所有的 PC 桌面显示器所支持的色彩范围相同。由于每个颜色通道需要 8 位数据(用于存储 0~255 之间的值),所以被称为 24 位色。

然而,Windows Mobile 设备通常使用不了全部这些颜色。虽然牺牲了色彩的细节,但避免了过度处理,并且减少了用来保存这些颜色所需的内存。这些设备的显示屏绝大部分是 65 536 色或 262 244 色。要得到 65 536 色,总共需要 16 位,用于红、绿、蓝的位数分别为 5、6、5(绿色占的位数多是因为人眼对绿色比对蓝色和红色要敏感)。而 262 244 色总共需要 18 位,则每个颜色分量都为 6 位。

这样做尽管降低了颜色的细节,但为了一致性及将来的考虑,.NET 颜色函数中红、绿、蓝各色的强度都为 8 位值。颜色精度的损失由设备自行处理,并不受操作系统的影响。将来更加快速和功能强大的设备出现后,我们可能会看到调色板中的颜色增加了,通过这种方式创建的颜色将自动利用那些可用的新增的颜色。

实际上在大多数情况下,16 位色、18 位色以及完整模式的 24 位色是很难区分的。

要使用 RGB 值来创建颜色,可以调用 System.Drawing.Color.FromArgb 静态函数。该函数有不同的重载,我们这里要使用的函数是采用 red、green 以及 blue 作为参数。将各个颜色分量的值通过参数传入,就会得到您想要的 Color 对象。必须确保各个颜色分量的值都位于 0~255 之间,否则系统会抛出一个 ArgumentOutOfRange 异常。

本章配套下载代码中的 3_1_ColorFromArgb 项目演示了使用 RGB 值来创建颜色,并使用这些颜色在窗体中创建了一个渐变。可以用菜单项来选择渐变中使用哪种颜色。图 3-2 展示了一个程序的运行结果。

利用平滑的颜色渐变,使得有限的调色板看上去更加直观和清晰。您很可能会注意到渐变不是完全平滑的,而是由很多个几个像素宽的色带组成的。

图 3-2 由 ColorFromArgb 创建的渐变图形

最后要介绍的是 FromArgb 函数中的神秘参数分量 A，它表示 alpha 值，用于控制颜色的透明度：完全不透明的颜色将会把后面的颜色遮盖掉，而半透明的颜色会使背景色仍然能够被看到。Windows Mobile 中的 GDI 不支持 alpha 透明度，所以我们这里就不对它进行更详细地讨论了。在第 10 章介绍 OpenGL ES 时再对 alpha 的值进行仔细的研究。

3.2.4　画笔与画刷

所有的图形操作都需要一个 Pen 对象(主要用于绘制线段)或者 Brush 对象(用于使用纯色来填充窗体中的某个区域)，这些对象应当在代码中进行创建，并且在使用完后进行释放。

1．画笔

要创建一个画笔，只需要实例化一个新的 System.Drawing.Pen 对象，然后指定画笔的颜色即可(我们已经在第 3.2.3 节中讨论过)。

除了指定画笔颜色外，还可以指定它的宽度(单位为像素)。在默认情况下，画笔的宽度为一个像素。

画笔创建完成以后，还可以通过其 Color 或 Width 属性来进行修改，不需要再新建一个新的 Pen 对象。

画笔还可以绘制虚线，这是通过其 DashStyle 属性来控制的。

在使用完一个 Pen 对象后，记得要调用 Dispose 方法将分配给它的资源释放掉。

2．画刷

System.Drawing.Brush 类与 Pen 类有所不同，它实际上是一个抽象基类。.NET Framework 通过该基类提供了几种不同类型的画刷，在实际使用时，必须对这些派生的类型进行实例化。

在.NET CF 中有两个这样的画刷类：SolidBrush 与 TextureBrush。最常用的是 SolidBrush；通过向其构造函数中传递一个 Color 参数，它就会创建一个纯色用于填充我们所绘制的区域的内部。TextureBrush 的构造函数中要传递的不是 Color 参数，而是一个 Bitmap 对象，它将以该位图图像的平铺副本来填充图形内部(我们很快就会讨论 Bitmap 对象)。

这两个画刷类都提供了用于对其外观进行修改的属性(SolidBrush 类中是 Color 属性，TextureBrush 类中是 Image 属性)。同样，在使用完画刷对象后应调用 Dispose 函数来释放它们所占用的资源。

但是，.NET CF 中所包含的画刷派生类比桌面版.NET Framework 中提供的要少。如果您对桌面版 GDI 的使用方法很熟悉，就会注意到.NET CF 中没有提供 LinearGradientBrush 类，这令人遗憾，因为它可以创建一些有用且很吸引人的填充区域。我们只好自己编写代码来模拟该类的效果了。

3.2.5　绘制线段

在窗体中可以呈现的所有图形中，线段是最简单的图形结构。一条线段应该包含下面几个属性：
- 用于画线段的 Pen 类
- 线段的起点坐标
- 线段的终点坐标

在绘制线段时，这些属性都会以参数的方式传递给 Graphics 对象的 DrawLine 方法，如程序清单 3-2 所示，这段代码发生在窗体的 Paint 事件中。

程序清单 3-2 使用 DrawLine 方法

```
private void MyForm_Paint(object sender, PaintEventArgs e)
{
    // Draw a line from point (10, 10) to point (40, 40)
    using (Pen linePen = new Pen(Color.Black))
    {
        e.Graphics.DrawLine(linePen, 10, 10, 40, 40);
    }
}
```

这段代码在坐标(10,10)到坐标(40,40)之间绘制了一条黑色的线段，如图 3-3 所示。注意，线段包含了这两个端点；线段实际的高度和宽度都为 31 像素。这看上去似乎是个微不足道的小细节，但如果要绘制很多需要链接在一起的线段，这个细节就会变得重要了。

图 3-3 程序清单 3-2 中 DrawLine 的输出结果

DrawLines 是 DrawLine 方法的一个延伸，可以一次性绘制一系列首尾链接的线段。您需要提供一个 Point 变量数组，DrawLines 会依次在各相邻点之间绘制一条连接在一起的线段。该方法不会将最后一个点与第一个点连接起来。所以，如果您想要绘制一个闭合的环，就需要在数组的最后再次指定第一个点的坐标，或者使用下一节将要介绍的 DrawPolygon 方法。程序清单 3-3 演示了如何绘制折线，结果如图 3-4 所示。

程序清单 3-3 使用 DrawLines 方法

```
private void MyForm_Paint(object sender, PaintEventArgs e)
{
    // Declare an array of points
    Point[] points = { new Point(20, 20), new Point(50, 50),
                       new Point(80, 20), new Point(110, 50),
                       new Point(140, 20) , new Point(170, 50) };
    using (Pen linePen = new Pen(Color.Black))
    {
        // Draw a series of lines between each defined point
        e.Graphics.DrawLines(linePen, points);
    }
}
```

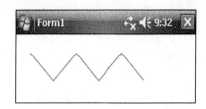

图 3-4　程序清单 3-3 中 DrawLines 的输出结果

3.2.6　绘制多边形

多边形是由多条线段首尾相连并且闭合的图形。组成多边形的线段甚至可能会相互交叉，因此，诸如三角形、正方形以及矩形等都属于多边形。

在 GDI 中绘制一个多边形时，与使用 DrawLines 方法绘制折线有很多相似之处，但有两个主要区别：

- 多边形总是闭合的，即最后一个点要与第一个点相连。
- 多边形的内部区域可以用某种颜色填充，DrawLines 则无法实现该功能。

多边形被定义为一个 Point 结构数组(方式与 DrawLines 方法中的参数相同)，通过 DrawPolygon 方法绘制在窗体中。如果数组中首点与尾点的位置不同，那么这两点之间会自动通过一条线段连接在一起从而实现图形的闭合。

要填充多边形的内部区域，首先要创建一个画刷(在第 3.2.4 节的"画刷"小节中已经介绍过)，然后调用 FillPolygon 方法即可。如果您还想在多边形的边界外显示一个轮廓，那么就依次调用 FillPolygon 与 DrawPolygon(请确保是在填充完内部区域后再绘制轮廓，否则填充了的多边形会将轮廓完全遮盖)。

程序清单 3-4 绘制了一个多边形并对其进行填充，结果如图 3-5 所示。

程序清单 3-4　填充并绘制多边形的轮廓

```
private void Form1_Paint(object sender, PaintEventArgs e)
{
    // Define the points for our polygon
    Point[] points = { new Point(40, 20), new Point(90, 80),
                        new Point(110, 50), new Point(20, 50) };

    // First draw the filled polygon...
    using (SolidBrush polyBrush = new SolidBrush(Color.LightBlue))
    {
        e.Graphics.FillPolygon(polyBrush, points);
    }
    // ...and then draw the outline in black on top of it
    using (Pen polyPen = new Pen(Color.Black))
    {
        e.Graphics.DrawPolygon(polyPen, points);
    }
}
```

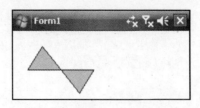

图3-5 程序清单3-4生成的多边形

该简单的示例使用了4个点来创建相应的多边形，实际上点的数量是不受限制的(显然，点的数量越多，生成多边形的速度越慢)。

3.2.7 绘制矩形

矩形是另一种简单的 GDI 图形结构，我们可以照搬多边形的函数结构，使用 DrawRectangle 函数来绘制矩形轮廓或者使用 FillRectangle 来填充矩形。

可以通过两种方法来对矩形的位置及大小进行设置：传递一个填充了生成矩形所需要的信息的 Rectangle 结构；或指定矩形的 x 坐标、y 坐标、width 值以及 height 值。

■**注意：**

当为这些方法指定了矩形的第一个角时，就不需要再指定其对角的坐标了。只需要指定矩形的宽度与高度。如果有对角的坐标数据，那么矩形的宽度与高度可以通过这些公式来得到： width = (x2 − x1) ， height = (y2 − y1)。

注意，在使用 DrawRectangle 方法时，矩形的宽度和高度包含两个边界：如果您指定了一个矩形，其 y 坐标为 10，height 为 20，那么该矩形的实际高度为 21 像素(包含了 10~30 之间的所有点，10 与 30 两个点也包含其中)。

在使用 FillRectangle 进行矩形填充时，矩形的右边线与底边线会排除在外，结果会填充一个高度为 20 像素的矩形(包含了 10~29 之间的所有像素，10 与 29 两个点也包含其中)。

矩形的宽度与高度值可以为负，也可以为 0(会显示为一条水平线或垂直的线)。注意，如果两个尺寸都为 0 的话，那么不会绘制任何东西；您可以从第 3.2.9 节中获得更多信息。

GDI 没有专门提供绘制正方形的方法，正方形只是宽度与高度相同的矩形。使用这些方法也无法绘制旋转了的矩形(即矩形的水平边与屏幕的侧边不垂直)，不过这可以通过前面所讨论的绘制多边形的方法来实现。

3.2.8 绘制椭圆

椭圆与圆的创建方式同矩形非常相似，它们通过 DrawEllipse 与 FillEllipse 方法来创建，并且要传递给这些方法的参数也与矩形函数中的一致。创建好的椭圆可以精确地包含在矩形的边界中，如图 3-6 所示。

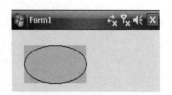

图3-6 在矩形的上方绘制相同尺寸的椭圆

与正方形一样，在绘制圆时，只需要为宽度和高度设置相同的值即可。没有函数能够绘制旋转椭圆；这样的椭圆可以使用包含了很多小线段的多边形通过拟合椭圆的形状来生成，也可以通过自己编写算法来计算椭圆所涵盖的像素来生成，但 GDI 本身不会为我们完成该功能。

3.2.9　处理像素点

令人惊奇的是，处理窗体中的单个像素非常需要技巧，因为 Graphics 对象没有提供对像素点进行读取或设置的机制。您可能会认为通过画一条起点坐标与终点坐标相同的线段就可以实现。但是，由于 GDI 在处理绘制单像素点请求时的奇怪行为，在这种情况下根本不会绘制任何东西，同样的情况也会发生在宽度和高度都为 0 的矩形与椭圆上，以及所有点坐标都相同的多边形上。

能够实现绘制单像素点的方法是使用 FillRectangle 方法，将其 width 参数与 height 参数都设置为 1，这样会在指定的位置上绘制一个只包含了一个像素的矩形。然而，这种方式的效率非常低，应尽量避免使用。

在本章的后文中我们将看到 Bitmap 类，它提供了更有用的 GetPixel 与 SetPixel 方法，它们可以很直接地对单个像素点进行获取和设置。

3.2.10　显示文本

我们还可以使用 DrawString 方法在窗体上绘制文本。该方法提供了一些重载，允许更好地对文本的呈现进行控制。

所有这些重载的前 3 个参数都是相同的：用于显示的文本字符串、字体、用于绘制文本的笔刷。

DrawString 方法最简单的版本需要指定文本的显示位置，即，使用(x,y)坐标。程序清单 3-5 展示了在坐标(10,10)上，用窗体默认的字体显示了一些红色的文本。

程序清单 3-5　在屏幕上绘制文本

```
private void MyForm_Paint(object sender, PaintEventArgs e)
{
    using (SolidBrush textBrush = new SolidBrush(Color.Red))
    {
        e.Graphics.DrawString("Hello world!", this.Font, textBrush, 10, 10);
    }
}
```

我们提供的参数中的坐标应是文本打印区域左上角的坐标。如果文本的宽度超过了屏幕，超出屏幕右边界的部分就不会显示。我们可以在文本的任意位置上插入换行符(使用 C#中的\n 字符序列)，将程序清单 3-5 中要打印的文本修改为"Hello\nworld!"，这样，Hello 就会出现在 world!的上方。换行符会使文本在下方重新打印一行，但还是以 DrawString 方法所指定的 x 坐标为起点。

如果需要更好地控制文本的布局，那么可以利用该方法提供的一些其他重载。可以提供一个 Rectangle 对象，令文本绘制在该矩形区域中。下面的代码在坐标(10,10)上创建了一个宽和高都为 100 的矩形。最终结果是文本被换行后才能放置在这个定义好的区域中。GDI 会自动在距离最近的完整单词的后面进行断行，所以您不必担心在单词中会发生换行(查看程序清单 3-6)，如果文本太长，已经达到了矩形的底端，那么多出来的文本将会被剪裁掉。

程序清单 3-6　在矩形区域中进行换行测试

```
private void MyForm_Paint(object sender, PaintEventArgs e)
{
    using (SolidBrush textBrush = new SolidBrush(Color.Red))
    {
        // Print the text into a square
        e.Graphics.DrawString("The quick brown fox jumps over the lazy dog",
            this.Font, textBrush, new Rectangle(10, 10, 100, 100));
        // Print the text into a rectangle with insufficient height
        e.Graphics.DrawString("The quick brown fox jumps over the lazy dog",
            this.Font, textBrush, new Rectangle(130, 10, 100, 35));
    }
}
```

这段代码的运行结果如图 3-7 所示。注意，右边的文本已经超出了宿主它的矩形的范围，所以看不到底部的文本。

图 3-7　使用 DrawString 方法在矩形中绘制文本

我们还可以通过 StringFormat 对象进一步提供一个参数，来控制在矩形中如何显示文本。该对象有两个标志：

- **NoClip**　如果指定 NoClip，那么文本可以显示在定义好的矩形边框之外。在矩形区域中，文本还是换行的，但超出预定义区域高度的部分还是连续的。
- **NoWrap**　此标志禁止文本在矩形中换行。任何位于矩形区域之外的文本都会被剪裁掉。

这两个标志可以通过 C#中的二进制 OR 操作符(使用符号"|")来一同使用。不过，它的结果相当于只为 DrawString 函数指定了一个坐标点，而没有指定一个矩形区域。

1. 使用不同的字体

到目前为止，我们看到的所有文本示例都使用的是窗体默认的字体，但您可能会对要打印的文本进行修改，修改其字体的类型、大小以及样式。

这些例子全部将字体指定为 this.Font，我们当然可以使用一种其他的字体。然而，Font 对象的属性全部是只读的，所以必须在实例化字体对象时提供全部所需的信息。这些信息包括使用什么字体，字体的大小以及字体的样式(粗体，斜体等)。

如果您知道想使用的字体的名称，那么可以直接指定。不过，不同设备之间可用的字体会有所不同，即使是运行同一个版本的 Windows Mobile 系统。在将您的游戏发布给其他用户时，可能也会发现您想要的字体不存在。这不会导致错误，但您指定的字体会恢复成系统 Mobile 默认的字体。创建指定字体的代码如下所示：

```
Font textFont = new Font("Tahoma", 12, FontStyle.Regular);
```

一种更可预测的指定字体的方法是使用 FontFamily 参数，它可能的值为三种不同的字体类型：serif、sans-serif 或者 monospace。使用其中一种类型，GDI 会尝试为请求的类型找到最合适的字体。虽然还是不能保证这样的字体一定存在，但如果有的话，您不需要知道该字体的名称，就可以选择该字体。通过 FontFamily 类来创建 Font 的代码如下所示：

```
Font textFont = new Font(FontFamily.GenericSansSerif, 12,
                         FontStyle.Regular);
```

本节中的两个示例都还演示了如何设置字体的大小；在本例中，字体大小为 12 点，点是一种与分辨率无关的量度，所以不管宿主手机屏幕的分辨率是多少，您的字体看上去大约都有相同的物理尺寸。

最后一个参数用于选择字体的样式。其值可以是 Regular(不应用任何样式)，或者是 Bold、Italic、Underline 及 Strikeout 的组合。这些标志可以组合起来为字体创建复杂的样式；例如，下面的代码将创建一个粗体并且是斜体的字体。

```
Font textFont = new Font(FontFamily.GenericSansSerif, 12, FontStyle.Bold |
                         FontStyle.Italic);
```

2. 使文本居中

当在完整的桌面版.NET Framework 中使用 GDI 处理文本时，StringFormat 对象包含了各种类型的附加属性，其中包括使文本在屏幕的某个位置上居中或者右对齐这个非常有用的功能。但是在.NET CF 中没有包含该功能，所以我们必须自己来实现它。幸运的是，实现这个功能并不是很难。我们可以使用 Graphics 对象中的 MeasureString 函数来获取文本显示在屏幕上时这些文本所占区域的宽度和高度。只要知道了文本的宽度，就可以很容易地将文本按照需要对齐了。

例如，我们想要让一些文本在屏幕上居中显示，可以首先将屏幕的宽度除以 2，从而得到屏幕的中心点。然后减去这些文本的宽度的一半，那么结果就应当是文本的左半部分会显示在屏幕的左半边，右半部分显示在屏幕的右半边——也就是说，文本居中了(如图 3-8 所示)。

图 3-8　窗体中的文本居中显示时，其中心点位置及文本宽度的示意图

令文本在某点居中显示所需的代码见程序清单 3-7。

程序清单 3-7　使文本居中

```
private void MyForm_Paint(object sender, PaintEventArgs e)
{
    int x;
    SizeF textSize;
```

```
i int xAlignPoint;

// Create a brush for our text
using (SolidBrush textBrush = new SolidBrush(Color.Red))
{
    // Create a font for our text
    using (Font textFont = new Font(FontFamily.GenericSansSerif, 20,
                                    FontStyle.Regular))
    {
        // Measure the size of the text
        textSize = e.Graphics.MeasureString("Hello world", textFont);
        // Calculate the position on which we want the text to be centered.
        // We will use the point halfway across the screen.
        xAlignPoint = this.Width / 2;
        // Determine the x position for the text
        x = xAlignPoint - ((int)textSize.Width / 2);
        // Draw the text at the resulting position
        e.Graphics.DrawString("Hello world", textFont, textBrush, x, 0);
    }
}
}
```

要使文本靠右对齐，只需要对计算 x 值的那行代码进行修改，使它不再减去文本宽度的一半。

```
[...]
// Determine the x position for the text
x = xAlignPoint - (int)textSize.Width;
[...]
```

MeasureString 方法还返回了文本的高度，所以要计算文本所占用的垂直空间也是很容易的。它也能处理换行，只要注意有换行时，MeasureString 返回的还是整个字符串的尺寸，而不是单独某一行的，想要将包含了换行的字符串也居中显示的话，需要将该字符串分割为单独的行，然后再对每一行的长度进行测量，这才能使所有的行都能居中显示。

说到这里，还有一个值得注意的地方：MeasureString 方法返回的尺寸并不总是精确的，有时返回的值比文本的实际尺寸稍微小些。这在文本的对齐方式上会造成一个问题，只要您确保尺寸足够大能够容纳下需要的文本即可(例如，可以利用该尺寸创建一个足够大的矩形结构，并将它传递给 DrawString 方法)，所以建议您将返回的宽度和高度值按比例加大一点，确保文本实际能够适合该尺寸。

3.2.11　清除背景

最后一个方法是 Clear，该方法很简单，它会将您绘制区域的内容全部擦除，并且用一种颜色进行填充，将颜色作为参数传入。其效果和使用 FillRectangle 来填充整个区域是一样的，但该方法用起来更简单，并且不需要创建 Pen 或者 Brush 对象。

3.2.12　绘图示例

本书配套下载代码中的示例项目 3_2_GDIShapes 展示了本章目前为止所介绍的各种不同的绘图函数(如图 3-9 所示)，当程序启动后，会生成一个随机的图形。然后您可以选择使用哪种绘图方法在屏幕上显示图形，以及图形是否要被填充或者图形是否要有边界线(合适时)。要创建一个新图形，就使用 New 菜单选项。

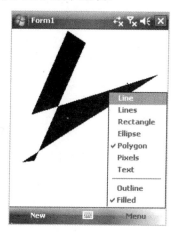

图 3-9　GDIShapes 示例项目

3.3　位图

掌握了如何绘制矩形、椭圆等基本图形后，现在就来看看 GDI 所提供的最有用的绘图功能：位图。

GDI 中的 Bitmap 对象允许我们创建一个屏幕外的图像(可以使用第 3.2 节中用到的绘图方法和填充方法，可以加载预先绘制的图形，还可以使用这些方法的组合)，然后将该图像的副本绘制在屏幕上。通过位图，我们可以将外部的图形加载到自己的游戏当中，可以利用图形基础函数来构建复杂图形。只需要调用一个函数就可以将它们绘制到屏幕上。这些功能是使用 GDI 时最接近 sprites(指移动图形对象)的。也可以通过每次更新屏幕时改变要绘制的图像来创建有效的动画图形。

3.3.1　使用 Graphics 类的基本函数创建位图

通过在本章中已经使用过的绘图函数来创建位图是很简单的。只要图像准备好，在屏幕上绘制就是快速和高效的，大大地优于重复调用那些绘图函数。

用这种方法来创建位图的话，首先要实例化一个 Bitmap 对象，在对象的构造函数中设置好我们所期望的图像的宽度和高度(单位为像素)。这样就创建好了一个空的位图，该位图在初始时被填充为黑色。

为了能够在位图上进行绘图，我们需要获得一个 Graphics 对象，这可以调用静态函数 Graphics.FromImage 来实现。一旦它执行完毕，我们就可以使用所有的绘图方法来绘制任何想要的图形(或文本)。要记得这是发生在位图中,而不是在屏幕上,位图是不可见的,直到我们以后对它进行了绘制才会可见(这将很快实现)。

程序清单 3-8 中创建了一个 Bitmap 对象,将其背景设置为白色,然后在其内部绘制了一个圆。

程序清单 3-8 创建一个位图,并在上面绘画

```
// Declare the Bitmap object that we are going to create
Bitmap myBitmap;

private void InitializeBitmap()
{
    // Create the bitmap and set its width and height
    myBitmap = new Bitmap(50, 50);
    // Create a Graphics object for our bitmap
    using (Graphics gfx = Graphics.FromImage(myBitmap))
    {
        // Fill the entire bitmap in white
        gfx.Clear(Color.White);
        // Create a pen for drawing
        using (Pen b = new Pen(Color.Black))
        {
            // Draw a circle within our bitmap
            gfx.DrawEllipse(b, 0, 0, myBitmap.Width, myBitmap.Height);
        }
    }
}
```

从程序清单 3-8 中您可以看到,为了获得 Bitmap 的尺寸,我们可以使用其 Width 属性和 Height 属性,不需要单独存储这些信息。

3.3.2 使用预先画好的图形创建位图

第二种创建位图的方法是使用图形文件来加载图像。该方法允许您使用一个带有描述的图形工具包来制作图像,并将它导入到您的游戏中。在游戏中使用图像比只使用线段、圆和矩形有着无法比拟的灵活性。

■提示:

有很多图形包可以用于创建您自己的图形,从比较低端的 Windows 画图到像 Adobe Photoshop 这样的专业工具包。如果您想找到一个灵活而强大的图像编辑器,并且希望能够省钱,那么可以试试免费的 Paint.NET,该软件可以从 http://www.getpaint.net/上下载。

.NET CF 提供了两种不同的方法用于向 Bitmap 对象中加载图形:您可以指定您想要加载的图像的文件名,也可以提供一个包含了图像数据的 Stream 对象。如果采用后者,那么数据流中应当包含的是一个实际图像文件中的数据,该图像文件使用了被支持的格式。这两种方法都支持的图像格式有:BMP、GIF、PNG 和 JPG 格式。

总的来说，将图形作为资源嵌入到项目中，速度更快且更易用。在部署游戏时也更加简单，因为这样在部署时还是只包含一个可执行文件。只需要将图形文件保存到设备存储器中，从而不至于出现类似于"图形文件已被删除"这样的问题。

1. 嵌入图形资源

要使用此方法，首先在 Visual Studio 中打开一个 Windows Explorer 窗口并定位到源代码存放目录(最便捷的方法是在某个源代码选项卡上右击，选择 Open Containing Folder 菜单项)，如图 3-10 所示。

图 3-10　打开一个 Explorer 窗口并定位到源代码的存放目录

在 Solution Explorer 窗口中，创建一个名为 Resources 的文件夹，将图像保存到其中。接下来返回到 Visual Studio 中，单击位于 Solution Explorer 面板顶部的 Show All Files 按钮(如图 3-11 所示)。这样就可以看到刚才创建的 Resources 目录。单击该文件夹旁边的"+"号将其展开，然后右击其中的图形文件，选择 Include in Project 菜单项，将该文件添加到解决方案中。

 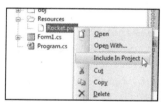

图 3-11　单击 Show All Files 按钮来显示源代码所在目录中的所有内容(左图)，
然后将一个图形文件添加到解决方案中(右图)

添加好图形文件后，再次单击 Show All Files 按钮将非项目文件隐藏。这时，Resources 目录及图形文件仍然会留在 Solution Explorer 树中。

图形已经被添加到了解决方案中，但它还不是一个嵌入资源。为了改变该文件的状态，在 Solution Explorer 窗口中选择该图形文件，然后查看其属性。确保将 Build Action 属性设置为 Embedded Resource，并且将 Copy to Output Directory 选项设置为 Do not copy，如图 3-12 所示。当项目编译时，该图形文件就会包含在创建好的可

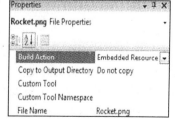

图 3-12　设置图像资源属性

执行文件中。

如果您想修改该图形文件，只需要用图像编辑器从 Resources 目录中打开它，修改后进行保存即可。每次编译时 Visual Studio 都会自动选择该文件的最新版本。

将图形嵌入后，我们需要知道如何通过代码来读取它。这是通过 Assembly.GetManifest-ResourceStream 函数来实现的。我们只需要将包含了图形文件程序集的路径作为一个字符串传递给该函数即可。该路径包含了几个元素，元素之间用句点分隔：

- 程序集的名称；
- Solution Explorer 窗口中包含了资源文件的目录的名称(子目录用句点来分隔，而不是 DOS 路径格式中的反斜杠)。这个元素只有在需要时才出现；
- 资源文件的文件名。

所有这些元素都是区分大小写的。

可以用下面的代码来编程检索程序集的名称：

```
String AssemblyName = Assembly.GetExecutingAssembly().GetName().Name;
```

通过代码来查找程序集的名称意味着，当您决定修改程序集的名称后，代码仍然可以继续正常工作。因此我推荐您使用这种方法。一旦使用了这个方法，我们会将重点放到目录及文件名上，这样才能得到完整的资源名称。然后将资源名称传递到 GetManifestResourceStream 函数中，就能以 Stream 的方式获得图形资源，Bitmap 对象的一个构造函数能够识别 Stream 对象。将所有这些操作组合到一起，我们就得到程序清单 3-9。

程序清单 3-9　从一个嵌入资源中载入位图图像

```
// Declare the Bitmap object that we are going to create
Bitmap myBitmap;

private void InitializeBitmap()
{
    // Get the assembly name
    String AssemblyName = Assembly.GetExecutingAssembly().GetName().Name;
    // Add the resource path and name
    String ResourceName = AssemblyName + ".Resources.Rocket.png";
    // Generate the resource bitmap -- this will contain our spaceship image
    using (System.IO.Stream str =
            Assembly.GetExecutingAssembly().GetManifestResourceStream
                                        (Resor-uceName))
    {
        myBitmap = new Bitmap(str);
    }
}
```

如果指定的资源名称不正确，则 GetManifestResourceStream 函数也不会抛出异常，而是返回 null。当您在实例化一个 Bitmap 对象时如果碰到一个 NullReferenceException 异常，那么最大的可能就是由于资源名称不正确所造成的。为了能够对这种情形做出有用的响应，最好是将该操作放在一个 try/catch 代码块中。这样在捕获了一个 NullReferenceException 异常后，您可以提供一条更加有用的错误消息。以后当您不知道项目为何不启动时这样做能减少很多令人头疼的问题。

2. 从文件中读取图形

在一些情况下，您还是会希望将图形存放在单独的文件中。例如，允许用户选择文件夹来存放不同的图形，或者允许用户提供自己的图形。要将图像从一个文件加载到一个Bitmap 对象中，只需要在实例化对象时提供该文件的文件名即可：

```
myBitmap = new Bitmap("Graphics.png");
```

如果指定的图像文件不存在，那么系统会抛出一个 FileNotFoundException 异常。

3. 关于图形文件格式的一个注意事项

在对用于游戏中的图形文件进行保存时，可以对图形文件的格式进行选择。有些格式明显要比其他格式好，下面对它们做个总结：

- BMP(Bitmap，位图)文件使用了一个简单的内部结构，因此用图形库可以非常容易地与它进行交互。其原因之一是该格式没有应用任何压缩。所以，BMP 文件的体积可能会比其他图形格式文件大很多。没有什么原因需要必须使用 BMP 文件，所以尽量避免使用它们。
- GIF(Graphics Interchange Format，图形交换格式)文件已经成为了一个使用很广泛的图形格式，而不只是被 Web 所采用。它可以存储最多 256 色的图片并且对内容进行了压缩以减小文件的大小。它采用了无损压缩的方式，所以图片质量不会下降。在 GIF 文件中可以存储简单的动画，但在.NET CF 中该功能会被忽略，因此没有为我们提供什么优势。它是合适的图形存储格式，不过在压缩率方面，PNG文件更为强大。
- PNG(Portable Network Graphics，便捷网络图像)文件是最近才开发的文件格式，.NET CF 支持该文件格式。它可以用 24 位真彩色来保存图像，并且还支持alpha(透明度)信息。与 GIF 文件一样，它也采用的是无损压缩，但文件要小于 GIF格式的文件。对于非照片图像，我推荐采用这种文件格式。
- JPG(JPEG 的缩写，Joint Photographic Experts Group 开发了这种格式)文件使 Web发生了变革，并且在很多其他领域也成为成熟的技术，例如数码相机。这个格式强大的压缩能力可以使图像文件比未压缩时小很多，远远超过了 GIF 和 PNG 能提供的压缩率。然而问题在于，JPG 使用的是有损压缩技术：对图像进行解压缩后，就不能精确地恢复成原始图像。压缩后的 JPG 图像的打开速度快但图形会失真，对于那些包含了高对比度色彩区域的图像来说最为明显。例如那些在电脑游戏中常常出现的图片。JPG 文件对减小照片图像的文件大小很有帮助，但不太适合手绘的游戏图片。即使对于照片图形，要注意不要把图像压缩到失真的地步。

3.3.3　在屏幕上绘制位图

准备好 Bitmap 对象以后，就可以将它绘制到屏幕上了，这里需要使用 Graphics.DrawImage

61

函数，参见程序清单3-10。

程序清单3-10 在屏幕上绘制位图

```
private void MyForm_Paint(object sender, PaintEventArgs e)
{
    e.Graphics.DrawImage(myBitmap, 50, 50);
}
```

这段代码将一个位图图像的副本绘制在窗体的(50,50)坐标处。该坐标为图像左上角所在的位置。

在调用 DrawImage 函数时，还可以利用一些附加功能，所以接下来我们就看看这些功能。

1. 复制部分位图

程序清单3-10中的例子只是简单地使用 GDI 将整个位图图像复制到窗体的某个点上。我们还可以只将位图的一个子部分显示到屏幕上。这样我们利用一个图像就能够创建一个多帧动画，然后按顺序将每一帧复制到屏幕上(如图3-13所示)。

图3-13 在一个单独的图形文件中保存多帧动画中的每一帧

当调用 DrawImage 函数时，如果提供两个矩形对象参数，就可以只复制原图像的一个子部分：第一个参数定义了输出图像的位置和尺寸，第二个参数指定了从原位图中所要复制的图像的位置和尺寸。

在如图3-13所示的动画帧中，每个图像都是 75×75 像素。因此我们可以复制动画中的每一帧，参见程序清单3-11。

程序清单3-11 绘制多帧动画中单独的一帧

```
// A variable to store the current animation frame.
int animFrame = 0;

Private void Form1_Paint(object sender, PaintEventArgs e)
{
    const int frameWidth = 75; // The width of each animation frame
    const int frameHeight = 75; // The height of each animation frame
    // Create the source rectangle.
    // This will have a width and height of 75 (the size of our animationframe).
    // The x-coordinate will specify the position within the source image
    // from which we want to copy. Multiplying the animation frame number by
        the frame width
    // results in a coordinate at the left of the frame that we are going to
    // copy.
    Rectangle srcRect = new Rectangle(animFrame * frameWidth, 0, frameWidth,
            frameHeight);
    // Draw the bitmap at coordinate (100, 100)
```

```
        e.Graphics.DrawImage(myBitmap, 100, 100, srcRect, GraphicsUnit.Pixel);
        // Move to the next animation frame for the next Paint
        animFrame += 1;
}
```

接下来对函数 DrawImage 中传递的参数进行解释：

- 第一个参数为需要在屏幕上进行绘制的 Bitmap 对象(myBitmap)。
- 接下来指定图像所要显示的位置，用 x 坐标和 y 坐标的形式，在本例中为(100,100)。
- 接下来再指定源图像中要绘制的区域的位置及大小(srcRect)。
- 与该函数的桌面版一样，其.NET CF 版也让我们提供 GraphicsUnit 来测量 Rectangles。由于现在的.NET CF 版本中只支持像素，所以我们只能将 GraphicsUnit.Pixel 作为该参数的值。

2. 缩放

除了能够通过一个矩形来读取指定源图像的某个区域，我们还可以提供另一个矩形来指定绘制目标区域，而不像以前那样简单地使用坐标。如果目标矩形与原始矩形大小不同，那么位图会被缩放来适应目标矩形的尺寸。

这个功能具有潜在的作用，但是，对源位图进行缩放是个相当慢的操作，可能会影响游戏的运行速度。偶尔适当地使用一下缩放会产生有用的效果，但不能将它作用于大量的图像上，否则游戏的帧率会大幅下降。

要使用该功能的话，需要像指定源 Rectangle 对象和目标 Rectangle 对象，如程序清单 3-12 所示。如果两个矩形尺寸不一致，那么图像就会根据情况进行缩放。

程序清单 3-12　将位图的宽与高放大到原来的两倍

```
private void Form1_Paint(object sender, PaintEventArgs e)
{
    // Create the source rectangle to match the size of the bitmap.
    Rectangle srcRect = new Rectangle(0, 0, myBitmap.Width,
        myBitmap.Height);
    // Create the destination rectangle at double the size of the source
        rectangle
    Rectangle destRect = new Rectangle(100, 100, srcRect.Width * 2,
                                              srcRect.Height * 3);
    // Draw the bitmap
    e.Graphics.DrawImage(myBitmap, destRect, srcRect, GraphicsUnit.Pixel);
}
```

3. 颜色键

DrawImage 函数最后要提到的这个功能可能是最重要的一个功能：绘制图像时使图像的某个区域透明。我们现在为止所看到的示例都是将图像完全不变地复制到屏幕的矩形区域中，将该区域原来的东西完全覆盖。绝大部分情况下，我们都会希望要绘制的图像与已存在的图像重叠时，不要出现那些矩形的空白。

图 3-14 展示了 DrawImage 函数标准的绘图行为。您可以看到第二个圆形图像的左侧

将第一个图像剪切出了一个空白区域。而在右边的图中，这两个圆互不妨碍地重叠在一起。

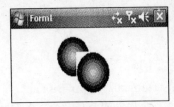

图3-14 在绘图时没有采用颜色键的效果(左图)与采用颜色键的效果(右图)

使用一个颜色键可以得到图3-14右图的效果，我们将指定源图像中的某一种想要使之成为透明的颜色，然后将该颜色传递给DrawImage函数。在屏幕上绘图时任何一个与该颜色匹配的像素都会变为透明。这些透明的像素不只会像本例中那样只是出现在图像的外部，它们可以出现在任何需要进行透明处理的地方。因此，您需要选择一个图像中还没有使用的颜色。

颜色键只能使位图像素完全透明(对于那些与颜色键相匹配的像素)或者完全不透明(对于所有其他像素)。它不支持GDI提供的透明度或者半透明绘制(在第10章介绍OpenGL ES时您就会看到在绘图中如何处理透明度)。

要指定颜色键，需要创建一个ImageAttributes对象。这又是一个桌面版.NET类的精简版本，实际上，该类中只保留了SetColorKey和ClearColorKey这两个有用的函数。

通过调用SetColorKcy函数来指定要透明化的颜色。您会发现该函数实际要接受两个Color类的参数，参数名分别为colorLow和colorHigh。其原因是要与其桌面版.NET函数保持一致，在桌面版的.NET函数中可以指定一个颜色范围。然而，.NET CF只支持单个颜色，所以要为这两个参数指定同一个颜色。程序清单3-13向屏幕绘制图像时令所有白色的像素为透明。

程序清单3-13 采用颜色键来绘制位图

```
private void Form1_Paint(object sender, PaintEventArgs e)
{
    // Create the destination rectangle at double the size of the source
    // rectangle.
    Rectangle destRect = new Rectangle(100, 100, myBitmap.Width,
        myBitmap.Height);
    // Create an ImageAttributes object
    using (ImageAttributes imgAttributes = new ImageAttributes())
    {
        // Set the color key to White.
        imgAttributes.SetColorKey(Color.White, Color.White);
        // Draw the bitmap
        e.Graphics.DrawImage(myBitmap, destRect, 0, 0, myBitmap.Width,
            myBitmap.Height,GraphicsUnit.Pixel, imgAttributes);
    }
}
```

令人不愉快的是，这个版本的DrawImage参数与前面我们已经用过的那些版本的参数不一致，要为源图像提供单独的坐标及尺寸，而不是使用一个源 Rectangle 对象。除此之外，该函数其他版本中提供的功能，该版本也可以提供，包括对位图的部分复制或者根据需要执行缩放。

3.3.4　位图示例

要实际体验我们这里所讨论的 Bitmap 的诸多功能，请查看本书配套下载代码中的 3_3_Bitmaps 示例项目。它会创建两个不同的位图，一个使用基本图形功能，一个使用嵌入资源。然后使用一个颜色键在屏幕上显示图像。

3.4　平滑的动画

本章到目前为止，所有例子都是关于静态图像的。现在，我们来看看如何处理动画以及如何在屏幕上移动图像。我们开始使用移动图像时会面临一些挑战，所以要先解释下可能会碰到的难题，并一一找出解决方案。我们将创建一个简单的例子，该例子中有一个填充了颜色的小块围绕着屏幕进行移动，当碰到屏幕的每个边界时会反弹。我们可以通过将颜色块的当前位置坐标及要移动的方向保存起来(它的速度)实现该功能。

为了得到对象的速度，需要知道它移动的方向及速率。我们可以通过两种简单的方法来描述一个对象的速度：一种是保存该对象的方向(为一个 0°～360°的角度)及对象在该方向上的移动速率。第二种方法是保存该对象在每个坐标轴(x 轴与 y 轴)上的速度值。

第一种方法是对运动进行模拟，与物体的实际运动方式接近，它是适合使用的。然而，为了使本例尽量简单，我们将使用第二种方法。即在每次更新时，简单地对物体移动时在 x 方向的距离及 y 方向的距离进行跟踪。为了实现对象在碰到屏幕的边缘能进行反弹的效果，可以使对象在某个坐标轴上的速度变为相反的值：如果我们将对象在 x 轴上的坐标加 1，然后碰到了屏幕的右边界，那么接着要将该对象在 x 轴上的坐标减 1，使它再向左移动。减 1 意味着加 -1，所以将 x 轴上的速度从 1 修改为 -1 将使该物体在 x 坐标轴上的方向发生反转。同样的方法也适用于 y 轴，图 3-15 演示了计算过程。

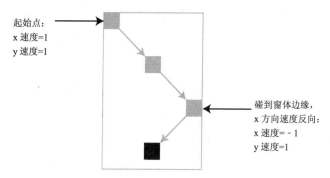

图 3-15　颜色块的运动，对 x 轴和 y 轴上的速度进行控制

使用程序清单 3-14 中的代码，可以制作一个简单的弹跳块动画。

程序清单3-14　对颜色块的位置进行更新

```
// The position of our box
private int xpos, ypos;
// The direction in which our box is moving
private int xadd = 1, yadd = 1;
// The size of our box
private const int boxSize = 50;

/// <summary>
/// Update the position of the box that we are rendering
/// </summary>
private void UpdateScene()
{
    // Add the velocity to the box's position
    xpos += xadd;
    ypos += yadd;
    // If the box has reached the left or right edge of the screen,
    // reverse its horizontal velocity so that it bounces back into the screen.
    if (xpos <= 0) xadd = -xadd;
    if (xpos + boxSize >= this.Width) xadd = -xadd;
    // If the box has reached the top or bottom edge of the screen,
    // reverse its vertical velocity so that it bounces back into the screen.
    if (ypos <= 0) yadd = -yadd;
    if (ypos + boxSize >= this.Height) yadd = -yadd;
}
```

这段程序只关心颜色块的移动，所以接下来需要实际进行绘制。该操作基于我们曾经使用过的 Graphics 对象中的方法，所需代码如程序清单 3-15 所示。

程序清单3-15　在屏幕上绘制弹跳颜色块

```
private void Method1_SimpleDraw_Paint(object sender, PaintEventArgs e)
{
    // Draw our box at its current location
    using (Brush b = new SolidBrush(Color.Blue))
    {
        gfx.FillRectangle(b, xpos, ypos, boxSize, boxSize);
    }
}
```

这段代码完成了基础工作。但是，动画的闪烁情况很严重。您可以运行配套下载代码中的 3_4_RenderingMethods 示例项目，然后选择使用 SimpleDraw 呈现模式就能看到这种情况。虽然颜色块可以按照我们期望的方式移动，但移动时有比较严重的闪烁。这种类型的图形显示显然不能用于任何游戏。

■注意：

　　由于不同的仿真器缓冲区对屏幕的更新方式不同，所以在有一些模拟器上运行该示例时闪烁可能不是特别明显。要看该动画的真实情况，要在实际的手机上运行程序。

如何才能避免发生这样的闪烁呢？我们看看在生成图形时实际发生了什么情况。

您会注意到 Paint 事件中并没有实际对窗体进行清除，但我们看到颜色块在移动时身后并没有产生轨迹。这是因为每次绘图时 GDI 会自动清除屏幕，然后才会绘制新的颜色块。由于所有这些操作都直接发生窗体上，而窗体正是我们所能看到的，窗体上的清除操作与绘图操作交互出现：在当清除操作已经完成而颜色块尚未绘制完成的间隙，窗体是空白的。

为了避免这种冲突，我们改变一下图形的绘制方式。不直接在屏幕上进行绘制，而是创建一个屏幕外缓冲区，并且在其中进行所有的绘图操作。在绘图的同时，屏幕上先前显示的东西都还保留在原位。

当所有的绘图工作完成后，用一个单独的操作将完整的缓冲区中的图像复制到屏幕上。这样，每个生成的画面可以直接切换到下一个画面，而看不到任何分步完成的图形操作。这个技术被称为双缓冲，因为使用了两个图形缓冲区：可见部分的缓冲区(显示在屏幕上)以及非可见部分的后台缓冲区(在该缓冲区中生成图形)。

在使用双缓冲进行绘图时还有一个不同的地方，由于我们是自己创建的后台缓冲区，因此可以对它进行完全的控制。与直接在窗体中进行绘制有所不同，GDI 不会干扰缓冲区中已存在的内容，这意味着在上一个画面中所绘制的东西在下一次绘制时仍然存在。这非常有用，因为任何实际上没有发生移动的图形都可以保留在原地而不需要对它进行重绘。在下一章中我们会根据这种方法对游戏进行有效地优化。

此外还需要在绘制颜色块之前将缓冲区清空。否则在运行该动画时，颜色块的后面会存在拖尾，程序清单 3-16 演示了如何对后台缓冲区进行初始化，如何在后台缓冲区中绘图以及将它复制到窗体上使图形可见。

程序清单 3-16　利用双缓冲在屏幕上绘制弹跳的颜色块

```
/// <summary>
/// Draw all of the graphics for our scene
/// </summary>
private void DrawScene(Graphics gfx)
{
    // Have we initialised our back buffer yet?
    if (backBuffer == null)
    {
        // We haven't, so initialise it now.
        backBuffer = new Bitmap(this.Width, this.Height);
    }
    // Create a graphics object for the backbuffer
    using (Graphics buffergfx = Graphics.FromImage(backBuffer))
    {
        // Clear the back buffer
        buffergfx.Clear(Color.White);
        // Draw our box into the back buffer at its current location
        using (Brush b = new SolidBrush(Color.Blue))
        {
            buffergfx.FillRectangle(b, xpos, ypos, boxSize, boxSize);
        }
    }
```

```
    // Finally, copy the content of the entire backbuffer to the window
    gfx.DrawImage(backBuffer, 0, 0);
}

private void Method2_DoubleBuffering_Paint(object sender, PaintEventArgs e)
{
    // Call DrawScene to do the drawing for us
    DrawScene(e.Graphics);
}
```

再次运行这个示例，这次选择 DoubleBuffer 生成方式。在运行结果中请注意下面两点：

- 颜色块的移动速度比上一个示例要慢；
- 动画仍然很闪烁——实际上，甚至比前面的示例还要严重。

颜色块的移动速度比使用第一种方法时慢，因为要做更多的工作：不只是简单地绘制颜色块，现在还要清空整个后台缓冲区，并且将后台缓冲区中的内容复制到屏幕上。这些需要一些时间来完成。将这个开销最小化是另一类优化，我们将在第 4 章中进行讨论。在第 5 章中，我们还将讨论在不同的运行环境下如何使速度保持一致。

发生闪烁的原因是尽管在后台缓冲区中创建了所有的图形，但在每次重绘时，GDI 仍然会自动对窗体进行清空。我们需要合适地处理这种闪烁才可以在任何窗体中都显示平滑的动画。

可以很容易地关闭窗体的自动清除功能。我们可以对 Form 类的 OnPaintBackground 方法进行重写，在其中不调用基类中的方法(清除操作实际上就是发生在这里)，并且也不进行任何其他操作。这样在 OnPaintBackground 事件的处理过程中，Paint 事件发生之前屏幕上显示的所有内容都会保留下来。

将后台绘制关闭后，现在将后台缓冲区内容复制到窗体中时不会发生任何闪烁。后台缓冲区直接替换了先前显示的图像，不受中间绘图的影响。在示例应用程序中选择 SmoothDraw 生成方式来查看其运行情况。最终我们实现了颜色块的平滑的、无闪烁的运动。

我们在使用 GDI 创建游戏时就将采用这种方法。后台缓冲区中包含了整个屏幕的全部图像，在游戏中当任何物体发生移动时，就将后台缓冲区复制到窗体中。

3.5 充分利用 GDI

本章介绍了在屏幕上显示图形的各种方法，从简单的基础绘图到绘制位图再到平滑的动画。现在您可以利用这些技术来创建更加复杂的动画了，然后让动画可以进行交互，那么您就创建了自己的第一个游戏。

然而，如果要进行更深入的开发，我们还有很多其他重要的性能方面的问题要解决。在原始窗体中，用 GDI 来开发游戏，游戏运行速度会很慢，但使用一些策略，不仅能够使速度得到明显的提高，还能使游戏中移动的对象更容易处理。

在第 4 章中，我们将开始构建一个可重用的游戏引擎，通过它来制作我们的游戏。

第 4 章

■ ■ ■

开发游戏引擎

目前，我们已经介绍了许多技术基础，相信您已经对如何将内容显示到屏幕上的相关函数有了较好的掌握。现在是将学到的这些知识组织起来的时候了。

其实，现在是直接开发一个游戏也并非难事，但我们并不急着这么做，而是采用一个更加有计划的方法。

在本章中，我们将开始创建一个游戏引擎，这是一个能够承载我们的游戏的框架。在开发每一个游戏时，它都能将代码简化，加快开发速度，使我们能将重点放到游戏本身而不是纠缠于那些无聊的技术细节上。我们可以在引擎中将这些问题一次性解决，那么在开发时就不必心有疑虑。

这个游戏引擎能够为我们解决很多其他复杂的问题：设备功能的兼容性、图形优化、对象管理以及与操作系统之间的交互等。

本书后面的各个章节还会对它继续进行开发和使用。一旦完成引擎开发，将创建一个能复用的 DLL 类库，您可以将它用于自己的游戏，来获得思路和灵感；或者根据自己的需要进行自定义。

■注意：

我们将一直对该游戏引擎进行开发，直到本书结束。如果您想先创建自己的游戏项目，那么应当使用最终版本的游戏引擎代码，但其中可能会包含一些我们现在没有讲到的功能。最终版本的游戏引擎位于本书配套源代码的 GameEngine 目录中，为了不造成混乱，开发过程中所生成的每个版本在其项目及 DLL 名称中都包含其所在章节的名称。

4.1 设计游戏引擎

在设计引擎时，我们将利用.NET 的面向对象特性。引擎本身会提供一个抽象类，该类支持一套能通用于任何游戏的核心函数集。然后在从该引擎继承出另一个游戏引擎类，并且将该继承类设置为支持使用 GDI 创建游戏。然后在本书的第 10 章中，我们将派生出另外一个类用于 OpenGL ES 游戏，这样允许我们在讨论和开发过程中将功能和方法进行清晰的划分。

除了引擎类，我们还将定义另一个抽象类，该类提供对游戏对象的支持。这些对象用于游戏中所有需要进行渲染的元素(例如，在俄罗斯方块中下落的方块；Pac Man 游戏中的妖怪、豆子和小精灵；太空侵略者中所有的飞船和子弹)。对象可以知道与游戏元素相关的各种信息(如，它们在屏幕中的位置)，并且允许我们使用统一而简单的方法来有效地处理移动和渲染。与引擎一样，该类也会有一个继承类，用于支持 GDI 对象。

图 4-1 展示了这几个类以及它们之间的关系。

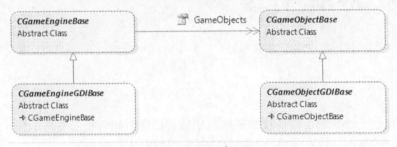

图 4-1　引擎的类图

在 GDI 版本引擎的初始实现中，每个类的主要功能如表 4-1 所示。

表 4-1　游戏引擎类

类　　名	作　　用
CGameEngineBase	该类是整个游戏引擎的核心。它负责管理游戏中的所有对象，提供计时功能使游戏中的物体以恒定的速度移动，为游戏内容的初始化及更新提供标准的方法
CGameEngineGDIBase	该类从 CgameEngineBase 类继承，并补充了一些专门用于 GDI 的功能。该类中包含了 4 个用于离线渲染的后台缓冲区，并且跟踪屏幕上哪块区域需要进行重绘，这样我们才能实现有效的屏幕更新
CGameObjectBase	该类中包含了用于表现游戏中图形对象的基础信息、跟踪它们的位置、允许它们进行显示和更新
CGameObjectGDIBase	该类从 CgameObjectBase 类继承，专门用于支持 GDI 游戏对象。其中添加了对象的宽度与高度信息，使我们能够判断对象是否移动了，并且能知道其图形在屏幕上绘制时的确切位置

当使用该引擎进行实际的游戏开发时，我们还应根据游戏自身的情况添加几个组件，如表 4-2 所示。

表 4-2　为游戏项目创建的组件

游 戏 组 件	作　　用
Engine	游戏将从 CGameEngineGDIBase 类继承一个引擎类，所有的游戏逻辑将保存在该类中。我们将在这里创建自己的游戏对象，定义用户如何与其进行交互、如何移动、玩家的得分、游戏结束条件，以及游戏所需的方方面面

(续表)

游 戏 组 件	作　　用
Objects	为需要使用的游戏对象创建一个从 CGameObjectGDIBase 继承的类。再次回顾一下经典的太空侵略者游戏，我们将创建一个侵略者类、一个子弹类、一个玩家类、还有一个玩家子弹仓库类。每个游戏都会提供一套完全不同的游戏对象类集
Form	我们还需要创建用来玩游戏的窗体，将它传递给游戏引擎，引擎才会知道在什么位置来绘制该游戏

在图 4-2 中将展示该引擎的基本工作流程。

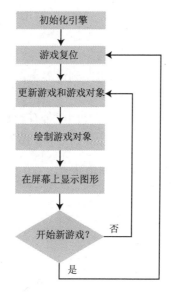

图 4-2　引擎控制流程图

4.2　引擎的实现

我们现在开始对这些类进行开发，首先要编写的是 CGameEngineBase 类。在现在的阶段，不必担心这些类是否具有意义。在本章的后文中将使用该引擎创建一些示例。以后我们有机会利用该引擎创建复杂的操作，所以在示例游戏中所用的代码尽量简单。

4.2.1　CgameEngineBase 类

下面对 CGameEngineBase 类的大概情况进行介绍：
- **目标**　游戏引擎的核心；为管理游戏及其中的对象提供函数。
- **类型**　抽象基类。
- **父类**　非继承类。

- 子类　特定图形 API 的游戏实现，例如 GDI 引擎。
- 主要功能
  - Prepare　为引擎初始化数据。
  - Reset　为一个新游戏初始化数据。
  - Advance　步进游戏中的所有元素。
  - Update　更新游戏状态。
  - Render　绘制游戏。

该类被创建为抽象类；我们不会为该类创建实际的实例，因为它没有包含足够的功能来支持我们的游戏开发。但是，它将成为一个创建 GDI 游戏类与 OpenGL 游戏类的构建块(实际上将来还可以应用于其他渲染技术)。

因此我们会提供一套核心函数集，所有从它继承的游戏引擎都要实现这些功能。并且提供一套虚函数集，使得各种继承类能对这些虚函数用自己的方式进行重写以执行特定任务。

所有继承而来的引擎类有一些东西是通用的，即要对游戏运行窗体进行访问。可能需要检测窗体的尺寸来判断游戏元素是否即将跑到边界上，或者要访问窗体中的控件是否位于窗体内。

为了保证总有一个窗体可用，我们为该类创建带有参数的构造函数，将所需要的窗体信息传递进去。该类一开始非常简单，如程序清单 4-1 所示。

程序清单 4-1　最初的 CGameEngineBase 类

```
namespace GameEngineCh4
{
    public abstract class CGameEngineBase
    {
        /// <summary>
        /// Store a reference to the form against which this GameEngine
        /// instance is running
        /// </summary>
        private Form _gameForm;

        /// <summary>
        /// Class constructor -- require an instance of the form that we will
        /// be running
        /// within to be provided.
        /// </summary>
        /// <param name="gameForm"></param>
        public CGameEngineBase(Form gameForm)
        {
            // Store a reference to the form
            _gameForm = gameForm;
        }
    }
}
```

构造函数将提供的 gameForm 对象的引用存储在类级别私有变量_gameForm 中。为了彻底对这些对象进行控制，我们将所有类级别变量的访问类型定义为 private，然后提供相应的属性供类以外的代码进行访问。因此，我们还需要添加一个属性，这样该基类以外的代码也可以获取对该窗体的引用。

　　我们将为该窗体对象提供一个公共的只读属性。由于是属性被设置为公共的，因此本引擎程序集中以及其他外部游戏程序集中任何从这里继承的类都可以访问该窗体对象，如程序清单 4-2 所示。

程序清单 4-2　最初的 CGameEngineBase 类

```
/// <summary>
/// Return our game form object
/// </summary>
public Form GameForm
{
    get
    {
        // Return our game form instance
        return _gameForm;
    }
}
```

　　现在我们已经解决了"如何创建引擎"的问题，接下来看看需要为该类提供的功能。首先，要为该类添加两部分主要功能：对象管理及游戏功能。我们先来看对象管理部分。

1. 管理游戏对象

　　游戏中的每个对象都代表了屏幕上一个单独的图形实体。每个对象在屏幕上有一个位置，并且知道如何对自己进行绘制，也知道如何进行移动。

　　我们将在游戏引擎中保存一个集合，将任意时刻游戏中所有活动的对象包含到该集合中。这样当需要某个对象做一些事情时，引擎就能够与它进行交互。

　　在游戏中可以向游戏环境中添加新的对象，只需要创建这一个对象，并且把它添加到对象集合中。这种方式可以简单灵活地处理潜在的大量的对象：每次想在游戏中添加点东西时，我们只要将它添加到对象集合中，然后就可以不用管它了，在游戏引擎之外不需要任何额外的代码来管理这些对象。

　　所有游戏对象是在 CGameObjectBase 的继承类中实现的，我们马上就会对该类进行详细介绍。为了保存这些对象的集合，需要在 CGameEngineBase 类中添加一个类变量及其相应的访问属性。如程序清单 4-3 所示。

程序清单 4-3　游戏引擎中的对象集合及其访问属性

```
/// <summary>
/// Store a collection of game objects that are currently active
/// </summary>
private System.Collections.Generic.List<CGameObjectBase> _gameObjects;

/// <summary>
```

```
/// Retrieves the list of active game objects
/// </summary>
public System.Collections.Generic.List<CGameObjectBase> GameObjects
{
    get
    {
        return _gameObjects;
    }
}
```

然后要对类的构造函数进行修改，当类进行实例化时要创建一个_gameObjects 集合的实例。

要管理该对象列表中的对象，需要添加一些额外的代码，在下一节的 Advance 函数中将对其进行介绍。

2. 游戏中的方法

为了使游戏能够运行，需要让它做下列事情：

- 执行启动初始化。
- 为开始一个新游戏进行重置。
- 玩游戏时对游戏的状态进行更新。
- 在屏幕上进行绘制。

接下来看看每个工作是如何实现和使用的。

3. 启动时的初始化

当游戏首次运行时，可能需要做一系列工作：加载图形、准备一个成绩排行榜表格、或者设置游戏控制按钮。

我们将这些工作分为两类：只在游戏首次加载时发生一次的工作，和潜在的每次游戏开始后要重复做的工作。

像准备成绩排行榜表格这样的功能需要在类的构造函数中完成，不需要重写任何游戏引擎函数。

那些可能需要再实现的功能可以放置到重写的 Prepare 函数中(参见程序清单 4-4)。在引擎进程的特定阶段会再次调用该函数；例如，当窗体大小发生改变时，会再次调用 Prepare 方法。因此，这就是说在该方法中要根据窗体的尺寸加载不同的图形，并且要根据窗体尺寸设置一个游戏坐标系。在第 9 章使用该引擎构建一个游戏时我们会详细介绍。

如果您想支持多套不同的图形集，那么在每次修改了选定的图形后，也可以从游戏代码中调用 Prepare 函数来重新初始化这些图形。

基类本身并不执行任何准备工作，所以可以只提供一个空的虚函数，让继承类可以对其重写。

程序清单 4-4 Prepare 函数

```
/// <summary>
/// Virtual function to allow the game to prepare itself for rendering.
```

```
/// This includes loading graphics, setting coordinate systems, etc.
/// </summary>
public virtual void Prepare()
{
    // Nothing to do for the base class.
}
```

4. 重置游戏

该函数用于准备引擎状态，使一个新游戏可以开始运行。该函数中要完成的任务包括将玩家得分重置为 0 并且进行清除，或者随机设置一个游戏难度。上一次游戏中产生的任何信息都要被清空，这样才不会对启动中的新游戏产生影响。

要对类的构造函数进行修改来使类在实例化时能够调用 Reset 函数。

与 Prepare 函数一样，我们也可以在基类中提供一个名为 Reset 的空的虚函数，这样所有从该类继承的引擎类都能够对其进行重写来执行这些任务。

5. 渲染

一旦游戏完成对自身的更新，就需要将游戏中所有需要的元素呈现到屏幕上。我们将调用一个名为 Render 的函数来执行该工作。正如您将会看到的，与渲染类型相关的继承类会重写该函数，然后执行继承引擎本身所需的所有工作，同时让使用此引擎的游戏尽可能的简单。

与游戏重置一样，在基类中实际不需要做任何工作，所以我们只用简单地提供一个空的虚函数即可。

6. 更新游戏状态

所有与游戏相关的游戏功能将作为一个整体(如检测游戏是否已经结束)在 Update 函数中执行。我们的游戏会重写该函数来执行需要的任务，但是同样，在基类中什么也不做，所以保留该函数为空。

7. 推进游戏

游戏一旦启动，就会进入一个循环，其中游戏状态将连续地进行更新，例如：所有飞船将移动，玩家的角色会改变位置；会创建新的对象，而一些已有的对象要被销毁。为了使所有这些事情都能够发生，我们将调用 Advance 函数(参见程序清单 4-5)。

该函数不负责直接执行这些更新，而是触发这些更新的发生。我们既需要将游戏作为一个整体进行更新(这样可以检测游戏结束状态是否被触发)，也需要对游戏中所有的单独对象进行更新(不论使用什么方法，都要允许每个对象可以按照要求的方式移动并且可以同其他对象进行交互)。

程序清单 4-5　Advance 函数

```
/// <summary>
/// Virtual function to allow the game itself and all objects within
/// the game to be updated.
```

```
    /// </summary>
    public virtual void Advance()
    {
        // Update the game itself
        Update();
        // Update all objects that are within our object collection
        foreach (CGameObjectGDIBase gameObj in _gameObjects)
        {
            // Ignore objects that have been flagged as terminated
            if (!gameObj.Terminate)
            {
                // Update the object's last position
                gameObj.UpdatePreviousPosition();
                // Perform any update processing required upon the object
                gameObj.Update();
            }
        }

        // Now that everything is updated, render the scene
        Render();

        // Remove any objects that have been flagged for termination
        RemoveTerminatedObjects();

        // Update the Frames Per Second information
        UpdateFPS();
    }
```

这段代码为游戏本身调用了其 Update 函数(正如我们前面所讨论的)，然后对游戏对象列表中的每个对象进行循环。对每个对象，它首先检测该对象是否已经终止；当对象从游戏中被删除，并等待被销毁时更新就会发生，所以我们不需要对这些对象做更进一步的处理。当所有对象都仍然为激活状态时，我们可以做两件事情：

- 将对象的位置复制到它上一个位置变量中。我们将在本章后文中介绍 CgameObjectBase 类时对其原因进行解释。
- 调用每个对象的 Update 方法，使对象可以执行自己所需的任何操作。

8. 添加其他函数

我们还将在基类中添加一些更加深入的功能集，供引擎或者游戏自身使用。

首先，要添加的是一个随机数生成器。该生成器只是.NET System.Random 类的一个实例。通过引擎访问随机数生成器会有两个优点：第一，每当需要随机数时就可以调用它，而不用创建本地实例，从而使代码能够更加简单；第二(也是最有用的)，我们有机会为随机数生成器指定一个固定的随机种子。采用固定的随机数种子，使应用程序生成的随机数字每次都是同一个序列，这样就可以重复同一个游戏场景来进行测试(不考虑与玩家的交互)。

还要添加一些代码，用来在游戏运行期间返回游戏的帧率(使用 FramesPerSecond 属性)。它记录了每一秒中屏幕上的图形更新次数。我们将尽量获得帧率的最高值，因为帧率越高，动画就会越平滑。当帧率降为很低时，游戏会看上去很卡，所以对帧率值进行监视是很有用的。

最后，还要有另一个对象管理函数 RemoveTerminatedObjects。当某个对象不再被游戏所需要时，我们就为它设置一个标志，告诉引擎该对象将要终止了。RemoveTerminatedObjects 函数会从对象集合中将所有包含该标志的对象删除。对象必须通过这种方式来删除(而不是马上从集合中将它们删除)，因为我们需要在它们被销毁之前进行清除；在 Advance 函数的最后来执行这个任务。在本章后文中介绍优化图形渲染时将解释为什么需要用这种方式来删除对象。

4.2.2　CgameObjectBase 类

下面对 CGameObjectBase 类进行概要的介绍：

- **目的**　显示游戏中的图形对象。
- **类型**　抽象基类。
- **父类**　无。
- **子类**　专门用于游戏的图形 API 实现，例如用于 GDI 引擎。
- **主要功能**
  - Xpos、Ypos、Zpos、LastXPos、LastYPos、LastZPos　用于定义对象位置的属性。
  - IsNew, Terminate　用于定义对象状态的属性。
  - Render　允许将对象绘制到游戏中。
  - Update　允许对象自己进行移动并产生动画。

有很多对象都继承于游戏对象，所以我们来看看这些对象的基类。

CgameObjectBase 类是另一个抽象基类，我们所有实际的游戏对象都将从它继承。在其构造函数中要传递一个对 CGameEngineBase 游戏引擎(或者是其子类)的引用。该对象中存储了一个私有的类变量 _gameEngine，通过访问权限为 protected 的 GameEngine 属性可以访问它。这样所有的对象都可以在其运行平台中访问游戏引擎实例。

1. 对象的位置

CGameObjectBase 类中包含了用于跟踪对象位置的一系列属性值。我们保存每个对象当前的 x 坐标、y 坐标和 z 坐标。在第 3 章中已经介绍过 x 坐标和 y 坐标；z 坐标用于表示对象在第三个维度上的位置，在屏幕中但不在屏幕上(事实上 z 轴应与屏幕垂直)。在本书后文中介绍用 OpenGL ES 开发 3D 图形时，z 坐标才会扮演重要的角色。

对于每一种坐标，我们都会将对象当前的位置及先前的位置保存起来。这样做有两个重要的原因。首先，有两个位置才能判断对象是否移动了。本章后文中会介绍如何使用该信息使游戏引擎在渲染时更加有效。其次，将两个位置都保存的话，能使对象在这两个位置之间移动时更加平滑。在第 5 章中讨论游戏所用的不同的计时方式时将会用到它。

位置的值使用以下 6 种属性表示：Xpos、Ypos、Zpos、LastXPos、LastYPos 以及 LastZPos。前三个属性值将返回对象的当前位置；它们被定义为虚属性，如果需要，将在继承对象类中被重写。其他三个属性用于返回对象的上一个位置。

与位置属性相关的是 UpdatePreviousPosition 函数。它将所有对象的当前位置属性中的值复制到先前位置属性中。每当需要更新对象的位置时，在计算出对象的新位置之前，就可以通过游戏引擎来调用该函数，这样可以确保对象的先前位置属性准确而及时。

所有这些与坐标相关的属性都用 float 类型来存储值。这似乎不太必要，毕竟我们不能绘制半个像素，为何要用分数来标志像素的位置呢？

虽然不能在非整数位置上绘制对象，但用非整数来更新其位置还是很有用的。例如，您想在屏幕上以非常慢的速度显示太阳的移动轨迹，就会发现，如果每帧移动一个像素，那么移动的速度会过快。与通过实现复杂的逻辑使在若干帧后才移动一次相比，现在可以按照 0.1 或是 0.01 的增量来移动。这样就将速度降到原来的 1/10 或 1/100，不需要任何额外的代码。

当以后开始使用 OpenGL ES 时就能发现这样做的另外一个好处了。OpenGL ES 所使用的坐标系与屏幕上的像素没有对应关系。因此，以分数的方式来修改对象的位置实际会对其显示位置产生影响。

2. 存储对象状态

除了对象的位置，在游戏引擎中还有两个与其状态相关的其他属性。它们是 IsNew 和 Terminate。

IsNew 用于指示该对象自上次更新后是否已添加到游戏引擎中。我们可以通过该属性来确认对象在屏幕上的初始显示是否正确。对于新对象，该属性会自动被设置为 true，当游戏引擎对它进行了一次更新操作后，该属性就自动被设置为 false。

Terminate 属性(我们曾经提到过)用于请求将对象从仿真环境中删除。要请求终止操作的话只需要将该属性值设置为 true，当游戏发生下一次更新时，对象就会从游戏中删除。

3. 对象中的方法

最后，我们需要在引擎中添加两个虚函数，供对象完成操作任务。

首先是 Render，对象通过该函数来将自身绘制到后台缓冲区中。与 CgameEngineBase 类中的 Render 方法类似，该方法以一个 Graphics 对象作为参数，在该阶段实际并不做任何操作，它将在继承类的对象中得以使用。

另一个函数是 Update。您很快就能看到我们可以使许多对象自主(或部分自主)，它们可以控制自己的移动位置，在一定程度上与引擎控制系统保持独立。因此，引擎将调用该函数使对象可以根据需要执行各种力所能及的操作。再一次，在基类中该函数不包含代码，但是继承类要对它进行重写。

4.2.3 CGameObjectGDIBase 类

下面对 CGameObjectGDIBase 类进行概要的介绍：
- **目的** 一个 CGameObjectBase 类的实现，提供 GDI 图形所需的功能。
- **类型** 抽象基类。
- **父类** CgameObjectBase。

- **子类**　各个游戏的游戏对象，创建在独立的程序集中。
- **主要功能**
  - Width 和 Height　尺寸属性。
  - HasMoved 和 GetRenderRectangle　判断移动状态以及对象所在的区域。

虽然我们对游戏对象类的讨论还不多，但能看到 GDI 的脉络。CGameObjectGDIBase 类是另一个抽象类，其内容不是很多，只是添加了一些使 GDI 渲染引擎能够高效工作的属性与方法。

1. 在 GDI 中设置对象的状态

首先要添加的是用于跟踪对象 Width 和 Height 的属性。这是两个很重要的属性，根据它们提供的信息就可以得到每个对象在屏幕上占用的空间。在本章后文介绍渲染引擎优化时将使用到它。

我们还要添加一个名为 GetRenderRectangle 的函数。对象根据自己的位置及尺寸在屏幕上进行绘制，该函数将得到对象占用的矩形区域，并返回该矩形，在对象本身的 Render 方法中及游戏引擎优化中都将使用该函数，在本章后文中将会看到。在内部，对象也记录了其先前的位置，每当发生移动时，该位置的值都会进行更新。这也对后面的优化有帮助。

2. 对象移动

然后我们添加一个名为 HasMoved 的属性。我们用它来标识对象是否往某个方向移动了。移动不仅仅包括其位置的变化，还包括对象是否添加到了游戏引擎中，或者对象是否被终止。这些条件中的任何一个如果发生，都需要在窗体上重绘对象。

该属性通过 CheckIfMoved 函数进行更新。该函数检查对象中的每一个相关的状态属性，如果任何一个状态属性发生变化，就认为对象发生了移动，而将 HasMoved 属性设置为 true，该函数如程序清单 4-6 所示。

程序清单 4-6　CheckIfMoved 函数

```
/// <summary>
/// Determine whether any of our object state has changed in a way that would
/// require the object to be redrawn. If so, set the HasMoved flag to true.
/// </summary>
internal virtual void CheckIfMoved()
{
    if (XPos != LastXPos) HasMoved = true;
    if (YPos != LastYPos) HasMoved = true;
    if (ZPos != LastZPos) HasMoved = true;
    if (IsNew) HasMoved = true;
    if (Terminate) HasMoved = true;
}
```

另外，对任何一个位置属性(Xpos、Ypos 或 ZPos)进行修改，都将使 HasMoved 属性被设置为 true。

4.2.4　CGameEngineGDIBase 类

下面对 CGameEngineGDIBase 类进行概要的介绍：

- **目的**　一个 CGameEngineBase 类的实现，提供 GDI 图形所需的功能。
- **类型**　抽象基类。
- **父类**　CgameEngineBase。
- **子类**　各个游戏，创建在独立的程序集中。
- **主要功能**
  - **Prepare**　为执行 GDI 渲染做好准备。
  - **Render**　提供有效的图形渲染技术。
  - **Present**　将生成好的图形显示到屏幕上。

抽象引擎对象与抽象游戏对象都已经就位了，现在要为 GDI 绘制引擎添加功能。CGameEngineGDIBase 类仍然被声明为 abstract，但实际的游戏类将从它继承而来。

该类附加函数中最有意义的是 Render 方法。我们来看看该方法以及这里实现方式上的区别。

1. 渲染

每个对象需要对后台缓冲区进行更新时，都会使用 Render 函数。我们要进行许多需要的操作：

- 如果后台缓冲区尚未执行初始化，则进行初始化。
- 清空背景。
- 向后台缓冲区中绘制所有对象。
- 使游戏窗体失效，触发一个 Paint 事件，这样我们就可以将修改了的后台缓冲区复制到窗体中。

我们首先来讨论后台缓冲区，正如上一章中所述，这是一个不显示在屏幕上的 Bitmap 对象，我们将在其中绘制所有的图形对象。它通常维护的是当前要显示的游戏内容的图形。在 Render 函数的开始阶段，如果对象尚未可用，就会调用 InitBackBuffer 来对缓冲区进行准备。在本例中，图形后台缓冲区的大小与游戏窗体的大小一致，如程序清单 4-7 所示。

程序清单 4-7　对后台缓冲区进行初始化

```
/// <summary>
/// If not already ready, creates and initialises the back buffer that we
/// use for off-screen rendering.
/// </summary>
private void InitBackBuffer()
{
    // Make a new back buffer if needed.
    if (_backBuffer == null)
    {
        _backBuffer = new Bitmap(GameForm.ClientSize.Width,
            GameForm.ClientSize.Height);
        // Ensure we repaint the whole form
```

```
        ForceRepaint();
    }
}
```

下一步，清空背景。这里有两种可能的方法：将背景改为纯色，或者在移动的图形背后显示一个背景图像。

如果没有图像，那么调用 CreateBackgroundImage 函数，该函数为虚函数，继承游戏类可以对它进行重写。如果需要背景图片，可以返回一个包含了背景图片的 Bitmap 对象。然后在绘制图形之前调用该函数来清空后台缓冲区。

另一方面，如果调用了该函数之后还是没有背景图像，那么游戏会用一个纯色来清除后台缓冲区。通过对象的 BackgroundColor 属性来指定该颜色。

第三步是将所有的对象都绘制到后台缓冲区中。这里先跳过这一步骤的细节，因为我们马上要在第 4.4 节中对它进行深入的介绍。可以这样说：所有需要重绘的对象都会在后台缓冲区中绘制好。

最后，我们调用窗体的 Invalidate 方法来触发重绘事件。就是靠这种机制，将修改后的后台缓冲区中的内容绘制到屏幕上，这样才能被人们看到。当该事件被触发时，通过传递窗体的 Graphics 实例，在 CGameEngineGDIBase.Present 方法中会对窗体进行调用。我们很快就会看到窗体是如何与引擎相联系的。

2. 推进游戏

我们还要对 Advance 方法进行重写。在该方法中，要检测游戏中的每个对象来查看其位置是否发生了移动或是发生了其他状况，从而需要对对象进行重绘。其原因也将在第 4.4 节中进行介绍。

4.2.5　CGameFunctions 类

下面对 CGameFunctions 类进行介绍：
- **目的**　为游戏引擎项目提供实用函数。
- **类型**　包含了静态成员的内部类。
- **父类**　没有父类。
- **子类**　没有继承的子类。
- **主要功能**
  - **IsSmartphone**　标识设备是触摸屏设备还是 smart phone 设备。
  - **CombineRectangles**　帮助我们操纵矩形区域。

游戏引擎所包含的最后一个类是 CGameFunctions，它为引擎提供了不同的工具函数。该类为内部类，所以在引擎程序集之外看不到它。该类的构造函数为私有的，所以无法创建其实例；该类中所有的函数都是 statics 的，所以不需要创建对象实例就可以调用它。

我们将在该类中构建一些额外的功能，以在后面章节中增强引擎。但是现在只实现两个函数：

- **IsSmartphone** 就像第 2 章中所介绍的那样，该函数用于判断设备是一个触摸屏设备还是一个 smart phone 设备。
- **CombineRectangles** 此函数以两个 Rectangle 对象作为参数，并返回一个恰好能容纳下这两个矩形的 Rectangle。它实际上是对 Rectangle.Union 方法进行了包装，但它将空矩形(将 Top、Left、Width 及 Height 全部设置为 0)作为特例，并将其排除在外。

这样，游戏引擎的雏形就完成了——还好，这不太费力。接下来，我们将简单地将引擎应用到一个游戏中。

4.3 使用游戏引擎

我们在一个单独的项目中来构建游戏，通过对游戏引擎项目或对其 DLL 进行引用来访问游戏引擎类。

游戏项目中将包含一个 game 类，它继承于 CGameEngineGDIBase 类，我们将控制游戏本身整体流程的代码放到该类中。

我们还将添加一些 Object 类，用于代表游戏中的对象(分别是星球、导弹、外星人等)。game 类可以将这些类的实例添加到游戏中。

最后要在一个.NET CF 窗体中实现游戏，在该窗体中需要一点代码，其中大部分是相似的，并且很简单：

- 在窗体的构造函数中，对已经定义在游戏项目中的 game 类进行实例化，将窗体本身作为一个参数进行引用。
- 对 OnPaintBackgroud 方法进行重写，正如前面所讨论的。
- 为 Paint 事件添加处理程序，在其中调用 game 类的 Present 方法，用于将后台缓冲区显示在屏幕上。
- 创建一个游戏循环，来重复更新游戏。在循环中将调用 game 类的 Advance 函数。稍后我们将对该循环进行详解。

目前来看，外部程序调用引擎本身看起来还是非常简单的！

创建弹球示例游戏

接下来，我们用游戏引擎来构建一个示例项目。我们将创建一个小球，小球能在游戏的窗口中到处反弹。与上一章中创建的移动方块比较相像，但这里将模拟重力，所以小球在降落到窗口的底部的过程中会加速。

Bounce 项目是一个单独的程序集，项目中添加了对 GameEngineCh4 的引用(本章中所构建的游戏引擎版本)。在提供的项目中已经添加了该引用。也可以在 Solution Explorer 窗口中，右击游戏项目中的 References 节点，然后选择 Add Reference 选项(在 VB.NET 中，双击 My Project 节点，选择 References 选项卡，然后单击 Add 按钮)自行添加引用。如果游戏引擎项目包含在同一个解决方案中，那么单击 Projects 选项卡在其中选择游戏引擎项目；否则，就在 Browse 选项卡中定位编译后的 DLL。这样就可以在游戏项目中使用该游戏引擎了。

　　Bounce 项目包含了一个用于显示游戏输出的窗体，以及两个用于运行游戏的类(一个从 GameEngineCh4.CGameEngineGDIBase 继承，另一个从 CGameObjectGDIBase 继承)。在本书配套下载代码的 4_1_Bounce 目录中可以找到该项目。

1. CbounceGame 类

　　首先要创建游戏引擎。这将在 CbounceGame 类中实现，该类从游戏引擎的 CgameEngine-GDIBase 类中继承。除了其构造函数之外，它只有两个函数，即 Prepare 函数和 Reset 函数的重写。程序清单 4-8 展示了 Prepare 函数中的代码。

程序清单 4-8　Bounce 游戏的 Prepare 函数

```
/// <summary>
/// Prepare the game
/// </summary>
public override void Prepare()
{
    Assembly asm;

    // Allow the base class to do its work
    base.Prepare();

    // Initialise graphics library
    if (GameGraphics.Count == 0)
    {
        asm = Assembly.GetExecutingAssembly();
        GameGraphics.Add("Ball",
            new Bitmap(asm.GetManifestResourceStream("Bounce.Graphics.Ball.
                png")));
    }
}
```

　　该代码很简单：通过查询 GameGraphics.Count 属性检测是否已经加载了游戏图形；如果尚未加载，那么从 Ball.png 资源中添加图形。

　　程序清单 4-9 展示了 Reset 函数。

程序清单 4-9　Bounce 游戏的 Reset 函数

```
/// <summary>
/// Reset the game
/// </summary>
public override void Reset()
{
    CObjBall ball;

    // Allow the base class to do its work
    base.Reset();

    // Clear any existing game objects.
```

```
GameObjects.Clear();

// Create a new ball. This will automatically generate a random position
// for itself.
ball = new CObjBall(this);
// Add the ball to the game engine
GameObjects.Add(ball);
}
```

这段代码首先调用 GameObjects.Clear 函数删除所有存在的游戏对象。然后创建本项目中 CObjBall 类(稍后将介绍该类)的一个实例,并将它添加到 GameObjects 集合中。

2. CobjBall 类

CObjBall 类从游戏引擎的 CGameObjectGDIBase 类继承,提供了使游戏中的小球能够移动及显示的功能。我们首先声明一些类变量,如程序清单 4-10 所示。

程序清单 4-10 CObjBall 中的类级别变量声明

```
// The velocity of the ball in the x and y axes
private float _xadd = 0;
private float _yadd = 0;

// Our reference to the game engine.
// Note that this is typed as CBounceGame, not as CGameEngineGDIBase
private CBounceGame _myGameEngine;
```

小球的类构造函数中包含了一个名为 gameEngine 的 CBounceGame 类型的参数,您也许会思考参数为什么不是 CGameEngineGDIBase 类? 这是因为 CBounceGame 继承于引擎的基类,我们当然可以用它来调用基类,同时,用这种方式声明引擎的引用允许我们能够调用在继承类中创建的任何附加函数。

在_myGameEngine 变量中设置一个对引擎对象的引用后,构造函数可以对小球进行初始化。包括设置其 Width 及 Height(都从所加载的 Bitmap 对象中获取),然后再随机设置一个位置和速度。如程序清单 4-11 所示。

程序清单 4-11 Ball 对象的类构造函数

```
/// <summary>
/// Constructor. Require an instance of our own CBounceGame class as a
/// parameter.
/// </summary>
public CObjBall(CBounceGame gameEngine) : base(gameEngine)
{
    // Store a reference to the game engine as its derived type
    _myGameEngine = gameEngine;

    // Set the width and height of the ball. Retrieve these from the loaded
    //bitmap.
    Width = _myGameEngine.GameGraphics["Ball"].Width;
    Height = _myGameEngine.GameGraphics["Ball"].Height;
```

```
// Set a random position for the ball's starting location.
XPos = _myGameEngine.Random.Next(0, (int)(_myGameEngine.GameForm.Width
    - Width));
YPos = _myGameEngine.Random.Next(0,
    (int)(_myGameEngine.GameForm.Height / 2));
// Set a random x velocity. Keep looping until we get a non-zero value.
while (_xadd == 0)
{
    _xadd = _myGameEngine.Random.Next(-4, 4);
}
// Set a random y velocity. Zero values don't matter here as this value
// will be affected by our simulation of gravity.
_yadd = (_myGameEngine.Random.Next(5, 15)) / 10;
}
```

从代码中可以看出，Width 属性和 Height 属性是通过对加载到 GameGraphics 集合中的 Ball 位图进行访问来设置的。这种方法要好于为尺寸硬编码固定值，因为当图像的尺寸发生改变后，不需要修改任何代码。

接下来，我们提供 Render 函数的一个重写，它使用了我们上一章中介绍过的技术，即使用一个颜色键，以一定的透明度将加载的图像绘制到给定的 Graphics 对象中；如程序清单 4-12 所示。

程序清单 4-12　Ball 对象的 Render 函数

```
/// <summary>
/// Render the ball to the provided Graphics object
/// </summary>
public override void Render(Graphics gfx)
{
    base.Render(gfx);

    // Create an ImageAttributes object so that we can set a transparency
    // color key
    ImageAttributes imgAttributes = new ImageAttributes();
    // The color key is Fuchsia (Red=255, Green=0, Blue=255). This is the
    // color that is used within the ball graphic to represent the transparent
    // background.
    imgAttributes.SetColorKey(Color.Fuchsia, Color.Fuchsia);
    // Draw the ball to the current render rectangle
    gfx.DrawImage(_myGameEngine.GameGraphics["Ball"],
        GetRenderRectangle(),
            0, 0, Width, Height, GraphicsUnit.Pixel, imgAttributes);
}
```

在该函数中又一次利用了图形的宽高信息，避免了进行任何硬编码操作。通过调用基类的 GetRenderRectangle 函数可以计算出小球绘制的位置(只需要计算一次即可)。调用 DrawImage 函数时，我们也提供了源图像的 Width 值和 Height 值，正如在构造函数中的设置一样。

接下来就只剩下让小球实际的移动了。我们允许小球控制自己的移动；游戏引擎本身只需要在游戏中添加一个 ball 对象，然后让它完成任何它想要做的操作。移动是在对象的 Update 函数中进行处理的，如程序清单 4-13 所示。

程序清单 4-13　ball 对象的 Update 函数

```
/// <summary>
/// Update the state of the ball
/// </summary>
public override void Update()
{
    // Allow the base class to perform any processing it needs
    base.Update();

    // Add the ball's velocity in each axis to its position
    XPos += _xadd;
    YPos += _yadd;
    // If we have passed the left edge of the window, reset back to the edge
    // and reverse the x velocity.
    If (XPos < 0)
    {
        _xadd = -_xadd;
        XPos = 0;
    }
    // If we have passed the right edge of the window, reset back to the edge
    // and reverse the x velocity.
    if (XPos > _myGameEngine.GameForm.ClientSize.Width - Width)
    {
        _xadd = -_xadd;
        XPos = _myGameEngine.GameForm.ClientSize.Width - Width;
    }
    // If we have passed the bottom of the form, reset back to the bottom
    // and reverse the y velocity. This time we also reduce the velocity
    // slightly to simulate drag. The ball will eventually run out of
    // vertical velocity and stop bouncing.
    if (YPos + Height > _myGameEngine.GameForm.ClientSize.Height)
    {
        _yadd = _yadd * -0.9f;
        YPos = _myGameEngine.GameForm.ClientSize.Height - Height;
    }

    // This is our very simple gravity simulation.
    // We just modify the vertical velocity to move it slightly into
    // the downward direction.
    _yadd += 0.25f;
}
```

代码中的注释已经详细地描述了在该类中所进行的操作。与上一章中的弹跳块相比的话，事实上没有什么更复杂的东西。

3. 运行游戏

以上就是游戏进行演示所需要的所有代码。唯一没有介绍的就是游戏窗体了。这可以通过该类的构造函数、OnPaintBackground 方法、Paint 事件(在本节的开始介绍过)来实现。此外，还要在窗体上添加一个标签，用来显示当前游戏的帧率。这需要使用一个 Timer 控件，并将其设置为每隔 1 秒更新一次。

接下来，我们要创建一个循环来驱动游戏实际运行。一个简单的方法就是在窗体上再放一个 Timer 控件，为了使时间间隔尽可能地小，先将其设置为 1。这样可以运行，但可能不是最佳的效果，因为在前一个间隔结束和下一个间隔开始之间总会有个小的延时。

不过我们不采用这种方法，而是创建一个永久的循环，利用每个循环周期来推进游戏的运行，直到游戏窗体关闭该循环才停止，这才能使应用程序关闭。该循环在 RenderLoop 函数中创建，如程序清单 4-14 所示。

程序清单 4-14　通过 RenderLoop 函数驱动游戏运行

```
/// <summary>
/// Drive the game
/// </summary>
private void RenderLoop()
{
    do
    {
        // If we lose focus, stop rendering
        if (!this.Focused)
        {
            System.Threading.Thread.Sleep(100);
        }
        else
        {
            // Advance the game
            _game.Advance();
        }

        // Process pending events
        Application.DoEvents();

        // If our window has been closed then return without doing anything
        // more
        if (_formClosed) return;

        // Loop forever (or at least, until our game form is closed).
    } while (true);
}
```

函数 RenderLoop 首先检查窗体是否实际获得了焦点。如果窗体被最小化了，就说明用户不在游戏中，因此不用将很多 CPU 时间花费到更新游戏上。如果我们探测到游戏失去了焦点，就将线程挂起 1/10 秒，不做其他处理。在此期间因为没有调用游戏的 Advance 函数，所以当游戏失去焦点时可以有效地将它暂停。

假设游戏拥有焦点，那么会调用游戏引擎的 Advance 函数，游戏就会得到更新。更新时会触发窗体的 Paint 事件，因为要调用游戏引擎中所包含的窗体的 Invalidate 方法。

接下来调用 Application.DoEvents 函数，这个调用很重要，如果少了它，游戏窗体中所有的事件都将排队等待 RenderLoop 函数结束后才开始执行。这也就意味着我们将无法处理任何输入事件或者其他可能发生的窗体事件，例如窗口大小调整、最小化、或者关闭等。

最后检查窗体是否已经关闭了。在.NET CF 3.5 中，可以通过查看窗体的 IsDisposed 属性很容易地得到结果，但是，在.NET CF 2.0 中没有提供该属性。为了使代码能够兼容两个版本的框架，我们采用了一种稍微不同的方式，_formClosed 变量是一个类级别的变量，在窗体的 Closed 事件中将它设置为 true。这可以触发线程退出循环。

为了启动循环绘制，我们从窗体的 Load 事件中调用它。在调用之前要确保窗体是可见的，并且要调用窗体的 Show 方法及 Invalidate 方法将它完全重绘。这部分代码以及对帧率计时器进行初始化所用的代码，如程序清单 4-15 所示。

程序清单 4-15　在窗体的 Load 事件中启动绘制循环

```
private void Form1_Load(object sender, EventArgs e)
{
    // Enable both of the timers used within the form
    fpsTimer.Enabled = true;

    // Show the game form and ensure that it repaints itself
    this.Show();
    this.Invalidate();

    // Begin the game's render loop
    RenderLoop();
}
```

项目现在可以运行了，并且出现了弹跳的小球。我们对 CBounceGame 类的 Reset 方法稍微进行一点修改(参见程序清单 4-16)来体现该游戏引擎的一个优势。我们在循环中不止添加 1 个小球，而是 20 个，马上就可以看到窗体中出现了很多运动着的小球。

程序清单 4-16　在 CBounceGame.Reset 中添加许多小球

```
[...]
// Add some balls
for (int i = 0; i < 20; i++)
{
    // Create a new ball. This will auto-generate a random position for itself.
    ball = new CObjBall(this);
    // Add the ball to the game engine
    GameObjects.Add(ball);
}
[...]
```

游戏运行的效果如图 4-3 所示。

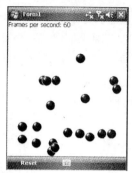

图 4-3 运行中的 Bounce 项目，包含了 20 个小球

4.4 优化渲染

目前我们所讨论的代码在每次更新时是这样渲染图形的：

- 清空后台缓冲区。
- 将所有游戏对象绘制到后台缓冲区中。
- 将后台缓冲区呈现在屏幕上。

这种方式很简单，但效率不高。设想一个俄罗斯方块游戏：我们将玩家的方块向屏幕底部降落，游戏区域已经有了很多其他的方块，这些方块已经是完全静止的了。以我们现在所用的渲染步骤，需要在每次更新画面时也对那些静态的方块进行重绘，即使它们与上一次画面更新时相比没有发生任何变化。如果能够只对后台缓冲区中那些实际发生了变化的一部分进行重绘，那么效率将会明显地提高。

该如何做呢？需要下列步骤：

- 判断前一帧绘制完成后，发生了移动的游戏对象所占的区域。
- 清空后台缓冲区，但只清空发生了移动的区域。
- 对与移动区域发生重叠的所有对象进行绘制。
- 将移动区域绘制到屏幕上，保留该区域以外的所有图形不变。

实现这个改进后能使引擎的表现有实质性的改善。尤其是在那种包含了很多静态元素的游戏中，通常可以避免很多不必要的重绘。

实现此优化所需要进行的改动都发生在 CGameEngineGDIBase 类中，主要是其 Render 函数。首先要做的是判断上次绘图完成后发生了移动的区域。

这个区域实际上包含了进入了对象的区域(需要渲染移入对象的区域)以及移出对象的区域(也需要被重绘，这样背景或者在该位置的其他任何对象才能重新显示)。对象移出区域的渲染是很重要的，否则旧的对象会在后面形成拖尾。

■注意：

在我们的实现中，将只计算游戏的单个移动区域。还有一种方法是计算许多类似的小移动区域，甚至是对每个对象的移动区域都进行计算。在大多数情况下，优化渲染时使用单个区域实际上是一个效率比较高的方法，因为 GDI 不必对多个单独的小区域进行记录。该技术所用的代码会简单很多，它将 Render 函数的复杂度降到了最低。

示意图 4-4 的对小球的移动区域进行了标注，上一次调用 Render 函数时该区域的位置为灰色，本次调用时该区域为黑色。于是我们需要对方框中原来被小球遮挡了的方框以及该区域的背景进行重绘。被虚线矩形标注出来的区域为移动区域。

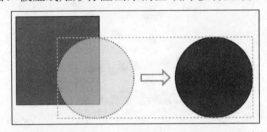

图 4-4　小球的移动区域

这样我们就得到了需要计算的区域的信息。可以通过查询对象的 HasMoved 属性来判断它是否发生了移动。这些对象移入的区域可以通过计算每个对象当前的绘制矩形来得到；对象通过 GetRenderRectangle 函数来返回该矩形。如果我们使用 CombineRectangles 函数，那么可以将所有这些矩形合并为一个大的绘制矩形。然后就形成了所有移动对象的移入区域。

要得到对象移出区域也很容易。我们只需要将每个对象的 PreviousRenderRect 对象进行合并，就如同扫描它们一样。得到这些信息后，将对象的当前绘制矩形复制到先前的绘制矩形中，为下一次获取该信息做好准备。

所有这些操作都由 FindCurrentRenderRectangle 函数处理，如程序清单 4-17 所示。

程序清单 4-17　查找需要在其中进行绘制的矩形

```
/// <summary>
/// Calculate the bounds of the rectangle inside which all of the moving
/// objects reside.
/// </summary>
/// <returns></returns>
private Rectangle FindCurrentRenderRectangle()
{
    Rectangle renderRect = new Rectangle();
    Rectangle objectRenderRect;

    // Loop through all items, combining the positions of those that have
    // moved or created into the render rectangle
    foreach (CGameObjectGDIBase gameObj in GameObjects)
    {
        // Has this object been moved (or created) since the last update?
        gameObj.CheckIfMoved();
        if (gameObj.HasMoved)
        {
            // The object has moved so we need to add the its rectangle to the
            // render rectangle. Retrieve its current rectangle
            objectRenderRect = gameObj.GetRenderRectangle();
            // Add to the overall rectangle
            renderRect = CGameFunctions.CombineRectangles(renderRect,
```

```
            objectRenderRect);
        // Include the object's previous rectangle too.
        // (We can't rely on its LastX/Y position as it may have been updated
        // multiple times since the last render)
        renderRect = CGameFunctions.CombineRectangles(renderRect,
            gameObj.PreviousRenderRect);
        // Store the current render rectangle into the object as its
        // previous rectangle for the next call.
        gameObj.PreviousRenderRect = objectRenderRect;

        // Clear the HasMoved flag now that we have observed this object's
        // movement
        gameObj.HasMoved = false;
    }

    // This object has now been processed so it is no longer new
    gameObj.IsNew = false;
}
return renderRect;
}
```

　　我们已经得到了所有的对象移入区域和移出区域，可以检查它们是否为空；如果为空，就不需要进行绘制。

　　假定有几个对象需要绘制，将 Graphics.ClipRegion 属性设置为将要绘制的区域。任何企图在该区域之外进行的绘制将都是无效的：绘制操作将被裁剪到特定的区域中。该功能很重要，因为我们可能需要对更新区域中的对象进行重绘，而这些对象又同该区域外的对象有所重叠。ClipRegion 属性允许我们实现该操作，而不需要对所有重叠了的对象进行重绘，直到绘制到最前端的一个对象为止，如图 4-5 所示。在该图中，有一堆方框和一个球重叠在一起。当屏幕更新时球被移走了，ClipRegion 属性使我们不用再渲染全部方框。

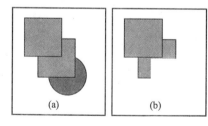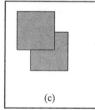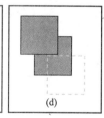

图 4-5　绘制屏幕时使用 ClipRegion 属性与不使用 ClipRegion 属性的对比

　　图 4-5(a)展示的是原始场景，其中包含了两个方框，在它们的后面有一个球。(b)图展示了球移走之后的场景。移动区域被裁剪掉了，因为这部分还没有被绘制。这使得下方框少了一部分区域。(c)图展示了对下方框进行绘制后的结果(未使用 ClipRegion 属性)。其中方框被重绘了，但现在却出现在上方框的前面，这并不是我们所期望的结果。为了进行修正，我们对上方框也进行了重绘，这样所有的对象都位于它的后方了。这可能会导致一长串连锁的额外的对象绘制操作。最后，在(d)图中，我们对(c)图重复进行了绘制，但这次使

用了 ClipRegion 属性(虚线矩形所示的区域)。这样，下方框中只有与使用了 ClipRegion 属性的区域发生重叠的部分进行了重绘。这防止了下方框跳到上方框的前面，因此不需要再做进一步的绘制。

确定了移动区域，并且设置了 ClipRegion 属性集，我们渲染优化过程的第二步(清空更新区域)就很简单了。如果使用一个背景图像，我们只需要将它复制到移动区域即可；如果不是，那么只需要调用 Graphics.Clear 方法(只有与 ClipRegion 属性重叠的区域会受到影响)即可。

现在需要绘制游戏对象，我们先找到那些与移动区域发生重叠的对象，并只对它们进行绘制，这样就可以减少工作量。完全落在该区域之外的对象自从在前面绘制完成后就不需要发生任何改变，因此可以不考虑它们。这同时也节约了大量的 GDI 处理过程。

在本阶段中，后台缓冲区要被完全更新，并且最后要准备好显示给用户。然而我们也可以对这个过程进行优化。如您所知，我们需要绘制的是移动区域，因此在 Render 方法的最后，我们可以只将该区域传递给窗体的 Invalidate 函数。Invalidate 函数将触发 Present 函数，在其中我们可以从后台缓冲区中只将该区域复制到游戏窗体。同样，这些改进可以显著地减少 GDI 的工作量，使帧率得到提高。

我们还可以将矩形区域累计到一个名为 _presentRect 的类变量中。Present 函数用它来识别将后台缓冲区中的哪个区域复制到窗体上。

为了更形象地显示哪些区域被重绘了，我们在 CGameEngineGDIBase.Render 函数中添加一些调试代码，在每一帧中的移动区域上渲染一个矩形边框。默认情况下该功能被注释掉了，但如果您想看到屏幕上发生更新的确切区域，就可以将该功能打开。要启用该功能，请找到位于 Render 函数结尾处调用了 DrawRectangle 函数的代码，将代码旁边的注释符去掉，如程序清单 4-18 所示。

程序清单 4-18　ClipRegion 可视化调试代码

```
// Debug:  draw a rectangle around the clip area so we can see what we have
// redrawn
using (Pen p = new Pen(Color.Blue))
{
    backGfx.DrawRectangle(p, renderRect.X, renderRect.Y,
                             renderRect.Width - 1, renderRect.Height - 1);
}
```

运行 Bounce 项目时启用该代码，屏幕上的显示效果如图 4-6 所示。

当前绘制矩形后面的方框痕迹显示了每一帧中的 ClipRegion。由于我们只对移动区域进行更新，因此旧的绘制区域在屏幕的后面形成了一条轨迹。这可以让我们很容易地看到在游戏运行时对哪些区域进行了绘制。

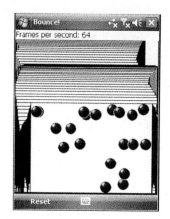

图 4-6　激活了 ClipRegion 可视化调试代码时的 Bounce 项目

4.4.1　添加、更新和删除对象

有三个进一步的操作可以影响到移动区域，但与对象的移动并不直接相关：即添加新对象、删除已有对象、更新静态对象的图。

添加一个新对象时，即使它是完全静止的，还是需要对它进行渲染，否则它会保持不可见直到落入到移动矩形区域中。因此，我们需要在每个对象被创建时在其内部设置一个名为 IsNew 的标志，任何设置了该标志的对象都将被包含到累加的移动矩形区域中，而不用考虑它们坐标的变化。

对象生命周期的另一个端点是终止。当一个对象不再被需要时，我们需要对屏幕区域进行重绘，使该对象从画面中消失。因此我们需要使用一个 Terminate 标志，在本章中已经多次提到了它。被标记为终止的对象不会被重绘，但它们仍被认为是属于移动矩形区域的。处理完毕后，使用 RemoveTerminatedObjects 函数将它们从游戏对象列表中删除。

任何没有使用 Terminate 标志但被直接从列表中删除了的对象将仍然留在屏幕的后面，直到移动矩形将它们完全擦除掉，所以，在终止对象时要记得使用这种方法。

CGameObjectGDIBase 包含了 Check If Moved 函数，游戏的每一步运行都会由引擎来调用该函数。该函数根据条件来查找需要进行重绘的对象(发生移动的对象、新对象或终止对象)。如果发现匹配的对象，就将其 HasMoved 属性设置为 true。然后在下一次调用 Render 函数时设置它。

最后，我们会碰到这种情形：对象的图像被修改了，但位置并没有发生改变。在这种情况下，需要对它进行重绘才能使用户看到新图像，但就我们目前所描述的条件来看，这种情况不会发生，因为对象都不是新对象，也没有被终止且没有发生移动。

在这种情形下，我们可以将对象的 HasMoved 属性设置为 true，强制对其进行重绘。当下一次调用 Render 函数时，该函数会查看该标志是否被设置，如果设置了，那么不论其他的属性值如何发生变化，对象都会被重绘。

4.4.2　强制重绘

在将后台缓冲区中的图像呈现到游戏窗体中时，很多时候并不只是显示移动矩形区域，

而是需要强行将整个区域进行呈现。例如下列实例:

- **当游戏首次启动时** 如果不对整个窗体进行重绘,那么可能会因为那些初始静态对象绘制失败而终止程序。并且会发现绘制在 Windows Mobile 的 Today 页面上,而不是在空白窗口中。
- **当游戏被重置时** 在这个阶段,所有的游戏对象都要发生明显的变动。执行一次完整的重绘才能确保每个对象都能正确显示。
- **当游戏窗体大小变化时** 如果窗体大小发生改变(例如,由于设备方向由横屏变为竖屏),就需要重新绘制,对整个游戏画面进行重新显示,才能适应新的窗体大小。

我们通过调用 CGameEngineGDIBase.ForceRepaint 方法来实现重绘,该方法要做三件事情:

- 将一个名为 _forceRerender 的类变量设置为 true。下次调用 Render 函数时会检查该变量,确保对整个后台缓冲区进行重建。
- 将一个名为 _forceRepaint 的类变量设置为 true。下次调用 Present 函数时会检查该变量,确保将整个后台缓冲区进行重建。
- 使整个游戏窗体失效。

4.4.3 性能影响

Bounce 项目中所引用的游戏引擎项目已经包含了上面所介绍的优化渲染时所需要的代码,当项目运行时会显示帧率,因此我们可以看到执行效率优化后的效果。为了与未优化渲染时进行对比,我们只要在 CGameEngineGDIBase.Advance 方法起始的地方插入代码来调用 ForceRepaint 函数即可。

在设备上分别运行优化后的代码与未优化的代码,通过在不同的设备上进行测试,我得到了下列对比结果:

- HTC Touch Pro2 (WVGA) 未优化时 31 帧/s,优化后 45 帧/s(性能提高了 45%)。
- i-mate PDA2 (QVGA) 未优化时 32 帧/s,优化后 40 帧/s(性能提高了 25%)。

从这个数据可以看出在屏幕越大性能提高越多(可以预料到)。与本示例相比,那些移动区域小的游戏会有更加明显的提升。

4.5 引擎的其他功能

本游戏引擎已经为我们提供了一个简单而且经过了优化的图形框架,还可以让它执行一些其他的任务。接下来我们就看看还可以添加哪些其他功能。

4.5.1 与设备进行交互

在第 1 章中曾经讨论过,要记得我们是运行在一个多任务的设备中,能够执行各种各样其他功能,其中一些传统的功能要比游戏更重要。因此,我们需要能够处理设备上各种可能发生的交互事件。在本节中将介绍这个遗留的主题,以保证我们的游戏可以与设备和谐地进行交互。

1. 最小化及还原

玩家在任何时刻都可能会决定单击 X 按钮将游戏最小化，或者用其他的方式退出我们的游戏。同样，其他应用程序也可能会突然获得焦点，从而迫使游戏最小化(例如来电)。当发生这些情况时，我们需要做两件事：

- 停止游戏的运行。暂停任何操作，尽可能减少 CPU 使用率。
- 等待游戏重新激活，然后使游戏继续，并且强制对屏幕进行一次重绘，这样所有对象都会显示。

将游戏进程挂起是由游戏本身负责的，因为游戏引擎无法知道设备何时有来电。我们已经在窗体的 RenderLoop 函数中看到了如何处理这种情况。

然而，引擎可以在其 Advance 方法中确认游戏窗体是否拥有焦点。如果没有，它可以暂停游戏的运行，为操作系统让出资源。这些发生在 CGameEngineGDIBase.Advance 方法中，如程序清单 4-19 所示。

程序清单 4-19　在 Advance 方法中检测焦点

```
/// <summary>
/// Advance the simulation by one frame
/// </summary>
public override void Advance()
{
    // If the game form doesn't have focus, sleep for a moment and
    // return without any further processing
    if (!GameForm.Focused)
    {
        System.Threading.Thread.Sleep(100);
        return;
    }
    [... - the rest of the Advance procedure continues here ...]
}
```

通过调用 Sleep 函数将应用程序进程挂起 1/10 秒，允许操作系统执行其他等待执行的任务。由于游戏实际进入了循环休眠状态，因此 CPU 使用率会非常低。不过，我仍然推荐对主游戏窗体本身检测是否拥有焦点而不是依靠该方法。

当游戏窗体重新激活时，需要强制执行一次重绘，以完整地渲染背景。这需要在 CGameEngineGDIBase 类的构造函数中为游戏窗体添加 Activated 事件处理程序。要注意，是在引擎基类中添加该事件处理程序而不是在窗体本身中添加，因此我们不能像通常那样使用窗体属性窗口，而必须以编程的方式添加：

```
// Add an Activated handler for the game form
gameForm.Activated += new System.EventHandler(GameFormActivated);
```

当窗体重新激活时，调用 GameFormActivated 方法，在该方法中强制重绘(如程序清单 4-20 所示)。

程序清单 4-20　对游戏窗体重新激活进行响应

```
/// <summary>
/// Respond to the game form Activate event
/// <summary>
private void GameFormActivated(object sender, EventArgs e)
{
    // Force the whole form to repaint
    ForceRepaint();
}
```

2. 调整窗体尺寸

在第 2 章中曾经讨论过，如果改变了设备的方向，窗体的尺寸就会发生改变。这种情况可能发生在用户将应用程序最小化，对设备进行重新配置或者只是旋转了有重力感应功能的新设备时。

当窗体大小发生改变时，需要调整游戏以适应新的尺寸。这可能需要我们对游戏中的图形进行重新定位(甚至要加载全新的图形)或者显示一条消息说明该游戏在新的屏幕方向上不能正常工作。

然而我们需要做出响应，使游戏引擎拦截到该事件，并执行所需的操作。正如 Activated 事件一样，我们要在 CGameEngineGDIBase 类的构造函数中为窗体添加 Resize 事件处理程序。这次调用 GameFormResize 函数，该函数如程序清单 4-21 所示。

程序清单 4-21　对游戏窗体大小发生改变进行响应

```
/// <summary>
/// Respond to the game form resize event
/// </summary>
private void GameFormResize(object sender, EventArgs e)
{
    // If we have no back buffer or its size differs from
    // that of the game form, we need to re-prepare the game.
    if (_backBuffer == null ||
        GameForm.ClientSize.Width != _backBuffer.Width ||
        GameForm.ClientSize.Height != _backBuffer.Height)
    {
        // Re-prepare the game.
        Prepare();
        // Force the whole form to repaint
        ForceRepaint();
    }
}
```

该函数的主要目的是再次调用 Prepare 方法(游戏引擎就是在这里完成对 Resize 事件的响应的)，并强制执行一次重绘，这样在新尺寸的窗体中对全部对象进行渲染。

但是，Resize 事件会经常不定期地被触发(例如，当窗体被打开时)。为了忽略这些虚假的调用，我们将窗体的尺寸同后台缓冲区中的窗体大小进行对比。如果两者匹配，就忽略该调用。只有在检测到确实发生了尺寸变化时，才调用 Prepare 方法和 ForceRepaint 方法。

3. 处理 SIP

在触摸屏设备上，SIP 随时都可能会打开和关闭。当 SIP 关闭时，它占用的区域如果不包含在移动区域中，就会保持原样而不进行绘制，这将看上去很不协调，而使用户感到很不适应。因此，我们需要捕获 SIP 的关闭事件，当它发生时就强制执行重绘。

对该事件的响应方式与前面其他的窗体事件是完全相同的，只是如果尝试在一个 smart phone 设备上与 InputPanel 控件进行交互的话，就会抛出一个异常，这使情况稍微复杂了一些。因此，在添加事件处理程序之前要检测游戏是否运行在 smart phone 平台上(如果是，那么设备上不会包含 SIP，也不需要对其事件进行处理)。

为了实现该功能，要在类中添加一个名为_inputPanel 的 InputPanel 类变量，在 CgameEngineGDIBase 类的构造函数中使用程序清单 4-22 中的代码对它进行初始化。

程序清单 4-22　初始化 SIP 事件处理程序

```
// If we are running on a touch-screen device, instantiate the inputpanel
if (!IsSmartphone)
{
    _inputPanel = new Microsoft.WindowsCE.Forms.InputPanel();
    // Add the event handler
    _inputPanel.EnabledChanged += new
        System.EventHandler(SIPEnabledChanged);
}
```

当每一次打开或者关闭 SIP 时，在 SIPEnabledChanged 函数中就会调用这段代码。该函数的实现代码如程序清单 4-23 所示。

程序清单 4-23　对 SIP 的 EnabledChanged 事件进行响应

```
/// <summary>
/// Respond to the SIP opening or closing
/// </summary>
private void SIPEnabledChanged(object sender, EventArgs e)
{
    // Has the input panel enabled state changed to false?
    if (_inputPanel != null && _inputPanel.Enabled == false)
    {
        // The SIP has closed so force a repaint of the whole window.
        // Otherwise the SIP imagery is left behind on the screen.
        ForceRepaint();
    }
}
```

4.5.2　检查设备的兼容性

尽管使游戏能够尽可能地适应各种不同的设备是明智之举，但有时还是需要为游戏指定一个最低硬件配置要求。为了能够简化对运行游戏的设备进行性能检测的操作，我们在

游戏引擎的 **CGameEngineBase** 类中添加一些性能检测函数。

使用这些函数，游戏可以指定任何特定的配置。引擎会对这些配置一一进行验证，以一个值的形式返回验证结果，通过该值就可以知道设备有哪些配置没有满足。然后可以生成一条信息向用户解释为何游戏无法运行。

要检测很多项性能，分为以下几类：

- 屏幕分辨率
- 输入功能
- Windows Mobile 版本

性能检测应当写成方便以后进行扩展的形式(事实上，在后面的章节中继续对游戏引擎进行开发时，我们还将添加更多的性能检测选项)。

我们使用一个枚举来标识每个性能检查项。每一项的值都为 2 的幂。这样，我们只需要在该值上执行一次 OR 按位运算，就可以将各个单独的标识值合并为一个单独的值。我们将在该枚举中应用 Flags 特性，这样.NET 就会知道我们是通过这种方式来使用枚举的。

该枚举如程序清单 4-24 所示。

程序清单 4-24　Capabilities 枚举

```
/// <summary>
/// Capabilities flags for the CheckCapabilities and
/// ReportMissingCapabilities functions
/// </summary>
[Flags()]
public enum Capabilities
{
    SquareQVGA = 1,
    QVGA = 2,
    WQVGA = 4,
    SquareVGA = 8,
    VGA = 16,
    WVGA = 32,
    TouchScreen = 64,
    WindowsMobile2003 = 128,
    WindowsMobile5 = 256,
    WindowsMobile6 = 512
}
```

用于检测设备是否满足这些性能需求的函数为 CheckCapabilities。将所有需要检验的性能需求编码后作为参数传递给它，该函数根据性能需求对实际的设备硬件进行检验。您可以在 CGameEngineBase 类源代码的结尾处找到该函数。

该函数依次检测每个需求，首先是屏幕分辨率，它获取屏幕的宽度和高度(以像素为单位)，并且确保屏幕是竖屏(高度大于宽度)。然后将性能需求中每一个设置了分辨率性能标志的分辨率与实际的屏幕大小进行对比，将不能满足的分辨率性能标志记录到 missingCaps 变量中。

TouchScreen 标志只需要简单地调用 IsSmartphone 函数来进行检测——如果返回 true，

说明不是触摸屏，就将该标志添加到 missingCaps 变量中。

为了确定 Windows Mobile 的版本，需要检测 Environment.OSVersion.Version 对象。它将返回主版本和次版本号。各操作系统的版本号如表 4-3 所示。

表 4-3　Windows Mobile 操作系统版本号

操 作 系 统	Environment.OSVersion.Version 中的值
Windows Mobile 2003 SE	4.x
Windows Mobile 5	5.1
Windows Mobile 6	5.2

使用 Version 对象的 CompareTo 函数，我们可以轻松地验证设备上运行的是哪个版本的操作系统。同样，所有不匹配的操作系统版本性能标志将被添加到 missingCaps 变量中，最后将 missingCaps 返回给函数调用过程。

通过这种方法对设备进行检测，使我们的代码可以确切地看到哪些性能是不满足的，但我们需要将这些信息反馈给用户。这就要用到引擎中的另一个函数：ReportMissingCapabilities。它可以将这些不满足的性能转换为一个可读的报告，并呈现在屏幕上。

ReportMissingCapabilities 函数需要另一个 Capabilities 参数；这次，它将从 CheckCapabilities 函数返回的值作为未满足的性能。首先找到未满足的最低分辨率，如果找到了，就将它添加到一个字符串中(该字符串将被返回)。次低分辨率就不需要显示了，因为实际上只需要找到要求最低的分辨率即可。

在对 Windows Mobile 版本进行检测时也采用同样的方法：只需要指定需求中最低的版本即可。

在检测是否为触摸屏时也可以用该方法，返回需求字符串。

在游戏中进行性能检测是通过在窗体的 Load 事件中调用这两个函数来实现的。

如果我们发现一些性能需求不能满足，就将情况告诉用户，然后关闭窗体，退出游戏。例如，程序清单 4-25 中指定了游戏的性能需求为：VGA 及以上分辨率、触摸屏、以及 Windows Mobile 6。

程序清单 4-25　设备性能检测

```
private void GameForm_Load(object sender, EventArgs e)
{
    GameEngine.CGameEngineBase.Capabilities missingCaps;
    // Check game capabilities -- OR each required capability together
    missingCaps =
      game.CheckCapabilities(GameEngine.CGameEngineBase.Capabilities.VGA
        | GameEngine.CGameEngineBase.Capabilities. TouchScreen
        | GameEngine.CGameEngineBase.Capabilities. WindowsMobile6);
    // Are any required capabilities missing?
    if (missingCaps > 0)
    {
        // Yes, so report the problem to the user
        MessageBox.Show("Unable to launch the game as your device does not
```

```
        meet "
        + "all of the hardware requirements: \n\n"
        + game.ReportMissingCapabilities(missingCaps), "Unable to
            launch");
    // Close the form and exit
    this.Close();
    return;
}
[...]
 // Other Form Load code goes here.
[...]
}
```

当在一个运行了 Windows Mobile 6、屏幕为 QVGA 的 smart phone 上运行该程序时，就会出现如图 4-7 所示的提示信息。

通过努力优化使硬件需求能够尽可能低是非常值得的，但当有些需求根本就不能满足时，就要进行这样的检测来确保需要的各种要求都能得到满足。

图 4-7   不满足的硬件需求

4.5.3   未来的功能增强

该引擎在设计上很开放，在引擎中添加任何代码，马上就会使所有继承于该引擎的游戏生效。在后面的章节中，我们还将添加代码来读取用户输入、播放音乐和音效，并且以后会用 OpenGL ES 来代替 GDI 显示图像。但引擎中的基本元素在所有版本中始终保持相同。

4.6   下一步的工作

现在我们已经可以轻松地编写有效的游戏了。游戏引擎使我们能够将重点放在游戏代码上，而不用担心游戏如何与设备进行交互的问题。

Bounce 示例演示了如何在游戏中用少量的代码就能让游戏集里的图形对象在屏幕上动起来。请花一些时间来试验这些代码，添加自己的对象，并在游戏中修改对象移动的方式，这样才能对目前所开发的引擎感到适应。

当然，现在生成的只是简单的动画，我们需要允许用户与引擎交互，这样才能构造出实际的游戏。我们很快就会讨论到这个话题，但首先要解决一个所有游戏都会遇到的问题：如何使游戏在所有设备上都能保持正确的速度？这就是我们在下一章所要讨论的主题。

第 5 章

■■■

计 时 器

您可能已经注意到了，在第 4 章中当运行 Bounce 项目时，小球移动的速度在不同的设备上并不一致。在仿真器上运行时小球的速度与在一个真实的设备上运行时速度是不同的。如果您试图在多个不同的设备上运行该游戏，就会发现它们的表现完全不同。

如果不能使游戏以我们期望的速度运行，那么如何才能很好地调节游戏的运行速度？物体移动的速度会大大地影响到游戏的难度，花大量时间在自己的设备上调整速度并不是个好主意，而且结果会发现其他人看到的游戏速度都完全不一样。

在本章中，我们将介绍不同的方法来确保游戏能以准确统一的速度运行。并找到一个效率最高而且代码最简单的方法。然后，将该方法整合到游戏引擎中，并运行几个示例代码来演示不同设备之间的计时器。

5.1　统一计时器的必要性

在游戏开发的初期，游戏的运行平台是完全标准化的，在性能和效率上完全相同。开发人员应保证他们所编写的游戏在运行速度上是相同的，这样所有的玩家都会有相同的用户体验。

但这样的日子已经一去不复返了，现在编写游戏时必须考虑到很多不可预测的因素，使游戏能以我们想要的速度运行。有许多因素会对游戏运行速度产生干扰，下面的章节介绍这些影响因素。

5.1.1　处理器速度

造成设备之间速度差异最明显的因素是处理器的速度。测试 CPU 性能已成为了桌面计算机游戏的常用功能，所有的 PC 游戏玩家都习惯了通过检测每个游戏的需求来评测自己计算机的性能。

移动设备所跨越的 CPU 速度范围比相对应的桌面设备小很多，但不同设备之间的速度仍然差异很大。速度越慢，执行游戏代码所用的时间就越久，从而导致性能越差。

5.1.2　图形性能

并非所有的设备在更新屏幕上的图形时有相同的性能。每个设备都有自己的方法与显示交互，因此，不同设备之间的图形运算速度会有所不同。

在该领域中，另一个重要的影响因素是设备的屏幕分辨率。QVGA 屏幕包含了 76 800 个像素，而 WVGA 屏幕要刷新的像素是该数字的 5 倍——384 000。因此，WVGA 设备上的全屏操作的速度将比低分辨率设备上的全屏操作速度要慢些。

5.1.3 多任务

Windows Mobile 设备总是在后台中做很多您没有意识到的工作。这既包含了琐碎的工作，如记录下一次显示日历提醒的时间；也有复杂的工作，例如下载 E-mail 消息，或者与台式 PC 进行文件同步。

所有这些任务都分流了其他运行中的任务的资源，例如您的游戏所需要的 CPU 资源。特别复杂的后台任务还会导致游戏在运行时失去了额外的时间来使用处理器资源，这对玩家而言是极具破坏性的，使游戏感觉迟钝而缓慢。

5.1.4 运算及绘图的复杂性

即使假定将全部精力都放在某个设备中，游戏中的元素也会以不同的速度运行。无论是在游戏逻辑上还是在图形显示上，更新屏幕上大量的外星飞船都需要更多的时间。需要的密集处理时间越多，游戏就会越慢，玩家也会愈加感到沮丧。

5.1.5 开发模式与发行版代码

以调试模式执行游戏，对代码运行速度有很大影响。对于纯数据处理(忽略图形更新)，在调试模式下的应用程序(通过 Visual Studio 调试器附加)的运行速度会比直接运行(不使用调试器)时慢好几倍。这使得应用程序需要运行在可以控制的环境下，否则性能是无法预知的。

5.2 消除性能上的不一致性

解决这些问题的办法就是使用外部计时器来驱动游戏前进。该计时器中的一秒就是真实时间中的一秒，与 CPU 速度以及要显示图形的数量无关。只要能够使游戏运行时每秒中所发生的更新次数相同，就可以确保游戏运行速度是一致的。

我们可以尝试很多种方法来实现这个目的。接下来就来看看其中的几种方法，找到一种最合适的加入到游戏引擎中。

5.2.1 按固定间隔进行更新

在第 4 章中的 Bounce 项目中，为了驱动游戏的更新，我们用循环的方式对游戏引擎尽可能快地进行更新。如果将两次更新之间的时间间隔延长到一个固定时长，以较低的频率触发更新事件(例如，每秒一次或两次)，那么肯定会使游戏拥有统一的性能。

当然，这种方法有一个明显的劣势，它会使游戏帧率大幅下降。每秒只更新两次，这样难看的动画没有人愿意观看。

在极少数的场景中，这种方法也许可行，但对于大多数游戏而言，尽管它很简单，但这种方案都是不可行的。

5.2.2 按动态间隔进行更新

如果排除掉按固定间隔进行更新的缓慢方法，那么可以转到一个可以使引擎尽可能快地进行更新的模型上，就如同 Bounce 示例中那样。不过，我们可以监视两次更新之间所用的时间，并将该间隔作为参数传递给游戏引擎。游戏引擎可以根据实际的时间间隔来计算物体应该移动的距离。

假设我们在游戏中显示一个肥皂泡图形，我们想要它以固定的速度上升。使用前一种方法的话，每次调用气泡的 Update 方法时，只需要从气泡的 y 坐标值中减去一个值即可。因此，气泡更新率上的波动会导致其速度上的波动。

但是这次，我们将告诉泡沫每次更新花费了多少时间。图 5-1 对这个过程进行了展示。

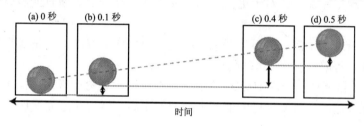

图 5-1　气泡使用动态间隔更新时的示意图

图 5-1 按照时间刻度展示了气泡移动过程中的四帧画面，每一帧都在上一次仿真后不久的时间进行仿真。

在第一帧(a)中，气泡的起始位置为屏幕的底端。第二帧(b)在 0.1 秒之后显示，气泡已经在屏幕上向上移动了一小段距离。气泡下方的箭头表示它的移动距离。该距离由气泡的速度乘以时间间隔(0.1)得到。如果我们想让气泡以每秒 100 像素的速度移动，那么该距离应为 10 像素(0.1×100 = 10)。因此当更新后对气泡进行绘制时，要将气泡的 y 坐标值减去 10。

这时，外部程序使我们的应用程序失去了一点点处理器时间，在短时间内没有什么东西被更新。因此，在我们要绘制下一帧(c)时，距离上一帧(b)已经过去了 0.3 秒，而不是我们所期望的 0.1 秒。

因此我们不能仅仅令 y 坐标值减去一个常量(如使用固定间隔进行更新)，我们还是应用绘制帧(b)时所采用的公式：时间×速度=距离。在这种情况下，时间间隔为 0.3 秒，气泡移动速度仍然是每秒 100 像素，因此距离为 30 像素(0.3×100=30)。这使得帧(c)中气泡下方用一个更大的箭头来表示增加了的距离。

最后，到了帧(d)，它与帧(c)时间的时间间隔为期望值 0.1 秒。因此可以用帧(b)中的方法计算得到气泡的移动距离为 10 像素。

将这几帧在时间轴上摆成一排，如图 5-1 所示，我们可以画一条线段连接每个气泡的中心，可以看到在仿真的过程中气泡的移动速度实际上是固定的。

我以 0.1 秒的时间间隔更新动画是为了对该方法进行解释。在实际仿真中可以对游戏尽可能快地进行更新。因此这就会导致动画中包含了很多多余的帧，而不会出现像上图中那样帧缺失的情况。如果我们以 50 帧/s 的速率进行更新，那么单位时间就只有 0.02 秒，以这样的速度，在图 5-1 的帧(a)与帧(b)之间将多出 4 帧来，分别是在 0.02 秒、0.04 秒、0.06 秒和 0.08 秒处。无论游戏的运行速度有多快，我们都可以保证游戏中物体的移动速度为一个常量。

如果设备无法处理这么高的更新率，那么将更新速率降低为 20 帧/s，气泡还会以同样的速度移动，只是两次更新之间的时间间隔为 0.05 秒。无论设备能够支持的更新速度是快还是慢，游戏中物体实际的速度都会完全一致。

正如您所见，现在移动速度完全独立于设备的运行速度了——这正是我们想要达到的目的。

1. 动态间隔更新的问题

该方法看上去几乎是完美的，但是，它有一个重大缺陷：它在上面所描述的那种直线运动的情况下表现很完美，但对于更复杂的运动模式，在每次更新时就需要极为复杂的数学计算。

我们再来看看这个示例，但不让气泡以恒定的速率向上移动，而是让它加速移动。我们将给它加速度，每隔 0.1 秒，小球的速度就会增加 50%。

如果每隔 0.1 秒就调用一次 Update 方法，那么可以很容易实现这个需求。我们可以创建一个变量来保存速度，将 y 坐标的值减去移动的距离，然后让速度增加 50%，如程序清单 5-1 所示。

程序清单 5-1 使气泡加速移动

```
class CObjBubble : GameEngine.CGameObjectGDIBase
{
    private float _speed = 1;
[...]
    public override void Update()
    {
        // Allow the base class to perform any processing it needs
        base.Update();
        // Update the y position
        YPos -= _speed*0.1f;
        // Increase the movement speed by 50%
        _speed *= 1.5f;
    }
}
```

当更新间隔为固定值时，这段代码的运行情况良好，但引入动态时间间隔后会发生什么情况呢？我们还是可以很容易地对气泡的位置进行更新；还是像程序清单 5-1 中所做的那样，将_speed 的值乘上时间间隔。但_speed 本身的值该如何进行修改呢？

如果速率在 0.1 秒后增长了 50%，那么 0.2 秒后，或者 0.05 秒后、20 秒后应该增长多少呢？

要回答这些问题，需要使用微分差分方程。我不是一个数学家，因此不是特别想在编写游戏的时候还要涉及微分差分运算(这只是此类问题中的一个简单示例)。复杂的数学计算也不利于运行效率；我们要为游戏的运行节约 CPU 运算周期，而不是将它用于计算加速度上。

因此，动态时间间隔不适合做此类游戏的计时器，我们需要既能以任意的速度对游戏进行渲染(运行方式与动态间隔方法相似)，同时也能按照固定的速率对游戏逻辑进行更新(运行方式与固定间隔方法相似)。

如何才能同时实现这两个需求呢？接下来就看我们的第三种解决方案，同时也是最终的解决方案。

5.2.3 内插更新

幸运的是，我们找到了答案——并且也是一个相当简单的方法。该方法将游戏逻辑进行拆分，并且在每个独立的进程中进行渲染。然后通知引擎按照固定的时间间隔对自己进行更新——也就是说，每隔 0.1 秒执行一次更新。实际的游戏中频率可能会更高——并且在更新时尽快地进行渲染。

但是，当我们在同一个 0.1 秒的时间间隔中执行了多次渲染时会发生什么情况呢？我们当然可以期望需要这么做；毕竟已经看到了 Bounce 示例的代码在运行时的帧率比现在的要高。在同一个时间间隔中进行多次更新，意味着所有的画笔会在同一个位置绘制对象。只有每隔 0.1 秒执行一次更新时，渲染才高效，当然，这和前面介绍的固定间隔更新是一样的。

我们使用一个简单的数学技术来解决这个问题，该技术名为内插。它能够在起点到终点的范围内确定一些中间点的值。有很多种不同类型的内插算法，有些非常复杂，但我们将使用最简单的一种，名为线性内插。

尽管您可能无法理解这个概念，但在实际工作中您可能经常会使用线性内插。我们看图 5-2 中的图表。

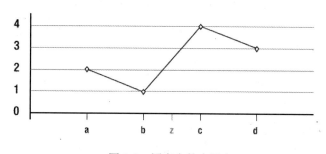

图 5-2　图表上的内插点

在图 5-2 中，a、b、c、d 这 4 个点上的值分别为 2、1、4、3。然而，在图表中还标出了一个额外的点：z，它位于 b 和 c 之间。图中没有显示出 z 点的值。但它的值很明显是 2.5。因为 z 落在 b 和 c 的中间，所以我们可以取这两个点的中间值来作为 z 的值，1 和 4 之间的中间值为 2.5。

我们可以用一个数学公式来表示这个计算，即求两个值的平均值：

```
z = (b + c) / 2
```

当然，这样可以很容易计算并得到两个点之间的平均值。

这种方法对渲染有什么帮助呢？假定我们的游戏要在 a、b、c、d 这 4 个时间点上进行更新。它们互相之间有相同的距离，这可以满足以固定间隔更新的需求。如果发现需要在点 b 更新表示与点 c 更新表示的中间执行渲染，我们就可以计算这两次更新之间的中点，并且在该位置绘制对象。这样可以有效地为游戏对象创建一个新的位置，但不必执行一次新的更新。

内插使这种计算方式更进一步，允许我们指定两点之间线段上的任意位置，而不只是中点。要在两个值(即两个 x 坐标)之间做内插，我们要指定一个值在 0~1 之间的内插因子，因子为 0 时表示取的是第一个值(记为 x_1)。因子为 1 时表示取的是第二个值(记为 x_2)。如果我们现在创建一个计算公式能使用该范围内任意一个因子进行计算，并且返回正确的结果，就能实现 x 坐标从一个值到下一个值之间的平滑过渡。我们将内插因子命名为 f，返回的结果用 x_{new} 表示。

该计算并不难，公式如下所示：

```
xnew = (x2 * f) + (x1 * (1 - f))
```

我们以上面所举的同样的例子来使用这个公式，令 x_1 为 1，x_2 为 4(如表 5-1 所示)。

表 5-1　在两个值之间测试上述内插公式

内 插 因 子	计　　算	x_{new}
0	(4 * 0) + (1 * (1−0)) == (0) + (1)	1(与 x_1 为同一个点)
1	(4 * 1) + (1 * (1−1)) == (4) + (0)	4(与 x_2 为同一个点)
0.5	(4 * 0.5) + (1 * (1−0.5)) == (2) + (0.5)	2.5(位于 x_1 与 x_2 之间)
0.25	(4 * 0.25) + (1 * (1−0.25)) == (1) + (0.75)	1.75 (位于 x_1 到 x_2 的 1/4 处)

由该公式计算可以得到我们想要的任何点：当内插因子的值为 0 和 1 时，分别完全对应于起点和终点。0 和 1 之间任何一个值都可以使第一个点平滑地过渡到第二个点。使用该公式可以实现在任意两个值之间的平滑滑动。

将该计算公式用于计算游戏对象的 x 坐标和 y 坐标，能计算出两个屏幕坐标之间任意点的位置。

1. 将内插更新应用到游戏中

我们将该技术应用到游戏引擎的画面呈现上。当进行渲染时，我们知道每个对象的当前位置，但由于尚未进行计算，所以不知道下一个位置在何处。所以如何对对象位置进行内插呢？我们可以根据前一个位置将当前位置作为内插。将对象从上一次更新时的位置上平滑移动到当前更新的位置上。也许您已经回忆起，对象已经保存了前一个位置。

该如何选取内插因子呢？我们可以查看从上一次执行 Update 函数后已经过去了多少时间，再计算该时间长度占两次更新之间时间间隔的百分比，于是该值可以是 0~1 之间的任意数。

如何对一般的更新延时进行响应仍然是个问题。本节到目前为止所有的情形都是假设更新会按照我们所定义的时刻准时触发。当然，在实际中并不是这样的，我们会发现程序经常被中断，所以更新多少会有一点延时，甚至有很多延时。

事实上，中断并不会产生较大的影响。只要我们处理好每次渲染之间的更新次数，并且根据最近一次更新的预计发生时间得到内插因子，由于每次渲染时都可以通过外部计时器精确地得到游戏中每个元素在屏幕上的显示位置，因此动画是平滑的。

综上所述，我们可以绘制出一个事件处理流程图，如图 5-3 所示。

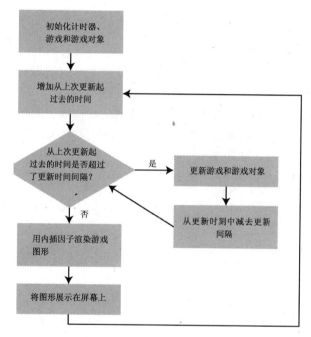

图 5-3　内插更新的程序流程图

该方法的最终结果是，我们可以对游戏进行更新，并且所有对象都仿佛按照固定的时间间隔进行更新，在渲染移动物体时保持平滑，但刷新率则可以尽可能地快。

图 5-4 展示了使用该方法在屏幕上进行表示的实际情况。该示例还是采用了受到重力影响的向上运动的小球。

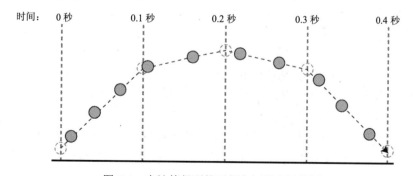

图 5-4　在计算得到的更新之间的内插位置

图 5-4 展示了小球在 5 个不同的时间点上计算得到的位置(从 0 秒到 0.4 秒之间,间隔为 0.1 秒)。每个时间点上边缘为灰色虚线的小球展示了小球在该时刻上预计的垂直位置,连接小球之间的虚线描绘出了小球在运动过程中的内插路径。

图 5-4 中有一列实心的球,代表了实际渲染小球的位置。它们都直接位于内插线上。然而请注意,没有一个位置是在小球预计的位置上。因为每次渲染操作都使用了一个内插因子,所以所有运动对象被显示在预计位置之外是完全有可能的(实际上内插位置经常会存在偏离目标位置几个像素的轻微偏移,如果忽略这个误差它们就会准确地显示在屏幕中的正确位置上)。

2. 更新频率

我们目前所讨论的例子都采用 0.1 秒作为更新频率。这样的时间间隔够快吗?这通常依赖于游戏的类型。在很多情况下,这个频率可能会满足游戏的需要,但如果有快速移动的对象(尤其是用户控制的对象),这个时间间隔就感觉有点迟钝了。

我们可以增加帧的更新频率,使图 5-4 中小球的运动曲线更加平滑,也使游戏对象更加容易响应。我们将上面的示例重复,并使用更新间隔时间为 0.025 秒(1/40 秒),结果会得到一条更加平滑的运动曲线,如图 5-5 所示。

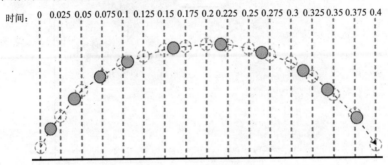

图 5-5　在计算得到的更新位置之间进行内插

图 5-5 中显示的小球几乎都渲染在与之前相同的位置上,但运行时的更新频率更高。内插曲线(黑色虚线)比图 5-4 中的曲线更密集。因此,足够高的更新频率对实现平滑移动是很重要的。

频率还会对游戏中对象移动的速度产生影响。如果小球每次在屏幕上移动一个像素,每秒移动 50 次,就会明显地比每秒移动 10 次移动得更远一些。

因此,在编写大量代码之前就决定游戏的更新频率是很重要的;如果您以后决定需要一个更高的频率,就需要对已经添加到移动对象中所有涉及初始更新频率的代码进行修改。

另一方面,在某些情形中,修改更新频率是有用的。更低的频率会使游戏运行速度更慢,更高的频率会使它运行速度更快。这是一个根据您的意愿设置游戏的难度的简单方法。

当游戏实际运行时,游戏处理时间大部分用于图形渲染任务上,因为它比更新游戏对象要重要。我们将把引擎运行时默认的更新频率设置为 60 次/s。这将足够快,不会表现出明显的内插误差,从而使游戏在感觉上有较高的响应度,并且不会执行很多不必要的更新,且这些更新不会被显示在屏幕上。

3. 更新与帧之间的区别

我们要学会区分更新与帧这两个概念。

更新，是在游戏中以固定的速率执行，其目的是更新游戏的状态，将游戏中所有的对象移动到新的位置上。我们希望尽可能地按照固定的时间表来执行更新，因此可以设置每秒的更新次数。

帧则以设备尽可能快的速度运行，指的是将游戏在屏幕上进行渲染的环节。我们可以测试每秒的帧数来看游戏运行的流畅程度。

我们的目标是使每秒的更新次数为可设置的固定值，并且帧率最高。

学会区分这两个术语能使我们对游戏引擎的工作方式能有更清晰的认识。

5.3　使用外部计时器

在第2章中我们讨论过窗体控件 Timer 的一些功能。不过，该控件不是很满足我们这里的需求。它可以用于按照固定的时间间隔来触发一些代码，但它不是非常准确，我们也无法通过它根据需要获取时间(如果我们位于两次间隔的途中，就无法确切地知道过去了多少时间)。

因此，我们需要的组件应当在任何时候都能提供一个准确的时间。实现该功能有一些不同的可用选项。接下来就对它们进行介绍。

5.3.1　DateTime.Now 属性

最简单的计时器就是静态的 DateTime.Now 属性。它能支持 Milliseconds 属性，所以理论上我们的代码可以用它来跟踪游戏每次推进后已用的时长。

而在实际当中该属性没有任何用处，因为在.NET CF(不像桌面版)中，该属性只返回完整的秒数。尽管这个计时器用起来很简单，但在桌面版中它也并非高精度的计时器，所以在这种情况下是一个巨大的缺陷。

5.3.2　Environment.TickCount 属性

Environment.TickCount 属性提供了一个更加精确的计时器。它返回了自设备上一次软重置后所经历的时长，结果以毫秒为单位。该返回值为一个带符号的整数，最大的值为 int.MaxValue(2 147 483 647)毫秒。也就是说该属性最大的极限能够统计到 24.85 天，过了该时间点后，它将被再次重置为 0。

这是一个可以考虑的选择，总的来说能为游戏提供足够精确的结果。不过，还有一个更加精确的计时器供我们选择。

5.3.3　高性能计时器

Windows Mobile 与完整的桌面版 Windows 一样，也有一个高性能的计时器，它返回的时长甚至比 Environment.TickCount 所返回的以毫秒为单位的时长更加精确。.NET CF 本身并不包含该计时器，但我们可以通过一些简单的 P/Invoke 调用来访问它。

并非所有的设备都支持这个高性能的计时器，尽管不支持该计时器的设备很少。任何运行 Windows Mobile 5.0 及以上版本的设备都能访问该计时器，那么对于不支持该功能的设备，我们将返回去使用 Environment.TickCount 属性来替代。

要使用该计时器，需要调用两个函数：QueryPerformanceFrequency 函数告诉我们计时器的实际运行频率，它返回的值是 1 或 0。0 表示计时器不可用，1 表示可用。它还以引用的方式返回了一个类型为 long 的值，该值为计时器运行时每秒所做的更新次数。该值通常是百万级别的，依赖于处理器的速度和设备的性能。我的测试设备返回的结果位于 3 250 000 到 19 200 000 之间。这个速度非常快——远远超过了我们的需要。

第二个函数是 QueryPerformanceCounter。它用引用的方式返回了另一个类型为 long 的值，即当前计时器的值。我们通过 QueryPerformanceCounter 的值除以 QueryPerformanceFrequency 的值，能将该值简单地转化为秒数值。

理论上，该计时器也可能会超过上限 long.MaxValue 并且循环回到 0。但即使是每秒更新 19 200 000 次，也需要 15 000 年才能使计时器重置。您的游戏很可能无法运行到那一刻。

在允许的情况下使用高性能计时器，使我们能够得到自己所期盼的最高水平的准确度。这将保证我们不会出现时间读取错误，避免游戏中当物体在屏幕上进行移动时发生不连续或抖动的现象。

5.4 游戏引擎中的计时器

现在我们将本章所讨论的所有技术添加到游戏引擎中，这样当任何物体发生移动时我们都可以对它的速度进行完全控制。

我们所使用的涉及计时器的功能分为如下 3 个部分：

- 计时器的初始化与查询。
- 基于内插的函数(渲染并计算对象位置)。
- 无内插的函数(更新游戏状态，并将图形显示到屏幕上)。

下面我们开始讨论计时器函数。

5.4.1 计时器的初始化与内插

所有与计时器相关的代码都添加在 CGameEngineBase 类中。

在使用高性能计时器之前，我们需要声明前面所介绍的 P/Invoke 函数。这些声明如程序清单 5-2 所示。

程序清单 5-2 高性能计时器功能的 P/Invoke 函数声明

```
[DllImport("coredll.dll", EntryPoint = "QueryPerformanceFrequency")]
private static extern bool QueryPerformanceFrequency(out long countsPerSecond);

[DllImport("coredll.dll", EntryPoint = "QueryPerformanceCounter")]
private static extern bool QueryPerformanceCounter(out long count);
```

接下来要定义一系列类级别的私有变量,用于存储对计时器进行操作时所需要的信息。如程序清单 5-3 所示。

程序清单 5-3　计时器变量

```
/// <summary>
/// The high performance counter's frequency, if available, or zero if not.
/// Dividing the timer values by this will give us a value in seconds.
/// </summary>
private float _timerFrequency;
/// <summary>
/// The time value that was returned in the previous timer call
/// </summary>
private long _timerLastTime;
/// <summary>
/// The amount of time (in seconds) that has elapsed since the last render
/// </summary>
private float _renderElapsedTime;
/// <summary>
/// The amount of time (in seconds) that has elapsed since the last game update
/// </summary>
private float _updateElapsedTime;
/// <summary>
/// The number of game updates to perform per second
/// </summary>
private int _updatesPerSecond;
/// <summary>
/// The duration (in seconds) for each game update.
/// This is calculated as 1 / _updatesPerSecond
/// </summary>
private float _updateTime;
```

当我们继续对计时器函数进行实现时将对这些变量进行更详细的介绍。

计时器将在一个新的名为 InitTimer 的函数中进行初始化,该函数包含于 CGameEngineBase 类。我们将从该类的构造函数中对它进行调用,以确保所有事情都已经做好了准备,如程序清单 5-4 所示。

程序清单 5-4　初始化计时器

```
/// <summary>
/// Initialize the system timer that we will use for our game
/// </summary>
private void InitTimer()
{
    long Frequency;

    // Do we have access to a high-performance timer?
    if (QueryPerformanceFrequency(out Frequency))
    {
        // High-performance timer available -- calculate the time scale value
```

```
        _timerFrequency = Frequency;
        // Obtain the current time
        QueryPerformanceCounter(out _timerLastTime);
    }
    else
    {
        // No high-performance timer is available so we'll use tick counts
        // instead
        _timerFrequency = 0;
        // Obtain the current time
        _timerLastTime = Environment.TickCount;
    }

    // We are exactly at the beginning of the next game update
    _updateElapsedTime = 0;
}
```

这段代码首先调用 QueryPerformanceFrequency 函数来判断高性能计数器是否可用。如果可用,就将频率值保存到_timerFrequency 变量中。以后任何时候,都可以将性能计数值除以该值,从而得到秒数。接下来,我们调用 QueryPerformanceCounter 函数来得到当前时间,并将该值保存到_timerLastTime 变量中。

另一种情况是,当我们发现设备不支持高性能计时器时,就将_timerFrequency 变量设置为 0 来表示这种情况的发生,并将当前 TickCount 的值保存到_timerLastTime 变量中。

不管采用哪种方法,都可以将这些信息保存起来。这些信息可以告诉我们是否使用了高性能计时器(如果是,那么告诉其频率),并且可以从任何一个所采用的计时器中读取当前的时间。

为了实际读出时间,我们使用另一个函数 GetElapsedTime。它将返回自函数最后一次调用后发生的时长,单位为秒(或者如果之前未被调用过,就以计时器被初始化时的时刻作为开始)。该函数如程序清单 5-5 所示。

程序清单 5-5 查询计时器中的时间

```
/// <summary>
/// Determine how much time (in seconds) has elapsed since we last called
/// GetElapsed().
/// </summary>
protected float GetElapsedTime()
{
    long newTime;
    float fElapsed;

    // Do we have a high performance timer?
    if (_timerFrequency > 0)
    {
        // Yes, so get the new performance counter
        QueryPerformanceCounter(out newTime);
        // Scale accordingly to give us a value in seconds
        fElapsed = (float)(newTime - _timerLastTime) / _timerFrequency;
```

```
    }
    else
    {
        // No, so get the tick count
        newTime = Environment.TickCount;
        // Scale from 1000ths of a second to seconds
        fElapsed = (float)(newTime - _timerLastTime) / 1000;
    }

    // Save the new time
    _timerLastTime = newTime;

    // Don't allow negative times
    if (fElapsed < 0) fElapsed = 0;
    // Don't allow excessively large times (cap at 0.25 seconds)
    if (fElapsed > 0.25f) fElapsed = 0.25f;

    return fElapsed;
}
```

从上述代码可以看出两个计时器的代码路径非常相似。首先，我们获取新的当前读取时间，并将该值保存到 newTime 变量中。然后将该值减去_timerLastTime 的值，这样就可以得到自从计时器被初始化后，或前一次调用 GetElaspedTime 之后经历了多少额外时间。将该值除以计时器频率，就可以返回秒数(尽管该秒数很可能会是一个非常小的分数)。

计算完成后，我们将新的时间读取值保存到_timerLastTime 变量中，它可以有效地重置读取值，下一次调用该函数时(我们要将_timerLastTime 变量中保存的值与新的当前时间进行对比)，就可以得到该变量被更新后经过的时长。

在返回计算好的时间间隔之前，要做一系列的完整性检验。首先，要确保该值不为负数。这种情形最可能发生在 TickCount 值超过其数据类型的上限时。虽然发生的几率很小，但还是有可能发生，当发生这种情况时，整个游戏将回到一个月之前，这当然不是我们希望看到的情形。

我们还要确定时间间隔不能太大。这种情形最有可能发生在设备执行占用了较多 CPU 时间的后台任务(例如与台式机进行 ActiveSync 操作)时。允许长的时间间隔会造成游戏跳跃式地向前运行，使玩家感到很混乱。将值控制在 0.25 秒内意味着如果时间间隔超过该时长，就将游戏刷新时间间隔设置为 0.25 秒，而不论实际已用时间是多少。

游戏引擎中的代码也在该函数中执行了一个简单的每秒几帧的计算；要了解更详细的信息，请查看本章配套下载中 GameEngineCh5 的源代码。调用引擎的 FramesPerSecond 属性就可以得到任何时刻的当前值。

我们还要向类中添加一个名为 UpdatesPerSecond 的属性，在 5.2.3 节的第 2 小节中曾经讨论过，我们需要每秒钟有足够的更新才能保证动画的平滑性，但也不能执行过多的更新操作，从而增加游戏引擎的负担。可以通过该属性来设置每秒需要更新的次数。引擎默认的频率为 30 次/s。

5.4.2 对要使用内插的函数进行修改

计时器已经做好了被使用的准备。为了使用它，还要对引擎中的函数进行一些修改。

1. CgameEngineBase 类

首先要修改的是 **CGameEngineBase.Advance** 函数。记得我们是在游戏窗体中调用该函数的，调用次数应该尽可能多。然而在上一章中，该函数用于执行游戏更新以及移动所有对象，而现在只需要达到足够的时间间隔就将移动对象，在该时间间隔中游戏可以执行一次完整的更新；在这些更新之间，我们使用内插令对象在上一个位置和当前位置之间移动。尽可能快地进行渲染，但按照预先设置的时间间隔进行更新。

Advance 函数中要修改的代码如程序清单 5-6 所示。

程序清单 5-6　CGameEngineBase.Advance 函数

```
/// <summary>
/// Virtual function to allow the game and all objects within the game to
/// be updated.
/// <summary>
public virtual void Advance()
{
    // Work out how much time has elaspsed since the last call to Advance
    _renderElapsedTime = GetElapsedTime();
    // Add this to any partial elapsed time already present from the last
    // update.
    _updateElapsedTime += _renderElapsedTime;

    // Has sufficient time has passed for us to render a new frame?
    while ( _updateElapsedTime >= _updateTime)
    {
        // Increment the update counter
        _updateCount += 1;
        // Update the game
        Update();

        // Update all objects that remain within our collection.
        foreach (CGameObjectBase gameObj in _gameObjects)
        {
            // Ignore objects that have been flagged as terminated
            // (We need to retain these however until the next render to ensures
            // that the space they leave behind is re-rendered properly)
            if (!gameObj.Terminate)
            {
                // Update the object's last position (copy its current position)
                gameObj.UpdatePreviousPosition();
                // Perform any update processing required upon the object
                gameObj.Update();
            }
        }
```

```
    // Subtract the frame time from the elapsed time
    _updateElapsedTime -= _updateTime;

    // If we still have elapsed time in excess of the update interval,
    // loop around and process another update.
  }

  // Now that everything is updated, render the scene.
  // Pass the interpolation factor as the proportion of the update time
  // that has elapsed.
  Render(_updateElapsedTime / _updateTime);

  // Remove any objects which have been requested for termination
  RemoveTerminatedObjects();
}
```

从上述代码中可以看到,该函数首先计算从上次调用 Advance 函数后过去了多少时间,然后将该值加到类变量_updateElapsedTime 上,如果自上一次更新完成之后已用的时间超过了更新时间,就通过在引擎自身及所有游戏对象上调用 Update 方法,使游戏发生一次更新。

然后从更新已用时间中减去更新时间,之后再次将结果与更新时间进行比较,如果还是大于更新时间,就再执行一次更新。这个过程会重复多次,直到已用时间降到低于更新时间。这样即使我们遭遇一次明显的处理延时,也能确保更新次数与已经经过的时间呈线性关系。

当所有更新处理完成后,我们就准备渲染场景了。为了保证对象在更新之间能够平滑地移动,我们通过将上次更新后已用的时间除以更新时间间隔来计算用于渲染的内插因子。

当有终止对象被删除时,Advance 函数的工作就结束了。

该类另外一处修改是为 Render 函数添加一个内插因子作为参数。这样就可以用前面已经介绍过的方法来调用它。由于基类 Render 的实现函数实际没有包含任何代码,所以在这里不需要对它进行修改。

2. CGameEngineGDIBase 类

我们需要在 CGameEngineGDIBase 类中进行一些小修改,来响应传递给 Render 函数的内插因子。

该因子用于两个地方,都与计算对象的位置相关。首先,当时我们是计算渲染矩形并将它绘制到后台缓冲区中,现在,当计算单独的渲染矩形时需要将内插因子告诉每个对象。这样保证了该矩形的位置(和后台缓冲区片段区域)能够准确,且尽可能地最大化渲染效率。

其次,当实际绘制各个对象时也要用到该因子。当判断每个对象是否位于渲染矩形中,以及在调用每个对象的 Render 方法时,都用内插因子来计算对象在屏幕上的实际位置。

这两处改动都只是需要我们将插补因子传递给 CGameObjectGDIBase.GetRenderRectangle 函数;对该函数的改动将在下一节中进行介绍。

3. CgameObjectBase 类

对 CGameObjectBase 类的改动很小。

只需要在 Render 方法中添加内插因子参数即可。由于该类的 Render 函数实际上不做任何操作，因此这里不需要做其他修改。

要添加三个新的方法，它们分别是：GetDisplayXPos 方法、GetDisplayYPos 方法、以及 GetDisplayZPos 方法。它们都需要提供内插因子作为参数，用于计算对象在屏幕上的实际位置，使用其前一个位置与当前位置以及内插因子，用前面章节介绍的方法来计算(如程序清单 5-7 所示)。

程序清单 5-7　CgameObjectBase 类中新的内插位置计算函数

```
/// <summary>
/// Retrieve the actual x position of the object based on the interpolation
/// factor for the current update
/// </summary>
/// <param name="interpFactor">The interpolation factor for the current
/// update</param>
public float GetDisplayXPos(float interpFactor)
{
    // If we have no previous x position then return the current x position
    if (LastXPos == float.MinValue) return XPos;
    // Otherwise interpolate between the previous position and the current
    // position
    return CGameFunctions.Interpolate(interpFactor, XPos, LastXPos);
}

/// <summary>
/// Retrieve the actual y position of the object based on the interpolation
/// factor for the current update
/// </summary>
/// <param name="interpFactor">The interpolation factor for the
///      currentupdate</param>
public float GetDisplayYPos(float interpFactor)
{
    // If we have no previous y position then return the current y position
    if (LastYPos == float.MinValue) return YPos;
    // Otherwise interpolate between the previous position and the current
    // position
    return CGameFunctions.Interpolate(interpFactor, YPos, LastYPos);
}

/// <summary>
/// Retrieve the actual z position of the object based on the interpolation
/// factor for the current update
/// </summary>
/// <param name="interpFactor">The interpolation factor for the current
/// update</param>
public float GetDisplayZPos(float interpFactor)
```

```
    {
        // If we have no previous z position then return the current z position
        if (LastZPos == float.MinValue) return ZPos;
        // Otherwise interpolate between the previous position and the current
        // position
        return CGameFunctions.Interpolate(interpFactor, ZPos, LastZPos);
    }
```

三个指示上一个位置的变量(LastXPos、LastYPos 和 LastZPos)的初始值为 float.MinValue，所以当这些变量未被更新时我们是可以知道的。如果发现变量的值还是初始值，就返回已经保存的未进行内插操作的坐标(因为内插时缺少前面的一个位置)。否则，就按本章前面介绍的方法在前一位置与当前位置之间执行内插。

在该类中不需要其他改动。

4. CGameObjectGDIBase 类

在该类中只需要对 GetRenderRectangle 函数进行一处改动。现在需要提供内插因子作为参数，这样可以得到实际的屏幕坐标，要使用到基类中的 GetDisplayXPos、GetDisplayYPos 和 GetDisplayZPos 函数来执行计算(如程序清单 5-8 所示)。

程序清单 5-8　GetRenderRectangle 利用了内插对象的位置

```
/// <summary>
/// Determine the rectangle inside which the render of the object will take
/// place at its current position for specified interpolation factor.
/// </summary>
/// <param name="interpFactor">The interpolation factor for the current
/// update</param>
public virtual Rectangle GetRenderRectangle(float interpFactor)
{
    // Return the object's render rectangle
    return new Rectangle((int)GetDisplayXPos(interpFactor),
                         (int)GetDisplayYPos(interpFactor), Width, Height);
}
```

5.4.3　非内插函数的改动

其余的函数(游戏引擎的 Update 函数与 Present 函数，以及对象的 Update 函数)保持不变。这些函数不受内插操作的影响，仍然按照第 4 章中介绍的工作方式运行。

5.4.4　使用游戏引擎

利用修改后的引擎来开发游戏，时间的实现与之前引擎未做修改时几乎相同。从 CGameEngineGDIBase 继承的类几乎不用修改。除了偶尔要对 Render 方法进行重写外，该类的其余部分都不需要修改。

从 CGameObjectGDIBase 类继承的游戏对象需要在 Render 函数中接收新的内插因子参

数，并在每次调用 GetRenderRectangle 函数时传递给它。此外，该类仅需要做一处改动，即需要对对象的移动速度进行微调，使它们以期望的速度在屏幕上移动。只要将速度调整合适，该速度将适用于所有的设备，而与这些设备的处理能力和图形性能不相关。

然而在游戏对象中还需要考虑另外一处改动。如果想使一个物体能快速地从一个位置移动到另一个位置，那么当变化物体的位置时需要做一些额外的工作。将物体默认的运动方式改为从旧的位置到新位置之间进行内插，这样物体在屏幕上将是滑动，而不是跳动。

每当希望立即重定位对象时，需要在设置好新坐标后马上调用其 UpdatePreviousPosition 函数。这会将前一位置的坐标直接更新为新的当前坐标，免去了从旧位置到新位置的转换。

5.5 新版 Bounce

本章配套下载代码中提供了新版的游戏引擎，其中包含了本章所讨论的全部计时函数，并且还提供了一个使用了新版游戏引擎的 Bounce 项目。

您会发现该 Bounce 项目与第 4 章中的版本非常相似。尽管在内部，计时器功能为游戏引擎增加了一些复杂度，但从游戏本身来看，只需要很少额外的工作。游戏引擎实际上免费为我们提供了这些功能。

第 6 章

■■■

用 户 输 入

我们已经了解了 Windows Mobile 的许多运行原理。接下来将更进一步，让它能够知道我们人类的想法。当然，用户输入对任何游戏而言都是必需的部分，能加强我们的游戏的交互性，使游戏更加刺激。

从用户那里获取信息与将信息显示给用户相比没有什么区别。我们有各种各样的硬件因素需要处理，从带按键的手机到游戏手柄再到几乎没有任何硬件按钮的设备、从触摸屏设备到其他包含了数字键盘的设备，都可以用于用户输入。

许多新出的设备还提供了一些其他有趣的可选功能，如重力感应，它允许我们判断手机是否发生了运动，并知道手机向什么方向运动。

以我们目前所做的所有工作来看，本章将把重点放在各种可选的用户输入方式上，并且讨论如何使游戏能够最大限度地在我们能够处理的硬件上运行。

6.1 触摸屏输入

在支持此功能的设备上，用户与游戏交互的最佳方式显然是使用触摸屏。触摸屏设备的屏幕大，所有操作都发生在屏上，所以将触摸屏作为输入区域，使游戏能够提供物理上的、可感触的用户体验。

如果允许用户以触摸的方式来玩游戏，那么可以为生活带来很多有趣的游戏方式。接下来就来看看我们如何才能使用户利用这种输入方式来控制游戏。

6.1.1 触摸屏事件

从技术角度看，通过触摸屏交互与在桌面版.NET 中使用鼠标交互是完全相同的方式。事实上，它们的事件名称也是相同的，所以如果您已经习惯了桌面版鼠标事件，那么马上也会对触摸屏事件熟悉起来。

与桌面程序相似，许多 Windows Mobile 窗体控件拥有能够响应的鼠标事件，接收事件的控件就是在屏幕上被触碰的控件。在我们的游戏中，窗体本身将覆盖屏幕的绝大部分，所以窗体接收了大部分鼠标事件。

下面的章节中将介绍.NET CF 中的相关事件。

1. Click 事件

当用户单击屏幕时，在被单击的控件上会触发一个 Click 事件。由于我们的游戏大部分是一个几乎为空白的窗体(游戏中的图像要绘制在其中)，所以被单击的控件通常就是窗体本身。

大部分情况下，只知道 Click 事件发生而不知道 Click 事件实际发生时的位置是没有用的。但是，这些信息并没有作为事件参数进行传递；我们只接收到一个 EventArgs 对象，该对象根本不包含任何信息。

但是，我们可以采用另外一个方式来得到 Click 事件所发生的位置。Form 类包含了一个名为 MousePosition 的静态属性，它返回了屏幕上最近一次被单击的点。该属性返回了相应的坐标，但如果要使用该坐标的话，就会发现它实际上是屏幕坐标，而不是我们的窗口坐标。我们知道窗口左上角的坐标为(0,0)，但在左上角单击后，查询 MousePosition 属性，返回的坐标为(0,27)(y 坐标也可能为 27 附近的数字)。这个查询没有考虑显示在窗口上方的状态栏的高度，所以这个坐标与我们在窗体中进行绘制时使用的坐标是不同的。

要获取窗体工作区的坐标，可以使用窗体的 PointToClient 函数。该函数实际是 System.Windows.Forms.Control 类中的一个成员函数，而所有的控件都从该类继承(包括窗体控件本身)。

该函数希望获得一个屏幕坐标作为参数(例如，从 Form.MousePosition 属性返回的坐标)，并返回了基于工作区的相对坐标，该工作区为调用该函数的控件所在的工作区。因此，当窗体本身调用该函数时，返回的就是该窗体工作区的坐标。

程序清单 6-1 展示了如何使用该函数来判断窗体中被触碰的实际坐标。

程序清单 6-1　Click 事件发生时，获取鼠标在窗体工作区内的坐标

```
private void MyForm_Click(object sender, EventArgs e)
{
    Point formPoint;

    // Translate the mouse position into client coordinates within the form
    formPoint = this.PointToClient(Form.MousePosition);

    // Display the coordinate to the user
    MessageBox.Show("Click: " + formPoint.X.ToString() + "," +
        formPoint.Y.ToString());
}
```

注意 Click 事件没有时间限制：在按下屏幕和放开屏幕之间无论经过了多少时间，Click 事件都会被触发。

2. DoubleClick 事件

毫无疑问，DoubleClick 事件是当用户双击屏幕时发生的。与 Click 事件相似，在该事件的参数中也不传递位置信息，所以，同样需要调用 Form.MousePosition 属性来得到窗体中双击事件实际所发生的位置。

当用户双击屏幕时，Click 事件与 DoubleClick 事件实际上都会触发。其中第一次单击将触发 Click 事件, 紧接着第二次单击之后触发 DoubleClick 事件(Click 事件只触发一次)。

3. MouseDown 事件

为了能够在更低的层次更精确地与屏幕进行交互, 我们可以使用 MouseDown 事件与 MouseUp 事件。它们能够准确地对按下屏幕与放开屏幕的操作进行响应, 不像 Click 事件 与 DoubleClick 事件那样需要按下与放开这两个步骤才能触发(按下与放开触发 Click 事件, 连续两次按下与放开触发 DoubleClick 事件)。

MouseDown 事件提供一个 MouseEventArgs 对象作为它的第二个参数, 该对象能为我 们提供一些实际的信息。首先, 它能告诉我们单击的是鼠标的哪个键。这完全是为了保持 与.NET 桌面版兼容(也许将来 Windows 移动设备也能支持鼠标操作), 现在这个功能对于我 们用处是有限的。

更有用的是, 我们可以查询该对象的 X 属性与 Y 属性, 从而找到屏幕上被单击的位置。 由于返回的坐标是相对于基于宿主对象工作区域的相对坐标, 因此不需要像 Click 事件那 样使用 PointToClient 方法进行坐标转换。

4. MouseUp 事件

正如谚语中所说, 有下就有上, 在屏幕上单击时也是这样, 有按下就会有放开。MouseUp 事件与 MouseDown 事件是相对应的, 它也接收一个 MouseEventArgs 对象作为参数, 该对 象中包含了单击过程中放开时最后位置的详细信息。

如果单击屏幕, 然后滑动手写笔或者指尖到屏幕边缘而不放开, 那么只要触碰点离开 触摸区域就会触发 MouseUp 事件。这在手机仿真器中无法完美地进行模拟, 在仿真器中, 只要松开了鼠标左键就会触发该事件, 甚至将鼠标指针移动到窗口范围之外就会触发。当 然, 这也意味着 MouseDown 事件和 MouseUp 事件都是成对出现的。

但是, MouseUp 事件并不能给我们提供更多的信息。它其实应该记录在屏幕上单击时 的坐标, 以及从按下到放开所持续的时间。但我们需要自己来对这些数据进行跟踪, 不过 这些都很容易实现, 很快我们就会看到一个示例。

这 4 个事件会一起出现, 例如, 当双击屏幕时, 这几个事件发生的顺序是:

- MouseDown 事件
- Click 事件
- MouseUp 事件
- MouseDown 事件
- DoubleClick 事件
- MouseUp 事件

5. MouseMove 事件

每当触碰点在屏幕上移动时, MouseMove 事件就会连续不断地触发。与 MouseDown 事件及 MouseUp 事件相似, 该事件也会传递一个 MouseEventArgs 对象, 通过该对象可以 检索到当前触碰点的坐标。

与.NET 桌面版中不同, 该事件只在与屏幕发生实际的触碰时才触发。Windows 在屏幕上有一个鼠标指针，所以即使没有按下鼠标的键，鼠标指针所在的窗体也能够探测到鼠标的移动，但 Windows Mobile 默认情况下没有这样的概念(它无法探测到您的指尖在屏幕上方是否移动过)。因此只有在 MouseDown 事件与 MouseUp 事件之间才会触发 MouseMove事件。

不过，就像我曾经提到过的，不能排除在未来 Windows Mobile 会支持鼠标指针，所以，还是要在处理 MouseMove 事件之前先确认鼠标是否真的按下了。这个操作很简单，并且使您的应用程序能够应对未来可能发生的变化。

6.1.2 选择、拖放与滑擦

这些事件使我们能够对游戏中的对象进行简单的控制，我们的游戏还包括以下常用的需求：

- 允许用户单击一个游戏对象从而将它选中。
- 允许用户按住某个对象并将它进行拖放。
- 允许用户在移动对象时突然放开触碰点以擦过对象(这通常称为惯性运动)。

接下来我们看看如何在游戏中实现这些功能。

1. 选择对象

为了使用户能够选中游戏中的对象，需要识别哪些对象占据了屏幕上被单击的点(如果有的话)。由于对象可能有不同的大小和形状，我们将令每个对象自行检测来判断触碰点是否实际位于其范围之内。对于那些不想进行该操作或者需要特殊处理的对象，只需要简单地看触碰点是否位于对象的渲染矩形中。

为了实现这个对象检测功能，在 CGameObjectGDIBase 类中添加一个新的名为 IsPointIn-Object 的虚函数。基类中的实现代码只是简单地判断触碰点是否位于 GetRenderRectangle函数所返回的矩形中。

当然，对象在屏幕上的位置会受到第 5 章中所介绍的内插操作的影响，我们需要得到最近一次渲染时使用的内插因子。当游戏引擎调用该函数的时候，它自己就会提供该值。

基类中的代码如程序清单 6-2 所示。

程序清单 6-2　基类中 IsPointInObject 函数的实现代码

```
/// <summary>
/// Determine whether the specified point falls within the boundaries of the
/// object.
/// </summary>
/// <param name="interpFactor">The current interpolation factor</param>
/// <param name="testPoint">The point to test</param>
/// <remarks>The implementation in this function simply looks to see if the
/// point is within theobject's render rectangle. To perform more sophisticated
/// checking, the functioncan be overridden in the derived object class.
/// </remarks>
protected internal virtual bool IsPointInObject(float interpFactor, Point
    testPoint)
```

```
{
    // By default we'll see if the point falls within the current render
    // rectangle
    return (GetRenderRectangle(interpFactor).Contains(testPoint));
}
```

如果对象能将其渲染矩形填充满，该代码就能较好的运行，但物体往往会有比较复杂的形状。在很多情况下，这无关紧要：物体的选择区域并不必精确地对应于显示在屏幕上的图像，所以通常没有必要花费时间来开发相应的程序或进行相应的处理。

然而，有一种测试会非常有用，那就是圆形命中测试(circular hit test)。我们可以判断触碰点是否落在一个使用勾股定理所返回的圆形区域中。如果按照已知半径绘制一个圆，我们就可以使用该数学方法找到圆心与触碰点之间的距离。如果距离小于等于半径，那么触碰点就位于该圆的范围之内。

一个直角三角形，在已知两条直角边的情况下可以计算出斜边(长边)的长度。斜长的平方等于两条直角边的平方和。因此要计算斜边的长度，可以将两条直角边的平方相加，再计算和值的平方根来得到结果。

我们可以使用该方法来计算圆心与触碰点之间的距离，如图 6-1 所示。

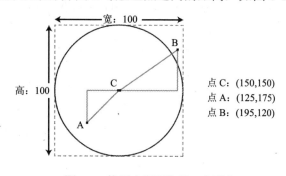

图 6-1　检测点是否位于一个圆中

在图 6-1 中，圆心为点 C。圆的外切矩形的宽和高都为 100 像素，并且左上角的坐标为(100,100)。这意味着圆心坐标为(150,150)(左上角坐标在两个 x 轴与 y 轴上分别偏移外切矩形长度与宽度的一半)。

现在我们可以对图中另外两个点 A 和 B 进行检测。这两个点都落在了渲染矩形内(显示为虚线正方形)，但只有点 A 实际在圆中。落在渲染矩形之外的点可以直接忽略，因为它们不可能位于圆中。将它们忽略掉可以省去相对复杂的计算时间。

为了计算每个点与圆心点 C 之间的距离，我们先将检测点的坐标在 x 轴与 y 轴上分别减去圆心点的坐标。如表 6-1 所示。

表 6-1　计算圆心与各点在水平方向与垂直方向上的距离

点	X 轴上的距离	Y 轴上的距离
A	150－125=25	150－175= - 25
B	150－195= - 45	15－120=30

然后计算 X 距离^2+Y 距离^{2}的平方根，得到两点之间的距离，如表 6-2 所示。

表 6-2 计算圆心到各点之间的距离

点	X 距离^2+Y 距离^2	$\sqrt{X距离^2 + Y距离^2}$
A	$(25\times25)+(-25\times-25)=1250$	$\sqrt{250}=35.35$
B	$(-45\times-45)+(30\times30)=2925$	$\sqrt{2925}=54.08$

从这里的结果可以得到点 A 距离圆心点 35.35 像素，小于 50 像素的圆半径，所以点 A 是在圆内。点 B 到圆心的距离为 54.08 像素，因为超过了半径，所以在圆外。

在继承的游戏对象中，该方法的实现方式如程序清单 6-3 所示。

程序清单 6-3 判断一个点是否在对象对应的圆内

```
/// <summary>
/// Determine whether the testPoint falls inside a circular area within the
/// object
/// </summary>
protected override bool IsPointInObject(float interpFactor, Point testPoint)
{
    Rectangle rect;
    Point center;
    float radius;
    int xdist, ydist;
    float pointDistance;

    // See if we are in the render rectangle. If not, we can exit without
    // processing any further. The base class can check this for us.
    if (!base.IsPointInObject(interpFactor, testPoint))
    {

        return false;
    }

    // Find the current render rectangle
    rect = GetRenderRectangle(interpFactor);
    // Calculate the center point of the rectangle (and therefore of the
        circle)
    center = new Point(rect.X + rect.Width / 2 - 1, rect.Y + rect.Height /
        2 - 1);
    // The radius is half the width of the circle
    radius = rect.Width / 2;

    // Find the distance along the x and y axis between the test point and
    // the center
    xdist = testPoint.X - center.X;
    ydist = testPoint.Y - center.Y;

    // Find the distance between the touch point and the center of the circle
    pointDistance = (float)Math.Sqrt(xdist * xdist + ydist * ydist);
```

```
    // Return true if this is less than or equal to the radius, false if it
    // is greater
    return (pointDistance <= radius);
}
```

如果将检测点与图形渲染矩形内的多个圆或多个矩形进行比较，就能创建一个更精确的点测试方法。

现在我们已经可以通过这种方法来判断一个点是否落在一个单独的对象中，所以接下来可以在 CGameEngineGDIBase 类中添加一个函数来判断触碰点之下是哪个对象。代码如程序清单 6-4 所示。

程序清单 6-4　GetObjectAtPoint 函数用于判断在指定的位置上是哪个对象(如果存在的话)

```
/// <summary>
/// Find which object is at the specified location.
/// </summary>
/// <param name="testPoint">The point to check</param>
/// <returns>If an object exists at the testPoint location then it will
/// be returned; otherwise returns null.</returns>
public CGameObjectGDIBase GetObjectAtPoint(Point testPoint)
{
    float interpFactor;
    CGameObjectGDIBase gameObj;

    // Get the most recent render interpolation factor
    interpFactor = GetInterpFactor();

    // Scan all objects within the object collection.
    // Loop backwards so that the frontmost objects are processed first.
    for (int i = GameObjects.Count - 1; i >= 0; i--)
    {
        // Get a reference to the object at this position.
        gameObj = (CGameObjectGDIBase)GameObjects[i];

        // Ignore objects that have been flagged as terminated
        if (!gameObj.Terminate)
        {
            // Ask the object whether it contains the specified point
            if (gameObj.IsPointInObject(interpFactor, testPoint))
            {
                // The point is contained within this object
                return gameObj;
            }
        }
    }
    // The point was not contained within any of the game objects.
    return null;
}
```

上述代码简单易懂，它对各个对象进行循环遍历，并且看每个对象是否包含了指定的触碰点。注意，循环是逆向循环：这是为了处理多个对象在空间上重叠在一起时的情形。当渲染对象时，对象列表中最后一个对象是最后进行绘制的，因此将列表中排在前面的对象都遮盖了，而显示在最前面。为了确保我们能定位到最前面的对象，所以要考虑列表中后面的对象要盖在前面的对象的上方。

有时，要能够找到屏幕中某个点上所有的对象，不论它是否在最前端。要处理这种情况，需要使用另一个名为 GetAllObjectsAtPoint 的函数。该函数的代码与 GetObjectAtPoint 函数几乎是相同的，只是它返回了一个 List<CGameObjectGDIBase>而不是一个游戏对象实例。由于仍然使用了逆向循环，因此返回列表中对象的顺序是从前到后。

在本书配套下载代码中的 ObjectSelection 项目就演示了这些对象选择函数。它定义了一个新的抽象对象类，名为 CObjSelectableBase，该类从 CGameObjectGDIBase 类继承，并添加了一个 Selected 属性。然后，又有两个对象类从新的抽象类继承，CobjBall 类与 CobjBox 类分别表示一个圆形对象和一个正方形对象。CobjBall 类专门用于对 IsPointInObject 函数进行重写，使用了前面介绍的圆形测试。而 CobjBox 类没有做重写，只使用了简单的矩形区域测试。这两种对象被选中时会填充为白色，否则为紫色。

该窗体的代码中有一个名为 SelectObject 的函数，在 MouseDown 事件中调用它，用于判断哪个对象位于触碰点的坐标处，检测它是否继承于 CobjSelectableBase 类，然后确保只有一个对象被选中。如果在该坐标的位置上没有对象(可选中的对象)，那么所有对象都未被选中。该函数的代码如程序清单 6-5 所示。

程序清单 6-5　选择触碰点位置上的对象

```
/// <summary>
/// Select the object at the specified position
/// </summary>
private CObjSelectableBase SelectObject(Point testPoint)
{
    GameEngine.CGameObjectGDIBase touchedObject;

    // Find the object at the position (or null if nothing is there)
    touchedObject = _game.GetObjectAtPoint(testPoint);

    // Select or deselect each objects as needed
    foreach (GameEngine.CGameObjectGDIBase obj in _game.GameObjects)
    {
        // Is this a selectable object?
        if (obj is CObjSelectableBase)
        {
            if (((CObjSelectableBase)obj).Selected && obj != touchedObject)
            {
                // This object was selected but is no longer, so redraw it
                ((CObjSelectableBase)obj).Selected = false;
                obj.HasMoved = true;
            }
            if (!((CObjSelectableBase)obj).Selected && obj == touchedObject)
            {
```

```
            // This object was not selected but now is, so redraw it
            ((CObjSelectableBase)obj).Selected = true;
            obj.HasMoved = true;
        }
    }
}

// Return whatever object we found, or null if no object was selected
if (touchedObject is CObjSelectableBase)
{
    // A selectable object was touched, so return a reference to it
    return (CObjSelectableBase)touchedObject;
}
else
{
    // Either no object selected or not a selectable object, so return
    // null
    return null;
}
}
```

试着运行该程序，然后在屏幕上单击对象：每个被单击的对象都会高亮显示(如图6-2所示)。通过测试，可以发现只有当小球内部的点被单击时，小球才能变为选中状态，并且重叠在一起的对象也会以我们所期望的方式进行选择。

当选择对象时，最好能将选中的对象置于其他显示对象的前面。而图6-2中选中的一个圆形对象，它仍然清楚地藏在其他对象的后面。

为了将选中对象移动到一组对象的最前端，我们在CGameObjectGDIBase 类中添加两个新函数，名字分别为 MoveToFront 和 MoveToBack。代码如程序清单 6-6 所示。

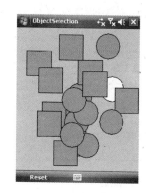

图 6-2　ObjectSelection 示例项目

程序清单 6-6　将对象移动到其他显示对象的前方或后方

```
/// <summary>
/// Move this object to the front of all the objects being rendered
/// </summary>
public void MoveToFront()
{
    // Remove the object from the list...
    GameEngine.GameObjects.Remove(this);
    // ...and then re-add it at the end of the list so that it is rendered
    // last
    GameEngine.GameObjects.Add(this);
    // Mark it as moved so that it is redrawn
    this.HasMoved = true;
```

```
    }

    /// <summary>
    /// Move this object to the back of all the objects being rendered
    /// </summary>
    public void MoveToBack()
    {
        // Remove the object from the list...
        GameEngine.GameObjects.Remove(this);
        // ...and then re-add it at the start of the list so that it is rendered
        // first
        GameEngine.GameObjects.Insert(0, this);
        // Mark it as moved so that it is redrawn
        this.HasMoved = true;
    }
```

这两个函数的工作方式只是简单地将 GameObjects 列表中对象的位置进行了改变。从索引值为 0 开始直到索引值为 GameObjects.Count – 1，依次绘制对象，每一个对象都在它前一个对象绘制完成后再渲染。这样的顺序就意味着索引值为 0 的对象出现在最下方，而索引值为 GameObjects.Count – 1 的对象出现在最前端。因此如果将对象放到列表的最前面，那么在显示时它就会显示在最后面。而将对象放到列表的最后，在显示时它会显示在最前端。

■注意：
由于这些方法修改了 GameObjects 列表中对象的顺序，因此在 foreach 循环中不能使用。如果想在这样的循环中重新将列表中的对象进行排序，那么需要在本地变量中保存对这些对象的引用，使之能够重定位，并且当循环完成时马上调用 MoveToFront 方法或者 MoveToBack 方法。

2. 拖放对象

很多类型的游戏都需要能够在屏幕上拖动对象，我们接下来就看看如何构建一个对象选择示例来实现该功能。

为了简化对可拖动对象的处理，我们首先创建一个新的抽象类 CObjDraggable。它与我们刚刚看到的 CObjSelectableBase 类实际上是一样的，只是它用于判断一个对象是否能被拖放(只有从 CObjDraggable 类继承的对象才能实现拖放)，并且在 6.1.2 节的第 3 小节中实现滑擦功能。

在 MouseDown 事件中对选中的对象保持引用，随后在所有的 MouseMove 事件中都对对象的位置进行更新，当 MouseUp 事件被触发时，将该引用释放，对象就停留在其最终位置上，这样就实现了拖放功能。

然而，我们不能只是简单地将对象移动到提供给 MouseMove 事件的坐标上；对象坐标指的是对象左上角的坐标，所以，将对象移动到该位置时，就会导致对象发生跳跃，从而其左上角位于鼠标位置上。于是，我们要跟踪触碰点的当前位置及先前位置，并对这两点之间的距离进行监视，如果发现触碰点向右移动了 10 个像素，就令物体也向右移动 10

个像素。这样才能确保对象的移动与触碰点的移动是一致的。

这些信息保存在 GameForm 类中声明的两个类级别的变量中，如程序清单 6-7 所示。

程序清单 6-7　拖放对象时需要的变量

```
// The object currently being dragged (or null if no dragging is active)
CObjDraggableBase _dragObject;
// The most recent touch coordinate for dragging
Point _dragPoint;
```

我们通过 GameForm 中一个名为 DragBegin 的函数开始进行拖动，在 MouseDown 事件中调用该函数，将触碰点作为其参数，这在 DragBegin 函数中将保存一个对被拖放的对象的引用，并记录该对象中触碰点的移动轨迹。它使用了前面所介绍过的 SelectObject 函数的一个版本来判断哪个对象被触碰了，如程序清单 6-8 所示。

程序清单 6-8　初始化对象的拖放操作

```
/// <summary>
/// Begin dragging an object
/// <summary>
/// <param name="touchPoint">The point containing an object to drag. If an
/// object is found here then dragging will begin, otherwise the call will
/// be  ignored.</param>
private void DragBegin(Point touchPoint)
{
    // Select the object at the specified point and store a reference
    // to it in _dragObject (or null if nothing is at this location)
    _dragObject = SelectObject(touchPoint);
    // Store the point that was touched
    _dragPoint = touchPoint;

    // If an object is selected, move it to the front
    if (_dragObject != null) _dragObject.MoveToFront();
}
```

该函数首先试图选择位于指定坐标位置上的对象。它在_dragObject 变量中保存该对象的引用(若没有对象被选中则为 null)，并将触碰点的坐标保存在_dragPoint 变量中。如果有对象被选中，就将它置于屏幕的最前端。拖放操作开始后，DragMove 函数负责对目标对象进行移动，该函数将在窗体的 MouseMove 事件中被调用，如程序清单 6-9 所示。

程序清单 6-9　对将被拖放的对象实施移动

```
/// <summary>
/// Move an object being dragged
/// </summary>
private void DragMove(Point touchPoint)
{
    // Are we currently dragging an object? If not, there is nothing more
    // to do
    if (_dragObject == null) return;
```

```
// Update the object position based on how far the touch point has moved
_dragObject.XPos += (touchPoint.X - _dragPoint.X);
_dragObject.YPos += (touchPoint.Y - _dragPoint.Y);

// Update the stored drag point for the next movement
_dragPoint = touchPoint;
}
```

这段代码首先检测是否有对象被实际拖动，如果没有，马上退出。

如果通过了检测，接下来看当前的触碰点坐标与前一个触碰点坐标之间的距离。令前者减去后者，就可以得到触碰点从开始到现在移动了多少距离，或者从上一次调用该函数到此次调用之间移动了多少距离。然后将距离加到物体的 **XPos** 变量与 **YPos** 变量上。这样，就能使物体跟随屏幕上的触碰点进行移动。

最后，将触碰点坐标保存到_dragPoint 变量中，这样在下次调用 DragMove 函数时就能使用该坐标，使我们可以看到又移动了多少距离。

当用户放开与屏幕的接触时，就从窗体的 **MouseUp** 事件中调用 **DragEnd** 函数。在该函数中要做的是将已保存的对被拖放对象的引用释放掉，如程序清单 6-10 所示。

程序清单 6-10　释放被拖放的对象

```
/// <summary>
/// Finish dragging an object
/// </summary>
private void DragEnd(Point releasePoint)
{
    // Release the dragged object reference
    _dragObject = null;
}
```

在本书配套下载代码的 DragsAndSwipes 示例项目中可以看到对象拖放时所需要的全部代码。尝试运行该示例，确保您能够理解本节中所给出的代码。

3. 擦过对象

对象拖放很有用，并且适用于很多情形，但在其他一些情况下，使对象能够被擦动会更有用一些——将对象拖动起来然后在具有一定动量时释放，这样对象可以依靠惯性继续沿着被拖动的方向移动。擦动功能已经成为当前手持设备中一个通用的用户界面功能。用户在屏幕上快速擦动，可以快速翻过好几页信息。

在一个游戏中复制同种类型的移动方式是很简单的。接下来我们看看如何来实现该功能。

要创建擦动功能，每当对象正在发生移动时，就要记录下它移动的轨迹。我们需要记录最近几个点的轨迹；不需要太多。在我们的示例中，将为每个对象保存 5 个最近的点。如果每秒钟做的更新次数比较多，就需要增加这些点的数量，但大多数情况下 5 个点就够用了。

维护最近的位置使我们能够跟踪刚才触碰的点的坐标，并与当前的坐标进行对比。当放开屏幕后，我们计算物体移动的方向，并且设置一个速度变量来使对象仍然按照原来的方向移动。结果对象被推过屏幕。

然而，该计算会导致对象一直在移动，除非我们手动将它停止。为了使滑动能够停止，我们将在对象运动时添加一个模拟的摩擦效果。每次对速度变量进行设置时都减小速度的值，这样物体才能停止滑动。我们可以设置不同的摩擦级别来使物体滑过更多的距离或更快停止。

在 DragsAndSwipes 示例项目中可以看到如何实现该功能。所有的移动信息被跟踪记录在 CObjDraggableBase 类中。使用类变量来保存移动的信息，如程序清单 6-11 所示。

程序清单 6-11　实现拖放对象惯性运动所需的变量

```
// The friction to apply to kinetic object movement
// (1 == virtually none, 99 == extremely high).
private float _kineticFriction = 10;
// The kinetic velocity of the object,
private float _xVelocity = 0;
private float _yVelocity = 0;
// The most recent positions of the object -- used to calculate the direction
// for kinetic movement of the object.
private Queue<Point> _dragPositions = new Queue<Point>();
// The number of points we want to track in the dragPositions queue.
private const int _DraggableQueueSize = 5;
```

可以通过一个公共属性对_kineticFriction 变量进行访问；而所有其他变量都只能在该类的内部使用，其他变量分别保存了对象当前的运动速度(除非对象实际发生了滑动，否则速度为 0)，对象最近的位置(保存在一个 Queue 对象中)，用一个常量定义了队列的大小。

然后添加一个名为 InitializeKineticDragging 的函数。必须在开始拖动对象时就调用它，来记录对象移动的轨迹。该函数的代码如程序清单 6-12 所示。

程序清单 6-12　为滑动对象的惯性运动做准备

```
/// <summary>
/// Prepare the object for kinetic motion. Call this when the object enters
/// drag mode.
/// </summary>
internal void InitializeKineticDragging()
{
    // Clear the queue of recent object positions
    _dragPositions = new Queue<Point>();

    // Cancel any existing kinetic movement
    _xVelocity = 0;
    _yVelocity = 0;
}
```

该函数中创建了一个存储点的队列，并且确保将已有的速度设置为 0。这样用户可以捕捉到任何移动着的对象，并可以马上对该对象进行控制，使它失去原有的惯性。

接下来，需要在 Update 方法中向队列添加点。所需的代码如程序清单 6-13 所示。

程序清单 6-13   将对象的位置添加到_dragPositions 队列中

```
public override void Update()
{
    [...]

    // Write the current object position into the drag positions queue.
    // This will allow us to apply kinetic movement to the object
    // when it is released from dragging.
    _dragPositions.Enqueue(new Point((int)XPos, (int)YPos));
    if (_dragPositions.Count > _DraggableQueueSize)
        _dragPositions.Dequeue();

    [...]
}
```

代码首先将对象的当前位置添加到队列中，然后检测队列的大小。如果队列大小超出了定义的最大值，就将队列中的第一个点删除。这样总能使队列中保持最新的 5 个位置(在本示例中保留最新的 5 个点)。队列中的第一项保存的是最初位置上的点，而最后一项保存的是最新位置上的点。

在对象被拖动的过程中，通过该队列能得到物体的位置和移动的速度。现在，我们需要等待拖动操作结束，然后计算出对象的运动速度，请参考程序清单 6-14。

程序清单 6-14   当拖动操作结束时计算运动速度并应用该速度

```
/// <summary>
/// Apply kinetic motion to the object. Call this when the object leaves drag
/// mode.
/// </summary>
internal void ApplyKineticDragging()
{
    Point first, last;

    // Make sure there is something in the point queue...
    // We need at least 2 points in order to determine the movement direction
    if (_dragPositions.Count < 2)
    {
        // There is not, so no kinetic force is available
        return;
    }

    // Retrieve the oldest position from the drag position queue
    first = _dragPositions.Dequeue();
    // Remove all the other positions until we obtain the most recent
    do
    {
        last = _dragPositions.Dequeue();
    } while (_dragPositions.Count > 0);
```

```
// Set the x and y velocity based upon the difference between these
// two points. As these represent the last five object positions, divide the
// distance by one less than this (four) to maintain the same actual speed.
_xVelocity = (last.X - first.X) / (_DraggableQueueSize - 1);
_yVelocity = (last.Y - first.Y) / (_DraggableQueueSize - 1);
}
```

将最先保存的对象位置存放到变量 first 中，然后将队列清空并用变量 last 来获取最后的位置。通过将这两个变量进行对比，就可以得到最近 5 次更新时对象的移动方向和移动速度。令对象的运动方向和速度保持不变，就可以使它得到惯性，这正是我们想要应用的。

由于这些点涵盖了 5 次更新，并且我们准备将该速度应用到随后的每次更新中，因此需要将队列首尾两点之间的距离除以队列中所包含的移动次数，从而得到对象在之前每次更新时实际移动的平均距离。每次移动可以通过两个坐标来确定——初始位置与更新后的位置——所以移动的次数要比坐标的数量少 1。将首尾两点之间的距离除以队列中元素的个数减 1(即_DraggableQueueSize - 1)，能确保对象的初始惯性速度与其拖放速度相同。

例如，假设对象以固定的速度移动，每次更新在 x 轴上移动 10 个像素的距离，在 y 轴上移动 5 个像素的距离。因此队列中返回的首尾坐标可能分别为(100,100)与(140,120)，为了通过总移动距离计算该恒定速度，将最后一个位置的 x 坐标减去第一个位置的 x 坐标，然后除以队列中对象移动的次数，就可以得到该物体的恒定速度。该速度为 10，即(140 − 100)/4。在 y 轴上执行同样的计算，可以得到 y 轴上应用的速度：(120 − 100)/4=5。

既然已经计算得到了速度，并保存在对象中，所以当进行更新时要使对象移动起来。Update 函数的其余代码令对象以该速度进行移动，并逐渐降低速度来模拟摩擦作用；如程序清单 6-15 所示。

程序清单 6-15 完成 Update 函数，添加代码使对象能够以它的惯性速度进行移动

```
/// <summary>
/// Provide all of the functionality necessary to implement kinetic
/// motion within the object.
/// </summary>
public override void Update()
{
    base.Update();

    // Write the current object position into the drag positions queue.
    // This will allow us to apply kinetic movement to the object
    // when it is released from dragging.
    _dragPositions.Enqueue(new Point((int)XPos, (int)YPos));
    if (_dragPositions.Count > _DraggableQueueSize)
        _dragPositions.Dequeue();

    // Apply any existing kinetic velocity set for this object
    if (_xVelocity != 0 || _yVelocity != 0)
    {
        XPos += _xVelocity;
        YPos += _yVelocity;
```

```
// Apply friction to the velocity
_xVelocity *= (1 - (KineticFriction / 100));
_yVelocity *= (1 - (KineticFriction / 100));
// Once the velocity falls to a small enough value, cancel it completely
if (Math.Abs(_xVelocity) < 0.25f) _xVelocity = 0;
if (Math.Abs(_yVelocity) < 0.25f) _yVelocity = 0;
        }
    }
```

首先将速度值添加到 Xpos 值及 YPos 值上，然后根据摩擦系数来减小速度大小，当速度小于一个合适的下界(如 0.25)时，就将速度彻底取消，以免物体以微小的距离进行更新。

将这些代码添加到类中以后，需要从游戏中调用它。只要从 GameForm 类的 DragBegin 函数中调用 InitializeKineticDragging 函数，然后在 DragEnd 函数中调用 ApplyKineticDragging 函数即可。

为了在 DragsAndSwipes 项目中激活惯性拖动，单击 Menu 然后选择 Kinetic Movement 选项。该项被选中后，三种不同级别的摩擦菜单项就变得可用了。它们的值为 2、20 和 50、分别用 low、normal 以及 high friction 表示。注意，由于对象是自己进行惯性移动的，我们可以使多个对象同时进行惯性移动，而不必添加额外的代码。对象在运动中可以被捕获，被捕获时其速度就变为 0。

6.1.3　添加上下文菜单

我们在第 2 章中已经详细讨论过菜单了，但还有一种很有用的菜单构造方式，那就是 ContextMenu(上下文菜单)。这也是一种标准的 Windows Mobile 用户交互方式，当单击屏幕并且在触碰点位置上停留一秒左右的时间，在触碰点周围就会显示一个旋转的点状圆环。如果触碰时停留的时间足够长，那么圆环会闭合，然后弹出上下文菜单，这样就可以选择与触碰点相关的菜单项，如图 6-3 所示。

图 6-3　分别处于激活过程中(左图)与打开状态下的 ContextMenu(右图)

在您的游戏中可以使用上下文菜单，但在使用时要注意一些事项，接下来就来看看如何设置和使用这些控件。

在窗体设计器的工具栏中双击 ContextMenu 项，就可以将该控件添加到窗体中。它将出现在窗体设计器下方的控件区，选中它就可以向其中添加上下文菜单项，与 MainMenu 控件相同。

将窗体的 ContextMenu 属性设置为某个上下文菜单控件的引用，该控件才会被激活。这允许在同一个窗体中创建多个控件菜单，然后根据当前窗体的情景对相应的菜单进行激活。将窗体的 ContextMenu 属性设置为 null，上下文菜单就会取消激活。

■注意：

　　在窗体上添加了上下文菜单后，在 smart phone 平台上无法使用该菜单(编译器会给出警告)，实际上在 smart phone 上设置窗体的 ContextMenu 属性就会抛出一个异常。如果想兼容 smart phone，那么应当在运行时判断设备为触摸屏后才对 ContextMenu 属性进行设置，而非在设计时进行设置。

　　一旦将 ContextMenu 控件附加到窗体上，用户就可以通过前面描述的长按方法来打开该菜单，点状圆环就会出现，如果在触碰点上长按到足够的时间，上下文菜单就会显示。当菜单出现在屏幕上时，马上会触发 PopUp 事件。

■提示：

　　如果想允许用户能使用标准方式激活 ContextMenu 控件，但是不显示菜单，那么可以创建一个空的 ContextMenu，其中不包含任何菜单项。PopUp 事件仍然会被触发，但屏幕上显示不出菜单；因此，该事件可以用于显示任何其他想在此展示的信息。

　　在用户与窗体进行交互而打开 ContextMenu 控件的过程中，鼠标事件以什么顺序触发呢？这取决于用户在打开上下文菜单时使用了多大的力度，以及长按了多少时间。

　　如果在屏幕上轻轻单击，且力度很小，屏幕未显示旋转的点状圆环，那么事件会按照正常的顺序触发：MouseDown 事件、Click 事件和 MouseUp 事件。这时，ContextMenu 控件还没有对用户操作产生影响。如果用户保持与屏幕接触并且移动触碰点(例如拖动一个物体)，那么还是同样的情况。

　　如果长按屏幕，使屏幕上显示旋转的点状圆环(表示处于等待状态)，但在圆环闭合之前放开，这时 MouseDown 事件、Click 事件以及 MouseUp 事件会再次按照通常的顺序触发。然而只有当 Windows Mobile 取消了等待状态时，这些事件才会被触发。这不同于未出现 ContextMenu 控件时的正常情况，在该情形中，单击触摸屏后马上会触发 MouseDown 事件。

　　只要单击屏幕的时间足够长，屏幕上就会显示上下文菜单，该菜单的 PopUp 事件就会被触发。在这种情况下 MouseDown 事件、Click 事件和 MouseUp 事件都不会被触发。

　　但是，我们游戏中的渲染方法会造成几个问题。尤其是由于我们对窗体的 OnPaint-Background 方法进行了重写，因此使用菜单后，菜单本身的图像和点状圆环的图像都会留在屏幕上。这些使用痕迹不会被自动清除。

　　可以通过调用 ContextMenu 类中的 PopUp 事件来调用游戏引擎的 ForceRefresh 方法来执行清理任务。它可以很容易地将已经完成了的点状圆环以及显示过的菜单清除掉。

　　但是，当用户点出了旋转的点状圆环后并没有保持长按，那么上下文菜单就不会被打开。在这种情况下，前面已经说明过，会触发一系列事件，就如同尚未出现点状圆环时的情形。我们无法判断点状圆环是否显示，所以无法执行清除。

　　但是，没有有效的方法来处理这种情况，而需要确保当上下文菜单在窗体中激活时，每一个单独的 MouseUp 事件中都调用了游戏的 ForceRefresh 方法。这个解决方案的效率很低，但由于 MouseUp 事件触发的频率与 Render 的调用次数比起来相对比较低，因此对游戏的影响不明显。

上下文菜单是一种有用的输入方式，但它并不直观(有些用户甚至不知道它的存在)，在实际使用当中可能会感到不习惯。在很多情况下，将物体选择与普通的 MainMenu 控件结合起来会更受欢迎，而不用在游戏中添加上下文菜单。

如果您确实决定使用上下文菜单，那么就要尽快地将它融入到您的游戏中，而使自己有尽量多的时间来处理窗体事件触发方式所发生的变化。

6.1.4　使用手指进行操作

Windows Mobile 设备通常需要用手写笔与触摸屏进行交互。但近来其他竞争的手机操作系统的用户界面设计与功能已经从使用手写笔发展到完全用手指进行全屏幕操作了。

但是，手指要比手写笔大很多，所以使用手指操作时精度大大下降。当显示的是大物体并且物体之间的距离很合理的话，用手指操作问题不大。但如果物体很小或者物体之间距离很近，那么不用手写笔的话，选择目标对象会有比较大的难度。

所以当出现到这种情况时，就需要好好考虑如何使游戏能支持手指操作。通用的办法是允许用拖动的方式来选择对象，并提供实际被选中的对象的反馈；在释放了与屏幕的接触之后，选择就完成了。将选中的对象拖放到与周围的对象足够远的位置上，可以很容易地重新选择该对象并执行拖动等操作。

例如，以一个纸牌游戏为例，游戏中显示了一叠正面朝上的纸牌，用户可以将纸牌拖放到主游戏区中。如果游戏不支持手指操作，那么用户只能用手写笔点触屏幕来选择纸牌，然后拖动手写笔来移动纸牌、放开，最后将纸牌放到新的位置上。

如果纸牌被放置得都重叠在一起，并且每张牌都只有很小的选择区域，那么这种情形很难使用手指来进行操作，由于手指选择的精确度低，因此可能会反复选中不想要的牌。

为了使游戏能够支持手指操作，选择及拖放的操作可分为两部分。首先，用户通过单击屏幕来选择纸牌，然后在选中想要的牌后才移动触碰点。当进行该操作时，实际被选中的纸牌是高亮显示的。用户可以在纸牌的上方轻轻地滑动手指。直到想要的纸牌被高亮显示，就将屏幕释放开。将高亮显示的纸牌移动到一个容易被选中的地方。

通过拖动选中的纸牌就可以执行拖动操作。由于该纸牌已经距离其他纸牌比较远了，因此很容易被选中并进行移动。

并非所有的游戏都需要考虑支持手指输入，但游戏中如果包含了很多小物体要进行选择，或包含了很多重叠的物体需要被选择时，认真考虑手指输入会带来极大的便利。

6.1.5　使用多点触控输入

很可惜，您现在还没有使用多点触控。

多点触控是一种能够同时在屏幕上接触多个点的输入方式。设备可以对每个触碰点单独进行跟踪。这样，用户可以用两根手指选中照片的两个边，然后通过展开或者合拢来放大或缩小图片。

Windows Mobile 手机中已经引入了多点触控功能的并不多(在本书编写时，只有 HTC Touch HD2 是发布了的支持多点触控的手机)。还没有一种好的方式来读取多点输入，即使是在那些包含了该功能的手机上也无法获取多点输入。在 Windows Phone 7.0 中可能会广泛使用该功能。所以希望在将来.NET CF 会增加对这些功能的支持。而现在的 Windows Mobile 开发中还不能使用多点触控。

6.2 按钮与键盘输入

使用窗体事件也可以处理功能键与按键的输入。这种输入方式的主要问题在不同的设备的按键和功能键上可能会有区别。

手机一般都会有方向键(但不能保证)。其中有上下左右 4 个方向键,它们的使用方式与键盘上的光标键相同。此外,通常方向键的中间被按下后会执行选定的功能。

有些手机可能会有其他的硬件按键,smart phone 会有数字键,这样可以方便地输入数字。

现在,越来越多的手机提供了全键盘,这样输入数据的方式与使用 PC 键盘很相似。

还有一系列按键几乎是所有手机都会提供的,通过这些按键可以接听和挂断电话,调整音量,打开 Windows 菜单。在应用程序中不容易处理这些按键,但最好不要动用这些按键——用户会希望这些按键能够执行自己的本职工作,不要为了游戏而丢掉了应有的功能。

接下来我们看看如何来获取这些按键的输入。

6.2.1 功能键与键盘事件

就像鼠标事件那样,键盘事件与功能键的事件在名称与功能上都与.NET 桌面版本中的键盘事件是相同的。在接下来的几节中将对这些事件进行介绍。

1. KeyPress 事件

每当手机上的字符键或功能键按下时就会触发 KeyPress 事件。字符键包含了 ASCII 字符表示的可视的字符和符号(数字、字母、标点),此外还有回车键、制表符和退格键。然而光标键、删除键或单独的换挡键(如 Ctrl 或 Shift)不会触发 KeyPress 事件。

传递给 KeyPress 事件处理程序的是 KeyPressEventArgs 对象,该对象中包含了按键信息。通过其 KeyChar 属性就可以得到按下按键时所生成的字符。注意在得到该字符时要查看 Shift 键。因此在一个包含了键盘的手机上,如果在按下 A 键的同时,也按下了 Shift 键,那么该属性会返回一个大写的 A。

如果长按一个按键,那么短暂的等待之后手机就会激活重复按键的功能。结果 KeyPress 事件就会被重复调用直到用户放开该键。这听起来好像非常适用于玩家在游戏中控制物体,但实际上并非如此。短暂的等待会使游戏在控制上感觉很不流畅,并且在重复输入开始后,我们无法控制 KeyPress 事件的触发频率,不同的手机该频率也会有区别。我们马上会讨论一种用于读取按键输入信息的替代方法,使用该方法将不会出现短暂的等待。

2. KeyDown 事件

每当手机上一个键或者功能键被按下时都会触发 KeyDown 事件。KeyDown 事件使用一个 KeyEventArgs 对象作为其参数之一,通过 KeyEventArgs 对象就可以得到按键的信息。

与 KeyPress 事件不同，KeyDown 事件访问的是实际的字符。KeyDown 事件能够通过
KeyCode 属性来获得被按下的键，其值的类型为 System.Windows.Forms.Keys 枚举。这意
味着 KeyDown 事件能够检测到更大范围内的字符(包括光标键、Shift 键与 Ctrl 键等)，但
键码是原始的——一起按下 A 键与 Shift 键，那么通过该事件将只能得到 A 键与 Shift 键被
按下了，而不会像 KeyPress 事件那样将两个按键转化为一个大写的字符。

Keys 枚举中包含了大量可能会被按下的键，甚至其中的一些在任何手机上都不存在。
在该枚举中字母字符的名称是从 A~Z。数字通过 D0 到 D9 来表示(枚举不允许键名以数字
打头，所以这些项必须有一个前缀，这样他们的名称才是有效的)。光标键分别用键名 Up、
Down、Left 和 Right 来表示。

要判断哪些修改键被按下了，可以查看 KeyEventArgs 对象的 Alt、Control 及 Shift 属性。

■提示：

如果您不确定键盘上的键对应于哪个枚举项，就请在 KeyDown 事件中放置一个断点，
然后按下该键，当触发断点时，查看 KeyEventArgs.KeyCode 属性就能得到结果。

在 KeyPress 事件中对重复的键的处理方式也适用于 KeyDown 事件。如果长按某个按
键，就会触发多个 KeyDown 事件。

在很多情况下，KeyDown 事件可能会比 KeyPress 事件更有用，因为它可以得到 KeyPress
事件无法得到的非字符键。但是，该事件有个问题。在包含了实际键盘的手机上，当调用
KeyDown 事件时，所有 KeyPress 事件能够获得的字符键所返回的值是 Keys.ProcessKey 枚
举类型。因此，在能够看到非字符键时，就无法分辨键盘上的其他大部分键。将这两个事
件结合起来使用，就能处理它们之间所有可能的输入。但在两个不同的事件之间必须将键
盘处理分开，这是非常烦人的。

我们几乎给出了可靠的代替方法，但我们先快速浏览下最后一个键盘事件。

3. KeyUp 事件

该事件的函数形式与 KeyDown 事件很相似，您可以猜到，它们的区别在于一个是松
开按键时触发，一个是按下按键时触发。如果长按，那么在按键被按下的期间内会造成多
个 KeyPress 事件与 KeyDown 事件，当松开按键时只触发一个 KeyUp 事件。

KeyDown 事件所有的特点与缺点也可应用于 KeyUp 事件。

6.2.2 读取键盘状态

键盘事件虽然可用，但有一些限制。每个事件都只能看到特定类型的键，并且玩家用
重复按键的方式进行移动也不是很理想。有什么替代方法吗？

Windows Mobile 提供了一个非常有用的函数，名为 GetAsyncKeyState。它使我们能够
查询任何一个按键或功能键的状态，其返回值表示当前该键是否被按下。它还能够查看客
户端手机能够支持的按键和功能键，所以，我们要使用它来获得信息，不再依靠那些利用
KeyPress 事件的方法了(如使用窗体事件的情况)，并且根本不需要重复按键。

不过在.NET CF 中不支持该功能，我们可以通过非常简单的 P/Invoke 调用来实现该功

能，如程序清单 6-16 所示。

程序清单 6-16 定义 GetAsyncKeyState 函数

```
using System.Runtime.InteropServices;

[DllImport("coredll.dll")]
public static extern int GetAsyncKeyState(Keys vkey);
```

使用该函数，在任何时候都可以查看某个键是否被按下。我们将键的标志码作为参数提供给该函数调用(使用与 KeyDown 事件中相同的 Keys 枚举)，其返回值会告诉我们该键是否被按下。如果返回值为 0，表示未按下；否则返回值非 0，指示已按下。

■提示：

为了检测键盘上的 Shift 键、Ctrl 键或 Alt 键是否被按下，要使用 Keys.ShiftKey、Keys.ControlKey 及 Keys.AltKey 枚举值，而不是 Keys.Shift、Keys.Control 和 Keys.Alt。前者表示键盘上特定的键，而后者是一个修改值，能够通过 OR 逻辑运算与其他键组合起来，用单独的值来表示一个转换了的字符。

可以根据需要来查询键的状态，这意味着我们不再需要窗体中的那些按键处理代码了。使用这种方法，可以将它直接放到游戏的 Update 方法中，那里是最有可能需要对按键事件做出响应的地方。这样，就可以在同一段代码中读取按键，并进行响应，从而使游戏的可读性与可维护性大大提高。

然而在使用 GetAsyncKeyState 函数时还要考虑其他一些因素：如果用户按键速度非常快，例如，在按键被按下后，代码还没来得及查询按键的状态，该按键就被松开了。那么按键事件完全可能会被错过。如果游戏以一个合理的速率进行刷新，那么这一般不会成问题(在 1/10 秒内完成按键和释放是有难度的)，但如果每次按键事件都是重要的(例如用户用键盘输入文字)，那么 KeyPress 事件和 KeyDown 事件可以更精确地得到按键信息。

如果您想实际了解一下 KeyDown 事件与 GetAsyncKeyState 函数这两种方式之间的差别，请运行本书配套下载代码中的 ButtonPresses 示例。该程序在屏幕上显示了一个球，您可以通过方向键(大多数设备上都提供了方向键)将它来回移动。通过菜单可以在这两种方法中切换。当使用 KeyDown 事件输入方式时，是在窗体的 KeyDown 事件中对物体进行移动，而使用 GetAsyncKeyState 方法时，是在 CButtonPressesGame.Update 函数中进行该操作。

很快我们就可以得到明显的对比，但有些差别是微不足道的。这两种方式之间主要的不同在于：

- GetAsyncKeyState 函数能够提供即时、平滑以及快速的移动，而使用 KeyDown 事件进行移动时感觉不流畅。

- GetAsyncKeyState 函数能使每次更新时的移动速度保持一致。由于更新是以固定的间隔进行的，因此，在任何情况下，在各种手机上对象都能以相同的速度移动。而 KeyDown 事件的移动速度由重复率指示，在不同的手机上速度不一致。

- GetAsyncKeyState 支持斜线移动，因为它能够判断多个方向键是否被同时按下。KeyDown 事件不支持该功能，它只能得到最近被按下的键。

6.2.3　使用 SIP 进行输入

SIP 如何与我们本节中所讨论的事件进行交互呢？

当用户在键盘上或者软键盘面板上输入字符时，它们的 KeyPress 事件、KeyDown 事件以及 KeyUp 事件都是正常地触发。全屏手写面板的工作方式有一点不同，因为它允许一次性输入多个字符。所以在输入文本时不会触发这三个事件中的任何一个，当 Windows Mobile 判断出文本输入完成，并发送给应用程序时，每个输入字符的 KeyPress 事件就会被触发，但不会触发 KeyDown 与 KeyUp 事件。总之，这不应是一个问题，因为我们都知道为字符按键使用 KeyPress 事件，而在全屏手写面板上输入的也是字符，但要注意这个问题。

但是，GetAsyncKeyState 方法一般不适用于 SIP。SIP 的按键事件非常快，GetAsync KeyState 函数没有机会检测到它们，我们需要依靠那些事件机制处理来自 SIP 的输入。

6.2.4　选择键盘输入方式

在为您的游戏选择操作方式时，下列原则会有所帮助：

- 如果需要连续、反应敏捷、平滑的控制游戏，那么使用 GetAsyncKeyState 函数。它能提供较高的响应速度，并且保证在各种手机上速度一致。

  例如在一个射击游戏中控制一架飞船。对该类型的游戏就应当采用这种方式。

- 如果想更好地控制移动，并且平滑的物体运动并不那么重要，或者需要读取 SIP 中的输入，就使用按键事件。它虽然使物体在移动时的平滑度不高，但易于实现小的精确的移动。

  例如，在俄罗斯方块游戏中，用户需要将方块一次移动一个位置，那么重复延时会利于移动。如果使用 GetAsyncKeyState 函数，那么方块会轻易地移动到您所期望的位置之外。

6.3　读取重力感应

现在，重力感应成了手机上越来越常见的功能，因为它非常有用——不只是用于游戏。

重力感应器是手机中所包含的一个感应器，能够得到手机当前的方向或位置。也就是说，它能告诉您手机是平放在桌面上，是被竖直地拿着，还是被转了一个方向，或者是在介于两者之间的一个位置上。

这些信息为游戏提供了各种各样的机会。如果能得到手机的角度，就可以将该功能作为一种控制方式。不用通过触摸屏或者按键使物体在屏幕上移动，玩家只需要在想要的方向上倾斜一下手机就能实现移动以影响游戏。

令人失望的是，在 Windows Mobile 中没有标准的方式来从重力感应器中读取信息。一些设备制造商(例如 Samsung)对自己手机中的重力感应器提供了公共信息的获取方法，而其他制造商(例如 HTC)根本没有提供任何东西。我们需要一些聪明的专家对手机进行反向工程(reverse engineer)才能知道如何获取它们的数据。

幸运的是，在互联网上，一位非常聪明的名叫 Scott Seligman 的开发人员(www.scottandmichelle.net)对 HTC 重力感应器进行了反向工程。这后来又被 Koushik Dutta(www.koushikdutta. com)在.NET CF 中进行了托管包装,提供了一个单独的编程库,能对 HTC 和 Samsung 的重力感应器进行访问,不需要那些用来检测手机类型的代码。

Koushik 后来发布了该库,名称为 Windows Mobile Unified Sensor API。它实际上还包含了一些其他类型的传感器(例如光传感器和接近度传感器)的操作代码。但重力感应器是对游戏开发有所帮助的一个传感器。该传感器 API 的代码可以从 CodePlex 网上下载: sensorapi.codeplex.com。

接下来看看如何在游戏中使用该功能。注意,示例项目在仿真器上不会有效果,因为它无法仿真重力感应,您需要在一个真正的支持该功能的手机上试试。

6.3.1　初始化重力感应器

要访问重力感应器,需要使用一个名叫 Sensors 的类库中的一个接口,该接口名为 IGSensor(Interface for Gravity Sensor 的缩写)。不同品牌的设备用不同的类对该接口进行了实现,这意味着在您的游戏中,不需要担心传感器在后台实际发生了什么操作;我们只需要通过接口访问它的属性就可以了。

由于可能会有很多可能的类实现了该接口(每个不同的设备提供商对应于一个类),因此我们不能直接创建对象实例。然而需要调用 Sensors.GSensorFactory.CreateGSensor 函数,由它判断所要创建的对象的类型。如果没有找到支持的重力感应器,就返回 null。

因此,要创建该对象,只需要使用程序清单 6-17 中的代码即可。

程序清单 6-17　对_gSensor 对象进行初始化来读取重力感应器中的数据

```
// A variable to hold our accelerometer sensor object
private Sensors.IGSensor _gSensor;

/// <summary>
/// Class constructor
/// </summary>
public CAccelerometerGame(Form gameForm)
    : base(gameForm)
{
    // Create the GSensor object that will be used by this class
    _gSensor = Sensors.GSensorFactory.CreateGSensor();
}
```

我们首先声明了一个类级别的变量_gSensor,用于保存我们的传感器实例。然后在类的构造函数中使用 CreateGSensor 函数创建了该对象。当 CAccelerometerGame 类实例化完成时,重力感应器类就马上可以使用了。

6.3.2　从重力感应器中读取数据

当我们想得到手机的方向时,就调用 IGSensor.GetGVector 函数。它返回了一个 GVector 对象,其中包含了手机的加速度,该加速度是相对于自由落体而言的,这有什么含义呢?

首先，我们看向量本身，它包含了三个属性用于查询手机的方向：X、Y 和 Z。它们都是一个 double 类型的值，表示手机实际在各个坐标轴上的移动。如果手机面朝上放置在桌子上，那么返回的 vector 可能会有下列属性值：

```
X = 0, Y = 0, Z = -9.8
```

这里出现了 9.8，是因为地球引力所产生的加速度(重力加速度为 9.8m/s²)。如果在另外一个星球上运行程序，重力加速度就会是一个不同的值(您可能无法验证我所说的话，除非您有朋友在 NASA(美国国家航空航天局))。

这里的值实际为 -9.8，表示在 z 轴反向移动了 9.8(z 轴对应于上下移动，负值表示方向为上)。但手机没有向上移动，那么我们为何得到这样的结果呢?

这是因为上文曾提到的"该加速度是相对于自由落体而言的"。如果手机处于自由落体状态，那么 z 轴上加速度的值应当为 0。当它静止时，就会得到一个负值，该值为静止时的加速度与自由落体时的加速度之间的差。

这里的 z 值很有用，因为我们可以通过它得到运动速度(相对于重力加速度)，甚至当手机不处于运动状态时也可以。通过计算 x 轴、y 轴和 z 轴的数值，就能知道手机的运动方向。

可以看到，当手机正面朝上时，z 轴上的加速度值为负。当手机直立时，重力感应器返回 y 轴上的值为 9.8(如果正面朝下，那么返回值为相反数，-9.8)。将手机转个方向，就会得到 x 轴上的值为 9.8 或 -9.8，正负是根据手机的旋转方式得到的。其他所有方向上的运动速度，都通过这三个轴上的值来体现。

由于屏幕只有两个维度，因此大部分情况下可以忽略 z 的值。只需要读取 x 值和 y 值来对游戏中的对象进行加速。当手机平放在桌面上，x 值和 y 值都为 0，表示对象没有发生移动。将手机拿起来，x 值和 y 值会根据手机倾斜的角度发生变化，只要为对象提供了加速度——倾斜的角度越大，加速度就越大。

为了简化重力感应器返回的值，我们可以对向量进行归一化。归一化能够减少向量的长度，这样该值将总是为 1，而不是现在所看到的 9.8。执行了归一化之后，每个轴上的值就介于 -1~1 之间。然后乘以一个速度因子，就能控制对象移动的快慢。

本书配套下载代码中的 Accelerometer 项目就展示了如何通过重力感应器来控制小球在屏幕上到处移动，并提供了全部代码。它还将归一化后的向量值显示在屏幕上，当您转动手机时就可以看到重力感应器返回的值。

该项目中只包含了一个游戏对象 CobjBall。该对象对我们来说已经不再新鲜；在前面的项目中已经看到了它所使用的技术。小球提供了 XVelocity 属性和 YVelocity 属性，并且在其 Update 方法中，使小球的位置与这两个属性值进行相加，如果碰到了窗体的边缘就反弹。为了模拟物体受到摩擦的情况，每次更新时都会逐渐降低小球的速度。

与重力感应器进行交互所需要的代码位于 CAccelerometerGame.Update 函数中；请参见程序清单 6-18。它先读取 GSensor 向量值，对它进行归一化，然后将 X 值与 Y 值加到小球的速度上。代码中将速度提高了 3 倍(在本例中速度因子为 3)，这样能使小球移动得更快，对速度因子进行加大或减小，能够调整小球移动的灵敏度。

程序清单 6-18　使用_gSensor 对象从重力感应器中读取数据

```
/// <summary>
/// Update the game
/// </summary>
public override void Update()
{
    // Get the base class to perform its work
    base.Update();

    // Retrieve the GSensor vector
    Sensors.GVector gVector = _gSensor.GetGVector();
    // Normalize the vector so that it has a length of 1
    gVector = gVector.Normalize();

    // Display the vector on the game form
    ((GameForm)GameForm).lblAccelerometerVector.Text =
        gVector.ToString();

    // Add the x and y values to the ball's velocity
    ((CObjBall)GameObjects[0]).XVelocity += (float)gVector.X * 3;
    ((CObjBall)GameObjects[0]).YVelocity += (float)gVector.Y * 3;
}
```

注意:

在 HTC 手机中，不能太频繁地读取重力感应器中的数据。当读取间隔小于 1/25 秒时就会使它停止刷新，这样每次请求时返回的都将是旧值。因为我们游戏的运行速度要大于该值。所以必须对 Sensors.HTCGSensor.GetGVector 函数中相应的代码进行修改，来确保以不高于该频率的速率读取重力感应器。如果过快地调用该函数，那么将返回缓存中的值。使用缓存值对游戏没有明显的影响，但应确保返回值不要保持不变。由于在 CodePlex 官方站点上下载的程序中没有提供这些代码，因此在使用那些源代码时要注意。

现在这些代码可以模拟小球在仿真的桌面上到处滚动。如果您有一个支持重力感应的手机，就尝试运行下该项目，看看当手机发生倾斜时，小球会有何反应。您会观察到当手机倾斜的角度很大时，小球将移动得越来越快。

6.3.3　检测是否支持重力感应

如果游戏要用到重力感应器，那么检测手机是否支持该功能是很需要的。当看到一个游戏虽然能够运行，但无法执行任何操作时是很令人疑惑的。所以我们将在功能检测中(在第 4 章中讨论过)添加一条新项来检测手机是否有我们可以使用的重力感应器。

首先，在 CGameEngineBase.Capabilities 枚举中添加一个新项，如程序清单 6-19 所示。

程序清单 6-19　在 Capabilities 枚举中添加名为 Accelerometer 的新项

```
/// <summary>
/// Capabilities flags for the CheckCapabilities and
/// ReportMissingCapabilities functions
```

```
/// </summary>
[Flags()]
public enum Capabilities
{
    [...]
    Accelerometer = 1024
}
```

接下来，需要更新 CGameEngineBase.CheckCapabilities 函数来查看手机是否包含重力感应器。然而，这会带来一个小问题。为了判断重力感应器是否可用，需要对 Sensors.dll 进行引用。但如果添加了该引用的话，Sensors.dll 就变成了游戏引擎的依赖项。那么所有的游戏无论是否用到重力感应器，在编译时都还是需要提供该 DLL。这是一个麻烦事。

为了解决这个问题，我们将使用反射的方式来访问该 DLL。这样我们不用添加引用就可以调用其中的函数，步骤如下：

- 从 Sensors.dll 文件中加载 Sensors 程序集。
- 在 Sensors 程序集中定位 GSensorFactory 类。
- 在 GSensorFactory 类中定位 CreateGSensor 方法。
- 调用 CreateSensor 方法，看返回的是一个对象还是 null。

这些步骤都被包装在一个异常处理中，所以如果有问题，就可以抛出一个异常来指示在使用 Sensors.dll 时发生了问题。当发生这种情况时不直接返回 false，是因为这个问题说明了软件配置有错误(例如，如果无法找到 Sensors.dll，就属于安装程序的问题)。通过抛出的异常能够方便地找到问题所在。

如果找到了支持的重力感应器，那么 CreateGSensor 函数就返回一个 GSensor 对象，否则返回 null。因此我们只需要检查该函数的返回值是否为 null 即可。这样就可以完成我们所需要的兼容性检测。这些操作都被包装在 CheckCapabilities_CheckForAccelerometer 函数中，如程序清单 6-20 所示。

程序清单 6-20　检测手机是否支持重力感应，但不用添加对 Sensors.dll 文件的引用

```
/// <summary>
/// Detect whether a supported accelerometer is available in this device
/// </summary>
/// <returns>Returns true if a supported accelerometer is found, false if
/// not.</returns>
/// <remarks>This function uses reflection to check the accelerometer so that
/// no reference to Sensors.dll needs to be added to the Game Engine. This saves
/// us from having to distribute Sensors.dll with projects that don't use
/// it.</remarks>
private bool CheckCapabilities_CheckForAccelerometer()
{
    Assembly sensorAsm;
    Type sensorType;
    MethodInfo sensorMethod;
    object accelSensor;

    try
```

```
{
    // Attempt to load the Sensors dll
    sensorAsm = Assembly.LoadFrom("Sensors.dll");

    // Find the GSensorFactory type
    sensorType = sensorAsm.GetType("Sensors.GSensorFactory");
    // If the type was not found, throw an exception.
    // This will be picked up by our catch block and reported back to the
    // user.
    if (sensorType == null) throw new Exception();

    // Find the CreateGSensor method within the Sensors.GSensorFactory
    // object
    sensorMethod = sensorType.GetMethod("CreateGSensor");

    // Invoke the method so that it attempts to create out sensor object.
    // If no supported accelerometer is available, this will return null,
    // otherwise we will receive a sensor object.
    accelSensor = sensorMethod.Invoke(null, null);

    // Did we get an object?
    if (accelSensor == null)
    {
        // No, so no supported accelerometer is available
        return false;
    }

    // A supported accelerometer is available
    return true;
}
catch
{
    // The Sensors.dll failed to load or did not contain the expected
    // classes/methods. Throw an exception as we have an application
    // configuration problem rather than just a missing capability.
    throw new Exception("Unable to load Sensors.dll, which is required
        by this application. Please ensure the application is installed
        correctly.");
}
}
```

对 CheckCapabilities 函数进行修改，这样当设置了 Accelerometer 标志时就是用新的代码，如果没有设置该标志(因此不需要手机支持重力感应)就不调用该函数，所以缺少 Sensors.dll 的话也不会引起任何问题。

最后还要对 ReportMissingCapabilities 函数进行修改，在其中添加一个判断，这样如果检测到缺少重力感应功能，就可以进行报告。

6.3.4 支持无重力感应的设备

游戏如果需要重力感应功能，就明显会失去很多目标客户。用户不仅需要一个支持重力感应功能的手机，而且要保证 Sensors 库能够识别该传感器。

对于没有该硬件的用户，要考虑一种能够替代重力感应器的控制方式。例如，用方向键来模拟手机的倾斜，就像触摸屏那样(通过触碰离中心点比较远的位置来模仿重力感应功能中将手机大角度倾斜的情景)。这允许您的游戏为所有人提供快乐，而不是专属于拥有支持该功能的设备的人。

6.4 考虑如何设计输入方式

在计划用户如何对游戏进行控制和交互时，要考虑很多事情。是否必须使用某种特定的操作方式，或者是否提供替代方案？对于那些不支持我们想要的输入方式的设备应如何处理？例如触摸屏、按键或者重力感应器等。

要计划好游戏有哪些操作控制选项，尽可能地适用于不同类型的手机，使您能够拥有更多的客户。在第 8 章中我们将介绍一个示例游戏，在该示例中展示了如何实现不同的输入方式。

第 7 章

■■■

在游戏中添加音频

到目前为止,我们的游戏还是静悄悄的;除了在触碰屏幕时偶尔会发出一些声响。所有的物体在移动时都是完全安静的。因此,这不是一个完好游戏,所以在本章中,我们将为游戏添加音效和音乐。

7.1 理解声音文件的类型

正如图形图像有很多种不同的格式,音频和音乐也有很多不同的格式可用于游戏中。下面就对您可能会用到的格式进行简要的介绍。

- WAV 文件是最古老的声音格式之一,由 Microsoft 使用。它通常将声音用未压缩的格式进行存储,很容易进行读写,但文件大小会很大。

  在台式 PC 中,WAV 文件已经普遍被压缩率更高的格式(如 MP3 等)替代了,但在 Windows Mobile 中,WAV 仍然值得考虑,因为很多旧的设备没有内置 MP3 的解码器支持。

- 在过去的 10 年中,MP3 文件一统天下,是已有声音文件格式中最知名的。MP3 文件使用了一种有损压缩算法进行编码。这意味着在播放时音频会有一些音质上的降低(就像 JPG 图像损失了一些图像质量),但在大多数情况下,音质上的损失很难被注意到或者完全注意不到。

  MP3 能对音频数据进行不同程度的压缩,压缩率越高,在播放时音质损失就越多。当创建 MP3 时指定一个比特率,就确定了其压缩级别,比特率能够控制每秒使用多少 kb 的数据来存储压缩后的音频。用 128kbps 的比特率来压缩音频文件时,其大小一般只有 CD 音质音频原始文件大小的 9%——能够节省很大空间。

- OGG(Ogg Vorbis)文件与 MP3 文件的相似之处在于它们都使用了一种有损压缩算法来获得高级别的压缩。OGG 文件与 MP3 文件的最大不同在于 Ogg Vorbis 算法是开源的,并且完全没有许可与专利限制,而 MP3 标准是不开放源代码的,并受软件专利保护。

  虽然没有 MP3 那么流行,但 Ogg Vorbis 文件被越来越多地用于高质量的 PC 游戏。

- 音轨文件(通常是 MOD、XM、IT 及 S3M 文件)使用了一种差别很大的方式来存储音乐。不是单独的音频流(前面讨论的其他格式都使用单独的音频流),音轨文件存储了多个独立的声音采样,就像在配乐时使用的演奏乐器一样。这些采样可能包含了钢琴一个按键音,不同的鼓声以及小提琴声。不同的乐器,一系列不同的声音和音调就构成了一段音乐。这种文件还是比较小,因为只存储了各种乐器的声轨,而不是完整的音乐的声音。

这些文件格式曾经是计算机游戏中常用的存储音乐的方式,但随着计算机硬件性能及网络带宽的增强,MP3 文件已经成了更通用的格式,音轨文件开始消失了。在 Windows Mobile 中,当文件大小是要考虑的因素时,音轨文件就是一种有用的格式,虽然需要用第三方提供的库(例如 BASS,将在本章的后面进行介绍)来播放它们。在 www.modarchive.org 上能找到很多音轨文件,但要记得联系每首歌曲的作者看是否有权限在游戏中使用这些文件。

- MID(MIDI)文件与音轨文件在某些方面很相似,它不存储单独的音频流,而是一系列音符,然后当播放文件时通过设备对这些音符进行解释。然而,与音轨文件不同的是,文件中不包含乐器采样;依靠设备自身带的标准乐器采用库进行播放。

    一段较短的时期内,MIDI 文件在移动设备上很流行,当时广泛地用作手机铃声,但现在 MP3 成了通用的铃声存储方式,所以对 MIDI 文件的支持没有像以前那样重要了。不同的设备对 MIDI 文件有不同的支持度,所以虽然它能以很好的方式将音乐存储在一个小文件中,但可能不会在所有设备上都能给人们带来高质量的音乐体验。

7.2 浏览可用的各种声音 API

值得高兴的是,我们有很多不同的 API 用于在手机中播放声音。但所有 API 都有某种缺陷。内置的 API 对不同设备的支持最好,但它只能播放 WAV 格式的声音。功能最好的 API 是一个第三方的产品,如果您想出售自己的游戏就需要购买该产品(用于免费的产品时它是免费的)。到底哪种 API 适合您的游戏,就要看您的需求以及是计划销售游戏,还是免费分发游戏。

在讨论细节之前,首先看看有哪些可用的 API,以及每个 API 的优缺点。

PlaySound PlaySound 函数是以 P/Invoke 方式访问的,在.NET CF 中无法直接访问该函数。然而它使用起来很简单,能从硬盘上或者从内存中播放文件,并且支持各种设备,甚至是 Windows Mobile 2003 SE。该函数最大的缺陷在于它仅支持 WAV 文件,并且一次只能播放一个文件。如果第一个文件还在播放,就开始播放第二个文件的话,第一个文件就会被停止。

System.Media.SoundPlayer 该类为.NET CF 3.5 中引入的一个新类,位于 System.Media 名称空间中,名为 SoundPlayer。它专门用于管理播放声音文件并且能够同时播放多个声音文件。但该类仍然只支持 WAV 文件,所以尽管它是新添加到.NET Framework 中的,还是不能播放 MP3。.NET 2.0 不支持该类,这意味着在 Visual Studio 2005 中无法使用该类。

AygShell 声音函数 随着 Windows Mobile 6.0 的发布,在 Windows Mobile 系统 DLL 之一 aygshell.dll 中添加了一些声音函数。除 WAV 文件外,终于支持播放 MP3 及 MIDI 文

件了。不过它支持 Windows Mobile 6.0，这样如果依赖于这些函数的话就会将很大一批潜在客户排除在外。此外，这些函数只能播放手机单独的文件中所加载的声音(无法从嵌入资源中读取)，并且也只能同时播放一个文件。

　　BASS.dll　不过，我们不能只在 Microsoft 提供的函数中寻找解决方案。有一个强大的第三方跨平台音频库，名为 BASS，它包含了用于 Windows CE 的版本，并且提供了一个.NET 包装的 DLL，能够很好的进行工作。它支持包括 MP3、WAV、OGG 和音轨格式在内的多种音频文件格式，在各种版本的 Windows Mobile 上都运行良好，并且既能从外部文件也能从嵌入式资源中加载声音。它还是唯一能够对每个播放的声音进行音量控制的 API。它仅有的缺陷在于如果您计划销售您的游戏的话，就需要购买使用 BASS 及.NET 包装 DLL 的许可。共享版的许可相当便宜，并且没有产品数量的限制。如果您计划免费分发您的游戏，那么 BASS 及其.NET 包装 DLL 都可以免费使用。当在后面讨论如何使用该 DLL 时会详细介绍它的许可。

　　我们已经了解了用于播放音频的各种 API，表 7-1 对这些 API 进行了总结，我们可以对它们各自的功能进行对比。

表 7-1　各声音 API 之间的对比

功　能	PlaySound	SoundPlayer	AygShell	BASS
支持的文件格式	WAV	WAV	WAV、MP3 和 MID	WAV、MP3、OGG 和音轨文件
适用的 Windows Mobile 版本	Windows Mobile 2003 SE 及以上版本	Windows Mobile 2003 SE 及以上版本	Windows Mobile 6 及以上版本	Windows Mobile 2003 SE 及以上版本
.NET/Visual Studio 版本	.NET 2.0/VS2005 及以上版本	.NET 3.5/Visual Studio 2008	.NET2.0/VS2005 及以上版本	.NET 2.0/VS2005 及以上版本
是否支持同时播放多个文件	否	是	否	是
数据来源	文件或内存	文件或内存	文件	文件或内存
是否支持音量控制	否	否	否	是
是否需要许可	否	否	否	是(免费游戏及免费应用程序除外)

7.3　使用声音 API

　　我们简单了解了各个 API，接下来就要对它们进行更详细的研究，并且介绍如何在代码中使用它们。

7.3.1　PlaySound 函数

PlaySound 函数必须通过 P/Invoke 使用，所以首先必须对该函数进行声明。它既可以从内存中(例如，嵌入式资源)也可以从磁盘文件中播放声音，对于前一种方式，我们提供了一个 byte 数组，对于后一种方式，我们提供了一个文件名 string。该函数的声明如程序清单 7-1 所示。

程序清单 7-1　用于 PlaySound 函数的 P/Invoke 声明

```
/// <summary>
/// The PlaySound function declaration for embedded resources
/// </summary>
[DllImport("coredll.dll")]
static extern bool PlaySound(byte[] data, IntPtr hMod, SoundFlags sf);
/// <summary>
/// The PlaySound function declaration for files
/// </summary>
[DllImport("coredll.dll")]
static extern bool PlaySound(string pszSound, IntPtr hMod, SoundFlags sf);
```

可以看到，PlaySound 函数需要 3 个参数值。第一个参数要么是一个要播放的声音的byte 数组，要么是要播放的声音的文件名。第二个参数是包含所要播放的资源的模块的句柄——我们不会用到它(即使在播放嵌入式资源时也不会用到)，所以向该参数传递 IntPtr.Zero值。最后一个参数是一系列标志，它们用于告诉该函数如何进行操作，这些标志都定义在名为 SoundFlags 的枚举中，该枚举如程序清单 7-2 所示。

程序清单 7-2　在 PlaySound 函数中可以使用的标志

```
/// <summary>
/// Flags used by PlaySound
/// </summary>
[Flags]
public enum SoundFlags
{
    SND_SYNC = 0x0000,          // play synchronously (default)
    SND_ASYNC = 0x0001,         // play asynchronously
    SND_NODEFAULT = 0x0002,     // silence (!default) if sound not found
    SND_MEMORY = 0x0004,        // pszSound points to a memory file
    SND_LOOP = 0x0008,          // loop the sound until next sndPlaySound
    SND_NOSTOP = 0x0010,        // don't stop any currently playing sound
    SND_NOWAIT = 0x00002000,    // don't wait if the driver is busy
    SND_ALIAS = 0x00010000,     // name is a registry alias
    SND_ALIAS_ID = 0x00110000,  // alias is a predefined ID
    SND_FILENAME = 0x00020000,  // name is file name
    SND_RESOURCE = 0x00040004   // name is resource name or atom
}
```

这些标志中的大多数我们都不会使用，经常使用的标志如下所示。

- **SND_SYNC**　通知 PlaySound 函数进行同步播放。直到整个声音播放完毕，函数才返回。
- **SND_ASYNC**　通知 PlaySound 函数进行异步播放。函数将立即返回，在后台中继续播放声音。
- **SND_MEMORY**　表示我们提供了一个指向了某内存块的指针，该内存块中包含要播放的声音。
- **SND_FILENAME**　表示我们提供了一个文件名，该文件中包含了要播放的声音。

下列标志看上去很有用，但实际上几乎并不使用：

- **SND_LOOP**　通知 PlaySound 函数对声音进行持续循环播放(直到播放下一个声音)。它可以用于背景音乐，但由于 WAV 文件比较大，并且该函数不能同时播放多个声音，因此此标志没有什么使用价值。
- **SND_NOSTOP**　该标志的名称看上去像是当新的声音开始播放时，任何已经在播放的声音都还在播放。但实际上任何播放中的声音都拥有比新的声音更高的优先级，新的声音根本不会播放。

为了从文件中播放声音，我们可以调用 PlaySound 函数并且传递路径和文件。程序清单 7-3 中定义的函数以文件名及播放标志作为参数，该标志表示是否用异步的方式进行播放。

程序清单7-3　使用PlaySound函数播放保存在文件中的声音

```
/// <summary>
/// Play a sound contained within an external file
/// </summary>
/// <param name="Filename">The filename of the file to play</param>
/// <param name="ASync">A flag indicating whether to play
/// asynchronously</param>
private void PlaySoundFile(string Filename, bool ASync)
{
    // Playing asynchronously?
    if (ASync)
    {
        // Play the sound asynchronously
        PlaySound(Filename, IntPtr.Zero,
            SoundFlags.SND_FILENAME | SoundFlags.SND_ASYNC);
    }
    else
    {
        // Play the sound synchronously
        PlaySound(Filename, IntPtr.Zero, SoundFlags.SND_FILENAME |
            SoundFlags.SND_SYNC);
    }
}
```

要从嵌入式资源中播放声音的话，就要多做一些工作，因为我们需要将资源中的数据提取出来存储到一个 byte 数组中，程序清单 7-4 中定义的函数就调用了 PlaySound 函数播放从嵌入式资源中读取出的数据。

程序清单7-4 使用 PlaySound 函数播放保存在嵌入式资源中的声音

```
/// <summary>
/// Play a sound contained within an embedded resource
/// </summary>
/// <param name="Filename">The filename of the resource to play</param>
/// <param name="ASync">A flag indicating whether to play
/// asynchronously</param>
private void PlaySoundEmbedded(string ResourceFilename, bool ASync)
{
    byte[] soundData;

    // Retrieve a stream from our embedded sound resource.
    // The Assembly name is PlaySound, the folder name is Sounds,
    // and the resource filename has been provided as a parameter.
    using (Stream sound =
        Assembly.GetExecutingAssembly().GetManifestResourceStream
        (ResourceFilename))
    {
        // Make sure we found the resource
        if (sound != null)
        {
            // Read the resource into a byte array, as this is what we need
            // to pass to the PlaySound function
            soundData = new byte[(int)(sound.Length)];
            sound.Read(soundData, 0, (int)(sound.Length));

            // Playing asynchronously?
            if (ASync)
            {
                // Play the sound asynchronously
                PlaySound(soundData, IntPtr.Zero,
                    SoundFlags.SND_MEMORY | SoundFlags.SND_ASYNC);
            }
            else
            {
                // Play the sound synchronously
                PlaySound(soundData, IntPtr.Zero,
                    SoundFlags.SND_MEMORY | SoundFlags.SND_SYNC);
            }
        }
    }
}
```

本书配套下载代码中的 PlaySound 项目包含了使用 PlaySound 函数所需的代码；参见图 7-1。其中包含了 3 个嵌入的 WAV 文件 EnergySound.wav、MagicSpell.wav 以及 Motorbike.wav。单击菜单中的 Play 菜单项，就可以播放选中的文件项。此外，菜单中还提供了选项用于在同步方式播放与异步方式播放之间进行切换，以及从磁盘上打开一个 WAV 文件进行播放。

图 7-1 PlaySound 示例项目

Open File 菜单项使用 OpenFileDialog 来使用户选择文件。我们在第 2 章中已经讨论过,该函数不适用于 smart phone 手机(会显示一个错误)。因此该项目不适合在 smart phone 上进行演示。

您可以观察到该项目一次只能播放一个声音。当试图播放另一个声音时,正在播放中的声音就会被中断。当以同步的方式进行播放时,在播放完成之前窗体都处于冻结状态中。

7.3.2 System.Media.SoundPlayer 类

在前面曾经提过,System.Media.SoundPlayer 类是在.NET CF 3.5 中加入的,在 Visual Studio 2005 中不适用。如果您在使用 Visual Studio 2008,并且针对.NET CF 3.5 进行开发,就要优先选择使用该类代替 PlaySound 函数。

SoundPlayer 在实例化时既可以接受 Stream 对象(包含了 WAV 文件中的内容,与通过 GetManifestResourceStream 函数来获取数据类似),也可以接受一个 string 变量(包含了 WAV 文件的文件名),当对象创建完成后,我们只需要简单地调用其 Play 方法或 PlaySync 方法就可以播放声音了。

不过,它还是有一些复杂。表 7-1 中显示了 SoundPlayer 支持同时播放多个文件,但经我们仔细研究发现,每个实例其实只支持单个声音。要同时播放多个声音的话,必须创建多个 SoundPlayer 实例,每个实例播放一个声音。

这种方式本身没有什么大问题,但当播放完毕后进行资源清理时就会遇到麻烦。我们如果任意创建了很多 SoundPlayer 对象,而没有使用对象池,就需要知道声音什么时候播放完成,这样才能将对象释放。否则,当声音播放结束时,内存中就会残留很多 SoundPlayer 对象(如果使用嵌入资源的方式,就会留下很多数据 Stream)。

SoundPlayer 不会告诉我们它何时异步播放完一个声音。播放完时没有事件被触发,没有能够查询的属性。使用的是只出不进的方式。因此,我们无法清除通过异步方式播放声音的 SoundPlayer 对象。

但不用担心,有一个变通方法可以解决这个问题。即不以异步的方式进行播放,而是在一个新线程中以同步的方式进行播放。这与以异步方式播放的效果是相同的,并且还能告知我们声音何时播放完毕(因为 play 函数会返回到调用代码中)。当同步播放完成后,就可以将 SoundPlayer 对象及 Stream 对象(如果存在)释放掉。

所有这些操作都被包装到了一个简单的类中,名为 SoundPlayerWrapper。该类首先声明了一个私有变量 _soundPlayer,是 SoundPlayer 的实例,如程序清单 7-5 所示。

程序清单 7-5 SoundPlayerWrapper 类内部的 SoundPlayer 实例

```
class SoundPlayerWrapper
{
    // Our local SoundPlayer instance
    private System.Media.SoundPlayer _soundPlayer;
    // [...the rest of the class follows here...]
}
```

在该类中添加两个函数用于播放声音,首先是用于播放嵌入式资源中的声音,如程序清单 7-6 所示。

程序清单 7-6 用 SoundPlayer 播放嵌入式资源中的声音

```
/// <summary>
/// Play a sound contained within an embedded resource
/// </summary>
/// <param name="ResourceAsm">The assembly containing the resource to
/// play</param>
/// <param name="ResourceName">The name of the resource to play</param>
/// <param name="ASync">A flag indicating whether to play
/// asynchronously</param>
public void PlaySoundEmbedded(Assembly ResourceAsm, string ResourceName,
    bool ASync)
{
    // Clear up any existing sound that may be playing
    DisposeSoundPlayer();

    // Create and verify the sound stream
    Stream soundStream =
        ResourceAsm.GetManifestResourceStream(ResourceName);
    if (soundStream != null)
    {
        // Create the SoundPlayer passing the stream to its constructor
        _soundPlayer = new System.Media.SoundPlayer(soundStream);

        // Play the sound
        if (ASync)
        {
            // Play asynchronously by using a separate thread
            Thread playThread = new Thread(PlaySoundAndDispose);
            playThread.Start();
        }
        else
```

```
        {
            // Play synchronously
            PlaySoundAndDispose();
        }
    }
}
```

参数中包含嵌入了资源的 Assembly(程序集)。在本例中，它与包装类是同一个程序集，但应该将包装类放到一个单独的程序集中(例如，放到游戏引擎中)，并且还能访问位于其包含程序集外部的资源。

这段代码首先将包装类正在使用的现有资源释放掉。这样做是为了确保如果该类的同一个实例被多次使用，那么在继续之前要将先前使用的资源终止并释放掉，避免将它们覆盖了。

接下来，从提供的 Assembly 中获取资源，并且用这些资源对 SoundPlayer 对象进行实例化。

代码然后检测声音是否应该异步播放，如果是，则启动一个新 Thread 对象，在新线程中执行 PlaySoundAndDispose 函数，否则就直接调用 PlaySoundAndDispose 函数。

PlaySoundAndDispose 函数的代码如程序清单 7-7 所示。

程序清单 7-7　PlaySoundAndDispose 函数

```
/// <summary>
/// Play the loaded sound synchronously and then dispose of the player and
/// release its resources
/// </summary>
private void PlaySoundAndDispose()
{
    _soundPlayer.PlaySync();
    DisposeSoundPlayer();
}
```

该函数只是以同步的方式播放声音，然后再调用 DisposeSoundPlayer 函数将所有使用了的资源释放。声音总是同步播放：如果调用代码请求异步播放，就用 Thread 来实现(本节前面已经介绍过)。

整个环节的最后一个函数是 DisposeSoundPlayer；该函数的代码如程序清单 7-8 所示。

程序清单 7-8　释放 SoundPlayer 使用的资源

```
/// <summary>
/// Dispose of the sound player and release its resources
/// </summary>
private void DisposeSoundPlayer()
{
    // Make sure we have a player to dispose
    if (_soundPlayer != null)
    {
        // Stop any current playback
```

```
    _soundPlayer.Stop();
    // If we have a stream, dispose of it too
    if (_soundPlayer.Stream != null) _soundPlayer.Stream.Dispose();
    // Dispose of the player
    _soundPlayer.Dispose();
    // Remove the object reference so that we cannot re-use it
    _soundPlayer = null;
    }
}
```

该代码首先将正在播放的已有声音全部停止。这避免了在 SoundPlayerWrapper 实例重用时中断播放所产生的问题。然后调用 Stream 对象上的 Dispose 方法(如果存在的话)，接下来调用 SoundPlayer 自身的 Dispose 方法。这样，就为要重用的对象做好了准备。

我们参照 PlaySound 示例，也提供了播放外部 WAV 文件的功能。其代码如程序清单 7-9 所示，与播放嵌入式资源所需的代码非常相似。

程序清单 7-9　包装 SoundPlayer 来播放外部 WAV 文件

```
/// <summary>
/// Play a sound contained within an external file
/// </summary>
/// <param name="Filename">The filename of the file to play</param>
/// <param name="ASync">A flag indicating whether to play
/// asynchronously</param>
public void PlaySoundFile(string Filename, bool ASync)
{
    // Clear up any existing sound that may be playing
    DisposeSoundPlayer();

    // Create the SoundPlayer passing the filename to its constructor
    _soundPlayer = new System.Media.SoundPlayer(Filename);

    // Play the sound
    if (ASync)
    {
        // Play asynchronously by using a separate thread
        Thread playThread = new Thread(PlaySoundAndDispose);
        playThread.Start();
    }
    else
    {
        // Play synchronously
        PlaySoundAndDispose();
    }
}
```

PlaySoundFile 中的代码与 PlaySoundEmbedded 中的代码几乎相同，只是前者向 Sound-Player 函数传递的是文件名而不是资源 Stream。

上面所有的代码都包含在本书配套下载代码的 SoundPlayer 示例项目中。注意现在可以同时播放任意数量的声音文件，包括同时播放同一个声音文件的多个示例，该示例比前面看到的 PlaySound 示例的作用更大，但必须安装了 Visual Studio 2008 才能使用。

7.3.3 AygShell 声音函数

AygShell 声音函数包含在 Windows Mobile 6.0 及以上版本中，使用一系列 P/Invoke 函数进行调用，因为不能直接从.NET CF 中访问它们。其中最主要的两个声音播放函数为用于异步播放的 SndPlayAsync 及用于同步播放的 SndPlaySync。

如果想使用 SndPlayAsync 来播放声音，必须先调用 SndOpen 函数将该声音打开，SndOpen 函数会返回该声音的句柄，接下来将该句柄传递给 SndPlayAsync 进行播放。当播放完毕后，再将该句柄传递给 SndClose 函数，将声音所用的资源全部释放。

不过，我们还是要遇到与 SoundPlayer 类相同的问题：即无法分辨声音何时播放完毕。没有可以关联的事件，也没有相关的属性与函数能够告诉我们。因此，异步方式播放实际上对我们来说并不实用。

我们可以采用与 SoundPlayer 类相同的解决方案：当需要异步播放时，启动新线程，并且在新线程中以同步方式进行播放。

SndPlaySync 函数实际比 SndPlayAsync 函数简单，因为它只需要传递一个文件名即可，而不需要调用 SndOpen 函数及 SndClose 函数。当播放完成时会自动释放资源。

为了能够方便地使用该函数，我们还是将它包装到一个名为 AygShellSoundPlayer 的类中。在声明完 P/Invoke 后，我们定义 PlaySoundFile 函数(参见程序清单 7-10)。它以声音文件名和是否异步播放标志为参数。与 SoundPlayer 类的代码一样，我们一直使用的是同步播放方式，只是当请求异步播放时才启动单独的线程进行播放。

程序清单 7-10 对用于播放外部声音文件的 AygShell 声音函数进行包装

```
// Declare the P/Invoke functions within AygShell that we use use for playing
// sounds
[DllImport("aygshell.dll")]
static extern int SndOpen(string pszSoundFile, ref IntPtr phSound);

[DllImport("aygshell.dll")]
static extern int SndPlayAsync(IntPtr hSound, int dwFlags);

[DllImport("aygshell.dll")]
static extern int SndClose(IntPtr hSound);

[DllImport("aygshell.dll")]
static extern int SndStop(int SoundScope, IntPtr hSound);

[DllImport("aygshell.dll")]
static extern int SndPlaySync(string pszSoundFile, int dwFlags);

// The SoundScope value to pass to SndStop
const int SND_SCOPE_PROCESS = 0x1;

// The filename of the sound to play
private string _soundFile;
```

```
/// <summary>
/// Play a sound contained within an external file
/// </summary>
/// <param name="Filename">The filename of the file to play</param>
/// <param name="ASync">A flag indicating whether to play
/// asynchronously</param>
public void PlaySoundFile(string Filename, bool ASync)
{
    // Store the sound filename
    _soundFile = Filename;

    // Play the sound
    if (ASync)
    {
        // Play asynchronously by using a separate thread
        Thread playThread = new Thread(PlaySound);
        playThread.Start();
    }
    else
    {
        // Play synchronously
        PlaySound();
    }
}

/// <summary>
/// Play the specified sound synchronously
/// </summary>
private void PlaySound()
{
    SndPlaySync(_soundFile, 0);
}
```

前面曾经提到过,程序清单 7-10 中的代码除了能播放 WAV 文件外还能播放 MP3 文件及 MIDI 文件。MIDI 文件的播放质量会根据手机的不同而有所不同,依赖于手机内置的 MIDI 播放程序的好坏,所以即使在您的手机上声音质量好也不能据此就认为在其他手机上也可以生成高质量的声音。

最后,添加一个名为 StopAllSounds 的静态函数,该函数使用 SndStop 函数将当前正在播放的声音终止(查看程序清单 7-11)。最适合在窗体的 Deactivate 事件中进行该调用,这样当其他应用程序被激活时,所有正在播放中的音乐都会停止。

程序清单 7-11　停止播放正在播放的声音

```
/// <summary>
/// Stop all sounds that are currently playing
/// </summary>
public static void StopAllSounds()
{
    SndStop(SND_SCOPE_PROCESS, IntPtr.Zero);
}
```

AygShell 函数很有潜力，但总的来说，这种播放方式的限制(例如，不支持同时播放多个声音文件，不支持播放嵌入式资源)使该 API 的总体性能并不是很好。

AgyShell 项目中演示了如何使用程序清单 7-10 中的包装类来播放 WAV、MP3 及 MIDI 文件。注意该项目将所有的文件复制到手机中(在 Sounds 目录下)，因为 AygShell 不支持从嵌入式资源中进行播放。

7.3.4　BASS.dll

与我们已经讨论过的其他 API 不同，BASS 提供的函数包含在一个第三方 DLL 中，在分发游戏时要包含该 DLL。BASS 由 Un4Seen Developments(www.un4seen.com)创建，它最开始是一个 Windows DLL，提供了对很多声音文件的播放支持，并最终演化为一个功能丰富并且强大的声音库。

如果您计划将游戏发布为免费软件，就可以免费使用该 DLL，但如果计划发布为用于商业用途的共享软件，就必须够买一个许可。该许可非常便宜，并且不限制能够使用该许可的应用程序(对于共享软件的资格有严格的限制)，在 Un4Seen 网站上可以找到许可的信息及价格。

BASS 是使用 C++开发的，所以对于托管的.NET 语言来说不是非常理想的使用方式。为了解决这个问题，开发人员 Bernd Niedergesaess 将 BASS 进行了托管包装，称为 BASS.NET。虽然我们也可以自己进行包装，但 Bernd Niedergesaess 在 BASS.NET 上花费了大量的时间和努力，提供了流线化的和简单的接口来使用那些底层函数。在 bass.radio42.com 上可以找到 BASS.NET。该包装的目标平台为.NET CF 2.0，所以适用于 Visual Studio 2005 和 2008。

BASS.NET 也需要一个许可，与 BASS 本身提供的条款相似。尽管它本身是免费的且只是需要在线填写一个表单，但免费软件也需要使用该许可。

那么该如何在 Windows Mobile 中使用 BASS 呢？幸好这两个 DLL 都有可用于 Windows Mobile 和桌面版 Windows 的版本，我们可以在游戏中使用这个精简版的 BASS 和 BASS.NET。浏览 www.un4seen.com/forum/?topic=9534.0 以找到该 DLL 最新的移动版本。

这些 DLL 提供了很多功能，包括从 Internet 上获取声音流，录制音频等，但在这里我们将重点关注与游戏相关的功能，即播放音乐和音效。

1. 对 BASS.NET 进行包装

BASS 在一定程度上提供了对声音的管理，能将加载和播放过程简化。不像 SoundPlayer 类和 AygShell API，BASS 能够只加载一次声音就可以进行多次播放。这意味着我们不需要担心每次播放完一个声音后都要释放资源；相反，可以在 BASS 中保留它的加载，直到想再次播放为止。

然而，我们还是要创建一个包装类，来记录加载的是哪个声音文件。在每个应用程序中只需要使用该包装类的一个实例，不像在前面的例子中每个声音文件都需要一个实例。

如果试图加载一个以前播放过的声音，该包装器就会直接返回而不做任何处理。每次用它播放声音文件时，首先要确保该声音已经被加载了，如果已加载，就指示用 BASS 来播放。

当用 BASS 加载了一个声音时，就会为它分配一个唯一的 ID 值(或称为句柄)。我们只需要存储该句柄，BASS 通过它就知道所要播放的声音。只要 BASS 分配好句柄，就不需要再用其他内存来存储声音数据了，因为 BASS 在内部保存了一个声音副本。

在加载采样时，需要告诉 BASS 该声音要同时播放的次数。将该值设置为 1 的话，那么只能用该声音的一个实例进行播放(尽管其他声音仍然可以同时播放)。如果我们需要同时播放该声音的多个实例，就将该值设置得大一些。还可以指示 BASS 对声音进行循环播放。

当我们想要播放一个声音时，就请求 BASS 创建一个通道。该通道通过即将播放的声音句柄进行初始化，结果会生成一个通道句柄。然后设置该通道的特性(例如音量)并开始播放。该通道句柄还可以用于对声音执行其他操作，例如将该通道中播放的声音暂停或停止。

在我们的包装类中，将所有这些功能放到 3 个主要的函数中：LoadSoundEmbedded 函数将从嵌入式资源中加载一个声音文件，LoadSoundFile 函数将从一个文件中加载声音，PlaySound 函数会对已加载好的声音进行播放。在每一种情形中，都需要提供声音的资源或文件名，它们将作为包装类中声音句柄字段 Dictionary 的键。

该 Dictionary 被声明为一个私有的类级别变量。它以 string 类型作为键(声音文件名)，以 integer 类型作为值(BASS 返回给我们的声音句柄)，如程序清单 7-12 所示。

程序清单 7-12　包含了已经在包装类中加载了的声音的 Dictionary

```
private Dictionary<string, int> _sounds = new Dictionary<string, int>();
```

在使用 BASS.NET 之前，必须使用许可细节进行初始化。这些信息会传递给 BassNet.Registration 函数。我们还需要对 BASS 本身进行初始化，将各种设置信息通知给它。当然所有这些值都可以保持为默认值，这些默认值如程序清单 7-13 所示。

程序清单 7-13　包装类的构造函数

```
/// <summary>
/// Class constructor. Initialize BASS and BASS.NET ready for use.
/// </summary>
public BassWrapper()
{
    // First pass our license details to BASS.NET
    BassNet.Registration("<license_email_address>", "<license_code>");

    // Now initialize BASS itself and ensure that this succeeds.
    if (!Bass.BASS_Init(-1, 44100, BASSInit.BASS_DEVICE_DEFAULT,
        IntPtr.Zero))
    {
        throw new Exception("BASS failed to initialize.");
    }
}
```

程序清单 7-13 中，在调用 BassNet.Registration 时发生了一些修改，没有提供详细的许可信息(在演示该库的示例项目中也进行了同样的修改，我们将在本章后文中进行讨论)。在代码执行之前，需要从 BASS.NET 网站上生成自己的许可。

LoadSoundEmbedded 函数从一个嵌入式资源中读取声音文件，其代码如程序清单 7-14

所示。

程序清单 7-14　从嵌入式资源中加载声音

```
/// <summary>
/// Load a sound contained within an embedded resource
/// </summary>
/// <param name="ResourceAsm">The assembly containing the resource to
/// play</param>
/// <param name="ResourceName">The name of the resource to play</param>
/// <param name="Max">The maximum number of concurrent plays of this
/// sound</param>
/// <param name="Loop">If true, the loaded sound will loop when
/// played.</param>
public void LoadSoundEmbedded(Assembly ResourceAsm, string ResourceName,
    int Max,bool Loop)
{
    byte[] soundData;
    int soundHandle = 0;
    BASSFlag flags = BASSFlag.BASS_DEFAULT;

    // Do we already have this sound loaded?
    if (!_sounds.ContainsKey(ResourceName.ToLower()))
    {
    // Retrieve a stream from our embedded sound resource.
    using (Stream soundStream =
        Assembly.GetExecutingAssembly().GetManifestResourceStream
        (ResourceName))
    {
        // Make sure we found the resource
        if (soundStream != null)
        {
            // Read the resource into a byte array, as this is what we need
            // to pass to the BASS_SampleLoad function
            soundData = new byte[(int)(soundStream.Length)];
            soundStream.Read(soundData, 0, (int)(soundStream.Length));

            // Load the sound into BASS
            // Is it a music file (tracker module)?
            if (IsMusic(ResourceName))
            {
                // Yes, so use the MusicLoad function
                // Set flags
                if (Loop) flags |= BASSFlag.BASS_MUSIC_LOOP;
                // Load the sound
                soundHandle = Bass.BASS_MusicLoad(soundData, 0,
                    soundData.Length,flags, 44100);
            }
            else
            {
                // No, so use the SampleLoad function
```

```
        // Set flags
        if (Loop) flags |= BASSFlag.BASS_SAMPLE_LOOP;
        // Load the sound
        soundHandle = Bass.BASS_SampleLoad(soundData, 0,
            soundData.Length, Max, flags);
    }

    // If we have a valid handle, add it to the dictionary
    if (soundHandle != 0)
    {
        sounds.Add(ResourceName.ToLower(), soundHandle);
    }
}
```

这段代码首先检查该资源是否已经加载；如果是，那么不需要做进一步操作。否则，就将资源读入一个 byte 数组中。

在将声音数据传递给 BASS 之前，要判断该数据是否为一个音乐(音轨)文件，因为这些文件有不同的加载方式。完成此功能的是 IsMusic 函数，它只是简单地判断被加载的声音文件的扩展名。对于音乐文件，使用 Bass.BASS_MusicLoad 函数来加载，而对采样文件(WAV、MP3、OGG)，那么使用 Bass.BASS_SampleLoad 方法进行加载。在这两种情况下，如果 Loop 参数为 true，那么必须设置一个正确的循环标志。

当检测到返回了一个有效的声音句柄后，将该句柄添加到_sounds 字典中，使用资源名作为键。要将资源名称转化为小写，以免发生任何大小写不匹配的错误。

从文件中加载声音与从嵌入式资源中加载非常相似，也是将同样的数据添加到_sounds 字典中，只是这里使用文件名而不是资源名称作为键。参见程序清单 7-15。

程序清单 7-15 从文件中加载声音

```
/// <summary>
/// Load a sound contained within an external file
/// </summary>
/// <param name="Filename">The filename of the file to play</param>
/// <param name="Max">The maximum number of concurrent plays of this
/// sound</param>
/// <param name="Loop">If true, the loaded sound will loop when
/// played.</param>
public void LoadSoundFile(string Filename, int Max, bool Loop)
{
    int soundHandle;
    BASSFlag flags = BASSFlag.BASS_DEFAULT;

    // Convert the filename to lowercase so that we don't have to care
    // about mismatched capitalization on subsequent calls
    Filename = Filename.ToLower();

    // Do we already have this sound loaded?
```

```
        if (!_sounds.ContainsKey(Path.GetFileName(Filename)))
        {
            // No, so we need to load it now.
            // Is it a music file (tracker module)?
            if (IsMusic(Filename))
            {
                // Yes, so use the MusicLoad function
                // Set flags
                if (Loop) flags |= BASSFlag.BASS_MUSIC_LOOP;
                // Load the sound
                soundHandle = Bass.BASS_MusicLoad(Filename, 0, 0, flags, 44100);
            }
            else
            {
                // No, so use the SampleLoad function
                // Set flags
                if (Loop) flags |= BASSFlag.BASS_SAMPLE_LOOP;
                // Load the sound
                soundHandle = Bass.BASS_SampleLoad(Filename, 0, 0, 3, flags);
            }
            // If we have a valid handle, add it to the dictionary
            if (soundHandle != 0)
            {
                _sounds.Add(Path.GetFileName(Filename), soundHandle);
            }
        }
    }
```

BASS 中有个函数用于从文件中加载声音，所以我们只需要检测声音文件是否已经被加载，如果尚未加载，就将它作为一个音乐文件或采样文件进行加载。同样，如果需要，就要设置循环标志。

为了对已经加载的声音进行播放，要使用 PlaySound 函数，如程序清单 7-16 所示。

程序清单 7-16　播放已加载的声音

```
/// <summary>
/// Play a previously loaded sound.
/// </summary>
/// <param name="SoundName">The Filename or ResourceName of the sound to
/// play.</param>
/// <param name="Volume">The volume level for playback (0=silent, 1=full
/// volume)</param>
/// <returns>Returns the activated channel handle if the sound began playing,
/// or zero if the sound could not be started.</returns>
public int PlaySound(string SoundName, float Volume)
{
    int soundHandle = 0;
    int channel = 0;

    // Try to retrieve this using the SoundName as the dictionary key
```

```
if (_sounds.ContainsKey(SoundName.ToLower()))
{
    // Found it
    soundHandle = _sounds[SoundName.ToLower()];

    // Is this sound for a music track?
    if (IsMusic(SoundName))
    {
        // For music, the channel handle is the same as the sound handle
        channel = soundHandle;
    }
    else
    {
        // Allocate a channel for playback of the sample
        channel = Bass.BASS_SampleGetChannel(soundHandle, false);
    }
    // Check we have a channel...
    if (channel != 0)
    {
        // Play the sample
        if (Volume < 0) Volume = 0;
        if (Volume > 1) Volume = 1;
        Bass.BASS_ChannelSetAttribute(channel,
            BASSAttribute.BASS_ATTRIB_VOL, Volume);
        Bass.BASS_ChannelPlay(channel, false);
    }
}
// Return the channel number (if we have one, zero if not)
return channel;
}
```

该函数在字典中查找声音句柄，然后为该声音分配一个通道。对于音乐而言，声音句柄实际上就是通道，所以不需要为该类型的声音创建新的通道句柄。然后设置音量并开始播放，通道句柄最终返回到调用过程，这样调用代码就可以在以后需要时对音乐的播放情况进行查询和修改。

注意，BASS 未提供任何同步播放函数；所有的声音都是异步播放的。然而它可能知道通道上的播放是否已经结束，这是只有使用同步播放才能实现的功能。包装类中的 IsChannelPlaying 函数能返回一个值来指示某个指定的通道句柄是否包含了正在播放的声音，如程序清单 7-17 所示。

程序清单 7-17　检测在某指定的通道上的声音是否正在播放

```
/// <summary>
/// Check to see whether the specified channel is currently playing a sound.
/// </summary>
/// <param name="Channel">The handle of the channel to check</param>
/// <returns>Returns true if a sound is playing on the channel, or False if
/// the sound has completed or has been paused or stopped.</returns>
public bool IsChannelPlaying(int Channel)
```

```
    {
        return (Bass.BASS_ChannelIsActive(Channel) ==
            BASSActive.BASS_ACTIVE_PLAYING);
    }
```

　　我们还有一些其他的函数可以对播放进行控制。PauseAllSounds 函数会暂停当前所有播放的声音。使用该函数后，ResumeAllSounds 函数能允许所有声音从暂停的地方开始播放。这对调用游戏窗体的 Deactivate 事件和 Activated 事件是一个完美的选择，因为他们能保证所有声音能在其他应用程序出现在前台时停止播放，但在您的游戏重新获得焦点时应用程序将继续所有事情，好像什么也没发生。

　　与之配套的还有 StopAllSounds 函数，它将所有正在播放的声音完全停止。

　　最后是 Dispose 方法，它负责释放该类所使用的全部资源。当游戏关闭时就应当调用它(例如，在窗体的 Closing 事件中调用)。它对所有已加载的声音进行循环，然后释放每一个声音所占用的内存，最后将 BASS 本身所占用的内存释放掉，如程序清单 7-18 所示。

程序清单 7-18　包装类中的 Dispose 方法

```
/// <summary>
/// Release all resources used by the class
/// </summary>
public void Dispose()
{
    // Release the sounds
    foreach (string soundKey in _sounds.Keys)
    {
        // Is this a music or a sample file?
        if (IsMusic(soundKey))
        {
            Bass.BASS_MusicFree(_sounds[soundKey]);
        }
        else
        {
            Bass.BASS_SampleFree(_sounds[soundKey]);
        }
    }
    // Close BASS
    Bass.BASS_Free();
}
```

2. 在项目中使用 BASS 及 BASS.NET

　　Windows Mobile BASS.dll 及 Bass.Net.compact.dll 都可以从前面提供的 URL 中下载得到，但它们不包含任何文档。文档可以通过从 Un4Seen 及 Radio42 网站上下载这些 DLL 的 Windows 桌面版获得。它们每一个都提供了一个 CHM 文件，其中包含了完整的使用 DLL 的文档。BASS.NET 的文档非常全面，可能包含了所有需要的信息，但如果需要的话也可以使用 BASS 的帮助。DLL 的桌面版与精简版之间虽然有一点点功能差别，但对于大部分内容来说，这些帮助文档也可以适用于 Windows Mobile 开发。

为了使用 BASS, 应用程序需要同时能访问 Bass.Net.compact.dll 及 BASS.dll。Bass.Net.compact.dll 是一个托管.NET DLL, 可以通过直接在项目的 Solution Explorer 中添加引用来使用。

BASS.dll 为非托管 DLL, 所以不能直接对它进行引用。但要进行部署还是非常简单的。不需要对它进行引用, 将相应的 DLL 复制到项目目录中, 然后在 Solution Explorer 中将该DLL 包含到项目中。要确保该 DLL 添加到项目的根目录中, 而不能放在子目录中。然后对该文件的属性进行设置, 将 Build Action 项设置为 Content, 将 Copy to Output Directory 属性设置为 "Copy if newer"。当部署应用程序时, BASS.dll 就会被自动复制到目标设备的应用程序所在的目录中。

本书配套下载代码的 BassDLL 示例项目中包含了 BassWrapper 类的所有代码, 以及使用该类的示例项目。您可以尝试播放其中包含的音轨音乐文件(Disillusion.mod), 并注意它在播放其他声音采样时是如何在背景中播放该文件的。所有的声音采样都可以同时播放, 并且每个单独的声音都被一次播放三回(如果需要, 可以在示例项目窗体代码的 PlaySound-Embedded 函数和 PlaySoundFile 函数中对该数值进行修改)。

您还能看到, 单击程序主窗体上的 X 按钮最小化应用程序时, 所有播放中的声音和音乐马上就会暂停, 当应用程序重新获得焦点时, 这些声音又会从暂停点开始继续进行播放。

7.4　为游戏引擎添加对声音的支持

您现在已经了解到了, 在播放声音时有很多方式可以选择, 每种方式都有其各自的优缺点。因此, 在本书的游戏引擎中将不添加任何声音 API。

唯一能够兼容我们所使用的各种设备、并在两个 Visual Studio 版本中都适用的是 PlaySound 函数, 它使用起来非常简单(提供了基本功能), 所以将它添加到游戏引擎中意义不大。但在开发游戏时, 我们会根据情况将所需的声音支持直接添加到游戏项目中。

然而, 当创建自己的游戏时, 应当考虑将您选定的声音 API 直接添加到自己的游戏引擎中, 这样就可以在自己的各个游戏项目中进行重用, 而不用每次都要添加相应的代码。

不管使用何种声音 API, 您都应当采用一种技术, 即在项目中使用一个函数负责初始化所有的声音播放。由于所有的声音都由同一段代码触发, 因此能够很容易地实现用户偏好的声音开关的切换、音量的控制、是否允许背景音乐, 或者甚至可以根据不同的设备能力选择使用不同的声音 API。使用同一段代码来触发声音, 允许游戏代码在请求播放声音时不需要关心这些设置。

7.5　选择声音 API

在选择使用何种声音 API 时, 要根据自己的需求以及 API 的可用性。

如果需要灵活播放多种声音类型, 并且要求支持多种设备平台, 而且还能够在许可的需求范围内正常工作, 那么能够满足灵活性、功能性, 并在游戏中提供良好的效果, BASS将是不二选择。

如果需要播放 MP3 文件，那么 AygShell 是唯一的选择，但它会将 Windows Mobile 5.0 及其以前版本的用户排除在外。

如果使用 Visual Studio 2008 进行开发，并且只播放 WAV 文件，那么 SoundPlayer 类将是适用的。

如果所有这些条件都不需要满足，那么可以回到基本的 PlaySound 函数中，它仍可以实现基本的音效。

7.6　一些建议

声音和音乐构成了游戏体验中的一个重要部分。精心制作的音效和背景音乐能使游戏更加逼真，能帮助玩家在屏幕上对发生的游戏情节进行更好的操作。精心选择希望包含在游戏中的声音是非常值得的。

但是，有时玩家可能会将游戏中的所有声音都关闭掉，不能忽视这种情形。在很多情况下(例如在办公室中)，有些人希望快速玩游戏，不希望设备发出呼呼嗙嗙的声响。要为玩家精心考虑，提供一个选项能快速关掉游戏声音，这样，在他们需要这样做时很容易就能实现。

在下一章中，您将看到如何在一个真实的游戏项目中添加声音。

第 8 章

■■■

游戏案例：GemDrops

我们已经讨论了大量有关游戏的技术，包括图形、计时器和声音等。现在应该把目前所学的知识综合到一起，来制作一个真正的游戏。

在本章中，我们将全程演示如何制作一个名为 GemDrops(宝石连连看)的示例游戏，这是一个功能完整的游戏(并且很好玩)，它使用了我们前面所构建好的游戏引擎。

8.1　设计游戏

在创建游戏之前，首先要在一个"设计概要"文档中对游戏进行规划。它将解释游戏的内容、实现方式及其目标。还要辅以一些模型屏幕截图对游戏设计进行演示。

如果您是独自开发，那么在游戏的实现过程中　应该能够流畅地执行该计划；如果您在一个团队中，那么在决定改动设计时就必须更加遵守规则，确保每个人都能理解这些变动，并从自己的角度出发进行考虑。

当您独自进行开发时，概要设计看似多余，但它仍然是一个非常有用的文档：

- 它能帮您在投入大量时间编写程序代码之前发现可能存在的问题，从而减小很多由于返工而造成的浪费。
- 它能帮您记录要实现的功能列表，在开发游戏时，当需要实现一系列游戏功能时，它就可以发挥作用。
- 它能帮您激发灵感来设计新功能和触发新的想法，避免陷入纷繁复杂的实际情况当中。
- 它能帮您更快更好地将游戏的理念传达给其他人。

接下来我们就对"GemDrops"游戏进行概要设计。

8.1.1　创建 GemDrops 的概要设计

GemDrops 游戏中包含了多种颜色的宝石。宝石在玩家的控制下成对的从游戏区域的顶部往下降落。玩家可以左右移动宝石，也可以旋转宝石以调整排列顺序，还可以使宝石加速下落来使游戏更加流畅(如图 8-1 所示)。

宝石成对出现并下落到游戏区域的底部

玩家可以向左向右成对移动宝石

宝石可以被旋转，一个宝石将留在原位，其它宝石绕着它旋转

图 8-1 玩家控制宝石的移动

每当一对宝石降落到游戏区域的底部时，顶部就会再生成一对宝石，由玩家继续控制。

游戏区域是一个矩形，落下来的宝石都放置在该区域中，它可以容纳 7×15 个宝石。当宝石落到游戏区域的底边上时，会在网格中排列整齐；在游戏区域中它们不能只占一半的位置，如图 8-2 所示。

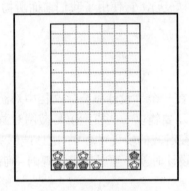

图 8-2 在游戏区域中已经落下了一些宝石

玩家控制中的宝石不能移动到与已有的宝石发生重叠的位置。当玩家试图将一对宝石移动到某个已经存在了宝石的位置上时，该移动将不被允许，且被控制的宝石保持在原位。同样，当宝石落在已有宝石的上面时是不允许旋转的。

玩家控制中的宝石如果落在某个已经存在的宝石上，该宝石就被认为是落地了，玩家将失去对这一对宝石的控制。

宝石不会漂浮在游戏区域的中间，只要有可能它们就会往下落。如果宝石在降落过程中是水平排列的，当其中一个宝石落在某个已经存在的宝石的上方，而与它配对的另一个宝石下方还有空间时，那么后者将会继续降落(这时玩家不能对它进行控制)，直到其降落到某个已存在的宝石的上方或是到达游戏区域的底边(如图 8-3 所示)。

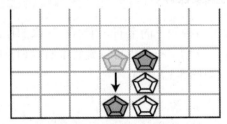

图 8-3 玩家控制一对深色的宝石落地时发生分离

当游戏区域中有 5 个及 5 个以上相同颜色的宝石连接在一起时(垂直连接或者水平连接，但斜线连接无效)，那么这一组宝石就会从游戏区域中消去。这些宝石不必以直线的方式连接，只需要相互连接即可(如图 8-4 所示)。这时玩家就会得分，分数的多少是根据连接在一起的宝石的数量决定的。每连接一个宝石就会得 10 分。因此，消去一组宝石至少会得 50 分。

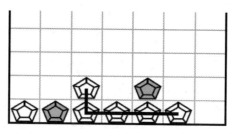

图 8-4　在游戏区域中 5 个连在一起的同色宝石会被消去

当消除一组宝石后，其他宝石下方如果有空缺，它们就会降落到游戏区域底部。当它们落到最终的位置上时，游戏区域就会检测是否又形成了 5 个或 5 个以上相连的同色宝石。如果有，就将新形成的一组宝石消除，并且将得分乘以 2，这样消除一组宝石最少得 100 分。

其余的宝石如果下方有空缺就会继续降落，然后再用同样的方式检测是否形成了一组相连的宝石。每多消除一组，得到的积分会加倍，这样，第三次消除宝石时得到的分值会乘以 3，第四次消除得到的分值会乘以 4，以此类推。直到游戏区域中没有可以消除的宝石为止。

这种游戏机制会给游戏增加一些战术元素。当可以形成能被消除的宝石组时，不要简单地马上将它消除，而是根据情况将下落的宝石堆放到合适的位置，使得一次可以消除多组宝石，从而赢得成倍的得分。高级的玩家(或幸运的玩家)可以一次消除 4 组宝石，得到的分数比单独消除这些组要高很多。

当能被清除的组都被清除后，游戏区域顶部就会出现另一对宝石，玩家可以进行控制，整个游戏就是这样循环进行。

初始时，只有 4 种不同颜色的宝石。当游戏区域中落下了 20 对宝石后，就会增加一种颜色，使游戏难度提高，当落下 40 对宝石后，就再增加一种颜色，这样，总共就有 6 种颜色，难度会更高。

当落下超过 100 对宝石后，每一个出现的新宝石都有 1/200 的几率成为一个特殊的彩虹宝石。这种宝石的颜色会快速地变换，在所有其他宝石中它显得很特殊。当彩虹宝石落在某个宝石上后，游戏会根据该宝石的颜色将整个游戏区域中所有该颜色的宝石都清除掉。但玩家并不因此得分，只是可以得到比较多的空间，并且在清除掉某种颜色的宝石后，上方落下的宝石可能有机会形成一些能够被消掉的组。通过这种方式消除的宝石会按照正常的情形得分。如果彩虹宝石落在游戏区域的底边上(而不是在某个宝石的上方)，将不会有任何特殊效果并自行消失。

在任何时候，屏幕顶端都会显示下一对由玩家控制的宝石的颜色。这样玩家就可以预先一步计划当前如何操作，能一次清除多组宝石。

由用户控制的宝石下落的速度会随着游戏的进程而逐渐加快。这提供了另一种慢慢增加游戏难度的方式。

当由于游戏区域的空间已经被已有宝石填满而无法容纳一对新的宝石时，游戏区域被宣告填满，游戏就结束了。因此玩家必须清除尽可能多的宝石，防止游戏区域被填满，并且争取得到更多的分数。

8.1.2 概念化游戏控制

玩家应能够执行以下操作：
- 在游戏区域的两个侧边内，玩家可以控制降落中的一对宝石左右移动。
- 通过旋转来改变降落中的宝石的排列方向。
- 使宝石可以加速向游戏区域底部下落。

对于那些包含了方向键的设备来说，这些方向键可以很好地分别映射到上、下、左、右 4 个控制方向上。这是最简单的游戏操作方式，在 smart phone 和大部分触摸屏手机上都包含了方向键。

然而还存在一些没有方向键的设备(例如，很多流行的新款 HTC 手机)也应该可以操作游戏，我们该如何支持它们呢？

为了解决这个问题，我们可以将屏幕变成一个虚拟的方向控制面板。将屏幕在水平方向上分为三个部分。顶部用于控制旋转，玩家可以触碰该部分的左侧和右侧来分别实现逆时针旋转和顺时针旋转。中间部分用于控制移动，玩家触碰该部分的左侧和右侧来分别实现左移和右移。最后，底部用于使宝石可以快速下落，长按该部分可以加快宝石下落的速度。

可以在游戏的背景中对这三个部分进行标注，使用户知道触碰屏幕的哪些位置可以实现游戏操作，如图 8-5 所示。

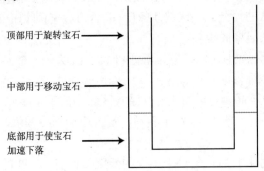

顶部用于旋转宝石 ⟶

中部用于移动宝石 ⟶

底部用于使宝石
加速下落 ⟶

图 8-5　将触摸屏的屏幕分为三个部分用于控制游戏中的宝石

这种触摸屏的操作方式不如使用方向键那样简单，但是它只需一些练习就会很自然，并且可以确保所有的设备都能够玩这个游戏。

8.1.3 选择音效

在游戏中执行下列操作时需要提供音效：
- 当一对新的宝石出现在游戏区域的顶部时。
- 当形成了一组宝石并被消除时。每当可以一次性消除多组宝石时，每消除一组新的宝石就使用渐高的音效，表示这样可以得到更多的分值。渐高的音调也会使玩家对他的游戏成果感到愉悦。

- 当彩虹宝石落地时。
- 当游戏结束时。

除了音效之外，我们还将提供背景音乐，所有的游戏音频都将使用 BASS 来提供。

8.1.4　游戏的最低配置

该游戏将不设任何最低系统要求，从 QVGA 屏幕到 WVGA 屏幕，以及采用 Windows Mobile 2003 SE 以上的手机都适用。

我们要提供两种不同的图形集，一种用于较低分辨率的屏幕(QVGA)；另一种用于较高分辨率的屏幕(VGA)。游戏会自动检测屏幕的分辨率而选择使用哪套图形集。如果游戏在 VGA 屏幕上采用横屏模式，那么它也将采用小图形集合。

当屏幕的垂直高度大于其宽度时，我们将使用屏幕的高度来判断显示哪套图形集。在运行 Windows Mobile 6 的 QVGA 屏幕上，游戏窗体的高度为 268 像素，由游戏的 ClientSize.Height 属性返回。由于需要在该区域中显示 15 行，所以将 268 除以 15，结果为每行占 17.86 像素。但是，还要为分值的显示、游戏区域的边框等留出一点位置，所以我们将每行所占的空间设置为 16 像素。因此小宝石图形高度应该为 16 像素。

对于较大的大图形，VGA 屏幕的 ClientSize.Height 属性返回 536，除以 15 得到每行的高度为 35.73 像素。为了简化创建图形的工作，我们将它的高度降低为 32 像素，正好是小图形高度的 2 倍。

为了选择使用哪套图形集，只需要看屏幕的高度是否小于 480 像素。如果是，则要么是运行于 QVGA 模式的竖屏手机，要么是 VGA 模式的横屏手机。如果屏幕高度是 480 像素或更大，那就有足够的空间来使用大图形集。

我们可以通过 Screen.PrimaryScreen.Bounds.Height 属性来判断屏幕的大小。它返回的是屏幕的实际高度，包含了通知栏及菜单栏所占用的空间。如果屏幕在竖屏和横屏之间进行切换，该属性值会进行更新来返回新的屏幕高度。

8.2　编写游戏

游戏设计方案已经完成了，接下来我们开始编写代码。该游戏完整的源代码包含在本书配套下载代码 GemDrops 项目中，您可以在 Visual Studio 中打开该项目查看这里所介绍的任何代码上的细节。本节主要介绍 GemDrops 游戏是如何创建的。

构建一个完整的游戏就会涉及大量的对同一个代码片段的迭代修改。因此，我们需要逐步来构建该项目。当我们查看游戏中的每一段代码时，您可能会注意到完成了的代码中包含了一些我们开始时没有提到的额外功能。我们会回过头来看整个过程中每一个要点，所以当您看到它们时不要担心我们会将它们忽略掉。

在接下来的各节描述中我不准备手把手地指导您如何重新创建该项目，所以不要遵循这些内容来从头构建游戏。但它们详细地阐明了创建游戏时所要经历的一些过程，并引导您纵览各个步骤，而这些都是在创建自己的游戏时所需要的。在接下来的各个部分中没有绝对地包含所有的游戏代码，因为其中有很多代码您已经在前面的章节中看到过了。我们会将焦点放在游戏中所有重要的组件上，并介绍如何将它们构造成一个最终的游戏。

8.2.1　创建项目

首先，创建一个名为 GemDrops 的 Windows 移动应用程序项目。在 Visual Studio 中保持该项目为打开状态，然后将游戏引擎项目添加到解决方案中，并为 GemDrops 添加对游戏引擎的引用。

在开始时，GemDrops 项目只包含一个默认窗体 Form1。我们需要为项目添加一些新类：一个代表显示在屏幕上的宝石的游戏对象类和一个代表游戏本身的游戏对象类。因此，要在项目中添加两个类：一个是 CObjGem 类，它继承自 GameEngine.CGameObjectGDIBase 类；另一个是 CGemDropsGame 类，它继承自 GameEngine.CGameEngine.GDIBase 类。

我们将在接下来的各节中介绍这些类，并为它们添加代码，现在让它们暂时为空。

8.2.2　创建游戏窗体

将 Form1 重命名为 MainForm，并对其属性进行更新，将 Text 属性设置为 GemDrops，将 BackColor 属性设置为 Black。

还要在窗体的顶端添加两个标签，分别命名为 lblScore 和 lblNextPiece。它们各自的 Text 属性分别为"Score：0"及"Next piece："。lblScore 标签停靠在窗体的顶部，所以它有足够的空间来显示玩家得分。lblNextPiece 标签被固定在右上角，这样当屏幕的尺寸发生改变时(例如手机的方向发生改变)，它还会保持在屏幕的右上角。将 lblNextPiece 标签的 TextAlign 属性设置为 TopRight。

对 MainMenu 控件进行更新，添加一个 Pause 项和一个弹出菜单 Menu 项。弹出菜单中包含两个菜单项 NewGame 和 ExitGame，用于开始游戏和退出游戏。最初的窗体设计如图 8-6 所示。

图 8-6　GemDrops 窗体的设计

在窗体的代码中，声明一个 CGemDropsGame 对象作为类级别的变量，名为_game。在窗体的构造函数中来对它进行实例化和初始化，如程序清单 8-1 所示。

程序清单 8-1　对 GemDrops 游戏对象进行实例化和初始化

```
// Our instance of the GemDrops game
CGemDropsGame _game;
/// <summary>
/// Form constructor
/// </summary>
public MainForm()
```

```
{
InitializeComponent();
// Instantiate our game and set its game form to be this form
_game = new CGemDropsGame(this);
_game.Reset();
}
```

在该窗体中再添加一个名为 SetScore 的函数。它只是简单地以一个 int 变量作为参数，并将该值赋给 lblScore 标签的 Text 属性。该函数用于显示玩家每次得分后的分值，如程序清单 8-2 所示。

程序清单 8-2　显示玩家得分的函数

```
/// <summary>
/// Display the score on the screen
/// </summary>
/// <param name="score">The player's new score</param>
internal void SetScore(int score)
{
    lblScore.Text = "Score: " + score.ToString();
}
```

我们接下来完成窗体的 OnPaintBackground 函数和它的 Load、Paint 以及 Closing 事件处理程序。这些函数与前面章节中相应的函数几乎是相同的。此外还要添加 RenderLoop 函数，也与前面的示例相同。

将这些代码编译后，只能得到一个空的黑屏。接下来我们就开始开发游戏引擎。

8.2.3　为游戏做准备

为了适用于 QVGA 和 VGA 屏幕：我们将使用两套不同的图形集。GemDrops 游戏中所需要的只是几种颜色不同的宝石。前面已经讨论过，小宝石图形的高度是 16 像素，为了得到一个舒适的对象尺寸，将其宽度设置为 21 像素。大宝石图形的高度为 32 像素，宽度为 42 像素。

宝石图形包含了两个 PNG 图像文件：小宝石图形文件名为 Gems16.png，大宝石图形文件名为 Gems32.png。每个图像中包含了一行 6 种不同颜色的宝石。宝石刚好为 16×21 像素和 32×42 像素，如图 8-7 所示。因此，当我们需要选择显示某种颜色的宝石时，只需要将该颜色的索引和宝石的宽度相乘得到该宝石图形所在的矩形左边的偏移量，就可以得到相应的矩形的位置，从而可以选择该颜色的宝石。

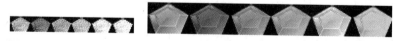

图 8-7　两个 GemDrops 图形文件：左边为 Gems16.png，右边为 Gems32.png

在 CGemDropsGame.Prepare 函数中要为游戏做的第一件事是判断要使用哪个图形集。我们采用前面已经提到过的方法，检测屏幕的高度。如果小于 480 像素，就使用小图形，否则使用大图形。无论选择哪个图形，该图形都会被加载到游戏引擎的 GameGraphics 字典中，参考在第 4 章中介绍过的方式。除了加载图形文件外，还要对类中的两个字段进行设置：_gemWidth 和_gemHeight，它们包含了每个单独的宝石图形的宽度和高度。

一旦得到了每个宝石的尺寸，我们还可以计算出屏幕上游戏区域左上角的坐标。我们希望游戏区域位于窗口的中央。因此，将窗体的宽度减去游戏区域的宽度，然后除以 2，就可以得到游戏区域左边侧的位置。而游戏区域的宽度则可以通过每个宝石图形的宽度(存储在_gemWidth 中)乘以区域中所包含的宝石列数(7)来得到。对于窗体和游戏区域的高度及其顶部的位置也可以采用相似的方式根据宝石图形的高度来计算得到。

这些功能的实现如程序清单 8-3 所示。

程序清单 8-3　根据屏幕大小来为游戏做准备

```
/// <summary>
/// Prepare the game engine for use.
/// </summary>
public override void Prepare()
{
    // Allow the base class to do its work.
    base.Prepare();

    // Get a reference to our assembly
    Assembly asm = Assembly.GetExecutingAssembly();

    // Initialise graphics library
    // Which graphics set are we using?
    if (Screen.PrimaryScreen.Bounds.Height < 480)
    {
        // The screen height is insufficient for the large graphics set,
        // so load the small graphics
        GameGraphics.Clear();
        GameGraphics.Add("Gems",
          New Bitmap(asm.GetManifestResourceStream
          ("GemDrops.Graphics.Gems16.png")));
        _gemWidth = 21;
        _gemHeight = 16;
    }
    else
    {
        // We have enough space to use the large graphics set
        GameGraphics.Clear();
        GameGraphics.Add("Gems",
          new Bitmap(asm.GetManifestResourceStream
          ("GemDrops.Graphics.Gems32.png")));
        _gemWidth = 42;
        _gemHeight = 32;
    }

    // Position the board within the window
    _boardLeft = (GameForm.ClientSize.Width - (GemWidth * BOARD_GEMS_ACROSS))
        / 2;
```

```
_boardTop = (GameForm.ClientSize.Height - (GemHeight * BOARD_GEMS_DOWN))
    / 2;
}
```

从该代码的最后两行可以看到，游戏区域的尺寸(7×15 个宝石)包含在两个常量 BOARD_GEMS_ACROSS 及 BOARD_GEMS_DOWN 中(它们将在后面的程序清单 8-8 中进行定义)。如果想修改游戏区域的尺寸，通过修改这两个常量可以很轻松地实现。

此代码看似简单，但它完成了一些非常重要的工作：它设置了一个抽象的坐标系。我们可以在屏幕上绘制宝石而不用考虑屏幕的分辨率，也不用考虑加载的是哪个图形集。要得到绘制宝石的坐标，只需要将坐标(_boardLeft, _boardTop)在 x 轴上的位置值乘以 _gemWidth 值，在 y 轴上的位置值乘以 _gemHeight 值即可。这种方式为我们省去了程序中不少复杂的计算。

8.2.4　创建宝石游戏对象

接下来，我们将注意力转移到 GemDrops 游戏所包含的两个游戏对象之一——宝石上。它在 CObjGem 类中实现，每个实例都代表了游戏中的一个宝石。宝石可能是安放在游戏区域中，可能是在玩家的控制中，甚至是显示在 "Next piece" 区域中，在后文中我们会讨论如何在这些不同的情形中使用该对象。

CObjGem 类继承自 GameEngine.CGameObjectGDIBase 类。我们将向其中添加一些额外的属性，使我们能够按照自己的想法来配置宝石。目前我们感兴趣的属性如程序清单 8-4 所示。

程序清单 8-4　CObjGem 类的属性

```
// Our reference to the game engine
private CGemDropsGame _game;

// The color of this gem
private int _gemColor = 0;
// The X position within the board (in game units, so from 0 to 6)
private int _boardXPos = 0;
// The Y position within the board (in game units, so from 0 to 14)
private int _boardYPos = 0;
```

这些属性提供了我们需要的宝石的一些基本信息：它是什么颜色？它位于什么位置？在表示位置时使用的是游戏区域中的 x 坐标和 y 坐标，而不是像素坐标或类似的东西。

此外，还有一个对 CGemDropsGame 对象的强类型的引用，这样不需要转换成适当的类型就可以与它进行交互。

接下来是该类的构造函数。除了默认的构造函数之外，我们还想在创建该类的时候能指定宝石的位置和颜色，如程序清单 8-5 所示。注意，在这个重写中调用了默认的构造函数，而不是基类中的构造函数，所以最终还是将游戏引擎的引用存储到类级别的变量 _game 中。

程序清单 8-5　CObjGem 类的构造函数

```
/// <summary>
/// Constructor
/// </summary>
public CObjGem(CGemDropsGame gameEngine)
    : base(gameEngine)
{
    // Store a reference to the game engine as its derived type
    _game = gameEngine;
}

/// <summary>
/// Constructor
/// </summary>
/// <param name="boardX">The x position for the gem</param>
/// <param name="boardY">The y position for the gem</param>
/// <param name="color">The color for the gem</param>
public CObjGem(CGemDropsGame gameEngine, int boardX, int boardY, int color)
    : this(gameEngine)
{
    _boardXPos = boardX;
    _boardYPos = boardY;
    _gemColor = color;
}
```

有一点需要注意的是，并非像在以前的例子中所做的那样在构造函数中设置 Width 或 Height 属性。稍后介绍这些属性的重写时就会看到这样做的原因。

宝石本来需要能够渲染自己。大多数情况下，宝石只需要设置一种颜色即可，我们将用图 8-7 中相应的宝石图形来渲染它。然而，彩虹宝石不停地循环变换颜色，这种效果使得它在其他普通的宝石中显而易见。如果宝石的颜色指示它是一个彩虹宝石(它的 _gemColor 为常量 GEMCOLOR_RAINBOW)，我们会每隔 0.1 秒执行一次渲染，渲染时采用不同的实际宝石颜色，Render 函数的代码如程序清单 8-6 所示。

程序清单 8-6　渲染 CObjGem 类

```
/// <summary>
/// Draw the gem to the screen
/// </summary>
public override void Render(Graphics gfx, float interpFactor)
{
    System.Drawing.Imaging.ImageAttributes imgAttributes;

    base.Render(gfx, interpFactor);

    // Create the transparency key for the gem graphics
    imgAttributes = new System.Drawing.Imaging.ImageAttributes();
    imgAttributes.SetColorKey(Color.Black, Color.Black);

    // If this is not a rainbow gem...
```

```
if (_gemColor != CGemDropsGame.GEMCOLOR_RAINBOW)
{
    // Then just draw its image
    gfx.DrawImage(_game.GameGraphics["Gems"],
        GetRenderRectangle(interpFactor),
        _gemColor * (int)Width, 0, (int)Width, (int)Height,
        GraphicsUnit.Pixel, imgAttributes);
}
else
{
    // This is a rainbow gem so we need to cycle its color.
    // Add the elapsed time to our class variable
    _rainbowGemUpdateTime += GameEngine.TimeSinceLastRender;
    // Has 0.1 seconds elapsed?
    if (_rainbowGemUpdateTime > 0.1f)
    {
        // Yes, so advance to the next color
        _rainbowGemUpdateTime = 0;
        _rainbowGemFrame += 1;
        // If we reach the rainbow gem position (pass the final
        // actual gem color), move back to the first
        if (_rainbowGemFrame == CGemDropsGame.GEMCOLOR_RAINBOW)
            _rainbowGemFrame=0;
    }
    // Ensure the gem is considered as moved so that it re-renders in its
    // new color.
    // This is important so that it still cycles when in the "next gem"
    // display which isn't otherwise moving.
    HasMoved = true;
    // Draw its image
    gfx.DrawImage(_game.GameGraphics["Gems"],
        GetRenderRectangle(interpFactor),
        _rainbowGemFrame * (int)Width, 0, (int)Width, (int)Height,
        GraphicsUnit.Pixel, imgAttributes);
}
}
```

宝石图像的透明区域使用黑色背景，所以代码中首先创建了一个 ImageAttributes 对象并指定黑色为颜色键，然后调用 DrawImage 函数来绘制该对象所代表的宝石。对于普通的宝石，我们要根据宝石颜色索引乘以宝石的宽度来计算出源图像中需要选取的区域。这能够索引宝石图像，得到想要的颜色的宝石。

对于彩虹宝石，我们用_rainbowGemUpdateTime 来累计上一次调用 Render 函数后所过去的时间，通过游戏引擎的 TimeSinceLastRender 属性来得到该值。每当该值累计达到 0.1 秒，我们就增加_rainbowGemFrame 的值，并将_rainbowGemUpdateTime 的值重置为 0。通过修改时间上限(即用于同_rainbowGemUpdateTime 进行比较的值，在这里为 0.1)，我们可以使彩虹宝石按照我们想要的频率来变换色彩。

CObjGem 类还对基类中的一些属性进行了重写：XPos、YPos、Width 及 Height 属性的 get 部分都被重写了。这样我们就可以根据自己的需要来计算这些属性值，而不是对象每发生一点变化都要进行更新。

对于 XPos 和 YPos 属性，我们要利用在 CGemDropsGame.Prepare 函数中设置好的抽象坐标系。通过初始化坐标系时计算得到的 BoardLeft 值和 BoardTop 值来计算位置。函数把宝石的宽和高乘到这些值上。这里不包含绝对坐标和硬编码的坐标。这个简单的方法能够保证在所有支持的屏幕分辨率上游戏都能正确地显示。

对于 Width 属性和 Height 属性，只需要通过 CGemDropsGame 对象就可以得到宝石的尺寸。同样，这些值也是在调用 Prepare 方法时就计算好的。如果手机方向改变，导致加载另一套图形集(因此宝石的 Width 和 Height 属性会改变)，那么这样可以确保这两个属性值始终能返回正确的值，而不需要通知发生了变化。

游戏引擎会用到所有这 4 个属性的重写版本，它们可以很方便地为游戏对象提供所需的值，这些属性的代码如程序清单 8-7 所示。

程序清单 8-7　CObjGem 类的 Position 属性与 Size 属性重写

```
/// <summary>
/// Override the XPos property to calculate our actual position on demand
/// </summary>
public override float XPos
{
    get
    {
        // Determine the position for the gem from its position within the
        // board
        return _game.BoardLeft + (_boardXPos * Width);
    }
}
/// <summary>
/// Override the YPos property to calculate our actual position on demand
/// </summary>
public override float YPos
{
    get
    {
        // Determine the position for the gem from its position within the
        // board
        return _game.BoardLeft + (_boardXPos * Width);
    }
}
/// <summary>
/// Return the Width by querying the gem width from the game engine.
/// This means that if the gem width changes (e.g., the screen orientation
/// is changed resulting in new graphics being loaded), we always return
/// the correct value.
/// </summary>
public override int Width
{
```

```
    get
    {
        return _game.GemWidth;
    }
}
/// <summary>
/// Return the Width by querying the gem width from the game engine.
/// </summary>
public override int Height
{
    get
    {
        return _game.GemHeight;
    }
}
```

8.2.5 重置游戏

我们已经定义好了宝石对象，接下来就向游戏中添加一些进一步的功能来使用它。

该游戏基本上是基于宝石网格的，所以我们应该能够在游戏中对该网格进行存储。可以使用不同的结构来实现网格，但最简单的办法就是声明一个数组。数组中的每个元素都包含了一个 CObjGem 实例，表示在游戏区域中该位置上的宝石。如果该位置上没有宝石，就为 null。

为了指定数组的大小，我们还声明了两个常量，用于指定整个游戏区域横向和纵向上能够包含多少个宝石。如果以后想对游戏区域使用一个不同的尺寸，那么可以直接修改这些常量，其他所有内容都会自动调整。代码如程序清单 8-8 所示。

程序清单 8-8 声明游戏区域数组

```
// The dimensions of the game board (gems across and gems down)
public const int BOARD_GEMS_ACROSS = 7;
public const int BOARD_GEMS_DOWN = 15;

// Create an array to hold the game board -- all our dropped gems will appear
// here
private CObjGem[,] _gameBoard = new CObjGem[BOARD_GEMS_ACROSS,
    BOARD_GEMS_DOWN];
```

我们还为其他有用的信息添加了属性，这些信息都是游戏所需的。同时还提供了用于记录游戏是否暂停或结束的标志。添加的其他变量分别用于记录玩家的得分、跟踪玩家在游戏中堆放好了多少组宝石，这些属性如程序清单 8-9 所示。

程序清单 8-9 其他游戏状态变量

```
// Track whether the game has finished
private bool _gameOver;
```

```
// Track whether the game is paused
private bool _paused;

// The player's current score
private int _playerScore;

// The number of pieces that have dropped into the game.
// We'll use this to gradually increase the game difficulty
private int _piecesDropped;
```

实现 Reset 功能所需要的所有东西现在都已经到位。我们将通过 Reset 函数将游戏恢复到初始状态，使玩家可以重新开始游戏。

我们首先将所有简单的游戏属性恢复为其初始值。将_gameOver 设置为 false，将_playerScore 变量及_piecesDropped 变量设置为 0。与上一个示例中所进行的操作相似，然后清除所有游戏对象，从而使游戏引擎重置为一个空状态。

接下来，对游戏区域进行初始化。如果在前一次游戏已经结束后我们才进行重置，那么游戏区域中会包含前面遗留下来的信息。因此，我们可以调用 ClearBoard 函数(稍后就会看到该函数)将已经显示在游戏区域中的宝石清空。这样就使游戏恢复为空白，从而可以重玩。Reset 函数目前的代码如程序清单 8-10 所示。

程序清单 8-10　重置游戏

```
/// <summary>
/// Reset the game to its default state
/// </summary>
public override void Reset()
{
    base.Reset();

    // Reset game variables
    _gameOver = false;
    _playerScore = 0;
    _piecesDropped = 0;

    // Clear any existing game objects
    GameObjects.Clear();
    // Clear the game board
    ClearBoard();

    // Ensure the information displayed on the game form is up to date
    UpdateForm();
}
```

这里调用的 ClearBoard 函数只是简单地对_gameBoard 数组中的元素进行遍历，检测每个元素中是否包含了宝石。如果是，就将宝石对象终止，并从游戏区域中将该宝石对象清除。遍历完成后，游戏区域就被完全清空。ClearBoard 函数如程序清单 8-11 所示。

程序清单 8-11　将游戏区域清空

```
/// <summary>
```

```
/// Remove all of the gems present on the board.
/// </summary>
private void ClearBoard()
{
    for (int x=0; x<BOARD_GEMS_ACROSS; x++)
    {
        for (int y=0; y<BOARD_GEMS_DOWN; y++)
        {
            // Does this location contain a gem?
            if (_gameBoard[x,y] != null)
            {
                // Yes, so instruct it to terminate and then remove it from the
                // board
                _gameBoard[x, y].Terminate = true;
                _gameBoard[x,y] = null;
            }
        }
    }
}
```

UpdateForm 函数可以将任何所需的信息从游戏引擎复制到游戏窗体中。我们唯一需要复制的是玩家的得分，但以后还有其他信息要添加的话(如生命数、能量、导弹数量等)，将它们集中到一个函数中是很有用的。每当这些变量中的一个发生变化时，只需要调用该函数就可以将变化显示给玩家。

当修改了玩家的得分后(将它重置为 0)，必须从 Reset 函数中调用 UpdateForm 函数，UpdateForm 函数如程序清单 8-12 所示。

程序清单 8-12　使用游戏中的信息对窗体进行更新

```
/// <summary>
/// Copy information from the game on to the game form so that it can be
/// seen by the player.
/// </summary>
private void UpdateForm()
{
    // Make sure we have finished initializing and we have a form to update
    if (_gameForm != null)
    {
        // Set the player score
        _gameForm.SetScore(_playerScore);
    }
}
```

8.2.6　暂停游戏

稍后我们将介绍如何使用_gameOver 变量，现在先简单地将对_paused 变量的处理进行包装。通过一个标准的名为 Paused 的公共属性过程，使在类外可以访问该变量。为了使它实际有效，我们对 Advance 函数进行重写，如程序清单 8-13 所示。

程序清单 8-13 实现暂停功能

```
/// <summary>
/// Advance the simulation by one frame
/// </summary>
public override void Advance()
{
    // If we are paused then do nothing...
    if (_paused) return;

    // Otherwise get the base class to process as normal
    base.Advance();
}
```

您可能会记得，游戏引擎中的 Advance 函数是用于推进整个引擎向前运行的，在基类代码中，游戏本身以及所有的游戏对象都会调用 Update 函数，使所有事物保持移动。

当将_paused 变量设置为 true 时，就阻止了对基类的调用，从而使游戏暂停。这样会使得游戏本身及游戏对象不发生任何更新，不再进行任何进一步的移动——正是暂停游戏所需要的。只要将_paused 标志设置为 false，就会重新调用 base.Advance 函数，游戏就会恢复运行。

8.2.7 显示用于玩家控制的宝石

游戏区域现在是空的，所以接下来要允许玩家在其中做一些操作。当游戏开始时就随机生成一对宝石，将它们放在游戏区域顶部的中间。然后宝石会逐渐向游戏区域的底部下落。

1. 对 CObjGem 类进行完善

为了保证游戏知道如何处理宝石的移动，我们首先要为 CObjGem 类添加一些新的函数。宝石有 3 种状态：在玩家控制中、落在游戏区域的底部以及显示在 Next piece 中(为玩家显示接下来的宝石的颜色)。

我们需要以不同的方式对各种类型的宝石进行处理。玩家控制中的宝石是渐渐地向游戏区域的底部降落。落在游戏区域底部的宝石大部分时间都是静止的，但当下方产生了空缺时它们就会快速地落下。在 Next piece 中显示的宝石完全是静止的，不会发生任何移动。

这样，每个宝石实例就知道该做何操作，我们创建一个名为 GemTypes 的枚举，为每一种类型设置一个枚举值，并且定义一个类级别的变量来保存每个对象的类型(并提供了一个公共属性供外部访问)。该枚举及变量的定义如程序清单 8-14 所示。

程序清单 8-14 _gemType 变量及 GemTypes 枚举

```
// The type of gem represented within this object...
private GemTypes _gemType;
// Possible gem types are:
public enum GemTypes
{
    OnTheBoard,         // A gem that has been placed on to the game board
    PlayerControlled,   // A gem that is moving under player control
```

```
    NextGem                    // A gem in the "next piece" display
};
```

这样宝石就可以平滑地下落，而不是每次都对整个游戏区域进行刷新，我们再进一步添加两个变量：_fallDistance 及 _fallSpeed。_fallDistance 变量用来存储宝石在当前位置(保存在我们已经讨论过的_boardXPos 变量与_boardYPos 变量中)时与底部之间的距离。因此_fallDistance 为 0 就意味着宝石已经到达目标位置；大于 0 就表示它尚未落地。

该变量中的距离以游戏单位而不是像素进行计量。这样符合我们的抽象坐标系。我们可以通过设置_fallDistance 变量为 0.5，从而可以在行的中间绘制宝石，不需要知道实际对应了屏幕上多少个像素。

当玩家控制的宝石在运动中时，就将其_boardYPos 设置为它降落时所在的位置，将其_fallDistance 值初始设置为 1。当每次调用宝石的 Update 方法时，令_fallDistance 值递减，就可以使宝石自动向下降落。

宝石降落速度越快，就越难对它进行控制。快速移动的宝石将使玩家没有太多的机会考虑将宝石落在哪个位置上，从而错误增多。这也是我们随着游戏的进行提高游戏难度的一种方式。

我们用_fallSpeed 变量来设置宝石降落的速度。每次更新时需要从_fallDistance 变量中减去该值，如程序清单 8-15 中所做的那样。只对玩家控制的宝石做这些操作，Next piece 中的宝石不发生移动。在本章的后文中我们将会介绍游戏区域中的宝石该如何处理。

程序清单 8-15　宝石对象的 Update 函数，将_fallDistance 递减使宝石能够下落

```
/// <summary>
/// Update the gem's position
/// </summary>
public override void Update()
{
    // Allow the base class to perform any processing it needs
    base.Update();

    switch (_gemType)
    {
        case GemTypes.NextGem:
            // If this gem is part of the "next piece" display then there
            // is nothing for us to do as these gems don't move
            break;

        case GemTypes.OnTheBoard:
            // To do...
            break;
        case GemTypes.PlayerControlled:
            // This gem is under player control so allow it to gently drop
            // towards the bottom of the board.
            // We'll let the game itself work out how to deal with it landing,
            // etc.
            _fallDistance -= _fallSpeed;
```

```
        break;
    }
}
```

我们还没有对当宝石的下落距离达到 0 时发生的情况进行规定。游戏自身必须进行检测并对这种情形做出处理。稍后您将看到结果。

为了使下落距离具有一点视觉效果，我们需要对 YPos 属性进行修改。不只是根据_boardYPos 来计算位置，现在还要考虑_fallDistance，这样就可以将下落过程中宝石的最终位置计算出来。

接下来要对显示在 Nextpiece 中的宝石进行处理。由于它们不显示在游戏区域中，对其 XPos 属性及 YPos 属性都进行修改可以使宝石显示在游戏窗体的右边，就在窗体设计时创建的 lblNextPiece 标签下方。对于这种类型的宝石，令其 YPos 属性根据_boardYPos 值进行计算，这样可以指定一个宝石位于另一个宝石的下方。

修改后的 XPos 及 YPos 属性如程序清单 8-16 所示。

程序清单 8-16　修改后的 YPos 属性考虑了_fallDistance 及_gemType

```
/// <summary>
/// Override the XPos property to calculate our actual position on demand
/// </summary>
public override float XPos
{
    get
    {
        switch (_gemType)
        {
            case GemTypes.NextGem:
                // This is a "next piece" gem so determine its position
                // within the form
                return ((MainForm)(_game.GameForm)).ClientRectangle.
                Width - Width;
            default:
                // This is an "in-board" gem so determine its position
                // within the board
                return _game.BoardLeft + (_boardXPos * Width);
        }
    }
}
/// <summary>
/// Override the YPos property to calculate our actual position on demand
/// </summary>
public override float YPos
{
    get
    {
        switch (_gemType)
        {
            case GemTypes.NextGem:
                // This is a "next piece" gem so determine its position
```

```
                     within the form
            return ((MainForm)( _game.GameForm)).lblNextPiece.
            ClientRectangle.Bottom
                + (_boardYPos * Height);
        default:
            // This is an "in-board" gem so determine its position
                within the board
            return _game.BoardTop + ((_boardYPos - _fallDistance)
            * Height);
        }
    }
}
```

2. 对游戏类进行完善

现在宝石类中已经包含了显示玩家控制的宝石所需的函数。我们接下来看看如何对 CGemDropsGame 类进行处理。

为了创建用于玩家控制的宝石，需要能够随机生成宝石颜色。在概要设计时已经说明过，在前 20 对落下的宝石中将只采用 4 种颜色，超过 20 对、在 40 对之前宝石的颜色增加为 5 种，最后宝石的颜色变为 6 种。此外，在 100 对以后，我们将用一个比较小的概率来生成彩虹宝石。

为了能够简单地随机生成宝石颜色，我们将这个操作包装到一个函数中，即 Generate-RandomGemColor 函数，如程序清单 8-17 所示。

程序清单 8-17　为新宝石随机生成颜色

```
/// <summary>
/// Returns a random gem color.
/// </summary>
/// <remarks>The range of colors returned will slowly increase as the
/// game progresses.</remarks>
private int GenerateRandomGemColor()
{
    // We'll generate a gem at random based upon how many pieces the player
    // has dropped.

    // For the first few turns, we'll generate just the first four gem colors
    if (_piecesDropped < 20) return Random.Next(0, 4);

    // For the next few turns, we'll generate the first five gem colors
    if (_piecesDropped < 40) return Random.Next(0, 5);

    // After 100 pieces, we'll have a 1-in-200 chance of generating a "rainbow"
    // gem
    if (_piecesDropped >= 100 && Random.Next(200) == 0) return
        GEMCOLOR_RAINBOW;

    // Otherwise return any of the available gem colors
    return Random.Next(0, 6);
}
```

这段代码利用_piecesDropped 变量来确定返回值中宝石颜色的范围，从而得到是否应该偶尔生成一个彩虹宝石。

为了对宝石的运动进行跟踪，我们要声明一个二元数组来保存它们的详细信息。该数组为类级别的变量，名为_playerGems。同时，我们还要创建一个二元数组来存储下一对将要出现的宝石的详细信息。该数组名为_playerNextGems。这两个数组的声明如程序清单8-18 所示。

程序清单 8-18　声明_playerGems 数组及_playerNextGems 数组

```
// Declare an array to hold the pair of gems that are dropping under player
// control
private CObjGem[] _playerGems = new CObjGem[2];
// Declare an array to hold the next gems that will be brought into play
private CObjGem[] _playerNextGems = new CObjGem[2];
```

我们每次添加一对玩家控制的宝石时，就从_playerNextGems 数组中将它们的颜色复制过来。这样可以确保预告的下一对来到的宝石的实际颜色。为了确保宝石的预览信息能够出现在游戏的右上方，在生成玩家控制的宝石之前就对它执行初始化。

预览宝石是在名为 InitNextGems 的函数中进行初始化的，如程序清单 8-19 所示。在游戏的 Reset 函数中添加对该函数的调用。

程序清单 8-19　对 Next Gem 对象进行初始化

```
/// <summary>
/// Create the two "next piece" gems to display in the corner of the screen.
/// This should be called just once per game as it is being reset.
/// </summary>
private void InitNextGems()
{
    // Instantiate two new gems.
    // The gems have Y positions of 0 and 1 so that they appear one above
    // the other in the Next Piece display.
    // We also generate initial random colors for the two gems here too.
    _playerNextGems[0] = new CObjGem(this, 0, 0, GenerateRandomGemColor());
    _playerNextGems[1] = new CObjGem(this, 0, 1, GenerateRandomGemColor());

    // These are the 'next' gems -- this affects their position within the
    // screen
    _playerNextGems[0].GemType = CObjGem.GemTypes.NextGem;
    _playerNextGems[1].GemType = CObjGem.GemTypes.NextGem;

    // Add the gems to the game
    GameObjects.Add(_playerNextGems[0]);
    GameObjects.Add(_playerNextGems[1]);
}
```

既然我们知道了下一对出现的宝石使用的颜色，就可以对玩家控制的宝石进行初始化。这些操作已经创建在一个名为 InitPlayerGems 的函数中，如程序清单 8-20 所示。在 Reset 函数中，当调用了 InitNextGems 函数后也调用了它。游戏开始后，每次为玩家显示一对新的宝石时都会调用它; 稍后您就会看到如何对它进行调用。

程序清单 8-20 对一对新的由玩家控制的宝石对象进行初始化

```
/// <summary>
/// Create two new gems for the player to control.
/// </summary>
private void InitPlayerGems()
{
    // Instantiate and initialize two new gems for the player to control.
    // Set the gem colors to be those colors stored for the next gems.
    _playerGems[0] = new CObjGem(this, BOARD_GEMS_ACROSS / 2, 0,
        _playerNextGems[0].GemColor);
    _playerGems[1] = new CObjGem(this, BOARD_GEMS_ACROSS / 2, 1,
        _playerNextGems[1].GemColor);

    // These are the player controlled gems
    _playerGems[0].GemType = CObjGem.GemTypes.PlayerControlled;
    _playerGems[1].GemType = CObjGem.GemTypes.PlayerControlled;

    // Set the gems as falling into the position we have set
    _playerGems[0].FallDistance = 1;
    _playerGems[1].FallDistance = 1;

    // Set the drop speed to increase based on the number of pieces already
    // dropped.
    _playerGems[0].FallSpeed = 0.02f + (_piecesDropped * 0.0004f);
    _playerGems[1].FallSpeed = _playerGems[0].FallSpeed;

    // Add the gems to the game
    GameObjects.Add(_playerGems[0]);
    GameObjects.Add(_playerGems[1]);

    // Check that the board space is actually available.
    // If not, the game is finished.
    CheckGameOver();
    if (GameOver)
    {
        // The game is finished, so no further work is required here
        return;
    }

    // Set two new 'next' gems
    _playerNextGems[0].GemColor = GenerateRandomGemColor();
    _playerNextGems[1].GemColor = GenerateRandomGemColor();
    // Flag the next gems as having moved so that they are re-rendered in
    // their new colors.
    _playerNextGems[0].HasMoved = true;
    _playerNextGems[1].HasMoved = true;

    // Increase the pieces dropped count
    _piecesDropped += 1;
}
```

这里的代码很直观。我们首先创建两个新的宝石对象，设置其 x 坐标为游戏区域宽度的一半(这可以将宝石放置在游戏区域的中间一列)，并将其 y 坐标设置为 0 和 1(将两个宝石垂直排列，一个位于另一个的上方)。宝石的颜色是从之前创建的预览宝石数组(_playNextGems)中读取出来的。

然后为每个宝石对象设置其 GemType 属性，表明它们处于玩家的控制中。将 FallDistance 值设置为 1。上一节曾经描述过，这样做会使每个宝石所出现的位置比我们所请求的位置高一个单位，它们将逐渐下落到实际指定的位置上。

接下来设置 FallSpeed 属性。对于第一对宝石，应当将该值设置为 0.02。但是，为了慢慢地增加游戏的难度，我们将已下落宝石的对数(_pieceCount 变量)乘以 0.000 4，将结果添加到初始值 0.02 上，如果将初始值 0.02 除以 0.000 4，结果为 50，所以当 50 回合之后，宝石下落的速度将达到初始值的两倍；在 100 回合后将达到三倍，以此类推。如果我们想调整加速度，则对 0.000 4 这个值进行修改即可。当前设置的值很合理，在游戏的进程中可以明显地感觉到速度在加快。

现在宝石完成了初始化，所以代码将它们添加到 GameObjects 集合中。

在继续运行之前，应调用 CheckGameOver 函数来看看用于添加新宝石的空间是否被填满了。如果空间已经被填满了，游戏就结束。该函数的代码如程序清单 8-21 所示。

程序清单 8-21 检测游戏区域看游戏是否应该结束

```
/// <summary>
/// Check to see whether the player gem board position is occupied by
/// a gem already on the board. If this is the case when the player
/// gems are first added, the board is full and the game is over.
/// </summary>
/// <remarks>If the game is found to be over, the GameOver property
/// will be set to true.</remarks>
private void CheckGameOver()
{
    // Are the positions to which the player gems have been added already
    // occupied?
    if (_gameBoard[_playerGems[1].BoardXPos, _playerGems[1].BoardYPos] !=
        null)
    {
        // They are, so the game is finished...
        // Stop the player gems from moving
        _playerGems[0].FallSpeed = 0;
        _playerGems[1].FallSpeed = 0;

        // Initialize the game over sequence
        GameOver = true;
    }
}
```

假设游戏还在运行，我们就生成两个新的宝石，颜色随机。设置完颜色后，还需要对下一对宝石中每个宝石的 HasMoved 属性进行设置，这样游戏引擎才知道要对它们进行重绘。

将_piecesDropped 变量的值增加后，对新的玩家控制的宝石所要做的初始化工作就完成了。

CheckGameOver 函数只需要查看_playerGems[1]所在的位置是否被填满即可。这个特殊的宝石总是位于另一个宝石之下。所以这就是我们需要检查的空间，以确保两个位置都为空。

如果代码发现该位置被占用了，就开始执行结束游戏的代码，首先要将两个玩家控制的宝石的 FallSpeed 设置为 0，使它们不再继续下落。然后再将 GameOver 属性设置为 true。设置该属性将会使游戏的其他功能全部停止，并向用户显示一条消息；稍后我们将更详细地讨论这个过程。

8.2.8 更新玩家控制的宝石

现阶段，游戏中宝石对已经可以慢慢地向屏幕底部下落了。然而，还不能控制宝石的移动，所以它们一直在下落，并且会穿过游戏区域的底部，然后消失在屏幕的底边上。

为了适当地操纵宝石，每当宝石对象的 FallDistance 属性达到(或小于)0 时，就要对其位置进行更新。当发生这种情况时，宝石对象就到达 BoardXPos 属性及 BoardYPos 属性所确定的目标位置上。这个阶段我们所进行的操作要依据玩家控制的宝石周围所发生的具体情况来确定：

- 如果一对宝石中的任何一个达到游戏区域的底部，那么宝石就落地了。
- 对两个宝石(玩家控制的宝石)下方的两个位置进行检测，如果任意一个位置被填充了，就表示宝石已经落地了。
- 否则，宝石还应该继续下落。

如果宝石落地了，那么它们将不再受玩家的控制，并且放置在游戏区域中。然后就可以检测是否有同色宝石连接成组。稍后您就会看到如何判断这些情形。

如果发现宝石仍在继续下落，就对它们的 BoardYPos 属性进行更新使它们向下移动到下一个方格中。然而这将使宝石会直接向下跳跃一整个格子，这不是我们想要的效果，所以将它们的 FallDistance 属性值加 1，从而将 BoardYPos 发生的变化抵消掉，这样最终结果是宝石对象的 BoardYPos 属性改变了，但宝石继续平滑地向屏幕的底边移动。所有实现这些步骤的代码都位于 CGemDropsGame.Update 函数中，如程序清单 8-22 所示。

程序清单 8-22　当宝石对象下落时对其位置进行更新

```
/// <summary>
/// Update the game
/// </summary>
public override void Update()
{
    bool landed = false;

    // Call into the base class to perform its work
    base.Update();

    // If the game has finished then there's nothing more to do
    if (_gameOver) return;
```

```
// Have the gems reached the bottom of the space they were dropping into?
if (_playerGems[0] != null && _playerGems[0].FallDistance <= 0)
{
    // They have...
    // Has either gem landed?
    for (int i = 0; i < 2; i++)
    {
        // See if the gem is at the bottom of the board, or is
        // immediately above a location that is occupied by another gem.
        if (_playerGems[i].BoardYPos == CGemDropsGame.BOARD_GEMS_DOWN -
            1|| _gameBoard[_playerGems[i].BoardXPos,
            _playerGems[i].BoardYPos + 1] != null)
        {
            landed = true;
        }
    }
    if (landed)
    {
        // Yes...
        // At this stage we need to make the game become part of the main
        // game board
        MovePlayerGemsToBoard();

        // Get any gems that are left floating to fall to the bottom
        DropGems();

        // We won't Initialize any new player gems at this point, as we
        // want to allow any gems within the board that are dropping to
        // complete their descent first. The gems will be re-Initialized
        // in the next Update loop once all falling gems have landed.
    }
    else
    {
        // We haven't landed. Move the gem to the next row down.
        _playerGems[0].BoardYPos += 1;
        _playerGems[1].BoardYPos += 1;
        // Reset the distance to fall until they reach the bottom of the
        // row.
        _playerGems[0].FallDistance += 1;
        _playerGems[1].FallDistance += 1;
    }
}

// Are player gems active at the moment?
if (_playerGems[0] == null)
{
    // No...
    // Are there any gems currently dropping?
    if (!GemsAreDropping)
    {
        // No, so we can look for any groups to remove.
```

```
        if (RemoveGemGroups())
        {
            // Gems were removed, so allow the next drop to take place
        }
        else
        {
            // Everything is up to date so we can Initialize some new player
              gems
            InitPlayerGems();
        }
    }
  }
}
```

调用基类完成了所需要的处理之后，代码检测_gameOver 变量。如果该变量值为 true，那么游戏中不会发生任何移动，我们可以直接退出该函数。

然后检测两个宝石中第一个宝石的 FallDistance 属性，由于两个宝石是连在一起下落的，它们的 FallDistance 总是相同的，因此只需要对其中的一个进行检测即可。如果返回值为 0 或者小于 0，就表示宝石到达了目标位置，于是我们需要分析接下来要做的操作。

代码然后检测宝石是否落地，如果两个宝石中的任何一个到达游戏区域的底边，或者任何一个的下方已经有了其他宝石，landed 变量就会被设置为 true 来指示已经落地。如果检测到该变量被设置为 true，就进一步调用另外两个函数：首先是 MovePlayerGemsToBoard 函数，然后是 DropGems 函数。前者会使宝石失去玩家的控制并进入面板数组中；后者将判断这对宝石中的另一个是否为悬浮状态，如果是，会继续下落直到落地。稍后我们将看到这两个函数。

注意，尽管我们已经检测到一个宝石已经落地，但这时还不能调用 InitPlayerGems 函数。我们会调用它的，不过先要对游戏区域中的宝石做不少操作：如果有同色宝石组形成，就要将组中的宝石消掉，然后对所有宝石的位置进行更新。当这些过程完成了，才能创建新的玩家操作类宝石。

如果前面所做的检测发现宝石尚未落地，就需要令宝石的 BoardYPos 属性加 1，使它们在游戏区域中向下移动一个单位，然后还要更新其 FallDistance 属性值。这样从视觉上看，宝石继续平滑地下落。

我们已经对玩家控制的宝石的移动进行了处理，但还需要再做一点工作来处理已经放置在游戏区域中的宝石。代码通过检测_playerGems[0]是否为 null 来查看玩家当前是否在控制宝石。这种情况只会发生在玩家控制的宝石已经落地，并且已转移到面板上时。这也标志着我们需要对游戏区域进行更新，而不是更新玩家控制的宝石。

在继续进行之前，要调用 GemsAreDropping 函数来查看当前游戏区域中是否有宝石正在下落。如果有，那么需要等它们完成落地后才能继续进一步处理。

假设所有的宝石都落地了，就调用 RemoveGemGroups 函数，这是另一段代码，我们稍后就可以看到。如果在游戏区域中发现了能够连接成一组或多组的宝石，该函数会返回 true。这意味着游戏区域中会有宝石被消除掉，所以这时我们不做任何操作，有些宝石会继续下落。只有在发现当前没有更多能够连接成组的宝石时，我们才接着再次调用

InitPlayerGems 函数。这样游戏会生成一对新的宝石，玩家可以对它进行操作。

在 Update 中调用的 MovePlayerGemsToBoard 函数负责令玩家失去对刚落地的宝石的控制，并将该宝石放到_gameBoard 数组中。实际上是这样处理的：在游戏区域中创建两个新的与玩家控制的宝石颜色相同的宝石，然后将玩家控制的宝石释放掉。如程序清单 8-23 所示。

程序清单 8-23　将玩家控制的宝石转移到游戏区域

```
/// <summary>
/// When the game determines that one of the player gems has landed,
/// this function will move the gems out of player control and place
/// them on to the game board.
/// </summary>
private void MovePlayerGemsToBoard()
{
    CObjGem gem;

    for (int i = 0; i < 2; i++)
    {
        // Create a new gem for the board with the color from the first player
        // gem
        gem = new CObjGem(this, _playerGems[i].BoardXPos,
            _playerGems[i].BoardYPos,
            _playerGems[i].GemColor);
        // Set it as an "on the board" gem
        gem.GemType = CObjGem.GemTypes.OnTheBoard;
        // Put the gem object into the board array
        _gameBoard[gem.BoardXPos, gem.BoardYPos] = gem;
        // Add the gem to the game engine's GameObjects collection
        GameObjects.Add(gem);
        // Tell the player gem object to terminate itself.
        // This will remove it from the GameObjects collection but ensures
        // that it is properly re-rendered before disappearing
        _playerGems[i].Terminate = true;

        // Clear the reference to the gem so that we know there are no gems
        // under active player control at the moment
        _playerGems[i] = null;
    }
}
```

该函数完成后，_playerGems 数组中的两个元素都为 null。实际上，我们刚才看到的 Update 函数代码就是利用这个变化来通知游戏区域中的宝石需要进行更新，而不是对玩家控制的宝石进行更新。

下一个尚未提及的函数是 DropGems。在将玩家控制的宝石转移到游戏区域中后直接调用该函数。它用于确保将所有宝石都落在尽可能低的位置上。如果宝石下面有空白，那么该函数就会将它降落到空白位置上。看上去整个游戏区域都遵守了重力法则。

该函数会用于两个地方。首先是已经看到的 Update 函数，当玩家控制的宝石落地后会调用该函数。如果玩家控制的宝石是水平方向排列的，当一个宝石落地后，可能另一个是悬空的，DropGems 函数将会使悬空的宝石继续下落直至降落在某个实在的地方。

当从游戏区域中将一组宝石消除后，也将调用 DropGems 函数。那些被消掉的宝石很可能支撑着其上方的宝石，所以当它们被消除后，留下的空白应被上方的宝石落下来填满。稍后您就会看到这个调用。

DropGems 函数在操作上遵守一个简单的原则。它在游戏区域中从左到右一次一列进行操作，在每一列中是从下到上执行。如果发现某个位置为空，但该位置的上方有宝石存在，它就会将上方的宝石移动到该空白位置。当整个游戏区域以这种方式进行处理后，它会查看是否有宝石实际发生了移动，如果有，就重复整个循环(这样您会看到那些要降落不止一行的宝石在整个过程中总是在下落)。这个过程如图 8-8 所示。

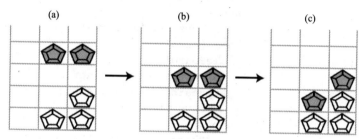

图 8-8　游戏区域中的宝石将落到它所能达到的最低位置上

在图 8-8(a)中，游戏区域中刚刚消掉了一组宝石，留下两个深色的宝石悬浮在游戏区域的上方。在图 8-8(b)中，这两个宝石经过 DropGems 函数的第一次循环，都向下移动了一个位置，但左边的宝石还未落地。因为有宝石发生了移动，所以又开始进行循环，结果如图 8-8(c)所示。宝石到达了它们的最终位置。当这次循环完成后，还会再执行一次该循环来确定是否有其他宝石需要移动，之后函数完成。该函数如程序清单 8-24 所示。

程序清单 8-24　将游戏区域中的宝石落到它所能达到的最低位置上

```
/// <summary>
/// Scan the board looking for gems that have gaps below them. All of these
   gems
/// are updated so that they fall as far as they can.
/// </summary>
private void DropGems()
{
    bool gemMoved;

    do
    {
        // Clear the gem moved flag, no gems have been dropped within this
        iteration yet
        gemMoved = false;

        // Loop for each column of the board
```

```
        for (int x = 0; x < BOARD_GEMS_ACROSS; x++)
        {
            // Loop for each cell within the column.
            // Note that we loop from the bottom of the board upwards,
            // and that we don't include the top-most row (as there
            // are no gems above this to drop)
            for (int y = BOARD_GEMS_DOWN - 1; y > 0; y--)
            {
                // If this cell is empty and the one above it is not...
                if (_gameBoard[x, y] == null && _gameBoard[x, y - 1] !=
                null)
                {
                    // ...then drop the gem in the cell above into this
                    cell.
                    // First copy the object to the new array element
                    and remove
                    // it from the original array element
                    _gameBoard[x, y] = _gameBoard[x, y - 1];
                    _gameBoard[x, y - 1] = null;
                    // Update the gem object's position
                    _gameBoard[x, y].BoardYPos = y;
                    // Indicate that it has an (additional) row to fall
                    through
                    _gameBoard[x, y].FallDistance += 1;
                    // Remember that we have moved a gem
                    gemMoved = true;
                }
            }
        }
        // Keep looping around until no more gems movements are found.
    } while (gemMoved);
}
```

如果将屏幕上的宝石从起始位置直接移动到其最终位置，那么游戏在视觉上感觉将不是很好。如果每个宝石都能从起始位置平滑地移动到终点位置，那么情况就会好很多。

我们可以很容易地实现这个效果。在 CObjGem 类中已经有了 FallDistance 属性，它存储了宝石到其特定坐标的距离。可以利用该属性使宝石平滑地降落到该位置上。每次将宝石的 BoardYPos 属性值加 1 时，也会将其 FallDistance 属性加 1(参见程序清单 8-24)。这样做的直接效果是尽管宝石对象已经移动到了它的最终位置，但宝石图形仍然恰好留在屏幕原来的位置上。

现在，我们要在 CObjGem 类中添加一点额外的代码，使宝石能够实际落下。在程序清单 8-15 中我们已经看到了宝石对象的 Update 函数，其中把对于 OnTheBoard 类型的宝石处理过程省略了，在此将补充这部分缺失的代码，如程序清单 8-25 所示。

程序清单 8-25 宝石对象中部分 Update 函数，对 OnTheBoard 情形中宝石的位置进行更新

```
/// <summary>
/// Update the gem's position
/// </summary>
public override void Update()
{
    // Allow the base class to perform any processing it needs
    base.Update();

    switch (_gemType)
    {
        case GemTypes.NextGem:
            // [...] (see Listing 8-15)

        case GemTypes.OnTheBoard:
            // If we have some falling to do, apply gravity now
            if (_fallDistance > 0)
            {
                // Reduce the fall distance
                _fallDistance -= _fallSpeed;
                // Add to the fall speed to simulate gravity
                    _fallSpeed += 0.025f;

                // Have we landed?
                if (_fallDistance < 0)
                {
                    // Yes, so ensure we don't pass our landing point,
                    // and cancel any further falling
                    _fallDistance = 0;
                    _fallSpeed = 0;
                }
            }
            break;

        case GemTypes.PlayerControlled:
            // [...](see Listing 8-15)
    }
}
```

这里的代码采用了其他几个例子中已经使用了的方案。通过将速度值添加到对象的位置上，并且增加速度，来模拟重力作用效果。在本例中，将速度值保存在_fallSpeed 变量中，并且从_fallDistance 中减去该值，_fallDistance 将逐渐减小，当宝石落到其目标位置时，该值为 0。当_fallDistance 达到 0 或者小于 0 时，我们就将它设置为 0，并且将_fallSpeed 也设置为 0，以保证宝石的位置是正确的。这样就不会再发生移动。

现在，只要有下方有空缺，宝石就会平滑地降落。当宝石的位置更新完成后，游戏的其余部分才会继续进行；我们需要确保将所有能够连接成组的宝石都消掉了(每进行一次消除，其余的宝石落下后可能又会连接成可以消除的组)。我们如何才能知道宝石已经完成下落了呢？

GemsAreDropping 函数将给出这个问题的答案。只要检测宝石对象的 FallDistance 属性就可以知道宝石是否正在下落。如果该值大于 0，宝石就是在下落过程中。如果游戏区域中的某个宝石处于这种状态，GemsAreDropping 函数就返回 true；如果每个宝石的 FallDistance 都为 0，就返回 false。如程序清单 8-26 所示。

程序清单 8-26　检测游戏区域中所有的宝石是否落到了最终位置上

```
/// <summary>
/// Determines whether any of the gems contained within the board and currently
/// dropping towards their resting positions. Returns true if any gem is still
/// falling, or false once all gems on the board have landed.
/// </summary>
private bool GemsAreDropping
{
    get
    {
        // Loop for each column of the board
        for (int x = 0; x < BOARD_GEMS_ACROSS; x++)
        {
            // Loop for each cell within the column.
            for (int y = 0; y < BOARD_GEMS_DOWN; y++)
            {
                // Is there a gem in this location?
                if (_gameBoard[x, y] != null)
                {
                    // Is the gem dropping?
                    if (_gameBoard[x, y].FallDistance > 0)
                    {
                        // This gem is dropping so return true
                        return true;
                    }
                }
            }
        }

        // None of the gems are dropping so return false
        return false;
    }
}
```

正如在程序清单 8-22 中所看到的，如果当前没有玩家控制的宝石，游戏的 Update 函数就会继续检测游戏区域中的宝石是否在下落。一旦检测到所有的宝石都落地了，就会看是否有连接成组的宝石要被消掉。如果有，就消掉这些宝石，然后再次调用 DropGems 函数将所有宝石移动到它们应该到达的位置上。

当一切尘埃落定，再没有宝石能形成组，我们就会调用 InitPlayerGems 函数来生成一对新的宝石供玩家进行移动。

8.2.9 添加玩家控制

游戏已经成型，并能满足我们当初的设计。但仍缺少一个重要的方面，那就是玩家要能对宝石进行控制。

添加控制有两方面的含义：一方面需要游戏类中的函数能使玩家控制宝石的移动；另一方面需要用户界面中的代码能够调用这些函数。接下来我们首先看看游戏类中的函数。

1. 将宝石移动到边侧

玩家可以请求的操作首先是横向移动。在将玩家控制的宝石移动到边侧时，先要确保宝石所要移动到的位置上是空的——不允许试图移动到已有的宝石上。还要确保宝石不能移出游戏区域的边界。

为了检测新的位置是否可用，我们将使用一个名为 GetGemColor 的函数，向它提供游戏区域中的 x 坐标和 y 坐标，该函数会查看该位置是否可用。如果该指定位置为空，就返回 GEMCOLOR_NONE；如果超出了游戏区域的边界(例如，x 坐标为 - 1)，那么返回 GEMCOLOR_OUTOFBOUNDS；当该位置有宝石时，返回宝石的颜色。

这个函数使用起来很方便，它能帮助我们检测将要移动到的坐标处实际是否可用。只需要传递每个玩家控制的宝石的坐标即可，如果返回值为 GEMCOLOR_NONE，表示该位置可用。其他任何值都意味着无法满足玩家所请求的移动操作。GetGemColor 函数如程序清单 8-27 所示。

程序清单 8-27　在游戏区域的指定位置查找内容

```
// The GetGemColor can return some special values to indicate
// that the requested element is empty or off the edge of the board.
public const int GEMCOLOR_NONE = -1;
public const int GEMCOLOR_OUTOFBOUNDS = -2;

[...]

/// <summary>
/// Determine the color of gem on the board at the specified location.
/// </summary>
/// <param name="x">The x coordinate to check</param>
/// <param name="y">The y coordinate to check</param>
/// <returns>Returns GEMCOLOR_NONE if the location is empty,
/// GEMCOLOR_OUTOFBOUNDS if it is out-of-bounds, otherwise the
/// gem color</returns>
private int GetGemColor(int x, int y)
{
    // Is the specified location valid?
    if (x < 0 || x >= BOARD_GEMS_ACROSS || y < 0 || y >= BOARD_GEMS_DOWN)
    {
        // This cell is out of bounds, so return the out of bounds value
        return GEMCOLOR_OUTOFBOUNDS;
    }
```

```
    // Is there a gem at the specified location?
    if (_gameBoard[x, y] == null)
    {
        // No, so return the "no gem" value
        return GEMCOLOR_NONE;
    }

    // Return the color of gem at the specified location
    return _gameBoard[x, y].GemColor;
}
```

使用该函数，我们就可以处理用户移动宝石的请求了。这是由 MovePlayerGems 函数处理的，如程序清单 8-28 所示。

程序清单 8-28　将玩家控制的宝石移动到边侧

```
/// <summary>
/// Move the player's gems left or right
/// </summary>
/// <param name="direction">-1 for left, 1 for right</param>
public void MovePlayerGems(int direction)
{
    // Don't allow any interaction if the game is finished or paused
    if (_gameOver || _paused) return;
    // Make sure we have some player gems in action
    if (_playerGems[0] == null) return;

    // Make sure direction only contains a value of -1 or 1.
    if (direction < 0) direction = -1;
    if (direction >= 0) direction = 1;

    // Make sure the board is clear to the left...
    if (GetGemColor(_playerGems[0].BoardXPos + direction,
        _playerGems[0].BoardYPos)
          == GEMCOLOR_NONE
        && GetGemColor(_playerGems[1].BoardXPos + direction,
        _playerGems[1].BoardYPos)
          == GEMCOLOR_NONE)
    {
        // The board is empty in the requested direction so move the player
            gems
        _playerGems[0].BoardXPos += direction;
        _playerGems[1].BoardXPos += direction;
    }
}
```

MovePlayerGems 函数的参数期望值为 - 1 或 1，分别表示左移和右移。当检测到游戏尚未结束并且玩家控制的宝石当前为活动状态后，要确保 direction 参数的值为这两个值之一。

然后分别对这两个玩家控制的宝石调用 GetGemColor 函数，来确保它们相对于当前位置发生了位移，如果结果为 GEMCOLOR_NONE，表示目标元素为空，如果目标位置已经被填充了，或者超出了游戏区域的边界，就返回其他值。

如果两个宝石都能向指定方向移动，就将 direction 值加到 BoardXPos 值上，从而使它们实际发生移动。

2. 旋转宝石

下一种移动方式是旋转。玩家能够操作一个宝石围绕着另一个宝石进行旋转，就像前面图 8-1 中所示的。我们将实现令_playerGems[1]围绕着_playerGems[0]旋转的移动方式。因此_playerGems[0]在旋转操作中会保持不变。

为了简化旋转，我们创建一个名为 gemPosition 的枚举，其中包含了旋转项对于静止项而言所有可能的相对位置，该枚举如程序清单 8-29 所示。

程序清单 8-29　gemPosition 枚举

```
/// <summary>
/// An enumeration to allow us to identify the location of the "rotating"
/// gem relative to the "static" gem around which it rotates.
/// </summary>
private enum gemPosition
{
    Above,
    Left,
    Below,
    Right
};
```

注意，该枚举中的项是按照逆时针方向指定的。如果我们能够确定当前旋转项相对于静止项的位置，就能够移动到下一个枚举值来以顺时针或逆时针方向旋转。对于这两种情况，当从第一个枚举值开始移动，则会循环到最后一个枚举值，反之亦然。

执行旋转操作的代码包含在 RotatePlayerGems 函数中，如程序清单 8-30 所示。

程序清单 8-30　对玩家控制的宝石进行旋转

```
/// <summary>
/// Rotate the player's gems
/// </summary>
/// <param name="clockwise">true to rotate clockwise, false for
/// anti-clockwise</param>
public void RotatePlayerGems(bool clockwise)
{
    gemPosition position = gemPosition.Above;
    int newXPos;
    int newYPos;

    // Don't allow any interaction if the game is finished or paused
    if (_gameOver || _paused) return;
    // Make sure we have some player gems in action
```

```
    if (_playerGems[0] == null) return;

    // We will rotate gem[1] around gem[0], leaving the position of gem[0]
    // unchanged Determine the current position of gem[1] relative to gem[0].
    if (_playerGems[1].BoardYPos > _playerGems[0].BoardYPos)
        position = gemPosition.Below;
    if (_playerGems[1].BoardYPos < _playerGems[0].BoardYPos)
        position = gemPosition.Above;
    if (_playerGems[1].BoardXPos > _playerGems[0].BoardXPos)
        position = gemPosition.Right;
    if (_playerGems[1].BoardXPos < _playerGems[0].BoardXPos)
        position = gemPosition.Left;

    // Add to the position to rotate the gem
    position += (clockwise ? 1 : -1);
    // Loop around if we have gone out of bounds
    if (position > gemPosition.Left) position = gemPosition.Above;
    if (position < gemPosition.Above) position = gemPosition.Left;

    // Determine the new gem location. Start at the static gem's location...
    newXPos = _playerGems[0].BoardXPos;
    newYPos = _playerGems[0].BoardYPos;
    // And apply an offset based upon the rotating gem's position
    switch (position)
    {
        case gemPosition.Above:
            newYPos -= 1;
            break;
        case gemPosition.Below:
            newYPos += 1;
            break;
        case gemPosition.Left:
            newXPos -= 1;
            break;
        case gemPosition.Right:
            newXPos += 1;
            break;
    }

    // Is the newly requested gem position valid and unoccupied?
    if (GetGemColor(newXPos, newYPos) == GEMCOLOR_NONE)
    {
        // It is, so the rotation is OK to proceed.
        // Set the new position of the rotated gem
        _playerGems[1].BoardXPos = newXPos;
        _playerGems[1].BoardYPos = newYPos;
    }
}
```

代码仍然要检查游戏是否结束以及玩家控制的宝石是否为活动状态，然后首先判断旋转宝石对于静止宝石的相对位置。将相应的枚举值赋给 position 变量。

位置一旦确定，令该值加 1 则表示顺时针旋转，减 1 则表示逆时针旋转。这样就可以知道旋转宝石相对于静止宝石需要移动的位置。如果传递的是最后一个枚举值(gemPosition.Left)，那么旋转后的位置为枚举中的第一项(gemPosition.Above)。同理，如果我们从第一个枚举位置返回，旋转后应为最后一个枚举项。

既然我们已经知道了旋转宝石该移动到哪里，就可以计算出该宝石的位置，首先找到静止宝石的位置，然后根据 position 变量中的方向，对静止宝石的 x 坐标或 y 坐标值进行修改得到旋转宝石的坐标值。当位置确定后，再次调用 GetGemColor 函数来确保该新位置是有效的，并且没有被填充。如果是，就将旋转宝石的位置更新到我们计算得到的位置上。

3. 使宝石快速下落

当玩家想好宝石要向哪里移动时，我们应当提供一个选项使宝石能够快速落地。否则，等待宝石慢慢地落地会非常乏味：玩家想能够马上继续操作下一对宝石，而不是漫无目的地等待当前这一对宝石落下。

因此我们要提供一个能够实现加速下落的键。当按下该键后，玩家控制的宝石就会快速下落，当松开该键，就会恢复到正常的速度上。

这个功能实现起来非常简单，我们向游戏中添加一个名为 DropQuickly 的函数；它接受一个参数，该参数指示是否激活或移除快速移动宝石的功能。在检测完游戏是否结束以及玩家控制的宝石是否为激活状态后，DropQuickly 函数将参数值传递给 CObjGem 类的新属性 IsDroppingQuickly。该函数如程序清单 8-31 所示。

程序清单 8-31　让玩家能使宝石更快地落下

```
/// <summary>
/// Sets a value indicating whether the player gems are to drop
/// 'quickly' (i.e., the player is pressing the Down button to speed their
/// descent).
/// </summary>
public void DropQuickly(bool beQuick)
{
    // Don't allow any interaction if the game is finished or paused
    if (_gameOver || _paused) return;
    // Make sure we have some player gems in action
    if (_playerGems[0] == null) return;

    // Tell the gems how we want them to move
    _playerGems[0].IsDroppingQuickly = beQuick;
    _playerGems[1].IsDroppingQuickly = beQuick;
}
```

CObjGem.IsDroppingQuickly 属性以一个简单的 bool 类型属性实现。在宝石的 Update 方法中将使用它，当该属性值设置为 true 时，则强制宝石更快地移动。如程序清单 8-32 所示。

程序清单 8-32   如果 IsDroppingQuickly 属性为 true，将使玩家控制的宝石更快地移动

```
/// <summary>
/// Update the gem's position
/// </summary>
public override void Update()
{
    // Allow the base class to perform any processing it needs
    base.Update();

    switch (_gemType)
    {
        case GemTypes.NextGem:
            // [...] (see Listing 8-15)

        case GemTypes.OnTheBoard:
            // [...] (see Listing 8-25)

        case GemTypes.PlayerControlled:
            // This gem is under player control so allow it to gently drop
                towards the// bottom of the board.
            // We'll let the game itself work out how to deal with it landing,
                etc.

            // Are we dropping quickly or at normal speed?
            if (_isFallingQuickly)
            {
                // Quickly, subtract a fairly fast constant value from
                    _fallDistance.
                    _fallDistance -= 0.4f;
            }
            else
            {
                // Normal speed, subtract the gem's _fallSpeed from
                    _fallDistance.
                    _fallDistance -= _fallSpeed;
            }
            break;
    }
}
```

当宝石的_isFallingQuickly 变量为 true 时，就将其_fallDistance 值减去一个固定值(0.4)，这样它的移动速度就会相对加快。否则，减去_fallSpeed 值，使宝石保持原来的下落速度。

4. 在用户界面中实现控制

在含有方向键的手机上，调用游戏类中的方法很简单。只需要将它们绑定到窗体的 **KeyDown** 事件及 **KeyUp** 事件上即可，根据玩家所按的键来调用相应的移动函数。如程序清单 8-33 所示。

程序清单 8-33　用方向键来控制宝石移动

```
/// <summary>
/// Process the player pressing a key
/// </summary>
private void GameForm_KeyDown(object sender, KeyEventArgs e)
{
    switch (e.KeyCode)
    {
        case Keys.Up:
            // Rotate the gems when Up is pressed
            _game.RotatePlayerGems(true);
            break;
        case Keys.Left:
            // Move to the left with Left is pressed
            _game.MovePlayerGems(-1);
            break;
        case Keys.Right:
            // Move to the right with Left is pressed
            _game.MovePlayerGems(1);
            break;
        case Keys.Down:
            // Set the DropQuickly flag when down is pressed
            _game.DropQuickly(true);
            break;
    }
}

/// <summary>
/// Process the user releasing a key
/// </summary>
private void GameForm_KeyUp(object sender, KeyEventArgs e)
{
    switch (e.KeyCode)
    {
        case Keys.Down:
            // Clear the DropQuickly flag to return the gem to its normal speed
            _game.DropQuickly(false);
            break;
    }
}
```

■**注意：**

这里使用了 KeyDown 事件和 KeyUp 事件而非 GetAsyncKeyState 事件。在第 6 章中曾经提示过，这种输入方式的按键重复延时有利于这种类型的游戏。

用于触摸屏的控制代码很相似。代码首先检测屏幕的哪个水平区域(上部、中部、下部)以及屏幕的哪一边(左边、右边)被触击。在 MouseDown 事件中根据检测结果来调用相同的游戏函数。在 MouseUp 事件中，只需要简单地调用_game.DropQuickly(false)函数，将正在快速下落的状态取消即可。这两个事件处理程序如程序清单 8-34 所示。

程序清单 8-34 在触摸屏手机上控制宝石移动

```csharp
/// <summary>
/// Process the player making contact with the screen
/// </summary>
private void GameForm_MouseDown(object sender, MouseEventArgs e)
{
    // Which segment of the screen has the user pressed in?
    // - The top third will be used for rotating the piece
    // - The middle third will be used for moving the piece left and right
    // - The bottom third will be used to drop the piece quickly

    switch ((int)(e.Y * 3 / this.ClientRectangle.Height))
    {
        case 0:
            // Top third, so we will deal with rotating the player's gems
            // Did the user tap the left or right side of the window?
            if (e.X < this.ClientRectangle.Width / 2)
            {
                // Left side, rotate anticlockwise
                _game.RotatePlayerGems(false);
            }
            else
            {
                // Right side, rotate clockwise
                _game.RotatePlayerGems(true);
            }
            break;

        case 1:
            // Middle third, so we will deal with moving the player's gems
            // Did the user tap the left or right side of the window?
            if (e.X < this.ClientRectangle.Width / 2)
            {
                // Left side, move left
                _game.MovePlayerGems(-1);
            }
            else
            {
                // Right side, move right
                _game.MovePlayerGems(1);
            }
            break;

        case 2:
            // Bottom third, so we will deal with dropping the gem more quickly
            _game.DropQuickly(true);
            break;
```

```
    }
}

/// <summary>
/// Process the player releasing contact with the screen.
/// </summary>
private void GameForm_MouseUp(object sender, MouseEventArgs e)
{
    // Cancel any "drop quickly" that may be in operation
    _game.DropQuickly(false);
}
```

8.2.10 从游戏区域中消除宝石

现在，游戏的功能就快要完成了。出现宝石后，玩家可以进行完全操纵，可以与游戏区域中已经存在的宝石相互作用。现在缺少的就是在游戏进行中检测哪些宝石需要被消除。

负责该操作的是 RemoveGems 函数。当查看了哪些宝石应该被消除之后就会调用它，如程序清单 8-35 所示。

程序清单 8-35 将宝石从游戏区域中消除

```
/// <summary>
/// Locate and remove gems that are ready to be removed from the board.
/// Add to the player's score as appropriate.
/// </summary>
/// <returns>Returns true if any gems were removed, false if not.</returns>
private bool RemoveGems()
{
    bool gemsRemoved = false;

    // See if we can remove any linked groups of gems.
    gemsRemoved = RemoveGemGroups();

    // See if we can remove any rainbow gems
    gemsRemoved |= RemoveRainbowGems();

    // If any gems were removed then instruct those remaining gems to fall
    // into their lowest positions.
    if (gemsRemoved)
    {
        // Drop any gems that are now floating in space
        DropGems();
        // Increase the multiplier in case any more groups are formed
        _scoreMultiplier += 1;
        // Update the form to show the player's new score
        UpdateForm();
    }

    // Return a value indicating whether anything happened
    return gemsRemoved;
}
```

那些应被消除的宝石有两种情况：当出现 5 个及 5 个以上相同颜色的宝石连接在一起时；或者当一个彩虹宝石落地时。在代码中对这两种情况分别调用了一个函数，如果任意一个函数实际消除了一些宝石，都会将 gemsRemoved 变量设置为 true。我们稍后就将看到这两个函数。

如果有宝石被消除，我们将再次调用 DropGems 函数，这样任何处于悬浮状态的宝石都会落下来。此外，还要令_scoreMultiplier 变量加 1。该变量能使第二代及第三代宝石组消除时得到两倍、三倍的分值，以此类推。在 InitPlayerGems 函数中会将_scoreMultiplier 设置为 1，它是积分奖励系数，使 RemoveGemGroups 函数中额外消掉的宝石组的得分能够翻倍。

一切都完成后，调用 UpdateForm 函数对显示在游戏窗体上的玩家得分进行更新。

1. 消除宝石组

接下来我们看看如何发现并消除连接在一起的宝石。RemoveGemGroups 函数负责该操作，如程序清单 8-36 所示。

程序清单 8-36　从游戏区域中消除连在一起的宝石

```
/// <summary>
/// Look for groups of connected gems and remove them.
/// </summary>
/// <returns>Returns true if gems were removed, false if not.</returns>
private bool RemoveGemGroups()
{
    List<Point> connectedGems;
    Rectangle connectedRect;
    bool gemsRemoved = false;
    int groupScore;

    // Loop for each gem on the board
    for (int x = 0; x < BOARD_GEMS_ACROSS; x++)
    {
        for (int y = 0; y < BOARD_GEMS_DOWN; y++)
        {
            // Is there a gem here?
            if (_gameBoard[x, y] != null)
            {
                // Initialize a list to store the connected gem positions
                connectedGems = new List<Point>();
                // See if we have a group at this location
                RemoveGemGroups_FindGroup(x, y, connectedGems);
                // Is the group large enough?
                if (connectedGems.Count >= 5)
                {
                    // Remove all of the gems within the group.
                    // Retrieve a rectangle whose dimensions encompass the
                    // removed group (The rectangle will be in board coordinates,
                    // not in pixels)
```

```
connectedRect = RemoveGemGroups_RemoveGroup
(connectedGems);
// Indicate that gems have been removed from the board
gemsRemoved = true;
// Add to the player's score
groupScore = connectedGems.Count * 10;
_playerScore += groupScore * _scoreMultiplier;
// Add a score object so that the score "floats" up from the
// removed group. Use the rectangle that we got back earlier
// to  positionit it in the position that the group had
// occupied.
AddScoreObject(
    (float)(connectedRect.Left + connectedRect.Right) / 2,
    (float)(connectedRect.Top + connectedRect:Bottom) / 2,
    groupScore, _scoreMultiplier);
                }
            }
        }
    }

    return gemsRemoved;
}
```

该函数对游戏区域数组中的每个元素进行遍历，每发现一个宝石，就调用 RemoveGem-Groups_FindGroup 函数。该函数以该宝石在游戏区域中的坐标和一个 Point 对象的空列表作为参数。它会统计在指定位置的周围能找到多少个颜色相同的宝石。并用参数中的列表返回它们在游戏区域中的位置。

如果列表中包含了 5 个及 5 个以上的点，那么该组宝石就满足条件并会被消掉。Remove-GemGroups_RemoveGroup 函数会消除这些宝石并返回一个矩形，该矩形覆盖了游戏区域中被消掉的宝石组。我们稍后将会使用该矩形。

接下来可以给玩家得分添加一些分值。每消掉一个宝石就奖励 10 分，但还要乘以前面所讨论的_scoreMultiplier 变量，所以一次消掉多组宝石就会得到多得多的分值。

为了清楚地知道玩家获得的分值，我们还要创建一个得分对象。当玩家消掉宝石后，在屏幕上显示一个数字，每当消掉一组宝石后，该数字就会跳动，显示玩家得了多少分数。在后面的 8.2.11 节中将看到该对象的实现。现在，我们将调用一个名为 AddScoreObject 的函数，将该对象所在位置的 x 值和 y 值(还是游戏区域中的坐标)传入。通过找到矩形的中心点来得到 x 与 y 的值，而该矩形就是从 RemoveGemGroups_RemoveGroup 函数中所得到的矩形。

RemoveGemGroups_FindGroup 函数如程序清单 8-37 所示。

程序清单 8-37　查找组中的所有宝石

```
/// <summary>
/// Finds all gems on the board connected to the one specified in the x and
/// y parameters
/// </summary>
/// <param name="x">The x position on the board of a gem within a possible
```

```
/// group</param>
/// <param name="y">The y position on the board of a gem within a possible
/// group</param>
/// <param name="gemGroup">An empty List of Points into which all connected
/// gem positions will be added</param>
private void RemoveGemGroups_FindGroup(int x, int y, List<Point> gemGroup)
{
    int gemColor;

    // Do we already have an item at this position in the groupGems list?
    foreach (Point pt in gemGroup)
    {
        if (pt.X == x && pt.Y == y)
        {
            // The gem at this position is already present so don't add it again.
            return;
        }
    }

    // Add this gem to the list
    gemGroup.Add(new Point(x, y));

    // Read the color of gem at this location
    gemColor = _gameBoard[x, y].GemColor;

    // Are any of the connected gems of the same color?
    // If so, recurse into RemoveGems_RemoveGroup and add their gems to the
        group.
    if (GetGemColor(x + 1, y) == gemColor)
        RemoveGemGroups_FindGroup(x + 1, y, gemGroup);
    if (GetGemColor(x - 1, y) == gemColor)
        RemoveGemGroups_FindGroup(x - 1, y, gemGroup);
    if (GetGemColor(x, y + 1) == gemColor)
        RemoveGemGroups_FindGroup(x, y + 1, gemGroup);
    if (GetGemColor(x, y - 1) == gemColor)
        RemoveGemGroups_FindGroup(x, y - 1, gemGroup);
}
```

这段代码采用了一个递归算法来查找每个组的范围。在整个操作中，都将 gemGroup 对象作为 List<Point> 类型的参数传入。这里首先是检测我们所要看的坐标是否在该列表中。如果在，那么由于已经将它包含在宝石组中，因此就不需要再对它进行查看。当为一个潜在的组第一次调用该函数时，该列表是空的，所以我们会始终将该列表作为参数进行传递。如果当前宝石的位置被添加在 gemGroup 列表中，就表明它已经被检查过了。

接下来，检查位于当前宝石上、下、左、右位置上的宝石。每次发现一个相同颜色的宝石互相连接，就再次调用 RemoveGemGroups_FindGroup 函数来继续按该方向找寻宝石组。

当宝石组中不再有新的宝石时，该过程就结束递归并返回。所有同色相连的宝石的位置被存放在 gemGroup 列表中。

实际上消除宝石的代码是很简单的，如程序清单 8-38 所示。

程序清单 8-38　消除宝石组中的所有宝石

```
/// <summary>
/// Remove all of the gems in the provided list of Points
/// </summary>
/// <param name="gemGroup">A list of Points, each of which contains the
/// coordinate of one of the gems to be removed</param>
/// <returns>Returns a rectangle whose bounds encompass the group
/// removed.</returns>
private Rectangle RemoveGemGroups_RemoveGroup(List<Point> gemGroup)
{
    int groupLeft, groupTop, groupRight, groupBottom;

    // Set the group boundaries to match the position of the first gem in
    // the group
    groupLeft = gemGroup[0].X;
    groupTop = gemGroup[0].Y;
    groupRight = gemGroup[0].X;
    groupBottom = gemGroup[0].Y;

    // Do we already have an item at this position in the groupGems list?
    foreach (Point pt in gemGroup)
    {
        // Instruct this gem to terminate and then remove it from the board
        _gameBoard[pt.X, pt.Y].Terminate = true;
        _gameBoard[pt.X, pt.Y] = null;

        // If this position is outside of our group boundary, extend the
        // boundary
        if (pt.X < groupLeft) groupLeft = pt.X;
        if (pt.X > groupRight) groupRight = pt.X;
        if (pt.Y < groupTop) groupTop = pt.Y;
        if (pt.Y > groupBottom) groupBottom = pt.Y;
    }

    // Return a rectangle whose size encompasses the group boundary
    return Rectangle.FromLTRB(groupLeft, groupTop, groupRight,
        groupBottom);
}
```

我们把确定组时生成的 **gemGroup** 列表原样传递，其中的每个宝石将停止并从游戏区域中移除。

我们始终都记录了宝石组上下左右 4 个边的位置。最开始只包含列表中第一个宝石的位置，接下来的每个宝石，如果该宝石所在位置超过了这个区域，就对该区域的位置进行扩展。当循环完成后，用静态函数 Rectangle.FromLTRB(即按左、上、右、下的顺序)来生成一个矩形。并将该矩形返回给调用过程，该过程使用此矩形来放置分值。

2. 消除彩虹宝石

对彩虹宝石的处理就容易多了，RemoveRainbowGems 函数的代码如程序清单 8-39 所示。

程序清单 8-39　消除彩虹宝石

```
/// <summary>
/// Remove any rainbow gems and all gems of the type that they have landed
/// on.
/// </summary>
/// <returns>Returns true if gems were removed, false if not.</returns>
private bool RemoveRainbowGems()
{
    bool gemsRemoved = false;
    int gemColor;

    // Now look for landed rainbow gems. These need to be removed, and we'll
    // also remove any matching gems of the color found beneath them.
    // Loop for each gem on the board
    for (int x = 0; x < BOARD_GEMS_ACROSS; x++)
    {
        for (int y = 0; y < BOARD_GEMS_DOWN; y++)
        {
            // Is this a rainbow gem?
            if (_gameBoard[x, y] != null &&
                _gameBoard[x, y].GemColor == GEMCOLOR_RAINBOW)
            {
                // It is, so remove the gem from the game...
                _gameBoard[x, y].Terminate = true;
                _gameBoard[x, y] = null;
                // Find the color of gem in the location below this one
                gemColor = GetGemColor(x, y + 1);
                // Is this a valid gem?
                if (gemColor >= 0)
                {
                    // Yes, so remove all gems of this color
                    RemoveGemGroups_RemoveColor(gemColor);
                }
                // Gems were removed -- the rainbow gem itself was at the very
                    least
                gemsRemoved = true;
            }
        }
    }

    return gemsRemoved;
}
```

　　该代码再次对整个游戏区域进行简单地循环，查找颜色为 GEMCOLOR_RAINBOW 的宝石。每发现一个，就将它终止，并将它从游戏区域中消除掉。然后检索位于该彩虹宝石下方的宝石的颜色，如果该宝石是实际存在的(并且没有出界)，就调用 RemoveGemGroups_RemoveColor 函数，将所有该颜色的宝石都消掉。因此，当彩虹宝石落地时，所有与其下方的宝石颜色相同的宝石都被消掉了。

　　RemoveGemGroups_RemoveColor 函数包含了对整个游戏区域的另一个简单的循环，

查找所有指定颜色的宝石，并进行消除，如程序清单 8-40 所示。

程序清单 8-40　消除所有与彩虹宝石相关的宝石

```
/// <summary>
/// Remove all of the gems of the specified color from the board.
/// This is used to implement the Rainbow gem.
/// </summary>
/// <param name="gemColor">The color of gem to be removed</param>
private int RemoveGemGroups_RemoveColor(int gemColor)
{
    int x,y;
    int removed = 0;

    for (x = 0; x < BOARD_GEMS_ACROSS; x++)
    {
        for (y = 0; y < BOARD_GEMS_DOWN; y++)
        {
            // Does this gem match the specified color?
            if (GetGemColor(x, y) == gemColor)
            {
                // It does, so remove the gem from the game...
                _gameBoard[x, y].Terminate = true;
                _gameBoard[x, y] = null;
                removed += 1;
            }
        }
    }

    // Return the number of gems we removed
    return removed;
}
```

8.2.11　创建得分对象

在 8.2.10 的第一小节中曾经提到过，每消掉一组宝石，在其位置上要显示一个分值，显示的效果是该分值在屏幕上浮起，提醒玩家得分了。此功能将由我们的最后一个类来实现，即另一个名为 CObjScore 的游戏对象类。

该类的实现很简单。它用_boardXPos 变量和_boardYPos 变量来存储其在游戏区域中的位置坐标，就像 CObjGem 类那样。还将要显示的文本存储在_scoreText 变量中，并且将从初始位置开始向上浮动的距离存储在_floatDistance 变量中。

所有这些变量都是在其类构造函数中进行初始化的。该构造函数需要我们提供显示区域的 x 坐标和 y 坐标、基本分数、积分奖励系数。这样类中所有的变量都可以获得自己的值。当奖励系数为 1 时，_scoreText 被设置为得分(如 50)；如果奖励系数大于 1，就将_scoreText 设置为基本得分与奖励系数相乘的格式(如 50×2)。该对象的 Width 属性及 Height 属性使用我们在第 3 章中所讨论的 Graphics.MeasureString 函数来计算得到。该类的构造函数及类变量如程序清单 8-41 所示。

程序清单 8-41 初始化 CObjScore 对象

```
// The x and y position (measured in game units) within the game board
private float _boardXPos = 0;
private float _boardYPos = 0;
// The text to display within the score object
private String _scoreText;
// The distance (in board units) that we have floated up from our original
// position
private float _floatDistance = 0;

/// <summary>
/// Constructor
/// </summary>
/// <param name="gameEngine">The GameEngine object instance</param>
/// <param name="boardXPos">The x position for the score</param>
/// <param name="boardYPos">The y position for the score</param>
/// <param name="score">The score that was achieved</param>
/// <param name="multiplier">The score multiplier</param>
public CObjScore(CGemDropsGame gameEngine, float boardXPos, float
    boardYPos,int score, int multiplier)
    : base(gameEngine)
{
    SizeF textSize;

    // Store a reference to the game engine as its derived type
    _myGameEngine = gameEngine;

    // Store the parameter values
    _boardXPos = boardXPos;
    _boardYPos = boardYPos;

    // Store the score text
    if (multiplier == 1)
    {
        _scoreText = score.ToString();
    }
    else
    {
        _scoreText = score.ToString() + " x " + multiplier.ToString();
    }

    // Determine the pixel size of the supplied text
    using (Graphics g = _myGameEngine.GameForm.CreateGraphics())
    {
        textSize = g.MeasureString(_scoreText,
            _myGameEngine.GameForm.Font);
    }
    // Set the game object's dimensions
    Width = (int)(textSize.Width * 1.2f);
    Height = (int)(textSize.Height * 1.2f);
}
```

　　为了渲染得分，调用 Graphics.DrawString 函数即可。为了对它进行更新，我们向_float-Distance 变量中添加一个小小的值，使它能够在屏幕上向上移动。当_floatDistance 变量的值达到 2 时，该对象就要被终止，所以它只显示很短暂的时间。这两个过程如程序清单 8-42 所示。

程序清单 8-42　对 CObjScore 对象进行渲染与更新

```
/// <summary>
/// Render the object to the screen
/// </summary>
public override void Render(Graphics gfx, float interpFactor)
{
    base.Render(gfx, interpFactor);

    // Create a brush to write our text with
    using (Brush br = new SolidBrush(Color.White))
    {
        // Render the text at the appropriate location
        gfx.DrawString(_scoreText, _myGameEngine.GameForm.Font, br,
            new RectangleF((float)XPos, (float)YPos, (float)Width,
            (float)Height));
    }
}

/// <summary>
/// Move the object
/// </summary>
public override void Update()
{
    // Allow the base class to perform any processing it needs
    base.Update();

    // Float upwards
    _floatDistance += 0.02f;

    // If we have floated far enough then terminate the object
    if (_floatDistance >= 2)
    {
        Terminate = true;
    }
}
```

　　最后，重写 XPos 属性与 YPos 属性，来计算得分的屏幕坐标，就如同在 CObjGem 类中所做的那样。在计算 x 坐标时，要从计算位置中减去对象 Width 值的一半，这样才能使分数显示在指定位置的中间。在计算 y 坐标时，要从计算位置中减去_floatDistance 变量的值，使显示得分时有浮动的效果。这两个属性的定义如程序清单 8-43 所示。

程序清单 8-43　对 CObjScore 对象进行渲染和更新

```
/// <summary>
```

```
/// Override the XPos property to calculate our actual position on demand
/// </summary>
public override float XPos
{
    get
    {
        return _myGameEngine.BoardLeft + (_boardXPos*_myGameEngine.GemWidth)
            - Width/2;
    }
}

/// <summary>
/// Override the YPos property to calculate our actual position on demand
/// </summary>
public override float YPos
{
    get
    {
        return _myGameEngine.BoardTop +
            ((_boardYPos - _floatDistance) * _myGameEngine.GemHeight);
    }
}
```

8.3 结束

这里已经讨论了不少代码和功能，它们对于实际制作一个简单的游戏是必需的。要完成一个游戏还要花费不少精力，还有一些步骤有待我们来完成。还要有额外的代码用于实现音乐、声效、菜单以及其他一些琐碎的工作。

这些项相对来说不是必不可少的，所以在本章中就不再详细介绍它们的细节了。但是，在本书配套下载代码的 GemDrops 项目中展现了所有这些功能。请您花费一些时间来研究它的代码，让自己更加熟悉如何将这些功能整合到一起。

您还可以自由地对游戏进行一些调整，看看感觉如何。您也许可以做以下尝试：

- 修改游戏区域的大小，使游戏区域不同于源代码中所定义的 7×15。只需要对 BOARD_GEMS_ACROSS 和 BOARD_GEMS_DOWN 常量进行修改即可，不用做任何其他改动，查看如何调整整个游戏来适应新的坐标。
- 修改宝石在游戏区域中降落的速度。
- 修改同色宝石连接成组并消除所需要的个数。当该值大于 5 时将会使游戏提高不少难度。

我们将本书到目前为止讲到的所有技术和讨论到的想法整合在一起，制作了一个像这样的能玩的游戏示例，希望通过它能使您发掘 Windows 移动游戏开发的潜力，为思考和编写自己想要的游戏概要设计提供灵感。

第 9 章

■■■

通用游戏组件

游戏的类型和变化多种多样，这在游戏的玩法及功能上有所区分。但在很多不同的游戏中有些游戏功能是通用的，在本章中，我们就来看看有哪些有用的功能是通用的。我们将以简单重用为目标来创建这些游戏组件，这样可以将它们简单快速地应用到任何包含了这些功能的游戏中。

我们将创建下列组件：

- 一个设置类，通过它，我们可以轻松地设置和读取配置值，并将这些配置值保存到文件中，这样，下一次执行游戏时可以获取到这些配置。
- 一个消息框，用于替换.NET CF 中的 MessageBox 控件，以消除一些问题。
- 一个排行榜，提供一个能够很容易地向其中添加和显示玩家得分的方法。
- 一个"关于"界面，能将游戏的和关信息简单地展示给玩家。

这些组件都将在游戏引擎中创建，只需要调用相应类中的方法就能容易地访问它们。

下面我们来更详细地介绍每个组件，介绍如何使用它们以及其内部工作原理。这里对其内部工作原理的讨论相当简洁，因为它们将作为最终用户组件来使用，但若要将它们进行一些修改来应用到自己的其他项目上，这里还是进行了描述。当然，这些控件的完整源代码都包含在本书配套下载的 GameEngine 项目中。

9.1　管理游戏设置

大多数游戏和应用程序会就部分程序功能向用户提供一些功能设置。在游戏中，这包括游戏本身的一些设置(难度及不同的游戏模式)、游戏环境的设置(声效、音量及图形选项)或者是程序自身要控制的一些设置(例如，游戏最后一次运行的日期，玩家最后在积分榜中输入的名字)。

管理这些信息并不是特别困难，但同游戏引擎中的其他功能一样，我们的目标是让这些信息的管理工作能够尽量简单。以此为目标，我们将向游戏引擎项目中添加一个新类，名为 CSettings。

9.1.1　使用设置类

通过 CGameEngineBase 类中的 Settings 属性可以访问到 CSettings 类的一个实例。使用该实例同所有的游戏设置进行交互，而不需要在游戏中创建单独的实例。这样就能确保游戏的各个部分看到的是同样的设置，而不用在函数之间传递该类的实例。

游戏首先应可以选择用于保存和加载配置的文件名，这通过 FileName 属性来访问。它既可以是一个完全限定路径加文件名的形式，也可以是一个没有指定路径的文件名(在这种情形中，配置文件将保存在游戏引擎 DLL 的同一个路径下)。如果指定了路径，那么应用程序首先必须确认该路径有效。如果没有指定文件名，该类会默认使用 Settings.dat。

当确定了设置文件，就可以调用 LoadSettings 方法来获取任何以前保存的设置，并将这些设置存放到对象中。如果设置文件不存在(例如，当游戏首次运行时)，LoadSettings 会直接返回，而不执行任何操作；这种情况不认为是错误。

当设置初始化完成后，游戏在任何阶段都可以分别使用 SetValue 方法或者 GetValue 方法对它进行设置和读取。这两个函数提供了一些不同的重载，分别适用于 string、int、float、bool 及 DateTime 等不同的数据类型。在内部，它们都是用字符串格式来保存的，但这些重载能够确保对值进行适当的编码和解码，使得内部的存储机制对调用代码透明。

每当用 GetValue 方法获取值时，都会提供一个 DefaultValue 参数。这样做有两个目的。首先，如果请求的设置未知并且没有存在于对象中，那么还可以返回一个合理的值。这使该类的使用简单化，如程序清单 9-1 所示，如果想获取音效音量，但尚未对音效音量进行设置，那么就将它默认为 100，这样即使实际在对象中不存在该设置值，也可以将它的值初始化为满音量。

程序清单 9-1　从 CSettings 对象中获取设置值

```
int volumeLevel;

// Retrieve the volume level from the game settings
volumeLevel = Settings.GetValue("SoundEffectsVolume", 100);
```

DefaultValue 参数的第二个作用是：识别 GetValue 函数预计的返回值类型。如果 DefaultValue 变量以 int 类型传递，那么返回值也为 int 类型。这是一种方便的变量类型识别机制，避免了对值进行转换。

除了对值进行设置和读取外，该类还允许将已有的设置删除。DeleteValue 函数将从类中删除设置，这会使接下来调用 GetValue 函数时再次返回提供的默认值。

修改设置后，可以调用 SaveSettings 方法将它们保存到手机中。该方法与 LoadSettings 方法使用了同一个文件，将所有设置名及设置值都保存在该存储文件中，下次游戏启动时就可以检索。通常，在游戏初始化时会调用 LoadSettings 函数，当游戏关闭或将对象中的某个设置修改时就会调用 SaveSettings 函数。

在本书配套下载的 Settings 项目中可以看到一个实际的简单示例。该项目中包含了一个窗体，窗体中显示了一些可用的配置选项字段供用户使用。当应用程序首次运行时，在窗体的 Load 事件中为每一个配置都设置一个默认值，如程序清单 9-2 所示。

程序清单 9-2　加载游戏设置并显示

```
private void Form1_Load(object sender, EventArgs e)
{
    DateTime lastRun;

    // Load the settings
    _game.Settings.LoadSettings();

    // Put the settings values on to the form
    txtName.Text = _game.Settings.GetValue("Name", "");
    cboDifficulty.SelectedIndex = _game.Settings.GetValue("Difficulty",
        0);
    trackVolume.Value = _game.Settings.GetValue("Volume", 75);
    chkAutoStart.Checked = _game.Settings.GetValue("AutoStart", true);

    // Find the last run date, too
    lastRun = _game.Settings.GetValue("LastRun", DateTime.MinValue);
    if (lastRun == DateTime.MinValue)
    {
        lblLastRun.Text = "This is the first time this game has been started.";
    }
    else
    {
        lblLastRun.Text = "This game was last used at " + lastRun.ToString();
    }
}
```

当游戏窗体关闭时，从窗体中读取这些设置，并保存回设置文件中，如程序清单 9-3 所示。

程序清单 9-3　对游戏设置进行更新与保存

```
private void Form1_Closing(object sender,
    System.ComponentModel.CancelEventArgs e)
{
    // The game is closing, ensure all the settings are up to date.
    _game.Settings.SetValue("Name", txtName.Text);
    _game.Settings.SetValue("Difficulty", cboDifficulty.SelectedIndex);
    _game.Settings.SetValue("Volume", trackVolume.Value);
    _game.Settings.SetValue("AutoStart", chkAutoStart.Checked);
    _game.Settings.SetValue("LastRun", DateTime.Now);

    // Save the settings
    _game.Settings.SaveSettings();
}
```

尝试着多次启动和关闭应用程序，注意每次应用程序重启时是如何维护设置信息的。在该示例中使用的窗体如图 9-1 所示。

图 9-1　Settings 示例项目

9.1.2　理解 CSettings 类的工作方式

接下来我们快速地了解 CSettings 类是如何工作的。

1. 访问设置对象

CSettings 类的单个实例是在 CGameEngineBase 类的构造函数中创建的。它被保存在类级别的变量中，通过 Settings 属性供外部访问。

CSettings 类本身的构造函数的访问作用域为 internal，因此在游戏引擎程序集外不能对它实例化。

2. 设置与获取值

在该类的内部，是一个包含了设置名与设置值的私有 Dictionary 对象。字典中的每一项通过设置名来引用，并保存对应的值。键和值都以字符串的形式保存，键总是被转换为小写从而避免区分大小写的问题。

SetValue 函数首先在字典中查看指定的键是否存在。如果存在，就将该项的值更新为新值。否则，就在其中添加一个新项，使用参数中提供的键与值。

SetValue 函数有一些不同的重载，对于每一种支持的数据类型都提供了一个。由于字典中的值总是以字符串类型进行保存，因此函数最终都调用了该函数的第一个版本，其中接受一个字符串类型的参数。

这些重载都会将相应类型的值转化为一个字符串，这样以后就可以进行安全地解码。大多数情况下，只是对提供的值调用 ToString 方法。采用 DateTime 作为参数格式的重载将用下面的字符串对日期进行格式化：yyyy-MM-ddTHH:mm:ss。

这是 ISO 8601 日期格式，是将日期用文本方式进行保存时唯一安全的并且不会产生歧义的方法。年、月、日的值不会令人混淆(不像其他日期格式中这些元素的位置可以交换)，也不会产生系统语言问题，当以月份的名称来保存日期时可能会发生这种错误(例如，在英文版的系统中 January 就很容易理解，但在法语或西班牙语的系统中进行分析时就会失败)。

GetValue 函数也为每种支持的数据类型提供了一个重载，将保存的字符串转化为需要的类型。就像前面一样，所有的重载都在初始化时就包含了一个 string 类型的值，并且将它转换为相应的类型。

最后，函数 DeleteValue 只是将字典中指定的项删除。如果该项实际不存在，那么不执行任何操作而直接返回。

3. 加载和保存设置

这些设置存储在一个 XML 文件中，该文件的结构非常简单。最顶层元素名为 settings，其下的每一个设置键都对应了一个元素，键值中的文本作为元素的值。例如，Settings 示例项目中保存的内容如程序清单 9-4 所示。

程序清单 9-4 Settings 示例项目存储文件中的内容

```
<settings>
  <name>Adam</name>
  <difficulty>1</difficulty>
  <volume>50</volume>
  <autostart>False</autostart>
  <lastrun>2010-01-01T12:34:56</lastrun>
</settings>
```

SaveSettings 函数使用 XmlTextWriter 来构建文件中的内容，然后对 settings 字典中的所有的项进行遍历。XML 完成后，就将它写入到以 FileName 属性值标识的文件中。

■注意：

在保存这些信息时有多种方法可供选择，包括使用其他类型的文件，或者写入到注册表中。使用文件进行存储的话，XML 提供了很大程度的灵活性，使我们能够很容易地对文件中的内容进行扩展。写入注册表也是一种可能的方案，但用磁盘上的文件可以更方便地对设置文件进行备份或复制，能使游戏自己包含各种资源。

加载设置的过程非常相似，只不过是反向操作。SaveSettings 函数首先将 settings 字典中的内容清空，然后从 XML 文件中加载。如果该文件不存在或包含非 XML 内容，那么函数将直接返回而不做任何操作，这样，当下一次请求时所有设置的值就被重置为默认值。

如果 XML 成功加载，函数将遍历根元素 settings 中包含的每个元素，将它们的名称与值添加回字典中。完成以后，所有的设置就都还原了。

9.2 替换 MessageBox 控件

.NET CF 中的 MessageBox 是一个非常有用的方法，用于向用户询问问题。但在游戏中使用时会有一个问题：当显示消息框时，游戏窗体就失去了焦点。这会导致 Deactivate 事件中的逻辑被触发：背景音乐挂起、游戏可能会切换到暂停模式。我们需要一个相似的简单的并且不会产生这些问题的方法。

这里将由游戏引擎中的 CMessageBox 类提供一个解决方案。从 CGameEngineBase.

MessageBox 属性中可以获得该类的一个实例，只用一行相似的代码就可以调用我们自定义的消息框，来替代.NET CF 提供的 MessageBox.Show 函数。

另外，该自定义消息框能够使用我们游戏的配色方案。还能够保证游戏在触摸屏与 smart phone 手机上运行时外观一致，而.NET CF MessageBox 是无法实现的。

9.2.1 使用 MessageBox 类

CMessageBox 类首先提供了一些属性来对外观进行自定义。BackColor 属性用于设置对话框的主背景色。TitleBackColor 属性及 TitleTextColor 属性用于设置对话框的标题栏。最后，MessageTextColor 属性设置了对话框中主消息文本的颜色。该区域的各个部分效果如图 9-2 所示。

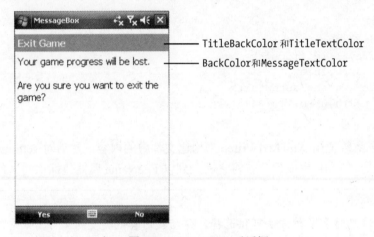

图 9-2　MessageBox 对话框

这些属性只需要在游戏初始化时设置一次，其值将保持在应用程序的整个生命周期中。

要显示消息的话，就调用 CMessageBox.ShowDialog 方法。该对话框显示在屏幕的中间，同时应用程序窗体也不会失去焦点。

ShowDialog 方法有两个重载。第一个重载中传递的参数用于指定要显示的对话框所在的目标窗体，能够指定对话框的标题和消息，并将按钮的标题显示在菜单中用来关闭对话框。该调用是同步的，只有在对话框被用户关闭后才会将控制权返回给调用函数。

第二个重载又接受了一个参数，提供了用于显示在二级顶层菜单项中的文本(在右侧菜单中)。当提供了第二个按钮的标题后，该对话框会向用户显示一个问题，且在菜单中带有两个可能的回答。当选择左侧菜单来关闭对话框时 ShowDialog 的返回值为 0，如果选择右侧菜单，那么返回 1。

在 CGameEngineBase 类中添加了另外一个属性来同对话框进行交互，名为 IsModal-PanelDisplayed。该函数用于检测对话框是否为模式对话框(例如这里讨论的对话框或下一节将介绍的积分榜)。它能够暂停对游戏的控制，并触发游戏窗体的 Deactivate 事件；如果打开了一个模式对话框，就不需要暂停游戏，因为对话框已经将它暂停了。

在本书配套下载代码的 MessageBox 项目中就包含了一个消息框示例。该示例显示了两个消息框，每个菜单按钮对应了一个消息框。单击左键将显示一个确认退出对话框，只要选择了 Yes 选项，应用程序就会关闭。单击右键将显示一个简单的消息。

9.2.2　理解 CMessageBox 类的工作方式

接下来看看 CMessageBox 类是如何实现的。

1. 访问消息框对象

在 CGameEngineBase 构造函数中会创建一个 CMessageBox 实例。它保存在一个类级别的变量中，提供了 MessageBox 属性供外部访问。

CMessageBox 类本身的构造函数的访问作用域为 internal，所以不能在游戏引擎程序集的外部实例化。

2. 显示消息

该消息框的代码依赖于一个游戏引擎程序集中名为 CMessageBoxControl 的用户控件。该控件类的访问作用域为 internal，所以不能从外部代码中访问。

CMessageBoxControl 类包含了一个 Panel 控件及一个 Label 控件，组成了对话框的标题部分，还有一个 Textbox 控件用于显示对话框中的消息。这里对 Textbox 控件进行了配置，使其边框不可见，但如果文本很多，就会显示一个垂直滚动条，使用户可以看到完整的消息。

当调用 CMessageBox.ShowDialog 方法时，就会创建该用户控件的一个实例，其尺寸正好可以填满游戏窗体的客户端工作区。配置用户控件以显示要求的文本和要采用的配色方案。然后将其添加到游戏窗体中，这样玩家就可以看到该对话框。

接下来，用消息框提供的菜单控件将窗体的菜单控件替换掉。创建一个新的 MainMenu 对象，其中包含了被请求的菜单项(也可能指定了两个菜单项)，并将游戏窗体的 Menu 属性设置为该菜单。在设置之前，获取游戏窗体原来的菜单并将它保存在一个本地变量中。

对菜单项的 Click 事件进行设置，当用户选择了一个菜单项后，该用户控件的 Visible 属性就被修改为 false。此前代码将在一个循环中进行等待。

最后，将菜单还原为游戏窗体原来的菜单，并将消息框中所有的对象都清除干净。

将控制权返回给调用程序后，可以对对话框作出任何需要的响应。由于返回的是所选择的菜单项的索引，因此在适当的情况下可以调用对话框的代码了解用户对对话框中的问题选择了什么答案。

9.3　创建积分榜

在很多游戏中还有一个通用的需求，那就是要记录玩家取得的最高得分。.NET CF 提供了一些有用的功能来实现积分榜(例如可排序集合，我们可以将所有的得分放在其中)，但实际上要实现能够满足游戏需要的功能还需要很多努力，其中大部分并不激动人心——我们不必花费大量时间来解决这些问题，而要用一些创新的方法。

为了减少所需的工作量，我们将积分榜功能构建到游戏引擎中。我们不希望使事情变得太复杂，只需要实现当游戏需要该功能时，能够同时对多个积分榜进行跟踪记录即可(例如，不同的游戏难度有不同积分榜)，以及一个非常简单的 API，使得在同积分榜进行交互时不需要编写很多代码。

最后一个要添加的功能是在保存得分时对得分进行加密。游戏玩家可能对最高得分有竞争心理，如果将文件保存为纯文本格式，那么每个人都可以对自己的得分进行修改，这样游戏就失去了挑战性。当然，加密算法级别不用太高，只需要能防止普通的玩家能修改积分文件即可。

9.3.1 使用积分榜类

积分榜是使用游戏引擎中的另一个新类实现的，该类名为 CHighScores。它提供了对积分榜进行配置、显示、保存、还原等全部功能。让我们来看看它所提供的功能。

1. 设置对话框的外观属性

与 CMessageBox 类似，在该类中也有许多属性，用于对积分榜的外观进行控制，允许它配置成与整个游戏的配色方案相匹配。这些可用的属性中，BackColor 属性用于控制对话框的主背景，TextColor 属性用于控制对话框顶部的文本颜色，TableBackColor 属性用于设置积分榜表格本身的背景色，TableTextColor1 属性及 TableTextColor2 属性作用于表格中的得分(在对话框中显示得分时，根据积分榜中得分的高低在提供的两种颜色间变化)。NewEntryBackColor 属性和 NewEntryTextColor 属性能够使新添加到积分榜中的项高亮显示，ShowTableBorder 属性用于控制是否在表格的四周显示边框。每个属性的影响区域如图 9-3 所示。

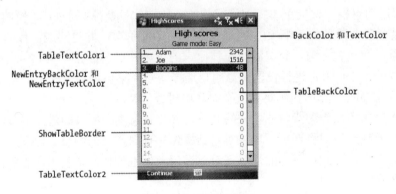

图 9-3　积分榜对话框

当游戏在初始化过程中的，就可以设置该对话框的属性，并且在应用程序的生命周期中这些设置都会保持。

2. 初始化积分榜

在使用积分榜之前，游戏应当先添加一个或多个表，得分将添加在这些表中。如果游戏只有一个得分集合，那么只需要添加一个表。如果需要多个得分集合(用于记录不同的游戏难度或者游戏模式下的得分)，那么需要根据需求添加相应数量的表。每个表必须有唯一的名称，这样就可以在积分榜系统中对它们进行识别。

通过调用 CHighScores.InitializeTable 方法来初始化积分榜。该操作中必须提供唯一的表名以及要存放多少个得分项。第三个参数为可选的，提供了对该表的描述。如果设置了该参数，那么每当显示得分表时，该描述信息就会显示在积分榜的上方(图 9-3 中展示了一个该描述的示例，显示 Game mode: Easy)。

在对积分榜进行进一步操作之前，必须要考虑存储文件名以及加密算法所需要的键。文件名既可以用完整的路径，也可以用一个简单的文件名来指定，与前面所讨论的 CSettings 类相似。默认情况下，得分将保存在名为 Scores.dat 的文件中，该文件与游戏在同一路目录下。

如果希望加密得分文件，那么在做任何进一步操作之前要对 CHighScores.EncryptionKey 属性进行设置。它可以被设置为任意的字符串，用该字符串来作为加密的一部分，使用户修改得分的难度增加。要取消加密的话，只需要设置一个空字符串，或者保留该属性为默认值。

■注意：

如果决定对得分文件的加密密钥进行修改，代码将无法读取由原密钥创建的得分。因此，您应当在游戏源代码中只对密钥设置一次，并且不再对它进行修改。为了预防有些人会对程序代码进行反编译，因此在不希望被别人看到的地方请不要使用任何敏感的代码。

当积分榜初始化完成后，可以调用 LoadScores 方法加载所有已经保存的得分。只为已经初始化的积分榜加载得分；不考虑其他未知表中的得分。如果文件中得分的数目超过了积分榜中设定好的数量，那么超出的得分条目也不考虑。

加载完得分，所有的准备工作就都完成了，接下来就是进行显示。

3. 显示积分榜对话框

可以通过调用 ShowDialog 方法显示积分榜对话框。有两种使用该对话框的方法：首先是简单地显示某个表中的得分时(玩家请求查看积分榜)；其次是在表中添加一条新得分时(当玩家完成游戏后，获得的得分能进入积分榜时)。

要查看现有的得分，那么在调用 ShowDialog 方法时要引用游戏窗体，以及要显示的积分榜的名称。积分榜对话框如图 9-3 所示。如果在积分榜初始化时设置了描述，那么这段描述将显示在得分的上方；否则，积分榜会扩展到将占据显示描述的位置。

要向表中添加一条新的得分，那么在调用 ShowDialog 方法时还要将得分以及默认的玩家名字作为参数进行传递。得分是从游戏本身获取到的，玩家的名字可以是一个空字符串，也可以是上一次添加得分时使用的名字。当添加了一条新的得分后，CHighScores.Last-EnteredName 属性就会返回该名字，配合使用 CSettings 类，可以将其保存并在下一次运行游戏时使用。

如果玩家的得分足够高，可以进入到积分榜中，就要显示另一个窗口让玩家输入其名字，如图 9-4 所示。该窗口中最初显示默认的名字，所以如果还是该玩家的话，就不需要任何输入，直接单击 Continue 菜单项即可，这样可以加快操作。

图 9-4　在积分榜中添加一条新的得分

当单击了 Continue 菜单项，或单击了 Enter 键后，就会显示积分榜(与查看得分时的情形相同)，新加入的得分是高亮显示的。

积分榜中所有的得分都添加了时间戳，如果新得分与已经存在的得分有冲突，那么已经存在的得分在列表中会排在新得分的前面。

如果添加了新的得分，ShowDialog 函数会自动将它保存到指定的存储文件中，所以不需要从游戏代码中进行保存。然而，如果需要手动保存得分，SaveScores 方法就可以完成这个任务。

可以调用 CHighScores.Clear 方法将积分榜中已有的得分清空。该方法将完全清除所有存储的得分。如果要对单个表清除得分，就要调用 GetTable 方法检索表，然后在返回的表对象上调用 Clear 函数。当得分被清除后，需要使用 SaveScores 方法将它们保存，因为它们不会自动保存。

本书配套下载代码中的 HighScores 项目就是一个积分榜的示例。它包含了 3 个不同的积分榜(分别名为 Easy、Medium 和 Hard)，在主窗体中的下拉列表中可以进行选择。选择某个表后，通过 View Scores 菜单就可以查看该表已有的得分。单击 Add Score 按钮，就可以生成一个随机的得分并添加到该表中。要注意代码是如何在程序执行期间使用 CSettings 类记住玩家的名字的。

9.3.2　理解 CHighScores 类的工作方式

接下来就来看看 CHighScores 类是如何实现的。

1. 访问 HighScores 对象

在 CGameEngineBase 的构造函数中创建了一个 CHighScores 实例。该实例保存在一个类级别的变量中，在外部可以通过 HighScores 属性对它进行访问。

CHighScores 类本身的构造函数的访问作用域为 internal，所以不能在游戏引擎程序集的外部对其实例化。

2. 理解数据结构

我们用三个不同的类来表示得分。CHighScores 类本身包含了一个 CHighScoreTable 对象集合，每个对象都包含了对应的表的信息(包括表的名称、描述以及容纳多少条得分条目)，在 CHighScoreTable 类中包含了一个 CHighScoreEntry 对象集合，其中每个对象记录了玩家名字、得分以及取得该得分的日期。CHighScoreEntry 类还实现了 IComparer 接口，其对象集合可以很容易地根据得分以及获得得分的日期进行排序。

这些类之间的关系如图 9-5 中的类图所示。

图 9-5　积分榜中各类之间的关系

CHighScores._highscoreTables 集合是一个 CHighScoreTable 对象字典，以唯一的表名作为键。每次调用 CHighScores.InitializeTable 就会在该集合中添加一个新的 CHighScoreTable 对象。

该 CHighScoreTable._scoreEntries 集合是一个 CHighScoreEntry 对象列表。CHighScoreEntry 类实现了 IComparer 接口，只要调用 _scoreEntries.Sort 就可以对集合中的项进行排序。CHighScoreTable 类包含了一个 AddEntry 方法，可以在该列表中添加新的得分并排列好顺序。如果该列表中的项超过了定义好的表的大小，就将额外的项从列表中删除。

这些类还能在游戏中对这些积分榜和得分进行简单有效的显示。

3. 显示积分榜

与消息框控件相似，积分榜是使用游戏引擎中一个名为 CHighScoreControl 的用户控件来实现的。该控件中的主要元素包含一个 ListView 对象，用于显示得分以及一个包含了文本框的 Panel 控件，用于让玩家输入他们的名字。

该类包含了实现在 ListView 对象中添加得分所需的所有代码(在 ShowScores 函数内)，并且确保了每当控件大小发生改变时对布局进行更新。

如果玩家的得分很高，可以添加到积分榜中，就会显示 pnlEnterName 面板。该面板中包含了一条消息，通知用户该得分是一个新的好成绩，并允许用户输入名字。在该面板的名为 txtName 的 Textbox 对象中按 Enter 键，或者单击 Continue 菜单项后，该面板就被隐藏起来，并通知 ShowDialog 函数用户已经输入了名字。玩家的得分会添加在积分榜中，并被保存，ListView 控件内对应的表会被更新来将新的得分包含进来。

在主积分榜中单击 Continue 按钮后，该用户控件自己就会隐藏起来，并通知 ShowDialog 控件将控制权返回给调用方。

4. 保存数据

得分将以 XML 格式进行存储，这是一种易于创建和分析的格式。SaveScores 方法使用 XmlTextWriter 控件将每个得分的信息保存起来。

该 XML 文件中包含了一个名为 HighScores 的根元素。在这里有一些 Table 元素，每个 Table 元素又包含了一个 Name 子元素与一个 Entries 子元素。每个 Entries 元素中又包含了一系列的 Entry 元素。在这些 Entry 元素中就包含了 Score、Name 和 Date 信息。整个结构完全对应于前面所介绍过的积分榜对象中的类。

程序清单 9-5 就是该函数生成的一个 XML 示例。其中包含了 3 个表，名为 Easy、Medium 和 Hard。只有 Easy 表中实际保存了一些得分信息。

程序清单 9-5　为积分榜生成的 XML

```
<HighScores>
  <Table>
    <Name>Easy</Name>
    <Entries>
      <Entry>
        <Score>2342</Score>
        <Name>Adam</Name>
        <Date>2010-01-01T12:34:54</Date>
      </Entry>
      <Entry>
        <Score>1516</Score>
        <Name>Joe</Name>
        <Date>2010-01-01T12:34:55</Date>
      </Entry>
      <Entry>
        <Score>48</Score>
        <Name>Boggins</Name>
        <Date>2010-01-01T12:34:56</Date>
      </Entry>
    </Entries>
  </Table>
  <Table>
    <Name>Medium</Name>
    <Entries />
  </Table>
  <Table>
    <Name>Hard</Name>
    <Entries />
  </Table>
</HighScores>
```

注意，我们只保存了实际需要的信息；表中的空白项忽略了。得分的日期采用 ISO 8601 格式进行保存，与 CSettings 类中的日期处理方式相同。

生成 XML 之后，现在函数就可以将这些信息保存到文件中供以后使用了。然后，在这个阶段，需要看是否要求对数据进行加密。只需要判断 EncryptionKey 属性的长度即可：如果长度大于 0，表示确实需要进行加密。

我们将采用轻量级的代码片段 Tiny Encryption Algorithm (TEA)来执行加密。该算法使用广泛，在很多语言中得到了实现，虽然加密安全度不高，但它生成的文件还是不容易轻易地被解码。该算法执行速度快，并且输出文件与输入文件的文件大小相比只多几个字节。

尽管.NET CF 确实提供了其他的更复杂一些的加密算法,但以保护文件不被窥视为目的时,该方法既简单又不张扬。在游戏引擎的 CEncryption 类中包含了加密代码。

一旦 XML 被加密后,当需要执行加密时,最终的得分数据将被写入由 FileName 属性所指定的文件中。

LoadScores 函数负责将得分加载到对象集合中。它会打开以前创建的得分的文件,如果该文件经过了加密,就执行解密。然后将 XML 加载到一个 XmlDocument 对象中。

该函数接下来对已知的积分榜进行遍历(前面通过调用 InitializeTable 函数进行初始化),试图对 XML 中的每一个 Table 元素进行定位。只需要使用 XPath 表达式就可以很容易地定位到该元素,如程序清单 9-6 所示。对于每个匹配的 Table 元素,将其中的得分项读入填充积分榜对象所需的集合中。

程序清单 9-6　对已知的积分榜定位 XML Table 元素

```
// Loop for each known highscore table
foreach (string tableName in _highscoreTables.Keys)
{
    // See if we can find the element for this table
    xmlTable = (XmlElement)xmlDoc.SelectSingleNode
        ("HighScores/Table[Name='" + tableName + "']");
    // Did we find one?
    if (xmlTable != null)
    {
        // Yes, so load its data into the table object
        LoadScores_LoadTable(_highscoreTables[tableName], xmlTable);
    }
}
```

上面的代码中对 SelectSingleNode 函数的调用展示了 XPath 的强大力量:它查找元素类型为 Table、包含在顶层 HighScores 元素中且子元素 Name 与给定的 tableName 相匹配的第一个节点。这一条简单的指令就完成了在没有 XPath 的情况下只能通过很多手动的循环和 XML 询问才能完成的工作。

对 Table 元素定位后,就调用 LoadScores_LoadTable 函数将其中的得分加载到相应的 CHighScoreTable 对象中,如程序清单 9-7 所示。该代码也使用了 XPath 来得到 Table 的 Entries 集合中所包含的全部 Entry 元素。

程序清单 9-7　从一个 Table XML 元素中将得分加载到一个 CHighScoreTable 对象中

```
/// <summary>
/// Load the scores from an individual table within the provided
/// XML definition.
/// </summary>
/// <param name="table">The table to load</param>
/// <param name="xmlTable">The XML score entries to load</param>
private void LoadScores_LoadTable(CHighScoreTable table, XmlElement
                                xmlTable)
{
```

```
int score;
string name;
DateTime date;

// Loop for each entry
foreach (XmlElement xmlEntry in xmlTable.SelectNodes("Entries/Entry"))
{
    // Retrieve the entry information
    score = int.Parse(xmlEntry.SelectSingleNode("Score").InnerText);
    name = xmlEntry.SelectSingleNode("Name").InnerText;
    date =
        DateTime.Parse(xmlEntry.SelectSingleNode("Date").InnerText);
    // Add the entry to the table.
    table.AddEntry(name, score, date);
}
}
```

如果在加载时发生了错误，就调用 Clear 方法将积分榜中的所有项都清除掉，并且直接返回而不抛出异常。因此在获取得分时发生的任何错误都会被忽略掉。所以如果产生了一个问题(例如积分榜文件被破坏)，那么只是将得分丢失，而不会出现游戏初始化错误——虽然有些烦人，但不至于要指引玩家手动来删除积分榜文件。

9.4 创建 About 框

本章中的最后一个组件是通用的 About 框。大多数游戏和应用程序都有这样的功能，它用于显示一些与程序相关的信息，内容如下：

- 应用程序的名称及版本
- 作者的名字
- 作者的详细联系方式(网站地址和 e-mail 地址)

制作这些屏幕界面并不是特别困难，但是一旦要考虑到各种复杂的屏幕分辨率，还有手机屏幕有时会发生旋转等因素，那么为每个游戏都制作这些界面就会令人感到困扰了。因此我们将在游戏引擎中创建一个可重用的组件来帮我们自动完成所有这些工作。

9.4.1 使用 AboutBox 类

About 框是由 CAboutBox 类实现的，它是一个新的游戏引擎类。为了在 About 框中显示信息，我们首先要从 CGameEngineBase.AboutBox 属性获取到该类的一个引用，然后在 About 框中添加一些项，这样就可以显示相应的信息了。

这些项可以是一段文本，也可以是一个图片。它们都会在 About 对话框中居中显示。文本中的内容、背景色、字体大小及样式(粗体、斜体等)都可以自定义。还可以设置在文本和图片项下方的空白量，允许将一部分内容分组。

当 About 框关闭后，它占用的所有资源都会被释放，这样就不再占用内存，所以每次显示 About 框时，都必须将它完全初始化。CAboutBox 类中有两个属性需要设置：BackColor

属性及 TextColor 属性，这两个属性用于控制对话框的整体背景色和添加在对话框中的文本项的默认颜色。

　　然后重复调用 AddItem 方法添加文本与图片项。如果传递的是一个字符串，就会相应地添加一个文本项；如果传递的是一个 Bitmap 对象，就相应地添加一个图片。AddItem 将返回被添加的项(其类型为 CAboutItem，也是一个新的游戏引擎类)，这样如果需要的话就可以再深入地进行自定义。

　　对于文本项，设置其对应的 CAboutItem 对象的 BackColor 属性及 TextColor 属性就可以修改其颜色，设置 FontSize 属性可以增大或减小文字的大小(默认大小为 9)，设置 FontStyle 属性来修改字体样式。通过 SpaceAfter 属性可以指定在文本项的下方保留多少空间，该属性值的单位为像素。

　　对于图片项，唯一能够产生效果的属性是 SpaceAfter。

　　在文本项中，还可以使用两个代替符来显示文本。{AssemblyName}字符串会使游戏程序集的名称显示在该代替符的位置上。{AssemblyVersion}字符串会显示游戏程序集的版本。当项目版本变化时，这些代替符都能确保在 About 对话框中显示的信息是最新的。代替符与其他字符串一起放在同一个文本项中，并且区分大小写。

　　程序清单 9-8 演示了建立 AboutBox 框的一些示例代码，这些代码的运行结果如图 9-6 所示。

程序清单 9-8　设置 AboutBox 框中的内容

```
private void mnuMain_About_Click(object sender, EventArgs e)
{
    GameEngine.CAboutItem item;
    Bitmap logo;

    // Get a reference to our assembly
    Assembly asm = Assembly.GetExecutingAssembly();
    // Load the AboutBox logo
    logo = new
        Bitmap(asm.GetManifestResourceStream("AboutBox.Graphics.Logo.png"
        ));

    // Set the AboutBox properties
    _game.AboutBox.BackColor = Color.PaleGoldenrod;
    _game.AboutBox.TextColor = Color.Black;

    // Add the AboutBox items
    item = _game.AboutBox.AddItem("{AssemblyName}");
    item.FontSize = 14;
    item.FontStyle = FontStyle.Bold;
    item.BackColor = Color.SlateBlue;
    item.TextColor = Color.Yellow;

    item = _game.AboutBox.AddItem("version {AssemblyVersion}");
    item.FontSize = 7;

    item = _game.AboutBox.AddItem(logo);
```

```
    item.SpaceAfter = 20;

    item = _game.AboutBox.AddItem("By Adam Dawes");
    item.SpaceAfter = 30;

    item = _game.AboutBox.AddItem("For updates and other games,");
    item = _game.AboutBox.AddItem("visit my web site at");
    item = _game.AboutBox.AddItem("www.adamdawes.com");
    item.TextColor = Color.DarkBlue;
    item.FontStyle = FontStyle.Bold;
    item.SpaceAfter = 10;

    item = _game.AboutBox.AddItem("Email me at");
    item = _game.AboutBox.AddItem("adam@adamdawes.com");
    item.TextColor = Color.DarkBlue;
    item.FontStyle = FontStyle.Bold;

    // Display the dialog
    _game.AboutBox.ShowDialog(this);
}
```

图 9-6　AboutBox 框的输出

　　AboutBox 框会尽量将所有内容的位置摆放在屏幕上。如果在垂直方向上有可用的空间，它会在各个项之间增加一点空间使内容能够适合屏幕。如果垂直方向上的空间不够，就会显示一个垂直滚动条，所以对话框中的内容仍然可以全部访问。当屏幕发生旋转后，所有的项的位置会自动重新布局，它们仍然能够正确显示。

　　在本书配套下载代码的 AboutBox 项目中就包含了该 About Box 框的示例。

9.4.2　理解 CAboutBox 类的工作方式

接下来我们看 CAboutBox 类的实现。

1. 访问 AboutBox 对象

在 CGameEngineBase 类的构造函数中会创建一个 CAboutBox 实例。该实例存储在一个类级别的变量中，在外部通过 AboutBox 属性对它进行访问。

由于 CAboutBox 类本身的构造函数的访问作用域为 internal，因此在游戏引擎程序集的外部不能对它进行实例化。

用于在对话框中添加文本项及图片项的 CAboutItem 类，也包含了一个访问作用域为 internal 的构造函数。在程序集外部只能用 CAboutBox.AddItem 函数来创建它的实例。

2．显示 About 框

在显示该框时使用的方法与显示消息框及积分榜时使用的方法相同，只是在 About 框中没有使用预定义的 UserControl 对象。因为该框中整个内容是动态生成的，所以不需要这样一个控件类；所有项都放在 Panel 控件中，该控件本身是在运行时自动生成的。

所有添加了的 CAboutItem 对象都保存在一个名为 _items 的私有集合中。游戏类可以进一步通过两个内部属性对它们进行设置：ItemControl 属性及 TopPosition 属性。

当 CAboutBox.ShowDialog 方法中准备好显示对话框时，要为每一项创建一个窗体控件：文本项对应的是 Label 控件，图片对应的是 PictureBox 控件。在每一项的 ItemControl 属性中保存了对相应控件的引用，允许以后通过该属性对这些控件进行访问。所有这些操作发生在 CAboutBox.CreateAboutItems 函数中。

TopPosition 属性用于计算每一项的垂直坐标。在第一个阶段中只是考虑了控件的高度及项之间的间隔。如果所有项的高度之和小于窗体的高度，就进行第二轮计算，在这次计算中会加大各项之间的间隔，使控件进一步向窗体的底部延伸。CAboutBox.Calculate-Positions 和 CAboutBox.LayoutControls 这两个过程实现了这一功能。

现在 About 框已经可以用于显示了，它的处理方式与前面看到的几个组件是相同的。当用户选择 Continue 菜单项后，对话框中所有的控件都会被释放；About 框的 Panel 对象也会从窗体中删除，最后将控制权返回给调用过程。

9.5　使用通用游戏组件

您可能会发现在以前开发游戏时，对有些代码是写了一遍又一遍，每次只是稍微有一点区别或者只是对工作方式稍做修改。创建一些像本章中所介绍的可以重用的组件，能够省去很多的工作量，每次创建一个新项目时，就不必再重新做这些重复的操作了。

尽管编写这些可重用的组件需要多花一点的时间，但当您直接把它们用于未来的项目时，就会感到欣慰，因为它能缩短整体的开发时间，还能使游戏在功能和界面上保持一致。到目前为止，本书已经介绍了很多游戏开发方面的主题。接下来，我们将开始一段新的旅程：OpenGL ES 图形库。

第Ⅲ部分

OpenGL ES 图形编程

第 10 章

OpenGL ES

现在是向图形技术迈出重要一步的时候了。GDI 可以被大量的设备所支持，并能如我们所见创建有趣的游戏。但要让游戏真正进入到三维世界，则需要另外的图形 API。在接下来的几章中，我们将研究一套这样的 API：Open Graphics Library for Embedded Systems (OpenGL ES，用于嵌入式系统的开放图形库)。

OpenGL 主程序库是一个强大的且符合业界标准的计算机图形平台，用于创建 2D 及 3D 计算机图形。现在所有的 PC 和图形硬件都支持该技术。OpenGL ES 是 OpenGL 库的精简版，删除了一些功能，但仍然保留了大量实用的功能。OpenGL ES 允许我们创造出用 GDI 不能获得的图形效果。

■注意：

在本书中，从此处起将 OpenGL ES 简称为 OpenGL。当引用台式 PC 机上完整版的 OpenGL 实现时，我们将在文中注明。

10.1 使用 OpenGL 前的准备

在深入研究使用 OpenGL 之前，我们首先来了解它的功能及特性，并且看看哪些设备支持 OpenGL 游戏和应用程序。

10.1.1 硬件支持

在我们进一步研究之前，要强调的一个重要事项是，OpenGL 需要硬件加速才会有令人满意的速度。许多比较新的 Windows Mobile 设备(包括 HTC Touch Diamond 及 Touch Pro 之后的大多数 HTC 手机、三星 Omnia 2、索爱 Xperia X1 及 X2 等)都包含了硬件加速。其他设备，包括几乎所有运行在 Windows Mobile 5.0 或更早版本的手机，都缺少这样的硬件加速。

没有硬件加速时，OpenGL 应用程序的运行速度会极其的慢，远远慢于游戏用户所能接受的速度。虽然它能使支持的硬件发挥出应有的性能，但也会将不支持的硬件完全排除在外。当您决定使用 OpenGL 来提升游戏性能时，考虑到这一点是很重要的。

Windows Mobile 仿真器不支持 OpenGL 硬件加速。虽然可以安装一个基于软件的 OpenGL 渲染器(与非硬件加速设备相同)，但它的表现会非常慢，以至于渲染器没有任何价值。要在 OpenGL 领域进行开发，必须在一个真正的设备上开发应用程序。请查看您使用的设备是否提供了 OpenGL 图形硬件加速；如果不能确定，可以通过 Google 进行搜索。

稍后我们将编写一些代码来检测手机是否支持 OpenGL，并且获取有关可访问实例的支持信息。

10.1.2　语言支持

目前为止我们所介绍的所有内容都是用 C#编写的，但如果需要的话也可以用 Visual Basic .NET 进行开发。然而 OpenGL 需要的一些特性不被 VB.NET 所支持，并且其他特性与使用相对应的 C#相比也要笨拙一些。

这并不是说 VB.NET 开发人员就不能使用 OpenGL 了。只是在用到一些特定的功能时，需要将相应的代码放到 C#项目中，然后再从 VB.NET 项目中进行调用。

当遇到这些 VB.NET 不能直接支持的功能时，我们会将它们高亮显示。

10.1.3　理解 OpenGL 的特性

让我们来看看 OpenGL 提供的一些特性。

1. 性能

在支持硬件加速的设备中使用 OpenGL，比使用诸如 GDI 等非硬件加速技术能提供更高级别的性能。这意味着在不降低帧率的前提下可以在屏幕上显示更多的图形。

2. 缩放及旋转

尽管 GDI 可以对图形进行缩放，使原图形以放大或缩小的尺寸进行显示，但这些操作会消耗大量的性能。此外，图形缩放的处理方式也不尽如人意，在放大了的图像上会有明显的图形锯齿。

OpenGL 可以更轻松地处理缩放，并且在性能上不会有明显的影响(尽管有些 Windows Mobile 手机在渲染放大了很多倍的图形时性能上实际会受到影响)。这样我们就可以实现各种有趣的图形效果，能将图形缩放到满意为止。

图形旋转，即允许图像可以偏转一定的角度进行显示，在 GDI 中是很难实现的。而 OpenGL 中有该选项。这使得沿着屏幕上的路径并且面对面地显示图形对象变得非常容易。

3. 透明度及 alpha 混合

您曾见到过 GDI 的渲染可以使用一个颜色键令图形的特定区域在显示时为透明状态。OpenGL 也可以实现这样的功能，但它是使用图像中包含的实际的 alpha 通道来判断像素是否为透明的。

当使用 OpenGL 在屏幕上绘图时，还可以执行 alpha 混合。alpha 混合能够以半透明的方式绘制图像，透过绘制的半透明的图像能够看到屏幕上已经存在的任何内容。透明度可以在完全不透明(0)到完全透明(100%)之间进行平滑的调整。

10.1.4　3D 渲染

OpenGL 所提供的一个主要功能是渲染 3D 图形。OpenGL 能够以一定的角度显示图形，对象距离玩家越远就显示得越小。它还可以利用深度缓冲区进行显示，使对象可以出现在其他对象的后面。

现在我们仍然在二维空间中讨论 OpenGL，在第 12 章中再详细地介绍 3D 渲染。

1．抽象坐标系

OpenGL 采用的是一个抽象坐标系，并非像 GDI 那样采用基于像素的坐标系，这意味着我们不需要关注像素。这看上去似乎是个劣势，但实际情况证明了将我们从像素坐标的束缚中解脱出来是相当有用的。在 OpenGL 初始化时，我们可以设置屏幕的维度，坐标系将进行缩放来适合屏幕的尺寸。因此，将一个图形对象向右移动一定的距离时不需要考虑屏幕的尺寸。

因为我们前面都讨论的是 GDI，所以要掌握 OpenGL 坐标系的话，需要在头脑中进行一下轻微的转换。首先，坐标(0,0)是屏幕的正中点，而不是屏幕的左上角。其次，在 OpenGL 中，沿着 y 轴朝上的方向为正，而在 GDI 中则相反，是朝下为正。这两种冲突的坐标系可能会在您的大脑中互相干扰，但只要专心地逐渐使用到这些 API，就可以很容易弄清楚。

既然 OpenGL 提供了一个 3D 图形环境，我们实际还需要在坐标中添加第三个元素。过去我们所看到的坐标值是(x,y)的形式，这两个向量分别表示对象在 x 轴和 y 轴上的距离。而 OpenGL 的坐标格式为(x,y,z)，除 x 轴、y 轴的值外还提供了 z 轴的值。z 轴代表从屏幕来看，进去或出来的深度——即第三个维度。当 z 轴上的值为正时，物体就会朝玩家所在的方向移动过来，值为负时，物体就朝屏幕内移动。

2．指定颜色

在 OpenGL 中指定颜色时，还是采用在 GDI 中所使用的 RGB 模型(红，绿，蓝)。不过在为 OpenGL 指定值时，方式稍微有所不同。

在这里不使用 0(表示无颜色)到 255(表示全部颜色)之间的整数值，而采用 0 到 1 之间的 float 值，因此，白色的值为(1,1,1)，红色为(1,0,0)，灰色为(0.5,0.5,0.5)。

OpenGL 会将颜色限制在这个范围内，也就是说，如果值小于 0，就将该值作为 0 对待；如果值超过 1，就作为 1 对待。而在 GDI 中，遇到超过期望的颜色范围的值就会抛出一个异常。

3．绘制基本图形

在绘制图形时，OpenGL 实际上不能绘制比三角形更复杂的图形。这看上去有很大的局限性，但实际上当您开始在一些示例项目中使用它时就不会这么认为了。

我们能够通过 OpenGL 创建出复杂的场景，首先是因为复杂的图形能够分解成许许多多的三角形(例如，一个矩形可以分解成两个共享斜边的三角形)；其次，可以将图形图像放到三角形上。举一个简单的例子：我们可以创建一个 2D 的精灵，然后通过与 GDI 中所使用的 DrawImage 函数相似的方式，将图形简单地显示在一个渲染的矩形上。

在绘图时，将每个三角形称为表面。组成三角形的点称为顶点，在图 10-1 中，用 4 个顶点创建了两个三角形表面，其中有两个顶点是共享的。

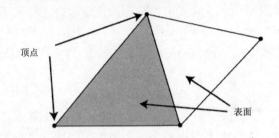

图 10-1　使用 OpenGL 进行绘图时的顶点与表面

OpenGL 实际并不绘制这些顶点，它只绘制由这些顶点所定义的面；图 10-1 中所显示的顶点只是为了说明这些点的位置。

除三角形外，最基本的图形就是线和点(单独的像素)了。

4. 纹理

当使用一个位图来填充我们所要渲染的三角形时，该位图就被称为纹理，在 OpenGL 应用程序中使用纹理有很强的灵活性。可以像在 GDI 中那样只绘制小的矩形区域，也可以用不同的方法将纹理放大使它充满我们所绘制的图形。在本章后面的 10.6.2 节中我们再来讨论使用纹理的技巧和技术。

10.2　在 Visual Studio .NET 中使用 OpenGL

在 Visual Studio .NET 中使用 OpenGL 不像使用 GDI 那么简单，接下来就来看看在游戏代码中使用 OpenGL 时需要做些什么。

10.2.1　在托管语言中调用 OpenGL

OpenGL 函数在一个名为 libgles_cm.dll 的 DLL 中实现。在支持硬件 OpenGL 加速的手机中，该 DLL 位于 ROM 的\Windows\目录下。

该 DLL 为本地的 Windows Mobile 的 DLL，不是我们在.NET 应用程序中所使用的托管 DLL。为了能够利用它，需要使用 P/Invoke 来定义其所有的函数。

幸运的是，开发人员 Koushik Dutta (www.koushikdutta.com)提供了一套完整的 P/Invoke 函数及所有相关的常量，使我们能够在.NET 应用程序中完整地使用 OpenGL。这些类及一系列支持类都被包装在一个方便的类库中，我们可以免费引用和使用。

■注意：

OpenGL 中的函数名一般以 gl 作为前缀。例如 glClear、glLoadIdentity 和 glRotatef(在后文中我们将介绍这些函数的作用)。当使用经过托管包装的 OpenGL 时，这些函数定义在一个名为 gl 的类中，并且将 gl 前缀去掉了。因此，在我们的项目中，可以通过 gl.Clear、gl.LoadIdentity 及 gl.Rotatef 来访问相应的函数。虽然变化不大，但当您使用从 Internet 上下载的非托管包装的 OpenGL 示例代码时，要注意修改这些函数的名称。

在本书其余内容中，我们都将使用这个版本来构建 OpenGL 应用程序。

该 DLL 名为 OpenGLES，在本书配套下载代码中包含了它的源程序，如果愿意，可以对其源程序进行研究。不过在本项目中不必对它的源代码进行深入研究，只需要对它像黑箱一样操作即可，通过它可以调用底层的 OpenGL 函数。

10.2.2 理解 OpenGL 的渲染方法

在开发 GDI 游戏时，我们花费了不少时间和精力来确保只对屏幕上发生变化的区域进行刷新，这样使性能得到了很大的提升。然而 OpenGL 采用了一种截然不同的方法。在 OpenGL 应用程序中，每当游戏图形更新时，会将整个窗口擦除并且进行重绘。

这个方法看似效率不高，但由于我们有硬件加速，因此实际上会比看上去好很多。这种图形渲染方式使 OpenGL 可以非常容易地在屏幕上绘图，因为不需要记录前一帧所渲染的内容。

全帧重绘还使我们能够创建非常丰富和生动的图形显示。如果每一帧都对整个窗口进行重绘，我们就可以使屏幕上所有的内容都向预计的位置移动。而在使用 GDI 时所遇到的大部分图形保持静态的需求在使用 OpenGL 时将不复存在。

10.2.3 考虑硬件的性能及限制

在不同手机中的图形硬件性能差距很大。许多较新的手机配备了速度非常快的 CPU 和图形硬件，但老款的和中档的手机无法快速地显示图形，甚至可以认为它们不包含可用的硬件加速。

因此，需要将游戏在一系列性能不同的手机上进行测试以确保游戏在每部手机上的运行速度都可以接受非常重要。如果碰到性能问题，您也许可以提供一些配置选项，来减少每一帧中的图形渲染操作的数量。

在下一章中，我们将把 OpenGL 的功能整合到游戏引擎中，一旦整合完成后，就可以利用在第 5 章中构建的计时器功能。它可以确保游戏在所有设备中的运行速度保持一致，但在渲染表现较差的手机上，图形可能会很粗糙并有动画感，导致游戏不具有可玩性。

10.2.4 关闭 OpenGL 应用程序

在使用 OpenGL 时我们利用了很多非托管的函数，当窗体关闭时，需要一些代码将游戏执行时分配的资源释放掉。

如果应用程序是从 Visual Studio 中运行的，当单击 Stop Debugging 按钮将它关闭时，应用程序会直接关闭，而没有机会执行这些用于清除资源的代码。因此，建议在游戏中添加一个 Exit 选项(它只用于关闭游戏窗体)，并且用它来关闭您的应用程序，而不是从 Visual Studio 中关闭，不过可能需要一点时间才能习惯这样操作。

如果您的 OpenGL 游戏在启动时发生了意外的错误，并伴随有错误消息。请将所有运行中的应用程序关闭，并软重置手机(在大多数手机上是按 reset 键)。

■注意：

Microsoft 通常不赞成出现 Exit 菜单选项，它更倾向于允许设备自动管理应用程序的生命周期。现在这种情形发生了改变，许多应用程序，包括 Microsoft 开发的应用程序，都会根据需要支持一个关闭应用程序的选项。当您完成程序时可以考虑添加一个 Exit 菜单项，在开发时可以不予考虑。

10.3　创建 OpenGL 程序

对 OpenGL 的理论和背景信息我们已经有了充分的了解。接下来就打开 Visual Studio 来创建我们的第一个 OpenGL 应用程序。我们将要构建的程序包含在本书配套下载代码 ColoredQuad 项目中。如果您想体验该程序，请直接打开该项目查看。这里不会试图对该项目从头开始进行介绍，而会跳过一些您曾经在前面的章节中看到过的代码。

10.3.1　配置项目

该项目中重要的一步是告诉 Visual Studio 我们将使用非安全代码，非安全代码依赖内存指针。为了与 OpenGL DLL 通信，我们需要使用内存指针，但由于对这些指针处理不当的话就导致内存被意外修改，从而导致程序崩溃，因此将这些代码视为非安全代码。

默认情况下，如果试图使用非安全代码，Visual Studio 会激发编译错误。为了避免编译错误，必须在 Project 的 Properties 窗口中设置开关。

在 Solution Explorer 中双击 Properties 节点，就可以打开与 OpenGL 交互的项目属性窗口，导航到 Build 选项卡中，选中 Allow unsafe code 复选框，从而允许对非安全代码进行编译。该设置如图 10-2 所示。

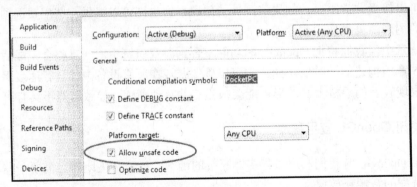

图 10-2　设置 Allow unsafe code 配置选项

■注意：

在 VB.NET 项目中没有相应的 Allow unsafe code 选项。是否允许访问非安全代码是 C# 与 VB.NET 之间为数不多的功能差别之一。所以在下面几章中看到的非安全函数无法转换到 VB.NET 中。但希望并非完全没有：只有直接同 OpenGL 进行交互的函数才需要用到非安全代码，我们可以将这些代码放到游戏引擎项目中，以后可以在 VB 中引用该游戏引擎，从而就不需要在 VB 项目中包含任何非安全代码。

此外，只需要在项目中添加对 OpenGLES 项目的引用，如图 10-3 所示。

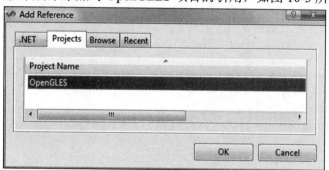

图 10-3　添加到 OpenGLES 项目的引用

10.3.2　创建 OpenGL 环境

在使用 OpenGL 之前，需要进行一些初始化步骤。其中的第一步是在 CreateGL 函数中执行的。该函数负责创建 OpenGL 环境，并对其进行初始化，这样我们才能对它进行渲染。接下来我们来详细研究其中的代码，来看看实际发生了什么。请注意，我们这里对 OpenGL 所做的配置是用于显示 2D 图形的。而如何配置显示 3D 图形将会在第 12 章中进行介绍。

总结起来，使用 OpenGL 前的准备工作有以下几个步骤：

(1) 为 OpenGL 创建并初始化显示。

(2) 设置显示特性，使 OpenGL 知道如何同它进行交互。

(3) 为 OpenGL 创建一个表面，用于在其上进行绘制。

(4) 创建一个上下文，将显示与表面绑定到一起。

(5) 激活显示、表面以及上下文，这样 OpenGL 就可以在屏幕上绘图了。

接下来我们详细了解这些步骤是如何执行的。

Windows Mobile 中的 OpenGL 使用了一个名为 Embedded-System Graphics Library (EGL) 的库，EGL 本身并不提供 OpenGL 所要进行的任何类型的图形函数，但它给出了 OpenGL 与移动设备之间的接口。例如，它负责激活游戏窗体的 OpenGL 渲染器。在初始化 OpenGL 时首先要做的是创建一个 EGLDisplay 对象，该对象与窗体相关联。

我们首先调用 egl.GetDisplay 函数来完成这个操作，在调用该函数时，传递一个 EGLNative-DisplayType 对象作为参数，该对象中包含了一个对游戏窗体的引用，该函数返回一个 EGLDisplay 对象，在该函数的后面我们使用该返回对象将窗体的相关信息通知给 EGL。

接下来需要初始化显示，通过调用 egl.Initialize 方法来完成。在调用该方法时，将要执行初始化的显示(即刚刚创建的 EGLDisplay 对象)作为参数进行传递。egl.Initialize 函数还返回了 EGL 的版本号，但我们现在用不到版本信息。目前为止所需的代码如程序清单 10-1 所示。注意，_eglDisplay 变量被定义为窗体中的类级别的变量，其定义并未出现在下面的程序清单中。

程序清单 10-1　创建 EGLDisplay 对象并进行初始化

```
/// <summary>
/// Create the OpenGL environment
/// </summary>
/// <returns></returns>
private void CreateGL()
{
    // Try to create an EGL display for our game form
    try
    {
        _eglDisplay = egl.GetDisplay(new EGLNativeDisplayType(this));
    }
    catch
    {
        throw new ApplicationException("Unable to initialise an OpenGL
            display");
    }

    // Initialize EGL for the display that we have created int major, minor;
    egl.Initialize(_eglDisplay, out major, out minor);
```

在不支持 OpenGL 的手机上 egl.GetDisplay 函数会出错，由于是首次调用 libgles_cm.dll，因此当将该 DLL 整合到游戏引擎中时，需要添加 OpenGL 功能检验。这样就能更加主动地发现问题。

下一步要告诉 EGL 在运行时想要的配置参数。可以设置很多不同的参数，但在这里我们只关心分配给颜色显示所用的数据比特数。

我们曾经在第 3 章中讨论过，Windows Mobile 显示通常使用 5 个比特来指定红色通道的值，6 个比特指定绿色通道的值，还有 5 个比特来指定蓝色通道的值。要让 EGL 使用同样的颜色区域，就要将这些参数添加到配置中。如果没有这些值，应用程序仍然会运行，但提供这些信息能够指定颜色的最小深度。如果有更大的颜色深度可用，就会将其取代。

配置信息由一个整数数组生成，每个参数包含了一对整数，第一个整数用于标识准备进行设置的参数，第二个整数提供了该参数的值。这些参数最后以一个类型为 EGL_NONE 的参数终止。

配置信息数组构造好后，将它传递给 elg.ChooseConfig 函数来找到一个与请求参数相匹配的帧缓冲配置。可能会有多个匹配的配置项，所以返回结果为一个数组。不过该数组是经过排序的，所以匹配度最高的配置参数位于结果数组中的第一项。因此，我们只需要检测 ChooseConfig 函数没有返回一个错误的值，并且返回结果数组中至少包含一个数组项。如果检测通过，就将数组中的第一项保存到 config 变量中；否则就抛出一个异常，指示 OpenGL 初始化失败。配置代码如程序清单 10-2 所示。

程序清单 10-2　在 CreateGL 函数中包含一个 EGLConfig 对象

```
// Set the attributes that we wish to use for our OpenGL configuration
int[] attribList = new int[]
{
    egl.EGL_RED_SIZE, 4,
    egl.EGL_GREEN_SIZE, 5,
    egl.EGL_BLUE_SIZE, 4,
    egl.EGL_NONE
};

// Declare an array to hold configuration details for the matching attributes
EGLConfig[] configs = new EGLConfig[1];
int numConfig;
// Ensure that we are able to find a configuration for the requested attributes
if (!egl.ChooseConfig(_eglDisplay, attribList,
                      configs, configs.Length, out numConfig) || numConfig < 1)
{
    throw new InvalidOperationException("Unable to choose config.");
}
// Retrieve the first returned configuration
EGLConfig config = configs[0];
```

现在我们已经做好了创建 EGLSurface 对象的准备工作。EGLSurface 对象提供了 OpenGL 将要实际绘制的区域。它自动提供了一个前台缓冲区和一个后台缓冲区，对这两个缓冲区采用我们在前面 GDI 游戏中所使用的方法进行镜像。不过，表面将该功能包装好了，所以我们在使用它进行 OpenGL 渲染时不需要做其他工作了。

通过调用 egl.CreateWindowSurface 函数来创建表面，在调用时要提供我们所创建的 EGLDisplay 及 EGLConfig 对象，还要将渲染的目标窗体的 Handle 对象传递给该函数。在最后一个参数中，我们可以提供一个特性列表，但 EGL 中现在用不到，所以将该参数设置为 null。该函数的调用如程序清单 10-3 所示。

程序清单 10-3　在 CreateGL 函数中创建 EGL 表面

```
// Create a surface from the config.
_eglSurface = egl.CreateWindowSurface(_eglDisplay, config, this.Handle,
    null);
```

接下来，需要创建一个 EGLContext 对象。在 OpenGL 连接到我们所创建的 display 时，EGLContext 对象可以提供需要的全部信息。上下文由 egl.CreateContext 函数创建，在该函数中需要传递 EGLDisplay 对象，以及前面创建的 EGLConfig 对象。由于可能要与其他 context(这里将不会使用到多个 context)共享纹理，并且要指定 context 的特性(这里也不会使用到)，因此在此设置这两个参数为空值，如程序清单 10-4 所示。

程序清单 10-4　在 CreateGL 函数中创建 EGL 上下文对象

```
// Create a context from the config
_eglContext = egl.CreateContext(_eglDisplay, config, EGLContext.None,
                                null);
```

最后，要使用 egl.MakeCurrent 方法将刚创建好的这些对象在 EGL 中激活，将来调用渲染器、配置 OpenGL 时，对我们所创建的这些对象进行操作。我们需要向 egl.MakeCurrent 函数传递 4 个参数：EGLDisplay 对象、用于绘图的 EGLSurface 对象、用于读取像素的 EGLSurface 对象，最后是 EGLContext 对象。由于我们用于绘图和读取的 EGLSurface 是同一个对象，因此调用它的函数的代码如程序清单 10-5 所示，其中最终完成了 CreateGL 函数。

程序清单 10-5　在 CreateGL 函数中激活 EGL 对象

```
// Activate the display, surface and context that has been created so
// that we can render to the window.
egl.MakeCurrent(_eglDisplay, _eglSurface, _eglSurface, _eglContext);
// At this stage the OpenGL environment itself has been created.
}
```

如果程序在执行到该函数的结束时没有发生任何错误，就表示 OpenGL 环境已创建好，可以投入使用了。

10.3.3　初始化 OpenGL

OpenGL 是以状态机实现的。简而言之，它包含了许多不同的属性，每个属性可以根据我们的需要进行设置。这些属性的状态会一直保持，直到后续的代码对它们再次修改。由于与.NET 类的实现方式是很相似的，因此这个概念并不难理解。

所有的状态属性都将设置一个初始值，但为了知道 OpenGL 是否是以我们的需求的方式准备的，我们显式地将其中一些属性设置为我们自己需要的值。在游戏运行时许多 OpenGL 属性会不断地更新；还有一些属性只需要设置一次就会在整个游戏持续期间保持不变。后面这些值保持不变的属性集在 InitGL 函数中进行设置。

InitGL 函数完整的代码如程序清单 10-6 所示。

程序清单 10-6　InitGL 函数

```
/// <summary>
/// Initialize the OpenGL environment ready for us to start rendering
/// </summary>
private void InitGL()
{
    // We can now configure OpenGL ready for rendering.

    // Set the background color for the window
    gl.ClearColor(0.0f, 0.0f, 0.25f, 0.0f);

    // Enable smooth shading so that colors are interpolated across the
    // surface of our rendered shapes.
    gl.ShadeModel(gl.GL_SMOOTH);

    // Disable depth testing
    gl.Disable(gl.GL_DEPTH_TEST);
```

```
// Initialize the OpenGL viewport
InitGLViewport();

// All done
}
```

接下来就看看在这个函数中做了哪些工作。

首先，调用 ClearColor 函数来设置游戏窗体的背景颜色。需要传递的参数是 red 值、green 值、blue 值及 alpha 值。在本示例中，通过设置蓝色分量的亮度为 25%，指定了一个深蓝色的背景色。

接下来为 OpenGL 设置不同的操作状态。调用 ShadeModel 函数令 OpenGL 所绘的图形中两点之间的颜色平滑过渡。该参数的另一个可选值为 GL_FLAT，但在绝大部分项目中都会设置为 GL_SMOOTH，所以我们在这里也选择了该值。稍后执行该项目时，这个属性的效果会很明显。

接下来调用 Disable 函数，它将关闭一个 OpenGL 状态。在本示例中，关闭的是深度测试，使用的是 GL_DEPTH_TEST 标签。在 3D 渲染中深度测试是非常重要的，通过深度测试 OpenGL 可以知道哪个对象在其他对象的前面或后面，这样我们就可以分辨实际应该绘制什么内容。由于现在我们的示例中只使用 2D 渲染，因此可以关闭它从而减少 OpenGL 的工作量。

最后，调用另一个自定义函数 InitGLViewPort 来设置 OpenGL 的抽象坐标系(赋以窗体的尺寸)，告诉 OpenGL 窗体中哪些区域将被渲染。

例如，我们要对窗体中整个客户端工作区进行渲染，如程序清单 10-7 所示。

程序清单 10-7 初始化 OpenGL 的视口

```
/// <summary>
/// Set up OpenGL's viewport
/// </summary>
private void InitGLViewport()
{
    // Set the viewport that we are rendering to
    gl.Viewport(this.ClientRectangle.Left, this.ClientRectangle.Top,
        this.ClientRectangle.Width, this.ClientRectangle.Height);
    // Switch OpenGL into Projection mode so that we can set the projection
    // matrix.
    gl.MatrixMode(gl.GL_PROJECTION);
    // Load the identity matrix
    gl.LoadIdentity();
    // Apply a perspective projection
    glu.Perspective(45,(float)this.ClientRectangle.Width /
                    (float)this.ClientRectangle.Height,.1f, 100);
    // Translate the viewpoint a little way back, out of the screen
    gl.Translatef(0, 0, -3);

    // Switch OpenGL back to ModelView mode so that we can transform objects
    // rather than the projection matrix.
    gl.MatrixMode(gl.GL_MODELVIEW);
```

```
    // Load the identity matrix.
    gl.LoadIdentity();
}
```

在第 12 章介绍 3D 图形时，我们会对该函数中的一些代码进行更详细的讲解，所以现在将略过一些。在该函数中最重要的部分是调用 Viewport 函数，它告诉 OpenGL 窗体中要被渲染的区域，并调用 glu.Perspective 函数，该函数用于设置抽象坐标系。调用这两个函数时都使用了窗体的 ClientRectangle 属性来得到游戏窗体的尺寸。

■注意：

　　glu 类是 GL utility 的简写，是 OpenGL 中包含的另一个类，提供了运行 OpenGL 所需要的辅助函数。Perspective 函数就是其中的一个示例函数，它虽然不是由核心 OpenGL 库提供的，但在很多项目中都有广泛的应用。

这里将绘图区与 OpenGL 的其余部分分开进行初始化，是因为如果窗口大小发生变化，就需要重置绘图区。这样做可以确保当手机方向发生改变时，游戏中的每个对象都在正确的位置上。由于 OpenGL 有自己的抽象坐标系，因此我们不需要额外支持该功能。

抽象坐标系的另一个真正有用的功能是：OpenGL 可以自动对所有对象的大小进行调整，以适应游戏窗口的高度。这意味着如果手机从竖屏模式切换到横屏模式，显示的图形就会缩小以适应新窗体的高度。我们不需要像在 GDI 中那样提供不同的图形集(例如在 GemDrops 项目中)，因为已有的图形可以自动调整尺寸来适应窗体。

这些函数完成了对 OpenGL 的初始化；现在已经完全做好了开始绘制图形的准备。

10.3.4　在 OpenGL 中渲染图形

在屏幕上渲染图形是由示例项目中的 Render 函数执行的。Render 函数首先要做的是清空背景。我们不需要给出要清除的颜色，因为在 InitGL 函数中调用 ClearColor 函数时已经完成了该工作。当然，在任何时候都可以再次调用 ClearColor 函数来修改要清除的颜色。Render 函数的起始部分如程序清单 10-8 所示。

程序清单 10-8　在 Render 函数中清空窗口

```
/// <summary>
/// Render the OpenGL scene
/// </summary>
void Render()
{
    // Clear the color and depth buffers
    gl.Clear(gl.GL_COLOR_BUFFER_BIT);
```

您会注意到，当调用 Clear 函数来通知 OpenGL 所要清除的对象时，该例明确地提供了 GL_COLOR_BUFFER_BIT 作为参数。该参数与绘图缓冲区相关，所以屏幕被清除。除了绘图缓冲区外，我们还可以清除其他对象，尤其是深度缓冲区。在第 12 章讨论 3D 渲染时我们将详细讨论它们。

稍后，我们将在屏幕上绘制一个正方形(项目的标题就暗示了是一个四边形)。在绘制时不使用单一的颜色，而使用不同的颜色的扩展。这充分利用了在 InitGL 函数中设置的 ShadeModel 属性。所以我们可以告诉 OpenGL 如何对正方形上色，我们会为正方形的每个角定义一种颜色。

4 个角的颜色以一个 float 数组进行定义。每个颜色需要 3 个 float 值分别代表 red、green 及 blue 的亮度，范围在 0 到 1 之间。由于正方形中有 4 个角，因此需要定义 4 个颜色，所以在数组中总共包含 12 个不同的值。在源代码中，每定义完一个颜色就加上一个回车，这样可以使数组内容更可读。颜色数组如程序清单 10-9 所示。

程序清单 10-9　在 Render 函数中定义四色数组

```
// Generate an array of colors for our quad.
// Each triplet contains the red, green and blue values
// for one of the vertices of the quads, specified from
// 0 (no intensity) to 1 (full intensity).
float[] quadColors = new float[] { 1.0f, 0.0f, 0.0f,  // red
                                   0.0f, 1.0f, 0.0f,  // green
                                   0.0f, 0.0f, 1.0f,  // blue
                                   1.0f, 1.0f, 1.0f}; // white
```

■注意：

在程序清单 10-9 中没有提供任何 alpha 分量，使用 alpha 分量可以用半透明的方式进行渲染。在本章后文中的 10.7 节中介绍如何在颜色中使用 alpha 分量。

接下来要在屏幕上对四边形进行定位。在本章后文中的 10.4 节将详细介绍该函数的目的和运作方式，概括起来，这 3 个命令将绘图位置重置为屏幕的中心，将四边形朝屏幕深处移动一点距离(由于使用了透视投影，渲染的对象看上去会比实际的小一些)，然后将四边形围绕 z 轴旋转一定的角度，角度由变量 _rotation 指定。

■注意：

z 轴的运动是从前到后，从屏幕的里面到屏幕的外面。因此，围绕该轴旋转对象时从正面看就像旋转的扇叶。

执行这些运动所需要的代码如程序清单 10-10 所示。

程序清单 10-10　在 Render 函数中设置绘制位置

```
// Load the identity matrix
gl.LoadIdentity();
// Rotate by the angle required for this frame
gl.Rotatef(_rotation, 0.0f, 0.0f, 1.0f);
```

Render 函数的代码中还留有两个操作。首先是调用另外一个函数 RenderColorQuad。我们稍后就会看到该函数。然后，简单地将_rotation 变量的值增大，这样使每次场景被渲染时，图形都能以不同的角度绘制。Render 函数的最后一部分代码如程序清单 10-11 所示。

程序清单 10-11　在 Render 函数中绘制四边形，并且对旋转角度进行更新

```
// Render the quad using the colors provided
RenderColorQuad(quadColors);
// Increase the rotation angle for the next render
_rotation += 1f;
```

对图形的实际绘制由 RenderColorQuad 函数执行。对该函数这样命名是因为我们想在四边形上绘制纯色，在后文中，我们还将创建一个相似的名为 RenderTextureQuad 的函数，该函数将在四边形上绘制图片(纹理)。

RenderColorQuad 函数的代码如程序清单 10-12 所示。

程序清单 10-12　在屏幕上绘制彩色四边形

```
/// <summary>
/// Render a quad at the current location using the provided colors
/// for the bottom-left, bottom-right, top-left and top-right
/// corners respectively.
/// </summary>
/// <param name="quadColors">An array of four sets of Red, Green and Blue
/// floats.</param>
unsafe private void RenderColorQuad(float[] quadColors)
{
    // The vertex positions for a flat unit-size square
    float[] quadVertices = new float[] { -0.5f,  -0.5f,  0.0f,
                                          0.5f,  -0.5f,  0.0f,
                                         -0.5f,   0.5f,  0.0f,
                                          0.5f,   0.5f,  0.0f};
    // Fix a pointer to the quad vertices and the quad colors
    fixed (float* quadPointer = &quadVertices[0], colorPointer =
        &quadColors[0])
    {
        // Enable processing of the vertex and color arrays
        gl.EnableClientState(gl.GL_VERTEX_ARRAY);
        gl.EnableClientState(gl.GL_COLOR_ARRAY);

        // Provide a reference to the vertex array and color arrays
        gl.VertexPointer(3, gl.GL_FLOAT, 0, (IntPtr)quadPointer);
        gl.ColorPointer(3, gl.GL_FLOAT, 0, (IntPtr)colorPointer);

        // Draw the quad. We draw a strip of triangles, considering
        // four vertices within the vertex array.
        gl.DrawArrays(gl.GL_TRIANGLE_STRIP, 0, 4);

        // Disable processing of the vertex and color arrays now that we
        // have used them.
        gl.DisableClientState(gl.GL_VERTEX_ARRAY);
        gl.DisableClientState(gl.GL_COLOR_ARRAY);
    }
}
```

首先要注意的是，这个过程中用关键字 unsafe 进行声明。这是首个使用了该标志的过程，因为它使用了内存指针，这在 C#中通常是不允许的(在 VB.NET 中根本就不支持)。我们指定该关键字就是为了告诉 Visual Studio 放松对该函数的严格限制，允许我们使用指针，尽管指针通常是不允许的。

该函数需要一个参数，该参数为一个 float 数组，其中包含了四边形每个角所需的颜色。该参数将获取在 Render 函数中定义的 quadColors 数组。

在该函数中，首先定义了另外一个 float 数组，但该数组不用于颜色，而用于坐标。该数组还是包含 4 组坐标(每个坐标代表正方形的一个顶点)，每组坐标中的值分别定义了 x，y 及 z 的位置。y 值为负表示方向朝向屏幕的底部。这 4 个点分别是正方形的左下角、右下角、左上角和右上角。

坐标的范围在 x 轴和 y 轴上都是从－0.5 到 0.5，这样该正方形总的宽和高为 1，并且中心点位于坐标(0,0,0)上。z 坐标没有使用，所以每个点中都保留 z 值为 0。

为了将坐标数组及颜色数组传递给 OpenGL，我们需要得到它们在系统内存中指向其位置的指针。为了获得指针，必须使用 fixed 语句，它将返回指向指定变量的指针并且是这些变量所用内存的首地址，这样它们就不会被.NET CF 移动。不这样的话，当使用指针时就会发生垃圾回收操作，将内存中的底层数据移动到内存中的其他地方，从而使指针失效；这样会造成内存冲突，并且导致应用程序崩溃。

得到两个指针后，就告诉 OpenGL 在绘制时所使用的顶点数组(一个点数组，如同 quadVertices 变量所定义的那样)及颜色(通过 quadColors 数组)。这可以通过两次调用 Enable-ClientState 函数来得到。

接下来，将顶点及颜色数据的内存地址告诉 OpenGL，VertexPointer 函数和 ColorPointer 函数采用了本质上相同的参数。首先要告诉它们组成顶点及颜色的数组中包含多少个数据元素。由于顶点包含了 3 个坐标，而颜色也包含了 3 个元素，因此我们在调用这两个函数时，该参数值都为 3。

接下来，要指定数据数组中所包含的数据类型。我们使用的是 float 值，所以我们传递常量 GL_FLOAT 来表示它。

第 3 个参数是步进值，即每组 float 值之间间隔的字节数。如果使用一个结构体来保存每个顶点的多个数据片段，那么每个顶点值或颜色值之间就会存在多余的信息片段，应该将该参数设置为这些片段信息数据的字节数。由于这里每个定点值和颜色值之间没有间隔，因此将该参数值提供为 0。

最后，提供指向我们想用的顶点及颜色的指针。

现在实际绘制四边形的准备工作都已完成，绘制操作通过调用 DrawArrays 函数，并且通过 GL_TRIANGLE_STRIP 参数告诉该函数我们想要绘制三角形的一条边——在本章后文的 10.5 节中将详细讨论该参数。下一个参数表示从数组中的第一个顶点(即顶点 0)开始绘制。最后指定要绘制 4 个顶点：前 3 个组成第一个三角形，最后一个顶点与前两个顶点构成另一个三角形。如果没有弄明白第二个三角形，那么也请参考 10.5 节中的详细介绍。

现在已经将四边形绘制到了后台缓冲区中，我们将先前设置好的顶点及颜色处理状态禁用，从而将 OpenGL 重置为先前的状态，并结束 fixed 代码块，释放顶点数组和颜色数组所用的指针。

10.3.5　添加窗体函数

接下来要将所有的操作与窗体函数连接起来。我们需要关联到不同的事件中进行初始化，并驱动模拟运行。

首先是 Load 事件。它将调用 CreateGL 函数及 InitGL 函数来创建环境并进行配置。如果一切正常，就设置类级别的_glInitialized 标志，表明 OpenGL 已经做好准备。否则，就向用户显示一条错误消息并将窗口(和应用程序)关闭。该事件如程序清单 10-13 所示。

程序清单 10-13　窗体中的 Load 事件处理程序

```
/// <summary>
/// Process the form load
/// </summary>
private void MainForm_Load(object sender, EventArgs e)
{
    try
    {
        // Create and initialize the OpenGL environment
        CreateGL();
        InitGL();
        // Indicate that initialization was successful
        _glInitialized = true;
    }
    catch (Exception ex)
    {
        // Something went wrong
        MessageBox.Show(ex.Message);
        // Close the application
        this.Close();
    }
}
```

接下来对窗体进行绘制，这里首先需要对 OnPaintBackground 函数进行重载以免对背景进行绘制，如我们在 GDI 示例中所进行的操作。

然后是 Paint 事件。我们可以对 OpenGL 做一些有趣的事情，将渲染及绘制循环相对于使用 GDI 而言简单化。由于在每一帧中，OpenGL 都要对整个窗体重绘，我们可以令 Paint 事件来渲染后台缓冲区，再将后台缓冲区切换到前台，然后使整个窗体处于 Invalidate 状态。由于窗体失效了，因此马上会触发另一个绘制函数，这样就会使渲染/失效周期不停地循环。

然后，如果应用程序失去了焦点，Paint 事件就停止触发(窗体只有为可见时才需要绘制)。因此，将窗体最小化会自动使渲染/失效过程循环停止。当窗体再次恢复到前台，Windows Mobile 会自动使它失效，所以循环重新开始。这种保持游戏内容持续前进的方法很简洁(最重要的是很快速)。

窗体 Paint 事件中的代码如程序清单 10-14 所示。

程序清单 10-14　窗体中的 Paint 事件处理程序

```
/// <summary>
/// Paint the form
/// </summary>
private void MainForm_Paint(object sender, PaintEventArgs e)
{
    // Make sure OpenGL is initialized -- we cannot
    // render if it is not.
    if (_glInitialized)
    {
        // Render to the back buffer
        Render();
        // Swap the buffers so that our updated frame is displayed
        egl.SwapBuffers(_eglDisplay, _eglSurface);
    }

    // Invalidate the whole form to force another immediate repaint
    Invalidate();
}
```

代码中首先通过检测 _glInitialized 标志来确保 OpenGL 已经被初始化。如果该标志被设置，就调用 Render 函数，这样 OpenGL 就可以绘制到表面后台缓冲区中。然后再调用 egl.SwapBuffers 函数，令 EGL 将后台缓冲区与前台缓冲区进行切换，这样我们就可以看到刚刚渲染的画面。最后，令窗体失效来触发下一次 Paint 事件。

其余窗体事件都不需要多做解释：当单击 Exit 菜单项时将窗体关闭，在窗体的 Resize 事件中调用 10.3.3 节中所讨论过的 InitGLViewport 函数，在 Closing 事件中终止 OpenGL，这将在下一节中讨论。

10.3.6　终止 OpenGL

当应用程序结束并关闭时，对操作过程所分配的资源全部进行释放非常重要。由于 OpenGL 接口使用了许多非托管的资源，因此将这些资源适当地进行释放以避免手机中发生内存泄漏显得尤为重要。

资源释放非常简单，令 EGL 释放我们在 CreateGL 函数中所创建的表面、上下文、及显示对象即可。这些操作所需要的代码包含在 DestroyGL 函数中，如程序清单 10-15 所示。

程序清单 10-15　终止与 OpenGL 的链接

```
/// <summary>
/// Destroy the EGL objects and release their resources
/// </summary>
private void DestroyGL()
{
    egl.DestroySurface(_eglDisplay, _eglSurface);
    egl.DestroyContext(_eglDisplay, _eglContext);
    egl.Terminate(_eglDisplay);
}
```

10.3.7　运行程序

这样程序就完成了——接下来就准备运行程序。确保 Visual Studio 设置为部署到 Windows Mobile 手机上，然后启动程序运行，如果一切正常，屏幕上会出现一个光滑的偏转了的彩色正方形，如图 10-4 所示。

图 10-4　ColoredQuad 项目的输出结果

通过这样一个简单的示例就可以明显地看到 OpenGL 在图形功能上的强大，尤其是在与 GDI 进行对比的情况下。

四边形中的色彩由 OpenGL 采用内插算法生成，该算法还曾经应用在游戏引擎中使物体能够平滑移动。它使被渲染图形表面的颜色能够平滑渐变，为这个正方形提供了非常吸引人的颜色。通过对所用的颜色进行修改，能得到各种各样漂亮的渐变色效果。

10.3.8　添加一些酷炫效果

旋转着的四边形只展示了 OpenGL 所能实现的表层的效果，接下来就对该项目做一些简单的修改，使图形在显示时有更吸引人的增强效果。

只需要对 Render 函数进行一点简单的修改，使它可以循环调用 RenderColorQuad(如程序清单 10-16 所示)，就能使在屏幕上显示的图形产生明显的效果，如图 10-5 所示。这段代码可以在本书配套下载代码的 NestedQuads 项目中找到。

程序清单 10-16　在 NestedQuads 项目中渲染四边形

```
// Draw a series of quads, each at a slightly smaller size
for (int i = 0; i < 20; i++)
{
    // Scale the size down by 5%
    gl.Scalef(0.95f, 0.95f, 1);
    // Rotate by our rotation angle
    gl.Rotatef(_rotation, 0.0f, 0.0f, 1.0f);
    // Render the colored quad
    RenderColorQuad(quadColors);
}
```

图 10-5　NestedQuad 项目的一些示例截屏

可惜这些截屏无法体现出 NestedQuad 项目真正的运行效果；动态图形比静态图形要好很多，但这些效果图使我们认识到对代码进行一点点的修改就可以产生意想不到的效果。

循环的结果是绘制了 20 个图形，而不是 1 个图形，每一个图形都比上一个稍小，并旋转了一个不同的角度。将这些缩放和偏转聚集起来，意味着当第一个正方形(最大的一个)以 _rotation 中指定的角度偏转，第二个正方形就偏转了两倍的角度，第三个偏转三倍的角度，以此类推。

10.4　使用矩阵变换

接下来就详细讨论在移动我们所绘制的图形时发生了什么。

在 OpenGL 中，绘制图形时图形的位置由一个矩阵进行跟踪。这是一系列按照行或列进行排列的值，能应用到我们的顶点坐标中，使图形可以在屏幕上移动。

将多个矩阵组合起来，相应的移动操作就可以组合到一起。例如，我们想令对象向右移动 1 个单位，然后旋转 45°角。要实现这些操作，可以从一个空矩阵开始，首先应用矩阵移动，然后是矩阵旋转。最后使用结果矩阵对顶点坐标进行变换，这样对象就可以向右移动 1 个单位并旋转 45°。不需要单独对每个顶点应用移动与旋转。

这样就可以构造更高层次的复杂的变换，而计算每个顶点所对应于屏幕上的点一点也不困难。

至于如何创建、操作、应用这些矩阵，在本书中就不进行详细讨论了。有很多在线参考资料会对这个专题进行更为详细的讲解；例如，http://en.wikipedia.org/wiki/Matrix_(mathematics)上详细解释了矩阵的相关信息，包括如何构造矩阵以及如何执行数学运算的相关信息。http://tinyurl.com/matrixtransform 上介绍了矩阵变换在数学层次上的应用。

我们将讨论如何将矩阵变换应用到实践当中。虽然变换中的数学表达式可能会有些抽象，但使每次变换的结果可视化会简单一些。

10.4.1　设置单位矩阵

我们已经讨论过 OpenGL 使用许多属性来维持状态，这些属性影响了如何在屏幕上对图形进行渲染。其中一个属性就是用于顶点变换的矩阵，在前面所讨论的几个效果图中就用到了它。该矩阵被称为模型观察矩阵。

为了使该矩阵恢复到其初始状态，我们将它设置为一个值预先设置好的矩阵，名为单位矩阵。这样可以确保所有绘制在开始时都是以原点为中心的，这就意味着坐标(0,0,0)不会发生旋转或缩放。

任何时候只要调用 LoadIdentity 函数就可以加载单位矩阵。在绘制代码的开始部分总是要调用该函数，因为经过前一次渲染操作后，模型观察矩阵会处于未知状态。可以看到在示例项目的 Render 函数的开始就调用了该函数(见程序清单 10-10)。

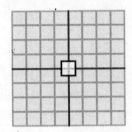

当加载了单位矩阵后，在图 10-6 中可以看到一个宽和高均为 1 的单位正方形。它直接以坐标系中的原点为中心。

图 10-6　调用 LoadIdentity 函数后绘制了一个单位正方形

10.4.2　应用平移变换

在矩阵变换术语中，将一个对象沿着一个或多个坐标轴移动被称为平移。对象的形状、大小、角度完全不会发生改变，对象只是侧移、上移或下移到一个新位置。

图 10-7 展示了平移矩阵的效果。左图是加载了单位矩阵后单位正方形的位置，右图展示了同一个正方形在 x 轴上平移 3 个单位，在 y 轴上平移 - 2 个单位后的情形。

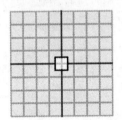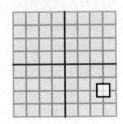

图 10-7　一个正方形沿着 x 轴与 y 轴进行平移

要在模型观察矩阵上应用平移，就调用 Translatef 函数。该函数需要 3 个参数：分别是在 x 轴、y 轴、z 轴上平移的距离。

■注意：

Translatef 函数名称最后的字母 f 用于表示该函数使用的参数是 float 值。完整的 OpenGL 实现支持传递各种其他数据类型；例如，Translated 函数需要 double 类型而不是 float 类型的值。在绝大多数情况下，在我们所有的 OpenGL ES 代码中都会使用 float 值。

10.4.3　应用旋转变换

我们还可以使绘制的对象发生旋转。可以围绕 3 个坐标轴中的任意一个坐标轴进行旋转，如图 10-8 所示。

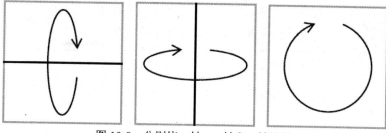

图 10-8　分别绕 x 轴、y 轴和 z 轴旋转

围绕 x 轴旋转就是围绕着绘制在屏幕上的一条水平线旋转。如果您将一张纸举在自己的面前，那么这张纸围绕 x 轴旋转的话，就会看到纸的底边渐渐向您靠近，而顶边渐渐离您远去，最终结果是您会只看到纸的边。

围绕 y 轴旋转也是相似的情况，只是围绕一条垂直方向的线进行旋转。

在使用 OpenGL 开发 2D 游戏时主要使用围绕 z 轴进行的旋转。这是围绕一条从屏幕内到屏幕外的直线进行旋转。在 ColoredQuad 示例项目和 NestedQuads 示例项目中就使用的是围绕 z 轴旋转。

通过调用 Rotatef 函数来执行旋转操作，该函数需要 4 个参数。第一个参数是旋转的角度。在 OpenGL 中，角度的单位总是度。

其余的参数用于表示围绕哪根旋转轴进行旋转，旋转轴对应的参数为 1，而其他轴对应的参数为 0，例如，程序清单 10-17 中就表示围绕 z 轴旋转 45°。

程序清单10-17　围绕z轴进行旋转

```
// Rotate by 45 degrees around the z axis
gl.Rotatef(45, 0.0f, 0.0f, 1.0f);
```

■**注意：**
围绕 z 轴旋转是逆时针方向旋转。要顺时针方向旋转的话，可以令角度参数为负，或者将旋转轴参数中的 z 值设置为 - 1 而不是 1。

可以通过 x、y、z 参数指定旋转轴的方向，从而使对象可以围绕其他轴进行旋转。例如，旋转轴方向为向上偏右 45°，那么可以传递参数 x 为 1.0f，参数 y 为 1.0f，参数 z 为 0.0f。这样坐标点(0,0,0)和(1,1,0)所形成的直线会形成 45°角，所以对象就可以围绕该直线进行旋转。

10.4.4　应用缩放变换

OpenGL 提供的最后一个变换是缩放，即改变我们所渲染的对象的尺寸。可以是统一缩放，即在所有坐标轴上都执行相同量的缩放，也可以是非统一缩放，即在每个坐标轴上执行不同量的缩放。

图 10-9 展示了对象的缩放，左图中为单位正方形，中间的图为统一缩放 2.0 倍后的情形，右图为在 x 轴上缩放 4 倍而在 y 轴上缩放 0.5 倍的情形。

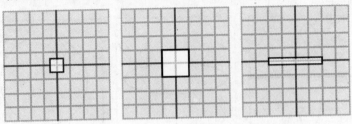

图 10-9　缩放变换

通过调用 Scale 函数来缩放对象，传递的 3 个参数分别表示在 x 轴、y 轴、z 轴上缩放的量。

如果某个轴上的缩放值为 0，就表示图形在该轴上的长度为 0，这样该图形完全为平面图形。如果保持某个轴不变，就将该轴对应的参数设置为 1。

参数值允许为负。这样会使对象在该参数所对应的轴上发生翻转，因此顶点会出现在缩放轴中与原位置相反的位置上。

10.4.5　应用多个变换

我们所介绍的这些变换都可以进行组合：每一次变换都会应用在前面变换的基础上，而不会将前面所做的变化替换掉。如果对象向右平移 2 个单位，然后再向右平移 3 个单位，那么总共是 5 个单位的平移变换，而不只是最近一次所做的 3 个单位的平移变换。

■**注意：**

加载单位矩阵时是个例外。它本身不是一个变换，而是将之前所有已有的变换替换掉，将一切都恢复到初始状态。

不同类型的变换之间可以互相影响，起初可能不很明显。我们来看几个示例。

1. 旋转对象

当旋转对象时，实际上旋转了整个坐标系。这是因为我们是在对象所在的局部坐标系上进行操作。开始时，加载单位矩阵，局部坐标系与全局坐标系相吻合，该坐标系记录了对象在全局中的位置。执行一次旋转后，局部坐标系与全局坐标系之间存在一定的角度。

对象总是以其局部坐标系为参照进行移动，而不是以全局坐标系作为参照。这意味着如果我们将对象围绕 z 轴旋转 45°角，然后再沿着 y 轴平移，那么对象在屏幕上实际不是沿着垂直方向移动而是沿着对角线方向移动。旋转使对象所在的局部坐标系中坐标轴的方向发生了改变。

这次旋转操作的效果如图 10-10 所示。左图中显示的是在标识位置上的单位正方形。中间的图中显示的是对象围绕 z 轴旋转了 45°(逆时针方向)。浅色线展示了全局坐标系中的 x 轴与 y 轴，深色的对角线展示了旋转后局部坐标系中的 x 轴与 y 轴。右图中，将对象沿着 y 轴进行了平移。虽然对象是沿着了局部坐标系中的 y 轴进行平移，但对于全局坐标系而言是沿着斜线进行移动。请注意，局部坐标系也随着进行平移。坐标(0,0,0)总是位于对象所在局部坐标系的中心。

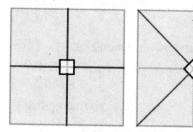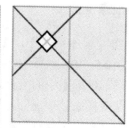

图 10-10　在局部坐标系中进行旋转和平移

对象更新的顺序也推出了矩阵变换的另一个重要特性：应用变换的顺序很重要的。在图 10-10 中是先旋转后平移。如果我们先平移后旋转，在平移时，局部坐标系仍然与全局坐标系相匹配，所以在屏幕上发生的是垂直方向上的移动。如图 10-11 所示，虽然执行的变换类型是相同的，但将平移放在了旋转的前面。

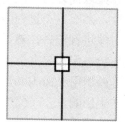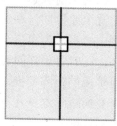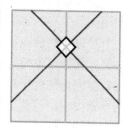

图 10-11　先平移后旋转

可以看到，如果先平移后旋转，那么对象会变换到与第一次变换不同的位置上。

这实际在视觉上很容易理解。想象您站在这些图中的正方形对象所在的位置上。您初始时站在全局坐标系的原点上，朝 y 轴方向(屏幕的上方)看。

然后您决定逆时针转 45°，如在图 10-10 中所做的操作。保持直视，相对于全局坐标系来说，您现在所看的方向是西北方，如果您现在向前走几步，那么虽然走的是直线，但相对全局坐标系而言您走的是斜线。

如果将胳膊展开伸平，相对您所在位置来看是沿着 x 轴的，但相对全局坐标系而言还是成斜角。

每当您想对自己应用的变换进行可视化时，就可以考虑同样的场景，然后在实际当中按照顺序来执行每一个变换。这样可以很容易地看到从一个位置到另一个位置时所需要执行的变换的顺序。

希望这个办法能使您对局部坐标系及全局坐标系之间的关系更加清晰。牢记当变换对象时，变换总是相对于局部坐标系的，而相对于非全局坐标系。

2. 缩放对象

当缩放对象时，缩放变换再次对对象的局部坐标系产生影响。如果我们将对象的尺寸放大两倍,那么在局部坐标系中的 x 轴上移动 1 个单位就对应在全局坐标系中移动 2 个单位。

如果只想绘制不同尺寸的对象,但不改变其位置,那么记住在执行完所有的位移及旋转后再执行缩放变换。

10.4.6　指定顶点位置

您也许记得在程序清单 10-12 中调用 RenderColorQuad 函数时,代码通过 4 个坐标 (−0.5,−0.5,0), (0.5,−0.5,0), (−0.5,0.5,0), (0.5,0.5,0),定义了正方形的 4 个顶点。当然,这些坐标也是在局部坐标系中的坐标,不是在全局坐标系中的。

当使用这些变换来处理局部坐标系时,在渲染时会将这些变换都应用到每个顶点上,这样对象才会在屏幕上实际发生移动。由于局部原点相对全局坐标系发生了移动,旋转。所有顶点的位置会同样进行变换。因此我们可以使用这些顶点坐标定义任何形状,它们可以根据我们所指定的矩阵变换在屏幕上进行移动。

10.4.7　令矩阵进栈和出栈

有时,当多次变换矩阵时,将它们的当前状态保存起来以便以后返回是非常有用的。例如,如果要在围绕着中心的不同位置上绘制同一个对象,那么这个过程应当是从中心点平移,绘制第一个对象,然后返回到中心点,为第二个对象进行旋转,然后再平移,绘制第二对象,依次执行其他对象的绘制,这时将矩阵的当前状态保存起来会很有用的。

要使 OpenGL 能够记住处于任何阶段的矩阵变换,可以调用 PushMatrix 函数,它会将当前矩阵推入到一个栈中。该调用对变换矩阵本身并不产生影响。

在将来的某个时刻,可以调用 PopMatrix 函数来获得栈顶的矩阵,使该矩阵再次成为活动的变换矩阵。该函数可以获取保存了的矩阵。要确保每次调用 PushMatrix 时要相应的调用一次 PopMatrix。在栈中不会保留多余的矩阵。

10.4.8　矩阵变换示例项目

下面的两个示例项目演示了矩阵变换,可以从本章配套下载代码中找到它们。我们在这里只对它们进行简单介绍。

1. Orbits 项目

Orbits 项目非常简单地模拟了太阳系。屏幕的中心是黄色的太阳对象,蓝色的地球围绕着太阳旋转,还有灰色的月亮围绕地球旋转。

显示这些对象的 Render 函数如程序清单 10-18 所示。

程序清单 10-18　地球旋转

```
/// <summary>
/// Render the OpenGL scene
/// </summary>
void Render()
{
```

```
// Clear the color and depth buffers
gl.Clear(gl.GL_COLOR_BUFFER_BIT);

// Reset the model-view matrix so that we can draw the tree
gl.LoadIdentity();
// Scale down so that the shapes are not too large
gl.Scalef(0.1f, 0.1f, 0.1f);

// Draw the sun
RenderColorQuad(Color.Yellow);

// Rotate for the the orbiting planet
gl.Rotatef(_rotation, 0, 0, 1);
// Translate into position for the planet
gl.Translatef(0, 6, 0);
// Draw the planet
RenderColorQuad(Color.MediumBlue);

// Rotate for the moon
gl.Rotatef(_rotation * 4, 0, 0, 1);
// Translate into position for the moon
gl.Translatef(0, 3, 0);
// Draw the moon
RenderColorQuad(Color.Gray);

// Advance the simulation
_rotation += 1;
}
```

首先我们在屏幕的中央绘制了一个黄色的方框表示太阳。它是完全静止的；不发生移动或旋转。

接下来要绘制地球。我们先将视口旋转到地球当前位置的正上方，然后沿着旋转后的 y 轴平移，到达地球的位置。将地球绘制为蓝色的方框。

接着从当前的位置和角度开始，再次旋转到月球所在的角度上(令_rotation 乘以 4，从而使月球的轨道速度大于地球)，然后再平移到月球的最终位置上，将它绘制为灰色方框。

由于我们从地球的位置旋转平移到月球的位置上，月球的轨道围绕着地球而不是太阳。图 10-12 用虚线描绘了运动的路径，以黑色的线表示平移。

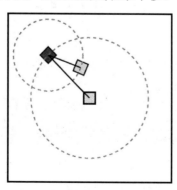

图 10-12　在 Orbits 示例中物体的移动路径

261

这种运动模式可以很容易应用到其他不同的场景中，例如，代表太阳的方框用来表示机器人的肩膀，代表地球的方框表示机器人的肘，代表月亮的方框表示机器人的手。再加上一些允许旋转的角度上的限制，就可以模拟机器人移动胳膊的动作。

2. FractalTrees 项目

第 2 个示例稍微复杂一些，但仍然演示的是旋转与平移的基本原理。它还使用了PushMatrix 函数和 PopMatrix 函数来分别保存和再次调用当前的变换矩阵。

本项目的概念是很简单的。首先绘制一个细长的垂直方框来作为树干。在方框的顶部，向左旋转一定的角度，然后绘制另一个方框表示树的左枝；然后向右旋转一定的角度，再画一个方框表示树的右枝，结果如图 10-13 所示。

对两个旋转了的分枝分别执行同样的操作：先绘制自身(如图 10-13 所示)，然后在自己的终点上绘制两个发生了旋转的分枝，结果如图 10-14 所示。

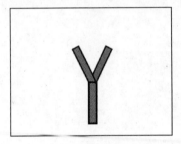
图 10-13　分形树的基础部分

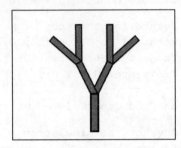
图 10-14　成长中的分形树

不断重复该模式使整个树继续成长。除了这里所看到的步骤外，项目中还将每一个分枝的后代长度变短一点(就像实际的树那样)，并且基于正弦波引入额外的每一个子分枝旋转的角度，这样绘制的树就像在风中摇曳。该项目的输出结果如图 10-15 所示。

图 10-15　运行中的 Fractal Trees 项目

用于生成树的代码还是很简单的，但其中用到了递归，如果您之前没有用过递归的话，那么它看上去会有些复杂。递归就是函数在执行过程中调用了自身，从而将任务一遍又一遍地执行。如果不加控制，就会陷入无限循环，所以递归算法总会有个退出条件使递归函数返回，不再对自身进行调用而进行进一步的工作。

该递归函数名为 RenderBranch，它接受一个名为 recursionLevel 的单个参数。每当函数调用自身时，就将参数值加 1，当检测到递归次数已经达到足够的层数时，就不再调用自身。这样执行权就回到了调用过程中，使程序可以继续执行。

RenderBranch 函数在调用自身来绘制分枝之前，就为分枝设置好了位置。它首先向左旋转一点，这样就可以绘制左分枝，然后再向右旋转一点用来绘制右分枝。子分枝就在自己能发现的位置上进行渲染，因为上一级已经设置好了它们所需要的位置。

由于每个分枝都有两个子分枝，而这些子分枝又绘制了自己的子分枝，所以整个树就形成了，如图 10-15 所示。

RenderBranch 函数中的代码如程序清单 10-19 所示。

程序清单 10-19　用于绘制分枝的递归函数

```
/// <summary>
/// Draw a branch of the tree, and then any sub-branches higher up the tree
/// </summary>
/// <param name="recursionLevel">The current recursion level.</param>
private void RenderBranch(int recursionLevel)
{
    // Generate an array of colors for the branch.
    float[] branchColors = new float[] { 0.8f, 0.6f, 0.0f, // light-brown
                                         0.2f, 0.1f, 0.0f, // dark-brown
                                         0.8f, 0.6f, 0.0f, // light-brown
                                         0.2f, 0.1f, 0.0f}; // dark-brown
    // The number of levels of recursion that we will follow.
    const int MAX_RECURSION = 6;
    // The angle for each branch relative to its parent
    const float BRANCH_ANGLE = 15;

    // Push the matrix so that we can "undo" the scaling
    gl.PushMatrix();
    // Scale down on the x axis and up on the y axis so that our
    // quad forms a vertical bar
    gl.Scalef(0.4f, 2.0f, 1.0f);
    // Draw this element of the branch
    RenderColorQuad(branchColors);
    // Restore the unscaled matrix
    gl.PopMatrix();

    // Do we want to recurse into sub-branches?
    if (recursionLevel < MAX_RECURSION)
    {
        // Yes.
        // First translate to the top of the current branch
        gl.Translatef(0, 1, 0);

        // Push the matrix so that we can get back to it later
```

```
gl.PushMatrix();
// Rotate a little for the left branch
gl.Rotatef(BRANCH_ANGLE + (float)Math.Sin(_treeSway / 10) * 10, 0,
                                                               0, 1);
// Scale down slightly so that each sub-branch gets smaller
gl.Scalef(0.9f, 0.9f, 0.9f);
// Translate to the mid-point of the left branch
gl.Translatef(0, 1, 0);
// Render the branch
RenderBranch(recursionLevel + 1);
// Pop the matrix so that we return to the end of this branch
gl.PopMatrix();

// Push the matrix so that we can get back to it later
gl.PushMatrix();
// Rotate a little for the right branch
gl.Rotatef(-BRANCH_ANGLE - (float)Math.Sin(_treeSway / 15) * 10, 0,
                                                                0, 1);
// Scale down slightly so that each sub-branch gets smaller
gl.Scalef(0.9f, 0.9f, 0.9f);
// Translate to the mid-point of the right branch
gl.Translatef(0, 1, 0);
// Render the branch
RenderBranch(recursionLevel + 1);
// Pop the matrix so that we return to the end of this branch
gl.PopMatrix();
    }
}
```

10.5   绘图函数

我们示例中所有的绘制操作实际都是由 RenderColorQuad 函数完成的,其代码如前面程序清单 10-12 所示。这个过程首先设置指向顶点数组和顶点颜色数组的指针,然后调用了 OpenGL DrawArrays 函数来完成绘制。

DrawArrays 函数中的第一个参数 mode 是常量 GL_TRIANGLE_STRIP。该参数值可以有多个选择,接下来我们就讨论每个选项以及它们的使用方式。

10.5.1   绘制点

如果在调用 DrawArrays 函数时 mode 参数为常量 GL_POINTS,那么顶点数组中的顶点会作为单独的像素进行渲染。每个像素上的颜色为顶点所指定的颜色。

10.5.2   绘制线段

有 3 种不同的模式可以用来画线:GL_LINES、GL_LINE_LOOP 和 GL_LINE_STRIP。GL_LINES 会遍历所有提供的顶点,每两个顶点为一对,将每一对中的两个顶点分别作为线段的起点和终点。这些线段之间不进行连接(实际上，该模式是 3 个模式中效率最高的)。数组中最后如果有多余的点则忽略。

图 10-16 展示了在 4 个顶点之间使用 GL_LINES 模式所绘制的线段。

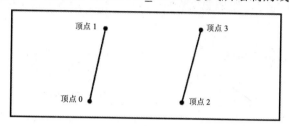

图 10-16　使用 GL_LINES 模式绘制线段

GL_LINE_STRIP 模式有些相似，但它不是一对一对地处理顶点，而是在每个顶点之间绘制线段。结果就是所有顶点组成了一条线，如图 10-17 所示。

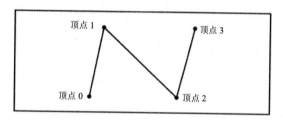

图 10-17　使用 GL_LINE_STRIP 模式绘制线段

最后一种画线模式为 GL_LINE_LOOP，它与 GL_LINE_STRIP 几乎是相同的，只是它自动地将数组中首尾两个顶点连接在一起来创建一个闭合的图形。

10.5.3　绘制三角形

最后一组模式涵盖了各种用于创建三角形的方法。它们分别是 GL_TRIANGLES、GL_TRIANGLE_STRIP 和 GL_TRIANGLE_FAN。

GL_TRIANGLES 模式将每 3 个顶点作为一组，构成一个单独的三角形。这样会绘制出多个相互隔离开的三角形。图 10-18 中使用这种模式用 6 个顶点绘制了两个三角形。数组最后多余的点会被忽略。

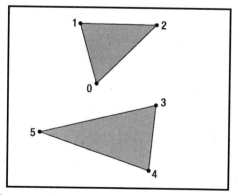

图 10-18　使用 GL_TRIANGLES 模式绘制三角形

GL_TRIANGLE_STRIP 模式会重复使用顶点数组中的顶点来创建多个三角形, 每个三角形与前一个三角形共享一条边。最初的三个顶点(点 0、点 1、点 2)构成了第 1 个三角形, 接下来, 由点 1、点 2 与点 3 组成第 2 个三角形, 点 2、点 3、点 4 构成第 3 个三角形, 以此类推。

如果您想让所有三角形都能共享它们的边, 那么这是一种非常有效的绘制方式, 因为共享的顶点虽然被 3 个不同的三角形所使用, 但只需要变换 1 次。

图 10-19 展示了一个使用 GL_TRIANGLE_STRIP 模式连接一系列顶点的示例。

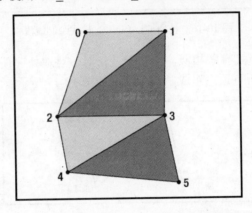

图 10-19　使用 GL_TRIANGLE_STRIP 模式绘制三角形

最后一种模式为 GL_TRIANGLE_FAN。可以绘制一系列共享了单个点的三角形。这种模式比其他三角形模式有更多的使用限制, 但当绘制椭圆或椭圆弧时特别方便。

第一个顶点会被所有的三角形共享。OpenGL 先采用接下来的两个点来完成第一个三角形, 然后遍历其余所有顶点, 每次都取下一个点, 与上一个点和第 1 个点构成下一个三角形。因此, 每个三角形还与前一个三角形共享了一条边。

图 10-20 所展示的示例就采用该模式对一系列顶点进行绘制。

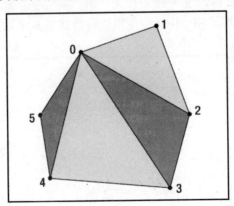

图 10-20　使用 GL_TRIANGLE_FAN 模式绘制三角形

10.6　使用纹理映射

彩色的图形都很漂亮，但它们一般不是我们创建游戏所需要的。在我们的游戏中，要能够在屏幕上显示图像。在 OpenGL 中如何实现呢？幸运的是，实现起来很简单。首先，将图像文件加载，然后告诉 OpenGL 将图像纹理显示在它所绘制的三角形上。在接下来的几节中就会看到该操作是如何实现的。

10.6.1　加载图形

在 OpenGLES 项目中包含了一个名为 Texture 的类，它负责加载我们想在 OpenGL 中显示的图像。

通过调用 Texture 类中的静态函数 LoadStream 来加载图像，该函数以一个包含了图像文件(PNG、JPG 或 GIF 格式)的 Stream 对象作为参数。如果计划使用嵌入式资源，那么可以使用 Assembly.GetManifestResourceStream 函数将资源加载到 Stream 中，在 GDI 图像编程中我们使用的是同样的函数。要从文件中加载，只需要用 FileStream 对象打开该文件，然后从那里加载即可。

Texture.LoadStream 函数返回了一个 Texture 对象，我们将它保存起来供渲染时使用。

加载图像所需要的代码如程序清单 10-20 所示。这可以在本书配套下载代码的 Textures 项目中找到，它被添加在 InitGL 函数中。

程序清单 10-20　从嵌入式资源中加载纹理

```
// Load our textures
Assembly asm = Assembly.GetExecutingAssembly();
_texture = Texture.LoadStream(
    asm.GetManifestResourceStream("Textures.Graphics.Grapes.png"), true);
```

向 LoadStream 方法传入的 Boolean 值表示图像中是否包含与透明度相关的信息。在本示例中该值为 true，但您会看到，在渲染时图像不是透明的。我们将在本章后面的 10.7 节中找到其中的原因。

10.6.2　使用纹理进行渲染

当准备好用纹理进行渲染时，首先要令 OpenGL 使用纹理。就像其他的属性一样，它会一直使用该纹理直到设置了另外的纹理。在程序清单 10-21 所示的代码中，通知 OpenGL 使用我们已加载的纹理，然后渲染一个在其上显示纹理的四边形。

程序清单 10-21　使用纹理进行渲染

```
/// <summary>
/// Render the OpenGL scene
/// </summary>
void Render()
{
```

```
    // Clear the color and depth buffers
    gl.Clear(gl.GL_COLOR_BUFFER_BIT);

    // Bind to the texture we want to render with
    gl.BindTexture(gl.GL_TEXTURE_2D, _texture.Name);

    // Load the identity matrix
    gl.LoadIdentity();
    // Draw the rotating image.
    // First translate a little way up the screen
    gl.Translatef(0, 0.5f, 0);
    // Rotate by the angle required for this frame
    gl.Rotatef(_rotation, 0.0f, 0.0f, 1.0f);
    // Render the quad using the bound texture
    RenderTextureQuad();

    // Increase the rotation angle for the next render
    _rotation += 1f;
}
```

这段代码中首先调用 BindTexture 函数告诉 OpenGL 要使用的纹理。将纹理对象的 Name 属性值传递给该函数。这个 Name 属性实际是由 OpenGL 生成的，它只是一个 int 值而不是可读的名称。

正如前面的示例中调用 RenderColorQuad 函数，我们现在调用 RenderTextureQuad 函数来进行渲染，使用纹理而不是颜色。RenderTextureQuad 函数包含两个重载：第一个不包含任何参数，在四边形中显示整个纹理。第二个重载可以传递纹理坐标数组，将纹理中指定的区域显示在图形中。我们将在下一节讨论纹理坐标。

这两个 RenderTextureQuad 函数的重载如程序清单 10-22 所示。

程序清单 10-22　使用纹理映射渲染四边形

```
/// <summary>
/// Render a quad at the current location using with the current
/// bound texture mapped across it.
/// </summary>
private void RenderTextureQuad()
{
    // Build the default set of texture coordinates for the quad
    float[] texCoords = new float[] { 0.0f, 1.0f,
                                      1.0f, 1.0f,
                                      0.0f, 0.0f,
                                      1.0f, 0.0f };

    // Render the quad
    RenderTextureQuad(texCoords);
}
/// <summary>
/// Render a quad at the current location using the provided texture
/// coordinates for the bottom-left, bottom-right, top-left and top-right
/// corners respectively.
/// </summary>
```

```
/// <param name="texCoords">An array of texture coordinates</param>
unsafe private void RenderTextureQuad(float[] texCoords)
{
    // The vertex positions for a flat unit-size square
    float[] quadVertices = new float[] { -0.5f,  -0.5f, 0.0f,
                                          0.5f,  -0.5f, 0.0f,
                                         -0.5f,   0.5f, 0.0f,
                                          0.5f,   0.5f, 0.0f};

    // Fix a pointer to the quad vertices and the texture coordinates
    fixed (float* quadPointer = &quadVertices[0], texPointer = &texCoords[0])
    {
        // Enable textures
        gl.Enable(gl.GL_TEXTURE_2D);

        // Enable processing of the vertex and texture arrays
        gl.EnableClientState(gl.GL_VERTEX_ARRAY);
        gl.EnableClientState(gl.GL_TEXTURE_COORD_ARRAY);

        // Provide a reference to the vertex and texture arrays
        gl.VertexPointer(3, gl.GL_FLOAT, 0, (IntPtr)quadPointer);
        gl.TexCoordPointer(2, gl.GL_FLOAT, 0, (IntPtr)texPointer);

        // Draw the quad. We draw a strip of triangles, considering
        // four vertices within the vertex array.
        gl.DrawArrays(gl.GL_TRIANGLE_STRIP, 0, 4);

        // Disable processing of the vertex and texture arrays now that we
        // have used them.
        gl.DisableClientState(gl.GL_VERTEX_ARRAY);
        gl.DisableClientState(gl.GL_TEXTURE_COORD_ARRAY);

        // Disable textures
        gl.Disable(gl.GL_TEXTURE_2D);
    }
}
```

第一个重载中构造了一套默认的纹理坐标集，将整个纹理映射到四边形中，然后再调用第二个重载。

第二个重载与 RenderColorQuad 函数非常相似，只是它用纹理代替了颜色。首先，在 Enable 函数中传递 GL_TEXTURE_2D 标志，使纹理映射可用。如果不使用纹理映射则不必使该标签可用，所以在需要使用它之前关闭该标签。

接下来启动 GL_TEXTURE_COORD_ARRAY 客户端状态，然后调用 TexCoordPointer 函数，以纹理坐标的位置作为参数。注意纹理坐标以二维方式指定，因为我们的图像只是 2D 的。不过它们还是可以映射到 3D 对象上。

通过 DrawArrays 函数对四边形进行绘制后，再将所有的纹理映射功能所用到的启用了的属性禁用，这样所有属性都回到了一个已知的状态。

10.6.3 指定纹理坐标

屏幕上的坐标是以 x 轴和 y 轴进行测量的,而纹理所用的轴为 s 轴和 t 轴。s 轴涵盖了纹理的宽度,t 轴涵盖了纹理的高度。

无论所加载图像的分辨率是什么,s 坐标和 t 坐标始终是 0～1,0 代表 s 轴的左边界和 t 轴的顶边,1 表示 s 轴的右边界和 t 轴的底边,如图 10-21 所示。

图 10-21 纹理坐标中的 s 轴与 t 轴

当我们想使用纹理影射绘图时,就建立一个数组,它的值指示了每个顶点对应的纹理坐标。虽然顶点坐标包含了 3 个维度值,但纹理坐标是从一个 2D 图像中读取的,所以只需要为每个顶点提供两个值即可,使用 s 坐标和 t 坐标。

为了在绘制四边形时能将整个纹理映射到上面,我们设置左下角顶点坐标为(0,1),右下角顶点坐标为(1,1),左上角顶点坐标为(0,0),右上角顶点坐标为(1,0)。这就是在 RenderTextureQuad 函数的第一个重载中所构建的数组,如程序清单 10-22 所示。

还可以只映射纹理中的一个区域。这与物理顶点坐标无关;要做的是指定纹理要应用到四边形中的区域。如果我们提供的顶点坐标只覆盖了纹理图像中一小部分区域,那么该区域中的图像就会扩展来填满要绘制的图形。

图 10-22 展示了该方法使用部分纹理的示例。纹理区域 s 轴与 t 轴的坐标区域都是 0～0.5。

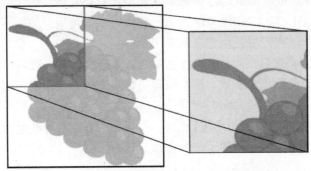

图 10-22 将源纹理中的一部分映射到渲染的四边形上

纹理坐标的另一个特性是它可以不限制于 0～1 的范围。如果指定的坐标超出了该范围，那么在超出范围的区域内的纹理就会重复。图 10-23 展示一个 s 轴值为 0～3、t 轴值为 0～2 的四边形。

在本书配套下载代码的 Textures 项目中展示了本节中所有讨论过的技术。在绘制时如果在图像中移动顶点坐标就会得到很多不同的有趣的效果。请花一些时间来体验如何使用纹理坐标，从而达到熟练的程度。

图 10-23　使纹理平铺

10.6.4　清除资源

纹理也是非托管资源，所以当绘制完成时一定要对它们进行清除。Texture 对象有 Dispose 方法，所以 OpenGL 对象终止时，只需要调用该方法即可。

10.7　使用透明度和 alpha 混合

当渲染图形时，OpenGL 提供了一些方法来处理透明度。首先要允许部分纹理为透明，其次才是执行半透明渲染。接下来我们就看看如何使用这些功能。

10.7.1　应用透明度

您可能已经注意到，在 Textures 项目中，图像的背景被渲染为纯色。如果能使背景图像具有一定的透明度，从而能够看到已经存在于屏幕上的内容，将是一个非常有用的功能。

该功能很容易实现。首先要通知 OpenGL 如何判断像素是否为透明。我们是可以识别的，当像素的 alpha 值为 1.0，就认为该像素是透明的，从而不用在窗口上绘制。其次是使 alpha 测试(alpha test)可用，否则 alpha 检测(alpha check)就会被忽略。

使用程序清单 10-23 中的语句来执行这些步骤。

程序清单 10-23　启用透明背景的 alpha 测试

```
// Enable the alpha test
```

```
gl.Enable(gl.GL_ALPHA_TEST);
// Set the alpha function to treat pixels whose alpha value
// is 1.0 as transparent.
gl.AlphaFunc(gl.GL_EQUAL, 1.0f);
```

如果将这些代码行添加到 Textures 项目中，您就会发现背景确实变透明了。如果将这段代码添加到 InitGL 函数中，那么在所有的渲染操作中，它都是激活的。在执行渲染的代码中也可以根据需要将它更新、启用、禁用。

与 GDI 不同，我们实际使用了包含在图像中的 alpha 通道来判断纹理中的每个像素是被绘制成透明还是不透明。这意味着，无论使用什么绘图工具来创建纹理，只要这些包可以创建使用 alpha 通道(用于透明度)的图像即可。许多绘图包(包括 Paint.NET、 Paint Shop Pro 及 Photoshop)都可以创建含有 alpha 通道的图像——可以查看文档来得到更详细的信息。要确保将图像保存为 PNG 格式，这样就可以保留 alpha 通道，并非所有的图像格式都支持 alpha 通道。

10.7.2 alpha 混合

除了使用透明背景绘制纹理外，我们还能以不同的透明度来渲染四边形。这就是 alpha 混合，因为使用了一个 alpha 值(例如，每个颜色在定义时都包含的一个值，但我们到现在为止都尚未使用过该定义)将要绘制的对象同已经绘制好的颜色混合在一起。

就像其他的 OpenGL 效果一样，首先要将 alpha 混合启用。如果局部绘制或全部绘制不需要 alpha 混合，那么将它禁用可以提高效率，因为图形硬件少做了很多工作。

只要将混合启用了，就需要准确地告知如何将正在渲染的对象中的颜色与屏幕上已经存在的颜色相混合。实际上，该方法会提供一个源色及一个源色因子，用于控制该颜色如何显示。OpenGL 然后使用目标色(屏幕上已经存在的颜色)，以及一个目标因子来控制其处理方式。然后对源色及目标色根据因子进行计算，结果就是要实际显示的颜色。

程序清单 10-24 中的代码将 alpha 混合启用，并且选择了混合因子。

程序清单10-24 启用alpha混合并进行配置

```
// Enable alpha blending
gl.Enable(gl.GL_BLEND);
// Set the blending function
gl.BlendFunc(gl.GL_SRC_ALPHA, gl.GL_ONE_MINUS_SRC_ALPHA);
```

接下来我们就更仔细地看看混合因子，了解它的作用。

源色可用的因子之一是常量 GL_ONE，使颜色中的红、绿、蓝及 alpha 颜色分量都为 1。另一个是 GL_ZERO，使颜色中的每个颜色分量都为 0。如果以 GL_ONE 作为源色因子，GL_ZERO 作为目标色因子。那么每个像素的颜色可以这样进行计算：

```
OutputRed = (SourceRed * 1) + (DestinationRed * 0)
OutputGreen = (SourceGreen * 1) + (DestinationGreen * 0)
OutputBlue = (SourceBlue * 1) + (DestinationBlue * 0)
OutputAlpha = (SourceAlpha * 1) + (DestinationAlpha * 0)
```

正如您看到的，这对混合因子的结果就是使对象渲染得完全不透明；根本没有发生混合。输入色与源色完全相同；已经存在的颜色被完全忽略了。

接下来看另外一对混合函数，以 GL_SRC_ALPHA 作为源色因子，GL_ONE_MINUS_SRC_ALPHA 作为目标色因子。GL_SRC_ALPHA 为源色提供了 alpha 分量，GL_ONE_MINUS_SRC_ALPHA 为目标色提供的因子为 1−alpha。因此每个像素的输入色这样进行计算：

```
OutputRed = (SourceRed * SourceAlpha) + (DestinationRed * (1 - SourceAlpha))
OutputGreen = (SourceGreen * SourceAlpha) + (DestinationGreen * (1 -
    SourceAlpha))
OutputBlue = (SourceBlue * SourceAlpha) + (DestinationBlue * (1 -
    SourceAlpha))
OutputAlpha = (SourceAlpha * SourceAlpha) + (DestinationAlpha * (1 -
    SourceAlpha))
```

您可能会对这些计算公式感到眼熟，它们与游戏刷新时计算游戏对象位置所用的内插算法刚好相同。如果 SourceAlpha 为 1.0，那么输出色与源色的红、绿、蓝和 alpha 值完全相同(如上一组计算公式的情况)，因而使对象完全不透明地渲染。如果 SourceAlpha 为 0.0，那么输出色与目标色的红、绿、蓝和 alpha 值完全相同，所以对象完全透明(因此看不到对象)。当值从 1 到 0 变化时，对象会在不透明到透明之间渐变。

另外一对常用的因子为：以 GL_SRC_ALPHA 作为源色因子，以 GL_ONE 作为目标色因子。它们会产生叠加混合的效果：对象不会完全不透明，因为目标色保持完整，而源色添加到了已经存在的颜色上。重叠区域的颜色会混合到一起，这样蓝色与红色叠加会成为紫色，绿色与红色叠加会成为黄色等。

本书配套下载代码中的 AlphaBlending 项目中包含了一个简单的示例，屏幕上渲染了三个彩色的四边形，并且有一部分是重叠的。每个四边形的 alpha 值都是在 0～1 之间逐渐变化，只是在速度上有一点不同，所以可以很容易看到混合了的重叠部分。

仔细查看该项目，在 InitGL 函数中尝试不同的混合函数。在下面要介绍的 10.7.4 节中将列出所有可用的混合函数(包含每个函数的介绍)。

该例中新的 RenderColorAlphaQuad 函数向 OpenGL 传递了 alpha 值。注意其中的颜色是 4 个值(红、绿、蓝、alpha)，不是 3 个。然后调用 ColorPointer 函数，将其第一个参数指定为 4，通知 OpenGL 颜色中还有一个额外的元素，而不像在前面的 RenderColorQuad 函数中，颜色只包含 3 个元素值。

10.7.3　使用纹理进行 alpha 混合

在使用纹理映射时，alpha 混合中也有一些非常有用的函数，在接下来的章节中将对它们进行介绍。示例项目 AlphaBlending 中就包含了一个纹理四边形的演示，从菜单中选择 Use Textures 就可以启用它。

1. 包含 alpha 通道的纹理

首先，我们可以使用纹理中的 alpha 通道在绘制纹理时控制透明度。如果纹理本身就是四周为非透明，朝中间逐渐变为透明，那么其渲染后与使用渐变透明度来绘制对象的效果相同。还有一个有用的技术，可以使用 alpha 通道为纹理中的图片提供光滑的边缘。当进行绘制时，图片的边缘可以与周围已有的任何颜色相融合。

用该方法绘制纹理时，用于源色的混合因子为 GL_SRC_ALPHA，目标色的混合因子为 GL_ONE_MINUS_SRC_ALPHA——与我们前面所看到的一对颜色混合因子完全相同。

2. 叠加纹理混合

纹理混合还有一个功能是使纹理中黑色的区域保持不变，而其他颜色的区域仍然显示。它非常适合生成粒子效果，例如在已有图像上显示星星，火花，火焰等。

在该混合效果中，将源色和目标色混合因子都设置为 GL_ONE。这样源色和目标色都保持不变并叠加在一起，这就是另外一种叠加混合。

3. 控制纹理的透明度

这里要介绍的最后一种场景是使纹理淡入淡出。到目前为止，您所看到的都是从一个颜色或一个纹理中使用 alpha 通道。纹理中的 alpha 通道是完全静态的：我们无法修改它来改变纹理的透明度。当使用纹理时，我们没有使用顶点颜色，所以就没有机会在颜色中指定 alpha 值。

那么如何才能使包含纹理的对象淡入淡出呢？

答案就是同时用使用纹理和颜色。其实这样做还有其他的用途，即能根据指定的顶点颜色为纹理上色。不过在这里，我们将使每个顶点颜色为白色，这样纹理的颜色就不会受到干扰。然后在顶点颜色中设置 alpha 值，从而使纹理在不透明和透明间实现淡入淡出。

要实现该效果，我们需要再次调用 EnableClientState 函数来启用颜色数组和顶点及纹理数组。可以参考 AlphaBlending 示例项目中的 RenderColorAlphaTextureQuad 函数。

10.7.4　了解常用的混合因子

表 10-1 中列出了 OpenGL ES 中常用的混合因子和混合因子的作用域(用于源色还是目标色)，并对每个因子的作用做了简单的介绍。

在表 10-1 中，Src 计算项代表源色中要参与混合的红、绿、蓝和 alpha 元素的值。Dest 计算项表示目标色中要参与混合的红、绿、蓝和 alpha 元素的值。Min 计算是求两个值中最小的值——例如，如果 SrcAlpha 为 0.5 和 1——DestAlpha 为 0.25，那么该结果就是 0.25。

表 10-1　混合因子

混 合 因 子	作 用 域	计 算 公 式
GL_ZERO	源色及目标色	(0, 0, 0, 0)
GL_ONE	源色及目标色	(1, 1, 1, 1)
GL_SRC_ALPHA	源色及目标色	(SrcAlpha, SrcAlpha,SrcAlpha,SrcAlpha)
GL_ONE_MINUS_SRC_ALPHA	源色及目标色	(1−SrcAlpha,1−SrcAlpha,1−SrcAlpha, 1−SrcAlpha)

（续表）

混 合 因 子	作 用 域	计 算 公 式
GL_DST_ALPHA	源色及目标色	(DestAlpha, DestAlpha, DestAlpha, DestAlpha)
GL_ONE_MINUS_DST_ALPHA	源色及目标色	(1－DestAlpha,1－DestAlpha,1－DestAlpha, 1－DestAlpha)
GL_SRC_COLOR	目标色	(SrcRed, SrcGreen, SrcBlue, SrcAlpha)
GL_ONE_MINUS_SRC_COLOR	目标色	(1－SrcRed,1－SrcGreen,1－SrcBlue,1－SrcAlpha)
GL_DST_COLOR	源色	(DestRed, DestGreen, DestBlue, DestAlpha)
GL_ONE_MINUS_DST_COLOR	源色	(1－DestRed,1－DestGreen,1－DestBlue, 1－DestAlpha)
GL_SRC_ALPHA_SATURATE	源色	所有 4 种颜色中(Min(SrcAlpha,1－DestAlpha)

10.8 理解直角坐标系

在 OpenGL 的概述的最后一部分，我最后想讨论的一个主题是 OpenGL 中另一个可供选择的坐标系。

在本章起始部分 10.1.4 节的第 1 小节曾经提到过，OpenGL 通常使用一个抽象坐标系，其原点位于屏幕的中央。所有的变换操作都在该坐标系中发生。

在很多情形中该坐标系都非常有用，因为它在渲染图形时可以不用考虑实际设备的屏幕分辨率。图像总可以缩放到与窗口的高度相匹配，这意味着，对于其他使用不同分辨率的手机，不需要做额外的工作就可以绘制对象。

但在某些情形中，尤其是开发 2D 游戏时，转换到基于像素的坐标系上要好一些。您不必一成不变地使用某个坐标系，如果愿意，在同样的渲染操作中可以在基于像素的坐标系与贯穿于本章其他部分的基于视角的坐标系之间来回进行切换。

要访问基于像素的坐标系，需要在 OpenGL 中设置一个直角坐标系，我们可以指定可视区域上、下、左、右 4 个顶点的直接坐标，只需要将这些值传递给 Orthof 函数即可。以(0,0)作为左下角的位置坐标，以(this.Width, this.Height)为右上角的位置坐标，该坐标系就切换为基于像素的坐标系了。

在 InitGLViewport 函数中对代码进行修改以设置这样的坐标系，如程序清单 10-25 所示。

程序清单 10-25 设置一个基于像素的直角坐标系

```
/// <summary>
/// Set up OpenGL's viewport
/// </summary>
private void InitGLViewport()
{
   // Set the viewport that we are rendering to
   gl.Viewport(this.ClientRectangle.Left, this.ClientRectangle.Top,
      this.ClientRectangle.Width, this.ClientRectangle.Height);
```

```
// Switch OpenGL into Projection mode so that we can set the projection
    matrix.
gl.MatrixMode(gl.GL_PROJECTION);
// Load the identity matrix
gl.LoadIdentity();
// Apply an orthographic projection
gl.Orthof(0, this.Width, 0, this.Height, -1, 1);

// Switch OpenGL back to ModelView mode so that we can transform objects
// rather than the projection matrix.
gl.MatrixMode(gl.GL_MODELVIEW);
// Load the identity matrix.
gl.LoadIdentity();
}
```

还记得我们曾经渲染的单位正方形现在边长只有一个像素，需要将它放大才能看到。此外，新的原点是在窗口左下角，而不是在窗口的中心，所以需要将对象平移到您想要的位置上。

当然，在调用 Orthof 函数时，可以为 left 属性、bottom 属性、right 属性及 top 属性提供任何您所期望的值。程序清单 10-26 中就展示了一个同样大小的坐标系，但其原点为屏幕的中心，而非左下角。

程序清单 10-26　设置一个基于像素的直角坐标系并且原点位于屏幕中心

```
/// <summary>
/// Set up OpenGL's viewport
/// </summary>
private void InitGLViewport()
{
    [...]
    // Apply an orthographic projection
    gl.Orthof(-this.Width / 2, this.Width / 2, -this.Height / 2, this.Height
        / 2, -1,1);
    [...]
}
```

您还可以设置自定义的抽象坐标系，程序清单 10-27 中展示了 Orthof 函数的另外一种方式，其中设置了一个坐标系，这次在 x 轴与 y 轴上的区间都为 0～10。该坐标系在 x 轴与 y 轴上的实际长度会有所不同，因为屏幕的宽和高都是不同的。

程序清单 10-27　设置一个自定义的抽象坐标系

```
/// <summary>
/// Set up OpenGL's viewport
/// </summary>
private void InitGLViewport()
{
    [...]
    // Apply an orthographic projection
```

```
gl.Orthof(0, 10, 0, 10, -1,1);
[...]
}
```

10.9　深入掌握 OpenGL

希望本章能使您了解 OpenGL 的功能。如果玩家的手机能够支持它，OpenGL 会为开发人员提供强大而灵活的图形处理功能，大大超出我们已经看到过的 GDI。

接下来的几章介绍如何将 OpenGL 应用到游戏环境中，首先要在游戏引擎中实现它。

请花一些时间对到目前为止所学的内容进行实践，因为很多内容需要亲自体验才行！示例项目会为您敞开熟悉 OpenGL 功能的大门。

如果想了解更多有关 OpenGL 的功能，请访问 http://www.khronos.org/opengles/sdk/1.1/docs/man/，在其中能找到完整的 OpenGL ES 文档。

第 11 章

■■■

使用 OpenGL 创建 2D 游戏

现在我们已经学习了用 OpenGL 进行 2D 渲染的基础知识，接下来就将这些概念整合到贯穿本书的游戏引擎中。同时，还会利用到前面已经看到过的计时器、对象、图形管理等多方面的优势。

令人高兴的是，OpenGL 实际上比 GDI 简单得多。在使用 GDI 时通常要知道窗体中哪个部分要更新，哪些对象发生了移动，而使用 OpenGL 时这些都消失了。因为每一帧都会对整个屏幕进行重绘，我们只需要关心哪些对象为激活状态，以及它们需要在哪里绘制。

我们先将 OpenGL 代码集成到游戏引擎项目中。

11.1　将 OpenGL 添加到游戏引擎中

当为游戏引擎添加对 GDI 的支持时，是通过两个继承类来实现的。首先是 CgameEngine-GDIBase 类，它从底层的 CGameEngineBase 类继承，并且添加了许多实现 GDI 所需要的额外功能。另一个是 CGameObjectGDIBase 类，它从 CGameObjectBase 类继承，也添加了一些专门用于处理 GDI 对象的代码。

对于 OpenGL，我们也要采用相同的方法，添加两个新类，名字分别为 CgameEngine-OpenGLBase 和 CGameObjectOpenGLBase。这些类的作用和使用方式会包含在随后的章节中。

图 11-1 中的类图展示了项目中所有的引擎类与对象类。

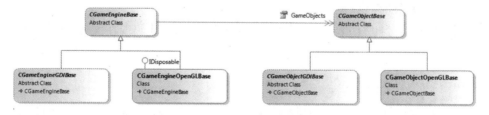

图 11-1　表示所有相关的引擎类与对象类的类图

11.1.1　CGameEngineOpenGLBase 类

CGameEngineOpenGLBase 类的大概情况如下：

- **目标**　实现了 CGameEngineBase 类，包含 OpenGL 图形所需的功能
- **类型**　抽象基类

- **父类**　CGameEngineBase
- **子类**　各文件集中单独的游戏实例
- **主要函数**
  - **CreateGL**　创建 OpenGL 环境
  - **Dispose**　终止 OpenGL 环境，并将所有分配了的资源释放
  - **InitGL**　对 OpenGL 环境进行设置并准备进行渲染
  - **InitGLViewport**　为当前窗口设置 OpenGL 视口
  - **Render**　绘制游戏

OpenGL 的准备工作和初始化工作都在该抽象基类中执行。单独的游戏可以从 CGameEngineOpenGLBase 类继承来访问这些功能，并为显示游戏所需要的一切进行设置。

1. 初始化 OpenGL

上一章的示例项目中只使用了一个窗体，在该窗体中运用了 OpenGL 初始化、渲染和更新所用的代码。当我们将 OpenGL 移植到游戏引擎中时，这些功能会分开放在 CGameEngineOpenGLBase 类和 CGameObjectOpenGLBase 类中。

所有用于创建和初始化 OpenGL 运行环境的代码都放在 CGameEngineOpenGLBase 中。在这里提供了 CreateGL 和 InitGL 函数，这两个函数与之前相比并未发生本质的变化。不过，这些函数现在的访问范围是 private，所以在该类的外部无法直接调用它们。

而与此同时添加了一个名为 InitializeOpenGL 的公共函数，用于创建和初始化运行环境。必须从游戏中直接调用该函数(例如，不能作为类构造函数中的一部分)，所以，可以首先执行功能检测。我们将会在稍后的 11.1.3 节中进行详细讨论。

在 CGameEngineOpenGLBase 类中还可以看到 InitGLViewport 函数，如同您之前所看到的那样，也是在 InitGL 中自动调用。然而，它现在是一个虚函数，继承的子类要对它进行重载从而初始化不同的视口。尤其是在游戏中可以用它设置不同的投影矩阵(透视投影或正交投影)，如我们在第 10 章中所讨论过的。

除了在 InitGL 函数中调用 InitGLViewport 函数，该类的构造函数还添加了游戏窗体的 Resize 事件处理程序。每次激发该事件时，会再次调用 InitGLViewport 函数，为新的窗口大小重新配置合适的视口。

最后要将所有分配的 OpenGL 资源进行清理，所用的代码现在包含在标准的 Dispose 方法中。

2. 渲染游戏对象

Render 函数仍然负责通知每个游戏对象对自己进行渲染。OpenGL 需要的代码非常简单，实际上就只是在每个对象渲染之前检测该对象是否终止。

Render 函数完整的代码如程序清单 11-1 所示。

程序清单 11-1　在 OpenGL 游戏引擎中绘制游戏对象

```
/// <summary>
/// Render all required graphics in order to update the game display.
```

```
/// </summary>
/// <param name="interpFactor">The interpolation factor for the current
/// update</param>
public override void Render(float interpFactor)
{
    // Allow the base class to perform any processing it needs to do
    base.Render(interpFactor);

    // Make sure OpenGL has been initialized
    if (!_glInitialized)
        throw new Exception("Cannot Render: OpenGL has not been initialized");

    // Clear the background.
    gl.Clear(gl.GL_COLOR_BUFFER_BIT);

    // Render all game objects
    foreach (CGameObjectOpenGLBase gameObject in GameObjects)
    {
        // Is this object terminated? Don't draw if it is
        if (!gameObject.Terminate)
        {
            gameObject.Render(null, interpFactor);
        }
    }
}
```

注意在调用每个对象的 Render 方法时，其 gfx 参数为 null。因为 OpenGL 负责将画面显示在屏幕上给我们看，所以不需要为游戏对象创建 Graphics 对象。

3. 访问图形库

在 CGameEngineGDIBase 类中提供了一个 Bitmap 对象的 Dictionary 对象，每个图形都可以加载到其中，通过 GameGraphics 属性来访问它。

在 CGameEngineOpenGLBase 类中提供了一个非常类似的操作，也通过相同的属性名称来访问。但使用 OpenGL 时，我们用的是 Texture 对象字典，而不是 Bitmap 对象字典。在第 10 章中曾经讨论过 Texture 对象。

4. 调用实用工具函数

此外，该类中还提供了几个实用工具函数来帮助完成一些通用的任务，包括颜色转换函数。OpenGL 颜色定义在一个浮点数组中，使用起来已经很方便了，但使用在 GDI 中用过的 Color 对象来引用颜色的话还会更加简单。这些函数可以在 GDI 格式的颜色与 OpenGL 格式的颜色之间转换。

Color1oFloat3 函数能将 GDI 颜色转换为包含 3 个 float 值的数组(不包含 alpha 分量)。ColorToFloat4 函数能完成同样的任务，而且包含 alpha 元素(该元素总是会被设置为 1)。最后，FloatToColor 函数能将一个 float 数组转换为 GDI 颜色。

11.1.2　CGameObjectOpenGLBase 类

CGameObjectOpenGLBase 类的大概情况如下所示:

- **目标**　实现 CGameObjectBase 基类, 包含 OpenGL 所需的图形功能
- **类型**　抽象基类
- **父类**　CGameObjectBase
- **子类**　各个游戏中的游戏对象, 包含在单独的文件集中
- **主要功能**
  - XScale,Yscale 和 Zscale　比例属性
  - XAngle,Yangle 和 Zangle　旋转角度属性
  - RenderColorQuad,RenderTextureQuad 和 RenderColorTextureQuad　能简化矩形绘制操作的工具函数

该类中的代码看上去都很相似,因为它们都基于我们在上几章中所讨论的代码和理念。接下来我们就很快的看看该类所包含的功能。

1. 为 OpenGL 设置对象状态

在该类的 GDI 版本中, 要记录每个对象的 Width 和 Height 属性。这些属性对于 GDI 引擎来说是至关重要的, 只有这样才能知道要将对象渲染在屏幕的什么位置。在 OpenGL 中, 我们不需要关心这些属性; 对象可以渲染在任意的位置上。事实上, OpenGL 游戏中的游戏对象要比一个简单的图形复杂很多——如有需要, 整个太阳系可以由一个游戏对象表示。

虽然不需要这些尺寸属性, 但我们为继承的对象类提供了一系列可能有用也可能没用的属性, 如果子类使用到某些属性, 就将它们绑定到给定的功能中; 用不到的属性可以忽略。

通过 Xscale、YScale 及 ZScale 属性, 可以提供在任意轴上进行缩放的支持。缩放之前的值可以通过 LastXScale、LastYScale 及 LastZScale 属性获得。要计算渲染时所需要的值(考虑内插), 可以使用 GetDisplayXScale、GetDisplayYScale 及 GetDisplayZScale 函数。

用于访问对象偏转角度的属性与缩放属性相类似(使用 Xangle、Yangle、ZAngle 等)。注意这些属性只记录了对象与 x 轴、y 轴和 z 轴的直接偏转角度; 如果需要围绕其他轴偏转, 就需要在继承类中使用自定义属性进行实现。

UpdatePreviousPosition 函数进行了重载, 除了更新对象的位置属性(通过基类)外, 还要对缩放属性及偏转角度属性也进行更新, 如程序清单 11-2 所示。

程序清单 11-2　更新 OpenGL 对象的先前位置

```
/// <summary>
/// In addition to the positions maintained by the base class, update
/// the previous positions maintained by this class too (scale
/// and rotation for each axis)
/// </summary>
internal override void UpdatePreviousPosition()
{
    // Let the base class do its work
```

```
    base.UpdatePreviousPosition();

    // Update OpenGL-specific values
    LastXScale = XScale;
    LastYScale = YScale;
    LastZScale = ZScale;

    LastXAngle = XAngle;
    LastYAngle = YAngle;
    LastZAngle = ZAngle;
}
```

需要时，任何继承类都可以创建自己的状态属性。例如，如果一个对象需要实现在不同的颜色之间平滑渐变，就需要添加属性来保存红、绿、蓝这 3 个元素的当前值与先前值。先前值可以通过对 UpdatePreviousPosition 重载来进行更新，此外还要添加函数来实现在先前值与当前值之间进行内插，就如同在基类中对位置、缩放比例及角度所进行的操作一样。

2. 渲染多边形

为了使继承类在渲染基本的矩形四边形时能够简单化，我们保留了上一章中的四边形绘制函数。并对函数的数量进行了小幅缩减，从而形成了 3 个基本函数：RenderColorQuad、RenderTextureQuad 和 RenderColorTextureQuad。

现在 RenderColorQuad 函数通过检测颜色数组的长度来自动判别参数中是否提供了 alpha 分量。如果数组中包含 12 项(每个顶点 3 项)，就意味着参数中没有提供 alpha 值，而包含 16 项(每个顶点 4 项)则意味着参数中提供了 alpha 值，如果检测到数组长度为其他的值，就会抛出一个异常，提示内容无法识别。

检测了颜色数组后，就用您之前所见过的方法绘制一个单位正方形。RenderColorQuad 函数中的代码如程序清单 11-3 所示。

程序清单 11-3　绘制彩色四边形

```
/// <summary>
/// Render a quad at the current location using the provided colors
/// for the bottom-left, bottom-right, top-left and top-right
/// corners respectively.
/// </summary>
/// <param name="quadColors">An array of four sets of red, green blue
/// (and optionally alpha) floats.</param>
unsafe protected void RenderColorQuad(float[] quadColors)

    int elementsPerColor;

    // The vertex positions for a flat unit-size square
    float[] quadVertices = new float[] { -0.5f, -0.5f, 0.0f,
        0.5f, -0.5f, 0.0f,
        -0.5f, 0.5f, 0.0f,
        0.5f, 0.5f, 0.0f};

    // Determine how many elements were provided for each color
```

```
switch (quadColors.Length)
{
    case 12: elementsPerColor = 3; break; // no alpha
    case 16: elementsPerColor = 4; break; // alpha present
    default: throw new Exception("Unknown content for quadColors");
}

// Fix a pointer to the quad vertices and the quad colors
fixed (float* quadPointer = &quadVertices[0], colorPointer =
    &quadColors[0])
{
    // Enable processing of the vertex and color arrays
    gl.EnableClientState(gl.GL_VERTEX_ARRAY);
    gl.EnableClientState(gl.GL_COLOR_ARRAY);

    // Provide a reference to the vertex array and color arrays
    gl.VertexPointer(3, gl.GL_FLOAT, 0, (IntPtr)quadPointer);
    gl.ColorPointer(elementsPerColor, gl.GL_FLOAT, 0,
        (IntPtr)colorPointer);

    // Draw the quad. We draw a strip of triangles, considering
    // four vertices within the vertex array.
    gl.DrawArrays(gl.GL_TRIANGLE_STRIP, 0, 4);

    // Disable processing of the vertex and color arrays now that we
    // have used them.
    gl.DisableClientState(gl.GL_VERTEX_ARRAY);
    gl.DisableClientState(gl.GL_COLOR_ARRAY);
}
```

RenderTextureQuad 函数中的代码与第 10 章中看到的同名函数的代码大体相同，只是检测了另一个数组长度，这次检测的是 texCoords 数组。如果数组长度不等于 8(4 个顶点，每个顶点包含 s 轴和 t 轴两个值)，就抛出一个异常。

最后，RenderColorTextureQuad 函数也与上一章中的同名函数大体相同，区别还是在于前者对颜色数组的长度进行了检测。

11.1.3　执行功能检测

如果用户在不支持 OpenGL 的手机的上启动了游戏，为了向用户提供一个反馈信息，我们还要添加一个功能检测，因此要回到在第 4 章中开发的检测功能中。

首先需要在 CGameEngineBase 类的 Capabilities 枚举中添加一个新项，由于下一个可用的 2 的幂值为 2 048，因此在已有的枚举代码中添加该值，如程序清单 11-4 所示。

程序清单 11-4　在 Capabilities 枚举中添加名为 OpenGL 的新项

```
/// <summary>
/// Capabilities flags for the CheckCapabilities and
    ReportMissingCapabilities functions
/// </summary>
```

```
[Flags()]
public enum Capabilities
{
    [...]
    OpenGL = 2048
}
```

然后对 CheckCapabilities 函数进行修改，添加的代码如程序清单 11-5 所示。该代码中首先看指定的功能检测中是否包含 OpenGL 枚举项，如果包含，就调用 CheckCapabilities_CheckForOpenGL 函数来执行检测。

程序清单 11-5　检测是否执行 OpenGL 功能测试

```
// Check hardware capabilities
if ((requiredCaps & Capabilities.OpenGL) > 0
    && !CheckCapabilities_CheckForOpenGL())
    missingCaps |= Capabilities.OpenGL;
```

CheckCapabilities_CheckForOpenGL 函数中只是简单地访问 EGL(包含在 libgles_cm.dll 中)中的一个函数。如果该函数正确地运行了，就返回 true 表示支持 OpenGL；否则，返回 false 表示不支持。测试所用的代码如程序清单 11-6 所示。

程序清单 11-6　测试是否支持 OpenGL

```
/// <summary>
/// Detect whether OpenGL support is available in this device
/// </summary>
/// <returns>Returns true if OpenGL support is found, false if not.</returns>
/// <remarks>This function uses the OpenGLES DLL to perform its check.
/// Note however that unless this function is called, there is no dependency
/// on the OpenGLES DLL being deployed with the application.</remarks>
private bool CheckCapabilities_CheckForOpenGL()
{
    OpenGLES.EGLDisplay eglDisplay;
    // Try to create an EGL display for our game form
    try
    {
        // Attempt to create an EGL display object
        eglDisplay = OpenGLES.egl.GetDisplay(
            new OpenGLES.EGLNativeDisplayType(GameForm));
        // Destroy the object that we created -- we were just testing
        // whether the call succeed and don't actually need the object.
        OpenGLES.egl.Terminate(eglDisplay);
        // The capability is present
        return true;
    }
    catch
    {
        // OpenGL not supported
        return false;
```

```
    }
}
```

将功能检测放到一个单独的函数中，意味在实际调用该函数时才需要加载 OpenGLES.dll。通过这种结构测试，意味着在 GDI 游戏中不使用 OpenGLES.dll，在部署时也就可以不必包含该 DLL，因而降低了安装文件的大小和安装过程的复杂度。

最后，要在 ReportMissingCapabilities 函数中添加一条信息，提醒用户该手机不支持 OpenGL，如程序清单 11-7 所示。

程序清单 11-7　报告用户手机不支持 OpenGL

```
// Check hardware capabilities
if ((missingCaps & Capabilities.OpenGL) > 0)
    ret.Append("- requires accelerated OpenGL support, which was not
                found.\n");
```

当我们使用 OpenGL 功能检测来创建项目时(即将在 11.2 节中看到)，可以分别在支持 OpenGL 与不支持 OpenGL 的手机(例如仿真器)上运行来看该函数是否能达到期望的效果。

11.1.4　创建游戏窗体

最后是游戏窗体本身。您已经看到，上一章示例中的大部分函数都移到了游戏引擎中，但在游戏窗体中还有一点工作要做。

在窗体的 Load 事件中，要执行功能检测，如果检测通过，就初始化 OpenGL，程序清单 11-8 给出了一个典型的 Load 事件。

程序清单 11-8　在窗体的 Load 事件中对游戏进行初始化

```
private void Form1_Load(object sender, EventArgs e)
{
    try
    {
        // Create the game object
        _game = new CBalloonsGame(this);

        // Check capabilities...
        GameEngine.CGameEngineBase.Capabilities missingCaps;
        // Check game capabilities -- OR each required capability together
        missingCaps = _game.CheckCapabilities(
            GameEngine.CGameEngineBase.Capabilities.OpenGL);
        // Are any required capabilities missing?
        if (missingCaps > 0)
        {
            // Yes, so report the problem to the user
            MessageBox.Show("Unable to launch the game as your device does not meet "
                + " all of the hardware requirements:\n\n"
                + _game.ReportMissingCapabilities(missingCaps),
                "Unable to launch");
            // Close the form and exit
```

```
            this.Close();
            return;
        }

        // Initialize OpenGL now that we know it is available
        _game.InitializeOpenGL();
    }
    catch (Exception ex)
    {
        // Something went wrong
        _game = null;
        MessageBox.Show(ex.Message);
        // Close the application
        this.Close();
    }
}
```

窗体需要使用函数 **OnPaintBackground** 的重载来阻止背景的绘制，正如我们在所有其他示例中看到的那样。

在 Paint 事件中，我们使游戏得以前进，并验证窗体。游戏引擎的 Advance 函数自动交换 OpenGL 渲染缓冲，所以不需要窗体自己来完成，程序清单 11-9 就展示了一个 Paint 事件处理程序。

程序清单 11-9　绘制游戏窗体

```
private void Form1_Paint(object sender, PaintEventArgs e)
{
    // Make sure the game is initialized -- we cannot render if it is not.
    if (_game != null)
    {
        // Advance the game and render all of the game objects
        _game.Advance();
    }

    // Invalidate the whole form to force another immediate repaint
    Invalidate();
}
```

最后需要在游戏关闭时进行清理并释放所有非托管资源。这需要通过 Closing 事件进行处理，我们只需要在其中简单地调用游戏引擎的 Dispose 方法即可，如程序清单 11-10 所示。

程序清单 11-10　关闭窗体并释放所有分配的资源

```
private void Form1_Closing(object sender, CancelEventArgs e)
{
    // Make sure the game is initialized
    if (_game != null)
    {
        // Dispose of all resources that have been allocated by the game
        _game.Dispose();
```

```
        }
    }
```

11.2　使用 OpenGL 游戏引擎

现在我们就使用 OpenGL 创建一个非常简单的游戏。除了显示图形外，还要在程序中添加交互性，看看如何将用户输入映射到游戏中。该游戏的完整源代码可以在本书配套下载代码的 Balloons 项目中找到。

11.2.1　为 Balloons 游戏做准备

我们的示例游戏中会显示一大群五颜六色的气球，从屏幕下方缓慢地向上漂移。这些气球使用了不同的尺寸，这样可以模拟出远景和近景的效果。因此，越大的气球上升得越快，因为它离玩家近。

玩家触碰一个气球，气球就会破裂。尽管在这里并不会实际将气球扎破，但我们可以将这个想法变成一个好玩的游戏，玩家要在气球到达屏幕顶部之前将气球扎破。扎破一个气球得 1 分，当未被扎破而逃离的气球到达一定数量时，游戏就终止。气球的数量和上升速度都会逐步加快。

虽然显示的气球是五颜六色的，但在游戏中实际只用了一个图形。我们可以用 OpenGL 的渲染功能将气球渲染为任意想要的颜色。这与 GDI 形成了鲜明的对比——例如，GemGrops 游戏必须将各种颜色的宝石提前渲染好保存在单独的图形文件中。

将同一个图形文件用多种颜色进行渲染，不仅能减少游戏的准备工作，还能使创建不同颜色之间的渐变更加容易。甚至还能使用颜色内插(参见上一章中的 ColoredQuad 示例)在图片上创建渐变效果。

为了用不同的颜色渲染气球，我们应向游戏中添加灰度图片，而不是某种特定气球颜色的图片。这是用 OpenGL 对气球进行渲染时最简单的方法。气球图形文件(Balloon.png)作为嵌入资源被包含。

我们在一个新项目中创建游戏，使用一个名为 CBalloonsGame 的类来代表该游戏。我们对该游戏类所做的第一件事是加载气球图形。就像在 GDI 引擎中所进行的那样，在游戏的 Prepare 函数中加载图形，代码如程序清单 11-11 所示。

程序清单 11-11　为游戏做准备

```
/// <summary>
/// Prepare the game
/// </summary>
public override void Prepare()
{
    // Allow the base class to do its work
    base.Prepare();

    // Make sure OpenGL is initialized before we interact with it
    if (OpenGLInitialized)
```

```
    {
        // Set properties
        BackgroundColor = Color.SkyBlue;

        // Load the graphics if not already loaded
        if (GameGraphics.Count == 0)
        {
            // Load our textures
            Assembly asm = Assembly.GetExecutingAssembly();
            Texture tex = Texture.LoadStream(
                asm.GetManifestResourceStream("Balloons.Graphics.Balloon.pn
                    g"), true);
            GameGraphics.Add("Balloon", tex);
        }
    }
}
```

游戏的 Reset 函数所做的操作很少，只是将添加到 GameObjects 集合中的对象清空而已。

Update 函数也很简单，它检测在游戏中是否有 20 个气球为活动状态，如果不够，就添加一个。在游戏开始时，该函数会被反复调用，直到气球的数量达到 20 为止。随着游戏的运行，每当有气球被扎破时，就会有一个新的气球进行补充。该函数的代码如程序清单 11-12 所示。

程序清单 11-12　更新游戏

```
/// <summary>
/// Update the game
/// </summary>
public override void Update()
{
    // Allow the base class to do its work
    base.Update();

    // Do we have less then 20 balloons active at the moment?
    if (GameObjects.Count < 20)
    {
        // Yes, so add a new balloon to the game engine
        GameObjects.Add(new CObjBalloon(this));
        // Sort the objects. The balloons have an override of CompareTo
        // which will sort those with the smallest size to the beginning
        // of the list, so that they render first and so appears to be
        // at the back.
        GameObjects.Sort();
    }
}
```

您会注意到每添加一个新气球，GameObjects 集合就会进行一次排序操作。在即将到来的 11.2.4 节中我们会讨论这样做的原因以及如何进行排序。

11.2.2　设置投影矩阵

为了简化项目中游戏对象的布局，Balloons 游戏类建立了一个正交投影，在上一章的末尾我们曾经介绍过这类投影。

这种投影使我们能够准确地控制对象在屏幕上出现的位置。使用透视投影的话，当物体移动到远处时看上去会变小(在下一章中我们将更详细地介绍)，但在这个游戏中，我们通过将气球缩放至更小的大小来模拟这样的效果。

我们没有使正交投影与屏幕坐标准确匹配，而是对其进行设置，令 x 轴的范围从屏幕左边侧到屏幕右边侧，坐标值范围为 - 2~2。这样，x 坐标为 0 就是屏幕中心从上至下的一条直线。在游戏坐标中，屏幕的宽度为 4(- 2~2)。

在计算 y 坐标时，要得到屏幕的宽高比，y 轴的坐标范围与 x 轴坐标范围应匹配。例如，如果屏幕的高度是宽度的两倍，那么 y 轴坐标范围就是从 - 4 到 4。

用屏幕的高度除宽度就得到对应的宽高比，然后将该值乘以 4(游戏坐标系中屏幕的宽度)，结果就是屏幕在游戏坐标系中的高度，如图 11-2 所示。

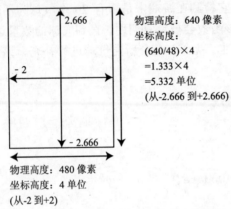

图 11-2　在 VGA 屏幕上为 Balloons 游戏设置直角坐标系

选择合适的直角坐标系，能在很大程度上使游戏对象的布局简单化。在开发游戏之前对坐标系进行正确地设置能够节约时间，因为如果以后再对坐标系进行修改的话，所有的游戏对象都要被重新定位，才能显示在与之前相同的屏幕位置上。

这里的投影矩阵是通过重载 CBalloonsGame 类中的 InitGLViewport 函数来设置的。代码如程序清单 11-13 所示。

程序清单 11-13　设置直角坐标系

```
/// <summary>
/// Override the viewport initialization function to set our own viewport.
/// We will use an orthographic projection instead of a perspective
/// projection.
/// This simplifies the positioning of our graphics.
/// </summary>
protected override void InitGLViewport()
{
```

```
float orthoWidth;
float orthoHeight;

// Let the base class do anything it needs.
// This will create the OpenGL viewport and a default projection matrix.
base.InitGLViewport();
// Switch OpenGL into Projection mode so that we can set our own projection
// matrix.
gl.MatrixMode(gl.GL_PROJECTION);
// Load the identity matrix
gl.LoadIdentity();

// Set the width to be whatever we want
orthoWidth = 4;
// Set the height to be the appropriate value based on the aspect
// ratio of the screen.
orthoHeight = (float)GameForm.Height / (float)GameForm.Width *
    orthoWidth;

// Set the orthoCoords rectangle. This can be retrieved by other
// code in the game to determine the coordinate that are in use.
_orthoCoords = new RectangleF(-orthoWidth / 2, orthoHeight / 2,
    orthoWidth, -orthoHeight);

// Apply an orthographic projection. Keep (0, 0) in the center of the
// screen.
// The x axis will range from -2 to +2, the y axis from whatever values
// have been calculated based on the screen dimensions.
gl.Orthof(-orthoWidth / 2, orthoWidth / 2, -orthoHeight / 2, orthoHeight
    / 2, -1, 1);

// Switch OpenGL back to ModelView mode so that we can transform objects
// rather than the projection matrix.
gl.MatrixMode(gl.GL_MODELVIEW);
// Load the identity matrix.
gl.LoadIdentity();
}
```

除了为 OpenGL 提供投影坐标，该函数还将它们保存到一个名为 _orthoCoords 的类级别的 Rectangle 变量中。在游戏的其他代码中，当需要获得坐标系的维度时，可以使用 OrthoCoords 属性。

11.2.3　渲染气球

气球是在一个名为 CObjBalloon 的类中实现的，该类继承于游戏引擎的 CgameObject-OpenGLBase 类。其中大多数代码都是能够自解释，所以我们将焦点放在一些感兴趣的地方。

首先，在构造函数中，随机设置气球的尺寸及位置。我们将使用一个简单的函数返回这些值，该函数包含在名为 RandomFloat 的类中，返回指定范围内的一个 float 值，这是因为.NET CF 的 Random 对象中没有直接包含实现该功能的函数。

设置 XPos 变量使气球会出现在该直角坐标系底边的某个位置上。在游戏中通过调用上一节提到的 OrthoCoords 属性就可以查询到宽度。

当气球即将离开窗口的底边时，就要首次计算 YPos 的值，此外还要减去一个随机值，这样气球要再过一段时间才会出现。通过这个小小的随机的延时，会使气球能够在屏幕的垂直方向上随机分布，而不是同一时刻全都出现在屏幕上。

然后设置颜色，并将它保存在一个标准的 GDI 颜色变量中供以后渲染时使用。游戏中提供了一个小小的集合，其中包含了可能出现的颜色。当然，无论需要什么颜色都可以很容易地对它进行扩展。

在 Render 函数中对气球进行渲染。该函数的代码如程序清单 11-14 所示。

程序清单 11-14　将气球绘制在屏幕上

```
/// <summary>
/// Render the balloon
/// </summary>
public override void Render(Graphics gfx, float interpFactor)
{
    base.Render(gfx, interpFactor);

    // Bind to the texture we want to render with
    gl.BindTexture(gl.GL_TEXTURE_2D,
        _myGameEngine.GameGraphics["Balloon"].Name);

    // Load the identity matrix
    gl.LoadIdentity();

    // Translate into position
    gl.Translatef(GetDisplayXPos(interpFactor),
        GetDisplayYPos(interpFactor), 0);

    // Rotate as required
    gl.Rotatef(GetDisplayZAngle(interpFactor), 0, 0, 1);

    // Scale according to our size
    gl.Scalef(_size, _size, 1);

    // Enable alpha blending
    gl.Enable(gl.GL_BLEND);
    gl.BlendFunc(gl.GL_SRC_ALPHA, gl.GL_ONE_MINUS_SRC_ALPHA);

    // Generate an array of colors for the balloon.
    // The alpha component is included but set to 1 for each vertex.
    float[] color3 = _myGameEngine.ColorToFloat3(_color);
    float[] balloonColors = new float[] { color3[0], color3[1], color3[2], 1,
                                          color3[0], color3[1], color3[2], 1,
                                          color3[0], color3[1], color3[2], 1,
                                          color3[0], color3[1], color3[2], 1 };

    // Render the balloon
    RenderColorTextureQuad(balloonColors);

    // Disable alpha blending
```

```
        gl.Disable(gl.GL_BLEND);
    }
```

在绑定气球纹理后，图形就可以进行正确地绘制了，用于渲染的代码加载单位矩阵，这样目标坐标系就会被重置为原始状态，所有的偏转和缩放都去掉了。

然后将气球的位置平移到保存在 Xpos 变量及 YPos 变量中的位置上。接下来如同我们在 GDI 游戏中所做的那样，使用 GetDisplayXPos 函数及 GetDisplayYPos 函数在先前位置与当前位置之间进行内插，确保气球的移动是平滑的，并且通过游戏引擎的计时器功能进行控制。气球还要围绕 z 轴进行轻微的偏转(从而产生前后轻轻摆动的效果)并且根据其尺寸进行缩放。由于尺寸是个常量，因此不需要使用 GetDisplayXScale 函数或 GetDisplay-YScale 函数，尽管在对象的生命周期中屏幕尺寸会发生变化。

气球现在平移到了准确的位置上，做好了渲染的准备。我们将使用 alpha 混合来确保屏幕上任何已经绘制的对象不被完全遮挡。气球图片包含了 alpha 通道，我们可以利用它使气球具有一点透明度。使用 Enable 函数就可以启用 alpha 混合，在第 10 章中曾经介绍过如何设置混合函数。

马上就可以进行实际的渲染了，但还有最后一步，即设置气球的颜色。我们使用游戏引擎中的 ColorToFloat3 函数将保存在_color 变量中的值转换为一个 float 数组，数组可以传递给 OpenGL。然后将这些值放到一个大一些的数组中，该数组中包含了四边形每个顶点的颜色。这些颜色将被应用到灰度气球图片上，按照任意指定的颜色绘制气球。

现在所有需要的工作都已经完成，只需要调用 RenderColorTexture 函数来渲染一个彩色的具有纹理的四边形即可。我们提供颜色数组，令该函数使用默认的纹理坐标，这样就可以将整个图像绘制到图形上。

最后，将 alpha 混合再次关闭。如果在代码中启用了某个渲染状态，但在下一个要渲染的对象中不想继续使用该状态了，那么将该渲染状态关闭是个好习惯。这样当前渲染的对象就不会对下一个对象的渲染产生影响，并使其行为可预测。

11.2.4　对气球排序

为了确保正确地对气球进行渲染，我们需要按照正确的顺序对它们进行绘制。首先绘制最小的气球(距离最远的气球)，然后在它们的前面绘制大点的气球(离玩家距离近一些的气球)。否则，如果小点的气球出现在前面的话，就违反了自然规律。

有很多方法可以实现这种排序，最简单的方法是在整个游戏对象集合中添加排序支持。对象保存在一个 List<CGameObjectBase>类型的集合中，List 可以对其中的项进行排序，但对象本身却不支持。因此，我们需要修改 CGameObjectBase 类，使它实现 IComparable 接口。这需要对类的声明进行一些修改，如程序清单 11-15 所示。

程序清单 11-15　使游戏对象能够支持排序

```
public abstract class CGameObjectBase : IComparable<CGameObjectBase>
```

一旦向类的声明中添加了该接口，就需要实现接口中的所有成员。否则，代码就不会编译。该接口中只有一个方法，名为 CompareTo。

要将与当前实例进行对比的另一个对象传递给 CompareTo 方法。如果当前的实例比要比较的对象小，就返回一个小于 0 的值。如果认为当前实例比要比较的对象大，那么返回一个大于 0 的值。如果两者相同，返回 0。

但是，该对象的基类并不知道游戏如何对对象排序，所以我们只需要令基类中的 CompareTo 返回 0 即可。然而，该函数被标记为虚函数，所以继承的对象类要对它进行重载，提供自己的实现代码。基类中的 CompareTo 方法如程序清单 11-16 所示。

程序清单 11-16　CGameObjectBase 类中的 CompareTo 方法

```
/// <summary>
/// Allow the game object list to be sorted.
/// </summary>
public virtual int CompareTo(CGameObjectBase other)
{
    // We don't know how the game will want to sort its objects,
    // so just return 0 to indicate that the two objects are
    // equal. Individual objects can override this to provide
    // their own sorting mechanism.
    return 0;
}
```

在 CGameObjectOpenGLBase 中，我们猜测这些对象会根据在 z 轴上的位置进行排序。这有可能是我们所需要的，也可能不是(实际上，在 Balloons 示例中这并不是我们所需要的)，但可能在某些情况下是有用的，因此可以将它作为默认排序方式。该类中的 CompareTo 方法的代码如程序清单 11-17 所示。

程序清单 11-17　CGameObjectOpenGLBase 中的 CompareTo 方法

```
/// <summary>
/// Provide default sorting for OpenGL objects so that they
/// are ordered from those with the highest z position first
/// (furthest away) to those with the lowest z position last
/// (nearest).
/// </summary>
/// <param name="other"></param>
/// <returns></returns>
public override int CompareTo(CGameObjectBase other)
{
    // Sort by z position
    return ((CGameObjectOpenGLBase)other).ZPos.CompareTo(ZPos);
}
```

在 CObjBalloon 类中，我们要根据游戏的实际需求来实现排序。该类重载了 CompareTo 方法，使用 _size 变量来判断气球排序的顺序。首先，代码要确保另一个对象实际上是一个气球，如果在 GameObjects 列表中添加了其他类型的对象，那么这些对象也会参加到排序操作中，所以我们需要确定参加比较的是两个气球对象。完成该检验后，用当前气球的尺寸与另一个气球的尺寸通过 int.CompareTo 方法进行比较。因为 int 也实现了 CompareTo，这是一种简单而且快捷的比较方法。气球代码中的 CompareTo 方法如程序清单 11-18 所示。

程序清单 11-18　CObjBalloon 中的 CompareTo 方法

```
/// <summary>
/// Allow the balloons to be sorted by their size, so that the smallest
/// balloons come first in the object list
/// </summary>
public override int CompareTo(GameEngine.CGameObjectBase other)
{
    // Are we comparing with another balloon?
    if (other is CObjBalloon)
    {
        // Yes, so compare the sizes
        return -((CObjBalloon)other)._size.CompareTo(_size);
    }
    else
    {
        // No, so let the base class handle the comparison
        return base.CompareTo(other);
    }
}
```

在 GameObjects 列表中添加了对象排序支持后，每当在 CBalloonsGame.Update 函数中添加了一个新气球时，只需要调用 GameObjects.Sort 方法就可以完成排序操作。气球会根据我们的需要从后向前渲染。

注意 CGameObjectOpenGL 类还实现了 MoveToFront 方法和 MoveToBack 方法，这两个方法最初是在 GDI 游戏对象中创建的，所以在需要时，对象列表可以用这些方法对单个对象重新定位。

有了排序，当游戏运行时，所有气球就会根据需要出现在恰当的位置上。图 11-3 展示了该游戏在运行时的状况。注意气球略微透明，能透过一个气球看到其后面的气球，并且小气球都出现在大气球的后面。

图 11-3　Balloons 示例项目截屏

11.2.5　运行游戏

接下来在游戏中添加一些交互，当玩家触碰气球时，气球爆炸。可以通过窗体的 MouseDown 事件来触发该输入。

在计算出用户触碰了哪个气球之前，有一点小问题要解决。游戏使用的是抽象坐标系，所以无法通过简单地将触碰点与气球的位置进行比较来检测气球是否被触碰。触碰点使用的坐标系以屏幕左上角为原点(0,0)坐标，单位是像素，而气球位置使用的坐标系以屏幕中心为原点(0,0)，并且以程序清单 11-13 中 InitGLViewport 函数中设置的宽度为长度单位。为了找到被选定的气球，我们需要执行一些变换将触碰点坐标映射回 OpenGL 坐标系。

295

在该示例中,如果想的话可以手动计算该映射。我们知道 x 坐标 0 对应于游戏坐标 - 2,x 坐标 480(假设是 WVGA 屏幕)对应于游戏坐标 2。所以我们可以将 x 坐标除以 120,然后减去 2,就得到游戏中的 x 坐标。

虽然该方法肯定能得到可运行的结果,但还有更好的方法来完成映射。当我们渲染游戏对象时,OpenGL 使用在 InitGLViewport 函数中设置的矩阵进行投影计算,从而将游戏坐标投影到屏幕上。只需要一点点工作,我们就可以使用投影矩阵、视口区域以及触碰点位置将屏幕坐标转换成游戏坐标。

采用该方法将屏幕上的点映射到游戏坐标系中时有两个优点。首先,如果我们决定改变坐标系,该映射函数会自动考虑到这一点;我们不需要再对计算单独进行更新。其次,当投影矩阵更加复杂时(在下一章中介绍 3D 投影时,投影矩阵就会变得复杂),该返回屏幕坐标的方法仍然可以正常工作,尽管在 3D 空间中计算位置时,我们的代码会复杂得多。

OpenGL 不直接支持反向投影计算,但 OpenGL Utility(GLU)库可以。GLU 的部分实现代码可以在 OpenGLES 项目中包含的 glu.cs 源文件中找到。

我们所需要调用的 GLU 函数名为 UnProject,需要向它提供一些信息,如下所示:

- 要进行反向投影(winx 及 winy)的屏幕坐标
- 触碰点的 z 坐标(winz)
- 当前模型矩阵(modelMatrix)
- 当前的投影矩阵(projMatrix)
- 当前的视口(viewport)

该函数将映射后的 3D 空间坐标返回到输出参数 objx、objy 和 objz 中。

winx 及 winy 的值容易获得,因为它们是 MouseDown 事件发生时的屏幕坐标。如何才能找到 winz 坐标呢?实际上,由于我们使用了一个直角坐标系,每个对象的 z 坐标对它的渲染位置实际并没有什么影响。因此,我们可以简单地向该参数传递 0。

模型矩阵、投影矩阵以及视口可以通过查询 OpenGL 获取。然而,我们需要为即将调用的函数提供一个指向数组的指针,所以要再一次将该函数声明为非安全代码,然后使用 fixed 语句来得到数组指针。为了使代码保持整洁,将所有这些操作进行包装,我们在 CGameEngineOpenGLBase 中创建了一个名为 UnProject 的函数,围绕 glu.UnProject 函数进行包装。包装函数的代码如程序清单 11-19 所示。

程序清单 11-19　CGameEngineOpenGLBase 中的 UnProject 函数

```
/// <summary>
/// "Unproject" the provided screen coordinates back into OpenGL's projection
/// coordinates.
/// </summary>
/// <param name="x">The screen x coordinate to unproject</param>
/// <param name="y">The screen y coordinate to unproject</param>
/// <param name="z">The game world z coordinate to unproject</param>
/// <param name="xPos">Returns the x position in game world
/// coordinates</param>
/// <param name="yPos">Returns the y position in game world
/// coordinates</param>
```

```
/// <param name="zPos">Returns the z position in game world
/// coordinates</param>
unsafe public bool UnProject(int x, int y, float z,
    out float objx, out float objy, out float objz)
{
    int[] viewport = new int[4];
    float[] modelview = new float[16];
    float[] projection = new float[16];
    float winX, winY, winZ;

    // Load the identity matrix so that the coordinates are reset rather than
    // calculated
    // against any existing transformation that has been left in place.
    gl.LoadIdentity();

    // Retrieve the modelview and projection matrices
    fixed (float* modelviewPointer = &modelview[0], projectionPointer =
        &projection[0])
    {
        gl.GetFloatv(gl.GL_MODELVIEW_MATRIX, modelviewPointer);
        gl.GetFloatv(gl.GL_PROJECTION_MATRIX, projectionPointer);
    }
    // Retrieve the viewport dimensions
    fixed (int* viewportPointer = &viewport[0])
    {
        gl.GetIntegerv(gl.GL_VIEWPORT, viewportPointer);
    }

    // Prepare the coordinates to be passed to glu.UnProject
    winX = (float)x;
    winY = (float)viewport[3] - (float)y;
    winZ = z;

    // Call UnProject with the values we have calculated. The unprojected
    //  values will be returned in the xPos, yPos and zPos variables, and in
    //  turn returned back to the calling procedure.
    return glu.UnProject(winX, winY, winZ, modelview, projection, viewport,
        out objx, out objy, out objz);
}
```

通过代码可以看到，我们还是传入屏幕坐标，并得到相应的游戏坐标，但从 OpenGL
获取数组数据时所需的复杂操作都在该类的内部处理好了。

有了该函数，我们就可以在 **CBalloonsGame** 类中添加一个函数，以屏幕坐标为参数，
判断该坐标是否包含在某个气球所填充的区域中。如果是，就令气球对象终止，并播放一
个爆炸声效。该函数名为 TestHit，如程序清单 11-20 所示。

程序清单 11-20　检测触屏点坐标是否包含在某个气球区域中

```
/// <summary>
/// Test whether the supplied x and y screen coordinate is within one of the
/// balloons
```

```
/// </summary>
/// <param name="x">The x coordinate to test</param>
/// <param name="y">The y coordinate to test</param>
unsafe public void TestHit(int x, int y)
{
    float posX, posY, posZ;
    CObjBalloon balloon;

    // Convert the screen coordinate into a coordinate within OpenGL's
    // coordinate system.
    if (UnProject(x, y, 0, out posX, out posY, out posZ))
    {
        // Loop for each game object.
        // Note that we loop backwards so that objects at the front
        // are considered before those behind.
        for (int i = GameObjects.Count - 1; i >= 0; i--)
        {
            // Is this object a balloon?
            if (GameObjects[i] is CObjBalloon)
            {
                // Cast the object as a balloon
                balloon = (CObjBalloon)GameObjects[i];
                // See if the balloon registers this position as a hit
                if (balloon.TestHit(posX, posY))
                {
                    // It does. Terminate the balloon so that it disappears
                    balloon.Terminate = true;
                    PlayPopSound();
                    // Stop looping so that we only pop the frontmost balloon
                    // at this location.
                    break;
                }
            }
        }
    }
}
```

代码首先调用 UnProject 函数将屏幕坐标转换为游戏坐标。然后检测映射后的坐标是否在某个气球所包含的区域中，代码中使用了后向循环，这样前面的气球可以首先被检测。在验证每个游戏对象是否为实际的气球对象后，调用对象本身的 TestHit 函数(马上就会介绍)来判断触碰点的游戏坐标是否包含在它所占据的空间中。如果该函数返回 true，就将气球终止，然后触发声效(只需要简单地调用 PlaySound 函数即可，不需要更复杂的操作)。

为了找到是哪个气球被触碰(如果有的话)，CObjBalloon.TestHit 函数将参数中提供的坐标与气球的位置进行比较，并考虑它自身的位置及气球的尺寸。用于检验的代码非常简单，如程序清单 11-21 所示。

程序清单 11-21　将触碰点的坐标与气球的位置进行比较

```
/// <summary>
```

```
/// Test whether the supplied coordinate (provided in the game's
/// coordinate system) is within the boundary of this balloon.
/// </summary>
/// <returns></returns>
internal bool TestHit(float x, float y)
{
    // Calculate the bounds of the balloon
    float left, right, bottom, top;
    left = XPos - _size / 2;
    right = XPos + _size / 2; ;
    bottom = YPos - _size / 2;
    top = YPos + _size / 2;

    // Return true if the x and y positions both fall between
    // the calculated coordinates
    return (left < x && right > x && bottom < y && top > y);
}
```

11.3　OpenGL 带来的 2D 开发契机

　　本章中的示例很简单，只是希望能够展示 OpenGL 的图形处理能力，以及它为游戏开发人员提供的灵活功能。本章所用到的技术，包括灵活的 alpha 混合、颜色纹理、旋转、缩放以及反向投影等，能够帮助您制作出许许多多令人激动且吸引人的游戏。与使用 GDI 开发相比，OpenGL 能够平滑地显示更多移动的对象。

　　在编写本书时，Windows Mobile 中的 OpenGL 游戏还为数不多。我非常怀疑很多拥有支持 OpenGL 的手机用户实际上并没有意识到他们的手机有着强大的图形显示功能。展开想象的翅膀，向全世界展示您的才能以及 Windows Mobile 的丰富功能！

　　很多类型的游戏使用 2D 就足够了，但 OpenGL 可以完全支持 3D 图形的创建，在下一章中我们将对这个主题进行探究。

第 12 章

解 密 3D

在过去的 10 年中，3D 图形使电脑游戏发生了彻底的变革。3D 游戏逐渐发展壮大，像 DOOM 这样的游戏创建的移动图像，这种情况是以前从未见过的。

自从 20 世纪 90 年代后期出现了专用的 3D 图形硬件后，图形技术就一直在变革，玩家已经习惯的那种粗糙的图像一去不复返，取而代之的是光滑的纹理，动态的光照，完美的细节层次。游戏世界真正开始像真实的世界。

移动图形硬件，即使是像 Sony PSP(PlayStation Portable)这样专用的设备，其能力与现代 PC 图形硬件相比，都会具有一定的差距。随着更新、更快的硬件发布，现今 Windows Mobile 设备的 OpenGL 性能正在逐步提高。虽然还无法将台式机那强大的图形处理能力复制到手机上，但我们仍然可以使用这些硬件创建出令人印象深刻的 3D 场景和 3D 游戏。

在本章中，我们将探讨如何将第三个维度带入游戏。

12.1 透视投影

绝大多数 3D 游戏都使用了透视投影来显示图像。就如同在真实世界中一样，由于在游戏中渲染的对象具有视角，因此远处的对象比近处的对象要显得更小一些。

除了对图像大小产生明显影响外，透视所产生的不易察觉的效果能够影响大脑的直觉，使人对渲染的场景有很强的浸入感。随着与观察者距离的增加，立方体的一个面看上去会稍微有些变小，这样大脑可以自动判断立方体所在的准确位置。

12.1.1 视锥

当我们在 OpenGL 中使用透视投影时，我们依据视口初始化创建了一个 3D 的物体，称为视锥。视锥的形状就是一个去掉尖顶的矩形锥体，如图 12-1 所示。

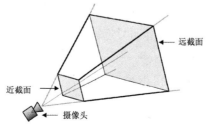

图 12-1　3D 视锥示意图

您可以把视锥想象成自己在真实世界中透过窗户向外眺望。在窗外，可以看到大地和不同的物体。再往远处看，就能看到更加宽阔的区域。那些很靠边的，靠上或者靠下的物体，会被窗户的边框遮挡住。

摄像头可以看到落入视锥中的物体(可以通过窗口看到)，而看不到视锥之外的物体(通过窗口看不到)。

在判断物体是否可见时，还可以考虑远近两个截面。比近截面离摄像头还要近的物体由于太近而不会被渲染。类似的，比远截面还要远的物体也会被排除在外。

> ■注意:
> 当我们指定了对象的 z 位置(与屏幕的距离)时，z 轴的反方向表示从屏幕进入的深度:当对象的 z 减小，就离屏幕越远。然而，当我们指定近截面和远截面与屏幕间的距离时，就指定的是从摄像头到两个界面之间距离的长度，所以都为正值。

当 OpenGL 使对象从 3D 空间落入到视锥之中时，实际显示在屏幕上的是 2D 空间，要考虑特定的对象所占据的视锥的宽度和高度。当对象距离近截面近时，会占据视锥中更大的比例，如图 12-2 及图 12-3 所示。图 12-2 展示了视锥中两个尺寸相同的对象。图 12-3 中展示的还是该场景，只是采用了透视投影，将该场景转变为 2D 空间用于在屏幕上显示。注意在近截面的对象明显要比远截面上的大。

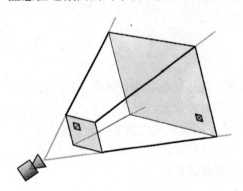

图 12-2　3D 空间中视锥上两个大小相同的对象

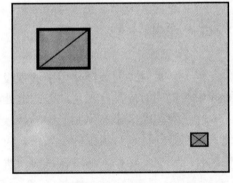

图 12-3　通过透视投影将这两个同样的对象转变到 2D 中

除了截面，在定义视锥时还需要两个信息:视角及宽高比。视角(viewing angle)定义了角度，以度为单位。它是视锥顶边与摄像头所成的角度(与 y 轴形成的角度)。改变视角会使整个锥形展开或收缩，造成对象尺寸明显地减小。

图 12-4 从侧面展示了两个视锥，第一个视角为 45°，第二个视角为 22.5°。在这两种情形中，远近截面之间的距离是相同的。

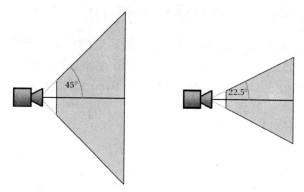

图 12-4　两个视锥：左边为 45°，右边为 22.5°

接下来考虑落入这两个视锥中的物体如何进行投影。左图中，与视锥中轴较远的对象仍然能被摄像头看到。对象离中轴越远，其尺寸变小的速度就会越快，因为它们的尺寸相对于视锥的范围而言变得越来越小。右图中，距离中轴较远的对象会更快地离开锥体，并且从屏幕的边界上消失。远距离的物体比在第一个视锥中要显得更大些，因为它占据了视锥中更大比例的区域。

随着游戏的不同您可能会指定不同的视角。45° 视角通常是一个安全值。角度设置太低会使所有对象看上去离玩家很近，这会使玩家在玩游戏时感觉不舒服。

■提示：

在游戏中的一些策略性的时刻，用不同的视角可以得到一些有趣的效果。例如，当在两个场景之间进行转换时，将视角快速地减小为 0，切换场景，然后再将视角增加到原有的值。这会使场景中所有对象面对玩家逐渐减小，然后场景切换完毕后，所有对象再恢复到原来的大小。当对象在活动时，略微地减小视角，可以加强缓慢移动的效果。

视锥所需的第二条信息是宽高比。这可以通过视锥的宽度除以其高度得到。OpenGL 利用宽高比可以计算出 x 轴上的视角。宽高比与视角以及远近截面的距离一起提供了完全描述视锥所需的所有参量。

12.1.2　在 OpenGL 中定义视锥

OpenGL 在执行透视投影时实际使用了另一个矩阵。您或许还记得在上一章中我们所看到的 CGameEngineOpenGLBase.InitGLViewport 函数；程序清单 12-1 中的代码设置了一个默认的投影矩阵。

程序清单 12-1　在 InitGLViewport 中设置透视投影

```
// Switch OpenGL into Projection mode so that we can set the projection matrix.
gl.MatrixMode(gl.GL_PROJECTION);
// Load the identity matrix
gl.LoadIdentity();
// Apply a perspective projection
glu.Perspective(45, (float)GameForm.ClientRectangle.Width /
```

```
(float)GameForm.ClientRectangle.Height,.1f, 100);
```

在调用 glu.Perspective 时，提供了我们已经讨论过的定义视锥所需的全部参数。按照顺序，首先传递视角(45)，接下来是宽高比(游戏窗体的宽度除以高度)，近截面的距离(0.1)，最后是远截面的距离(100)。这些信息使 glu.Perspective 为所请求的视锥创建出投影矩阵。

渲染时，OpenGL 首先计算对象每个顶点在 3D 空间中的位置，然后使用投影矩阵将它们转换为能够显示在屏幕上的 2D 坐标。

如果您想修改视角(或者视锥的其他任何一个属性)，那么可以对 InitGLViewport 函数进行重载，从而应用所需的 glu.Perspective 参数，然后再从执行渲染的代码中调用它。此外，还可以在渲染代码中使用程序清单 12-1 中的代码直接将投影矩阵重置。当重新配置完投影矩阵后要记得将 MatrixMode 值改回到 GL_MODELVIEW，这样其他的变换才能对游戏中的对象产生影响，而不是对投影矩阵本身产生影响。

在本书配套下载的 Perspective 示例项目中展示了当应用了透视投影后，对象是如何移动的。其代码很简单，它随机在 x、y 和 z 坐标上创建一些对象。每次对象更新时，就增加其 ZPos 的值，使对象离屏幕更近些。当该值达到 0 时，就使距离长度加上 100，从而回到原来的状态重新开始。图 12-5 展示了该示例的一个截屏。

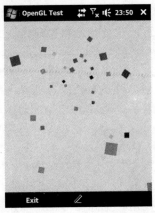

图 12-5　Perspective 示例中展示了对多个尺寸相同的对象进行透视投影

12.2　理解深度缓冲区

在 Perspective 示例中您会发现，距离摄像头近的物体会显示在距离远的物体的前方。在上一章的 Balloons 项目中，当显示图形时，要根据每个物体的尺寸进行排序以实现这样的效果。而在 Perspective 项目中并不包含类似的功能，对象却还是能显示在正确的位置上。这是如何实现的呢？

答案在于 OpenGL 有内置的解决方案，能确保场景中位于前面的物体自动将其后面的物体遮盖。不论物体以什么顺序进行绘制：在已有物体的后方绘制物体时，该物体也可能会被部分遮盖甚至是完全遮盖，尽管前面的物体绘制是在之前已经渲染好的。

OpenGL 使用了深度缓冲来实现该功能。深度缓冲区可以被启用和禁用，由于性能原因，在前一章的 2D 示例中，我们没有使用该功能，而在 3D 场景中几乎都需要它。

在绘制图形时，要将每个像素上的颜色写入到一个图形缓冲区中。与此类似，场景中每个渲染的像素点距离屏幕的距离也要写入到相应的深度缓冲区中(当深度缓冲区为开启状态时)。当渲染每一个单独的像素时，OpenGL 会将该像素的深度与已经保存在深度缓冲区中的深度进行对比。如果发现该像素新的深度要大于缓冲区中已保存的深度，就不在屏幕上对该像素进行渲染；否则就渲染该像素，并对深度缓冲区进行更新，将该像素新的深度记录下来。

12.2.1　启用深度缓冲区

要使用深度缓冲区，我们需要做两件事情。首先，要通知 OpenGL 将其启用。其次，每次开始渲染新的帧时要记得将深度缓冲区清空。就如同为了避免在新帧中出现旧帧中的图像而要将颜色缓冲区清空一样，必须清空深度缓冲区防止旧的深度信息影响到新的帧。

我们在 CGameEngineOpenGLBase 类中添加对深度缓冲区支持，在其中新增一个名为 InitGLDepthBuffer 的函数，如程序清单 12-2 所示。

程序清单 12-2　启用 OpenGL 深度缓冲区

```
/// <summary>
/// Initialise the depth buffer
/// </summary>
private void InitGLDepthBuffer()
{
    // Set the clear depth to be 1 (the back edge of the buffer)
    gl.ClearDepthf(1.0f);
    // Set the depth function to render values less than or equal to the current
    // depth
    gl.DepthFunc(gl.GL_LEQUAL);
    // Enable the depth test
    gl.Enable(gl.GL_DEPTH_TEST);

    // Remember that the depth buffer is enabled
    _depthBufferEnabled = true;
}
```

InitGLDepthBuffer 首先通过 ClearDepth 函数通知 OpenGL 在清空深度缓冲区后，将初始深度值放入其中。这与在颜色缓冲区中设置背景色在概念上是相似的，只是我们是对深度而非颜色进行配置。深度缓冲区中保存的值位于 0～1 之间，0 表示近截面的深度，1 表示远截面的深度。因此，将默认深度值设置为 1，保证视锥中所有渲染的对象都会在位于该值的前方。

下一条语句设置了深度函数，GL_LEQUAL 将深度值告知 OpenGL，任何它计算出来的深度值小于或等于缓冲区中保存的深度值(即同观察者的距离与该值相同或比该值更近)时，OpenGL 就要绘制该像素。

最后，调用 Enable 函数并以 GL_DEPTH_TEST 函数作为参数来启用深度缓冲区。

当开启深度缓冲区时，一个名为_depthBufferEnabled 的类级别的变量也被设置。Render 函数将用到它，这样在渲染每一帧时，都会先将深度缓冲区清空。在以前的 Render 函数中只对颜色缓冲区进行了清空，现在我们对这段代码进行修改，将深度缓冲区考虑进去，如程序清单 12-3 所示。

程序清单 12-3　清除颜色缓冲区和深度缓冲区

```
// Clear the rendering buffers
if (_depthBufferEnabled)
{
    // Clear the color and the depth buffer
    gl.Clear(gl.GL_COLOR_BUFFER_BIT | gl.GL_DEPTH_BUFFER_BIT);
}
else
{
    // Clear just the color buffer
    gl.Clear(gl.GL_COLOR_BUFFER_BIT);
}
```

这样游戏就能告知游戏引擎是否使用深度缓冲区，我们对 CGameEngineOpenGLBase.InitializeOpenGL 函数添加一个使用了 Boolean 类型参数的重载，该参数名为 enableDepthBuffer。如果传递的值为 true，那么在初始化过程中会调用程序清单 12-2 中的 InitGLDepthBuffer 函数，否则还是使用没有更改过的 InitializeOpenGL 函数。

在 DepthBuffer 示例项目中可以清楚地看到深度缓冲区的效果。将深度缓冲区启用后 (在窗体的 Load 事件中调用_game.InitialiseOpenGL(true)函数)，每个被渲染的四边形根据其在 3D 空间中的位置进行排列，距离屏幕近则显示在前面，距离屏幕远则显示在后面。如果将 Load 事件中的代码进行修改，调用_game.InitialiseOpenGL(false)函数，那么将看到最后绘制的对象总是出现在最前方，与我们在上一章的示例中所看到的效果一样。

12.2.2　在渲染透明对象时使用深度缓冲区

在绘制半透明对象时，深度缓冲区可能不会完全按照您期望的方式运行。尽管 OpenGL 的 alpha 混合可以将要绘制的对象与屏幕上已有的对象融合在一起，但深度缓冲区只能为每个像素点保存单个深度值。这就意味着，如果先绘制了一个半透明对象，然后在该对象后面绘制更远处的对象时，后者将完全被深度缓冲区清除，即使前一个对象是透明的。

要处理这个问题有两种方法。第一种方法是在绘制所有透明对象时，先渲染那些位于场景后方的对象。这样就可以确保前面的对象不会将后面的对象遮盖。

第二种方法是先绘制所有不透明对象，然后在绘制透明对象之前将深度缓冲区关闭。这样，每个对象就不会将绘制在其后的对象遮盖。

具体使用哪种方法最好，取决于游戏中要绘制的内容。在 3D 空间中创建透明对象时，请牢记该限制。

12.3　渲染 3D 对象

在 3D 游戏世界中，不但要能够移动对象，还要能够创建 3D 对象。在此之前，我们接触的都是平面四边形。在本节中就来讨论如何创建立体对象。

我们现在所绘制的四边形通过 4 个顶点(z 值的为 0)来确定,并且是通过三角形分割来组合成要渲染的形状。当转而处理 3D 对象时,就可能无法使用三角形分割了。三角形分割中的每个三角形都与相邻的三角形共享一条边,您很快就会发现无法用这种方式来绘制3D 对象。作为替代,我们将使用一个由单独的三角形组成的列表,在任意需要的位置灵活地绘制任何三角形。

12.3.1 定义 3D 对象

在开始时,我们手动提供所有顶点坐标来定义 3D 对象。对于形状简单的对象而言这种方法是很简单的,但对于相对复杂的对象来说该方法就不太现实了。在这里将使用一个简单的立方体来进行演示,在 13.1 节中再讨论如何构建复杂的几何图形。

该立方体包含 6 个正方形表面及 8 个顶点。由于每个正方形由两个三角形绘制而成,因此总计要绘制 12 个三角形,如图 12-6 所示。

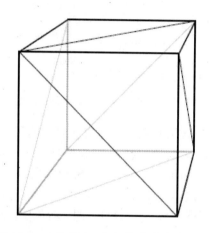

图 12-6　在构建 3D 立方体时所需的三角形

由于我们准备绘制单独的三角形而不是采用三角形分割的方式来绘制该立方体,因此实际上需要指定每个三角形的坐标。这意味着当两个三角形共享一个坐标时,实际上需要指定该坐标两次,每个三角形分别指定一次。结果必须提供总计 36 个顶点,每个三角形 3个。而实际上构成立方体的顶点只有 8 个,因此,这种方式非常浪费资源,OpenGL 要一次又一次地重复同样的计算。在本章后文中的 12.3.3 节中将介绍一种效率更高的渲染方法。

要构造立方体的顶点,只需要声明一个浮点值数组,并将代表 x、y 和 z 坐标的 3 个值一组一组地添加到该数组中即可。程序清单 12-4 中就给出了单位立方体正前面的 6 个顶点坐标。注意每个坐标中的 z 值都是 0.5,这意味着它与视点之间的距离为 0.5 个单位长度。

程序清单 12-4　定义立方体的正前面

```
// Define the vertices for the cube
float[] vertices = new float[]
{
    // Front face vertices
```

```
    -0.5f, -0.5f, 0.5f,   // vertex 0
     0.5f, -0.5f, 0.5f,   // vertex 1
    -0.5f,  0.5f, 0.5f,   // vertex 2
     0.5f, -0.5f, 0.5f,   // vertex 3
     0.5f,  0.5f, 0.5f,   // vertex 4
    -0.5f,  0.5f, 0.5f,   // vertex 5
    // [... and so on for the other faces...]
}
```

将这些坐标绘制出来，就可以看到它确实形成了正方形来形成立方体的正前面，如图 12-7 所示。

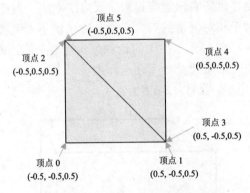

图 12-7　构成立方体正前面的顶点

该数组将扩展以涵盖立方体所有表面，使用 z 坐标的正负值表示它在 3D 空间中的近深。这里没有给出完整的数组，因为该数组有些大，并且不是特别有意思，但在 ColoredCubes 示例项目的 CObjCube.Render 函数中可以看到它的全部内容。

为了记录立方体各个表面的颜色，我们构建第二个浮点值数组。每个顶点还是包含 3 个数组元素，不过这次这 3 个元素分别代表红、绿、蓝的值(当然结果需要我们可以为每个顶点添加第 4 个颜色元素，包含 alpha 通道的值)。

该立方体(正前面为红色)颜色数组的起始部分如程序清单 12-5 所示。同样，该数组的完整代码包含在 ColoredCubes 项目中。

程序清单 12-5　为立方体的正前面设置颜色数组

```
// Define the colors for the cube
float[] colors = new float[]
{
    // Front face colors
    1.0f, 0.0f, 0.0f, // vertex 0
    1.0f, 0.0f, 0.0f, // vertex 1
    1.0f, 0.0f, 0.0f, // vertex 2
    1.0f, 0.0f, 0.0f, // vertex 3
    1.0f, 0.0f, 0.0f, // vertex 4
    1.0f, 0.0f, 0.0f, // vertex 5
    // [... and so on for the other faces...]
}
```

有了顶点和颜色，现在就可以绘制立方体了，但接下来要做些什么呢？CgameObject-OpenGLBase 类中提供的函数在此之前只适用于绘制四边形，无法绘制 3D 对象。现在需要一个名为 RenderTriangles 的新函数。

为了减少调用的方式，我们只提供该函数的单一版本，该函数接受 4 个数组参数，分别代表顶点、颜色、纹理坐标以及顶点法线(在本章后文的 12.4 节中将讨论顶点法线)。

顶点数组总是必需的，颜色、纹理和顶点法线是可选的，当缺失时可以用 null 来传递。RenderTriangles 代码的起始部分如程序清单 12-6 所示。

程序清单 12-6　在 RenderTriangles 中查询顶点数组

```
unsafe protected void RenderTriangles(float[] vertices, float[] colors,
    float[] texCoords, float[] normals)
{
    int vertexCount = 0;
    int triangleCount = 0;
    int texCoordCount = 0;
    int elementsPerColor = 0;
    int normalCount = 0;

    // Make sure we have some coordinates
    if (vertices == null || vertices.Length == 0)
        throw new Exception("No vertices provided to RenderTriangles");
    // Find the number of vertices (3 floats per vertex for x, y and z)
    vertexCount = (int)(vertices.Length / 3);
    // Find the number of triangles (3 vertices per triangle)
    triangleCount = (int)(vertexCount / 3);
```

在代码中可以看到，RenderTriangles 函数首先检查 vertices 数组，如果该数组为空，就抛出一个异常。否则，就根据数组长度计算顶点个数及三角形个数。

接下来处理 colors 数组，如程序清单 12-7 所示。

程序清单 12-7　在 RenderTriangles 函数中查询颜色数组

```
// Do we have color values?
if (colors == null)
{
    // No, so create an empty single-element array instead.
    // We need this so that we can fix a pointer to it in a moment.
    colors = new float[1];
}
else
{
    // Find the number of colors specified.
    // We have either three or four (including alpha) per vertex...
    if (colors.Length == vertexCount * 3)
    {
        elementsPerColor = 3; // no alpha
    }
    else if (colors.Length == vertexCount * 4)
```

```
    {
        elementsPerColor = 4; // alpha
    }
    else
    {
        throw new Exception("Colors count does not match vertex count");
    }
}
```

代码首先检测 colors 数组是否为 null。如果是，就创建一个只包含单个项的数组(为了满足稍后的 fixed 语句的需要)，并且使 elementsPerColor 保留初始值 0。否则，将数组的长度与顶点数量进行对比,查看每个颜色是包含 3 个元素(不包含 alpha 通道)还是 4 个元素(包含 alpha 通道)。如果数组大小与两种颜色定义都不匹配，就抛出异常。

对 texCoords 数组也要进行相似的处理，如程序清单 12-8 所示。

程序清单 12-8　在 RenderTriangles 函数中查询 texCoords 数组

```
// Do we have texture coordinates?
if (texCoords == null)
{
    // No, so create an empty single-element array instead.
    // We need this so that we can fix a pointer to it in a moment.
    texCoords = new float[1];
}
else
{
    // Find the number of texture coordinates. We have two per vertex.
    texCoordCount = (int)(texCoords.Length / 2);
    // Check the tex coord length matches that of the vertices
    if (texCoordCount > 0 && texCoordCount != vertexCount)
    {
        throw new Exception("Texture coordinate count does not match vertex
            count");
    }
}
```

在处理完纹理坐标后，对顶点法线数组进行相似的处理。但由于现在还未介绍顶点法线，因此暂时将这部分代码跳过。

该函数的其余代码如程序清单 12-9 所示，获得了指向这 3 个数组(顶点、颜色、纹理坐标)的指针，检测颜色及纹理是否在使用中，启用所需要的 OpenGL 功能，然后渲染三角形。注意调用 DrawArrays 函数时指定 GL_TRIANGLES 函数为初始类型，而非在前文绘制四边形时所用的 GL_TRIANGLE_STRIP。三角形绘制完成后，就再次禁用所有已启用的颜色及纹理。

程序清单 12-9　在 RenderTriangles 函数中渲染三角形

```
// Fix pointers to the vertices, colors and texture coordinates
fixed (float* verticesPointer = &vertices[0], colorPointer = &colors[0],
```

```
            texPointer = &texCoords[0])
{
    // Are we using vertex colors?
    if (elementsPerColor > 0)
    {
        // Enable colors
        gl.EnableClientState(gl.GL_COLOR_ARRAY);
        // Provide a reference to the color array
        gl.ColorPointer(elementsPerColor, gl.GL_FLOAT, 0,
            (IntPtr)colorPointer);
    }

    // Are we using texture coordinates
    if (texCoordCount > 0)
    {
        // Enable textures
        gl.Enable(gl.GL_TEXTURE_2D);
        // Enable processing of the texture array
        gl.EnableClientState(gl.GL_TEXTURE_COORD_ARRAY);
        // Provide a reference to the texture array
        gl.TexCoordPointer(2, gl.GL_FLOAT, 0, (IntPtr)texPointer);
    }

    // Enable processing of the vertex array
    gl.EnableClientState(gl.GL_VERTEX_ARRAY);
    // Provide a reference to the vertex array
    gl.VertexPointer(3, gl.GL_FLOAT, 0, (IntPtr)verticesPointer);

    // Draw the triangles
    gl.DrawArrays(gl.GL_TRIANGLES, 0, vertexCount);

    // Disable processing of the vertex array
    gl.DisableClientState(gl.GL_VERTEX_ARRAY);

    // Disable processing of the texture, color and normal arrays if we
       used them
    if (normalCount > 0)
    {
        gl.DisableClientState(gl.GL_NORMAL_ARRAY);
    }
    if (texCoordCount > 0)
    {
        gl.DisableClientState(gl.GL_TEXTURE_COORD_ARRAY);
        gl.Disable(gl.GL_TEXTURE_2D);
    }
    if (elementsPerColor > 0)
    {
        gl.DisableClientState(gl.GL_COLOR_ARRAY);
    }
}
}
```

用该代码绘制立方体是一件简单的事,只需要像在程序清单 12-10 中那样调用 Render-Triangles 函数即可。在调用该函数时将顶点及颜色的数组数据传入,由于在本例中没有使用纹理坐标和顶点法线,因此将它们均设置为 null 进行传递。

程序清单12-10　使用RenderTriangles绘制立方体

```
// Render the cube
RenderTriangles(vertices, colors, null, null);
```

ColoredCubes 示例项目对全部处理过程实际进行了演示,在游戏初始时只有一个立方体,选择 Add Cube 菜单项可以添加更多立方体。该示例清晰地展示了 3D 对象,在 3D 空间中的移动以及深度缓冲功能。该程序运行时的情形如图 12-8 所示。

图 12-8　ColoredCubes 示例项目

12.3.2　去掉被遮盖的表面

当绘制诸如立方体之类的不透明立体对象时,该对象的内部实际上是完全无法看到的。但 OpenGL 忽略了这一点,它会继续绘制立方体的内表面。这样会浪费处理器资源,因为不必对内表面进行深度缓冲对比及更新,如果将朝向背面的内表面先于前面的外表面进行渲染,那么实际上也渲染了前面的外表面,接下来立方体的外表面会将它们全部覆盖。

OpenGL 是有解决方案的——很巧妙且易于使用。

OpenGL 可以计算出每个三角形是面朝(如立方体的正面)我们,还是背向我们(如立方体的背面),其依据的是三角形实际的渲染方式,而不仅仅是其顶点的定义方式,所以当三角形围绕它所面对的方向旋转时,会将那些背离我们的三角形剔除,并且在深度缓冲区或颜色缓冲区中不考虑它们,这样就节省了工作量,否则还需要对它们进行检测和更新。

为了使 OpenGL 能判断三角形所面对的方向,需要以一种稍微特别的方式设置顶点。当我们定义三角形时,如果三角形是面向我们的,那么其顶点顺序为逆时针方向。图 12-9 中展示了两个三角形,其中一个的顶点以逆时针顺序定义(左图),另一个以顺时针顺序定义。

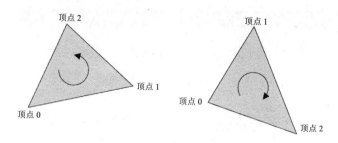

图 12-9 以逆时针方向定义三角形(左图)和以顺时针方向定义三角形(右图)

■注意:

牢记当三角形面对您时其顶点的顺序为逆时针方向非常重要。当我们定义一个立方体时,其后面的表面在起始时是背向我们的,所以相应的三角形顶点应当为顺时针方向排列。如果旋转立方体,使背部的表面朝向我们,顶点就会按照我们的需要逆时针排列。

如果回到图 12-7 中查看该立方体正面的顶点,会看到两个三角形顶点都为逆时针方向。当然,这是特意设计的。

只要正确地指定三角形,就可以通知 OpenGL 启用 GL_CULL_FACE 状态,从而将那些背离我们的表面忽略,如程序清单 12-11 所示。

程序清单 12-11 启用隐藏表面移除

```
// Enable hidden surface removal
gl.Enable(gl.GL_CULL_FACE);
```

如果在 ColoredCubes 项目中应用这段代码,您会看到在视觉上没有任何变化,这也是意料之中的。然而,该项目的运行效率得到了提高。需要添加更多三角形才能使仿真开始慢下来。

为了能看到将隐藏表面忽略实际所产生的效果,可以执行 HiddenSurfaceRemoval 示例项目。该项目显示了与上一个示例中相似的立方体,但缺少了一面,以至于可以看到立方体的内部。该项目启动时,禁用了隐藏表面移除,因此对立方体的内部进行了渲染。通过菜单进行切换启用隐藏表面移除,就会发现立方体的内部看不见了。

图 12-10 中展示了在示例中以相同的视角观察立方体时的情形,左图未将隐藏表面移除选项禁用,而右图启用了该选项。如果被去掉的表面仍然保留着,那么缺失的内部根本不会被注意到。

■注意:

尽管剔除顺时针方向的表面而只显示逆时针方向的表面是 OpenGL 的标准处理方式,但在需要时可以反过来进行处理。调用 gl.CullFace(gl.GL_FRONT)函数就可以进行切换,这时 OpenGL 会去掉逆时针方向的表面而只绘制顺时针方向的表面。还可以调用 gl.CullFace(gl.GL_BACK)切换回原始的处理方式。当从外部文件中读取对象的集合图形时,这种灵活的切换方式尤其有用(在下一章的 13.1 节中我们将详细介绍这一内容),它能以与 OpenGL 默认需要的相反的顺序定义三角形。

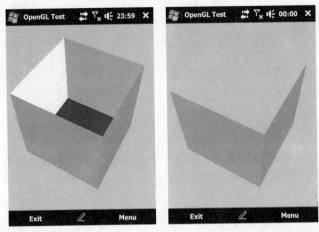

图 12-10 在绘制顶面缺失的立方体时将隐藏表面移除禁用(左图)与启用(右图)时的情形

12.3.3 使用索引三角形

为了绘制上一个示例中展示的立方体,必须多次为 OpenGL 提供同一个顶点坐标。正如我们前面所讨论过的,立方体有 8 个顶点,然而在示例项目中我们创建了包含 36 个顶点的数组,每个表面都包含 6 个(绘制每个表面需要两个三角形移除,而每个三角形包含 3 个顶点)。

当然,对于处理器而言这是很大的浪费,因为要对同一个顶点位置进行多次重复计算。

OpenGL 提供了一个计算顶点坐标的替代方法,可以减少相同坐标的重复次数。该方法不是创建每个单独三角形中的顶点,而是提供一个唯一顶点列表,然后分别告诉 OpenGL 它们是如何连接从而形成要渲染的三角形的。该顶点列表根据连接方式对顶点进行了编号,所以被称为索引列表。

再来考虑图 12-7 中展示的立方体正面。如果只指定唯一顶点,顶点的数量就会从原来的 6 个减少到 4 个。这 4 个顶点如图 12-11 所示。

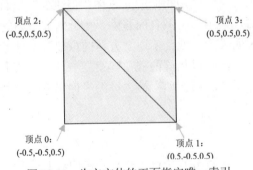

图 12-11 为立方体的正面指定唯一索引

虽然这样可以定义顶点,但却不知道如何将这些顶点连接起来形成用于渲染的三角形。这时就需要索引列表了。为了绘制前表面,需要两个三角形,每个三角形顶点的编号如下。

- 三角形 1:0, 1, 2
- 三角形 2:1, 3, 2

与以前相同，以逆时针顺序指定三角形顶点，这样将隐藏表面移除就可以使三角形背离观察者。

顶点坐标已经有了处理方法，那顶点颜色和纹理坐标该怎么处理呢？我们采用与顶点处理方法几乎相同的方式来指定它们：颜色由一个数组来定义，该数组中包含了每个顶点的颜色，纹理坐标由另一个数组定义，其中包含了每个顶点的纹理坐标。当 OpenGL 在渲染时，它读取每个三角形所需要的顶点索引，并通过这些索引来访问数组，从不同的数组中的指定位置读取相应的顶点位置、颜色、纹理坐标。

对索引顶点进行渲染是由游戏引擎中的 CGameEngineOpenGLBase.RenderIndexedTriangles 函数实现的。该函数实际上与 RenderTriangles 函数几乎相同，只是前者需要一个额外的参数 indices 提供三角形的顶点索引。该参数为一个 short 整型数组。为了实际渲染图形，该函数要调用 OpenGL 的 DrawElements 函数(而不是 RenderTriangles 中所用的 DrawArray 函数)，传递一个指向索引数组的指针。

现在可以用程序清单 12-12 中所展示的方式来定义立方体的顶点和颜色。

程序清单 12-12　为立方体声明唯一顶点

```
// Define the vertices for the cube
float[] vertices = new float[]
{
    -0.5f, -0.5f,  0.5f,  // front bottom left
     0.5f, -0.5f,  0.5f,  // front bottom right
    -0.5f,  0.5f,  0.5f,  // front top left
     0.5f,  0.5f,  0.5f,  // front top right
     0.5f, -0.5f, -0.5f,  // back bottom right
    -0.5f, -0.5f, -0.5f,  // back bottom left
     0.5f,  0.5f, -0.5f,  // back top right
    -0.5f,  0.5f, -0.5f,  // back top left
};

// Define the colors for the cube
float[] colors = new float[]
{
    0.0f, 0.0f, 0.0f,
    1.0f, 0.0f, 0.0f,
    0.0f, 1.0f, 0.0f,
    1.0f, 1.0f, 0.0f,
    0.0f, 0.0f, 1.0f,
    1.0f, 0.0f, 1.0f,
    0.0f, 1.0f, 1.0f,
    1.0f, 1.0f, 1.0f,
};
```

注意提供的顶点数组与颜色数组的长度是相同的，因为 colors 数组中的每个颜色都对应了 vertices 数组中相应的顶点。

最后，我们就得到了组成立方体的三角形所使用的索引数组。由于现在每个顶点只用一个数字(顶点索引)就可以指定，我们可以将每个三角形的 3 个索引放置到单独的一行代码中，这样会使数据更易读。程序清单 12-13 中就给出了一个立方体的索引数组。

程序清单 12-13　构成立方体的三角形的索引数组

```
// Define the indices for the cube
short[] indices = new short[]
{
    // Front face
    0, 1, 2,
    1, 3, 2,
    // Right face
    4, 6, 1,
    6, 3, 1,
    // Back face
    4, 5, 6,
    5, 7, 6,
    // Left face
    0, 2, 5,
    2, 7, 5,
    // Top face
    2, 3, 7,
    3, 6, 7,
    // Bottom face
    1, 0, 4,
    0, 5, 4,
};
```

然后调用 RenderIndexedTriangles 函数来渲染该立方体，如程序清单 12-14 所示。

程序清单 12-14　根据定义好的顶点、颜色及索引来绘制立方体

```
// Render the cube
RenderIndexedTriangles(vertices, colors, null, null, indices);
```

这种索引绘制方式唯一的缺点是每个顶点只能有单个颜色和单个纹理坐标。如果需要在同一个位置包含两个颜色不同的顶点(以我们迄今为止所用的立方体为例，其角上的点是由不同的顶点共享的，而这些顶点所在的面有不同颜色)或者是不同纹理的顶点时，就必须将其定义为单独的顶点。不过，即使考虑到这种情形，还是可以将立方体的顶点从 36 个减少到 24 个(每个表面 4 个)，顶点数量减少了 1/3。

在本书配套下载代码的 IndexedTriangles 项目中可以找到如何使用索引数组来渲染立方体的示例。

12.4　使用光照

在此之前，我们示例中所有的颜色都是在程序代码中直接指定的，这样虽然能对图形的外观有很高的掌控度，但会带来图形看上去平凡而有漫画感的问题。为了使要渲染的对象更接近实际，我们可以使用 OpenGL 的光照功能。

在本节中，我们就来介绍光照功能并探索如何将它应用到游戏中。

12.4.1　光照和材质

OpenGL 能够在游戏中放置多达 8 个不同的光源，使用这些光源来照亮我们渲染的对象。当打开灯光后，对象着色的方式会与以前的行为不同。OpenGL 在为对象应用光照效果时，会计算每个顶点上光的强度和颜色，根据结果来实际调整顶点的颜色。

这样做就可以在对象上生成生动逼真的阴影。其缺点是由于 OpenGL 自己控制对顶点着色，我们所指定的顶点颜色会被完全忽略。我们仍然可以像以前那样给对象应用纹理，但当开启光照后再传递顶点颜色信息是没有意义的。

虽然我们无法再对顶点着色，但仍然可以使用纹理为对象不同的部分提供不同的颜色，所以这个问题并没有像开始时听上去那么严重。

至于无法对单独顶点着色，可以通过一个新的颜色控制方式来解决：对象材质。我们能够控制影响对象的光线强度和颜色。这在对象被照亮的方式上提供了相当大的灵活性。

接下来就讨论如何在游戏世界中使用光照和材质。

12.4.2　探索光照类型

光照的类型多种多样，可以在 OpenGL 光源中应用任何一种或全部光照类型，并且能独立设置每种光照类型的颜色。

下面就对可能用到的各种光照类型逐一进行介绍。

1. 环境光

最简单的光照类型是环境光。环境光是来自四面八方的光，照射到被渲染对象的各个部分。光照的强度完全均匀，这样当对象被照亮时没有特别明亮的区域也没有特别阴暗的区域。

在真实世界中，与环境光最接近的是环境中所有对象的反射光。如果您在一个单光源的房间中，天花板上有一只灯，房间中那些没有直接受到灯光照射的区域仍然可以接收到来自周围环境的光线。环境光与这种情形相似。

当有环境光时，所有顶点的光照强度是相同的且光强度适当。

图 12-12 展示了一个在中等强度环境光照射下的对象。该对象为一个 3D 圆柱体，并且没有接受

图 12-12　在环境光照射下的圆柱体

其他光照。注意该对象看上去只有一个轮廓，在对象表面看不到任何光照强度变化。

2. 漫射光

漫射光是由面对光源的对象反射形成的，与对象朝向光源的偏转角度相关。如果对象旋转到直接面对光源的位置，其表面的散射光强度较大。当它逐渐偏离光源时，强度也会

逐渐减弱。

由于各个方向上的散射光强度是相等的，因此对象视点的位置对光照表面的强度没有影响。

图 12-13 演示了一个漫射光的示例对象，该图显示了一个右侧受漫射光直接照射的相同的圆柱体。注意当对象与光源的角度变小时，对象的亮度是如何增加的。

图 12-13　在漫射光照射下的圆柱体

3. 镜面反射光

镜面反射光也是由对象反射形成的，也与对象同光源的角度相关，但这种类型的反射光更像一面镜子：光线从表面反射时基于表面相对于观察者及光源的角度。

如果光源与视点位置相同，并且表面直接面对视点，反射光会很强。一旦表面偏离视点，镜面反射光会很快减弱，如果视点与光源在不同的位置上，那些角度位于两者之间的表面会反射出最亮的光，就像镜子那样。

这种类型的光会使对象有光泽或亮点，看上去更接近实际的物体。

图 12-14 演示了一个由镜面反射光照亮的示例物体。该图显示了一个右侧受到镜面反射光直接照射的相同的圆柱体。注意视点在圆柱体表面反射后与光源之间的角度变小时，圆柱体表面的光照会增强，在该图中，圆柱体的表面与视点成 45°角。当表面偏离该角度时，光的强度会迅速降低。

图 12-14　在镜面反射光源照射下的圆柱体

12.4.3 使用材质属性

与光照的不同类型和不同强度相似，对象的颜色不同也会反射不同类型的光。例如，真实世界中红色对象之所以看上去是红色的，是因为它将照射在其上的绿色光及蓝色光吸收了，而只反射红色光。

在 OpenGL 中，可以通过设置对象的材质使每个单独的对象反射不同颜色和强度的光。就像可以为环境光、漫射光及镜面反射光设置不同的颜色一样，也可以定义对象在反射不同类型光线时的强度及颜色。

接下来我们就看看不同的材质属性以及光线与这些材质之间是如何发生作用的。

1. 环境光材质

环境光材质定义了对象会反射多少环境光。将其设置为黑色的话，会使所有环境光全部被对象吸收；因而根本没有光会被反射。将其设置为白色，则所有环境光都会被反射。

变换材质环境光颜色中的红色、绿色、蓝色强度值，会使对象只反射指定颜色和强度的光。例如，设置材质环境光中红色值为 1，绿色值为 0.5，蓝色值为 0 时，对象会将环境光中的红色分量完全反射，绿色分量反射强度减半，而对蓝色分量则全部吸收。

2. 漫射光材质

材质的漫射光属性用于控制被反射的漫射光的量。它不必与环境光颜色相同(也可以不同于任何其他材质的颜色)，这样材质可以对各种不同的入射光做出不同的响应。

3. 镜面反射光材质

材质的镜面反射光属性用于控制对象镜面反射光的强度。将其设置为 0 将完全禁用光线镜面反射，对象上不会显示任何光泽。材质的光泽度也可以用于控制对象的镜面反射光强度，接下来就会讨论这一点。

4. 材质的光泽度

在用镜面反射时，光泽度是一个重要的材质属性。它不是一个颜色，与我们所看到的其他属性相似，它是 0～128 之间的一个整数值。

该值越大，对象的光泽度就越高：对象上的镜面反射光会更加集中。该值越小表示对象越缺少光泽：镜面反射光会更加分散，使对象看上去与使用漫射光相似。

5. 发射光材质

材质的最后一个属性用于设置发射光颜色。该属性用于指定一个颜色使对象看上去如同自己在发光，而与周围的光无关。

应该注意的是设置对象的发射光颜色并不会将对象本身变为一个光源，不会为场景的其余部分添加光线，也不会照亮场景中的其他对象。

12.4.4　探索光照与材质之间的相互作用

现在已经了解了如何在 3D 场景中添加光照，以及如何使游戏对象反射光线，接下来需要知道这些光照和材质之间是如何相互作用的。

在测定各个渲染的顶点的光照级别时需要进行一个非常简单的计算。引擎首先计算作用于对象上的环境光的量，通过将光照中环境光的红、绿、蓝值(范围从 0～1)与环境光材质中的相应的红、绿、蓝值(范围也是从 0～1)相乘。其结果为最终作用于对象上的环境光颜色级别。

接下来看一个示例，如果有中等灰度的环境光，其(红、绿、蓝)值为(0.5,0.5,0.5)，且有一个对象，其材质的环境光为蓝色，颜色值为(0.7,0.2,0.2)，于是颜色分量进行乘法计算。

- 红：$0.5 \times 0.7 = 0.35$
- 绿：$0.5 \times 0.2 = 0.1$
- 蓝：$0.5 \times 0.2 = 0.1$

结果对象的环境光颜色为(0.35,0.1,0.1)。

再看另外一个示例，环境光为纯红色，颜色值为(1,0,0)，材质的环境光为纯绿色，颜色值为(0,1,0)，那么计算步骤如下。

- 红：$1 \times 0 = 0$
- 绿：$0 \times 1 = 0$
- 蓝：$0 \times 0 = 0$

因此，颜色的计算结果为(0,0,0)——黑色。将绿色的光照到一个红色的对象上时，光线中的绿色全部被吸收，所以该对象完全没有被照亮。

按照上面的方式计算环境光后，对于散射光和镜面反射光也是重复同样的计算方式。这样就会产生 3 个颜色。对象的发射光提供了第 4 个颜色，它被单独考虑，不被场景中的任何光影响。

接下来，将这 4 种光中的红、绿、蓝通道简单地相加，就得到了最终应用在该对象上的光的颜色。如果某个颜色通道的值超出了上限 1，就将该值截取为 1 进行处理。

12.4.5　使用多光源

在我们所渲染的场景中，可能会不止一个光源。当渲染对象时，8 个可用的光照可能会全部打开，以在不同的方向上提供不同颜色的光。

如果在渲染对象时有多个激活光源，就要用上一节中的方法对单个光源进行计算，然后再进行相加，从而得到该对象渲染的最终颜色。

这意味着，如果同时有很多光源，颜色可能会过饱和。因此要注意确保光源不会引起对象承受过量的光。

12.4.6　重用光照

在使用光照时要记住一个重要的特性，所谓的光照是指当对象在渲染的那一刻所观察到的光。当对象渲染完成，处于激活状态的光可以根据下一个对象的需要进行重新配置、移动、启用或禁用，并且这些变化不会影响那些已经渲染了的对象。

因此在游戏中光照不需要像现实世界中那样对所有对象都产生影响，可以根据需求只应用于某个特定的游戏对象。

> ■提示：
>
> 还要记得如果愿意可以通过渲染将整个光照功能打开，然后关闭部分光照。绘制一系列启用光照的对象，然后将光照关闭，再绘制其他不受任何光照的对象，这时可以使用顶点颜色。

12.4.7 探究光源的类型

在场景中除了可以使用不同的光照类型，还可以增加不同的光源：有向平行光、点光源以及聚光光源。接下来就对它们逐一介绍。

1. 有向平行光

有向平行光是将光线以相同的角度投射在整个场景中。这种光源没有具体的位置，通常认为它位于场景中的无穷远处。每一束光线是互相平行的。

在真实世界中太阳光就最接近于平行光。尽管太阳有实际的位置，但它非常远，无论怎么看，光线都是从整个天空发出的，而不是来自某个单独的点。

图 12-15 展示了有向平行光对 3D 场景中某个对象的照射方式。注意光线具有方向，但没有位置：光束全部是平行的，并且不是照射在某个特定的位置上。

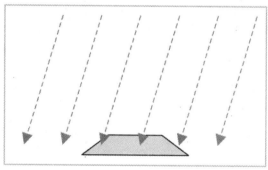

图 12-15 有向平行光源发出的光线

2. 点光源

与平行光不同，点光源具有位置而没有方向。光线从该位置向四面八方发散，对周围所有对象进行照射。当对象围绕在点光源的周围时，对象被照射的面积与它距离光源的位置相关。在现实中，天花板上吊着的灯泡或者电灯就属于点光源。

图 12-16 展示了从一个点光源发射出来的光束。注意光源具有确定的位置(即图中的灯泡)，但没有确定的方向；在所有方向上的光线都是相同的。

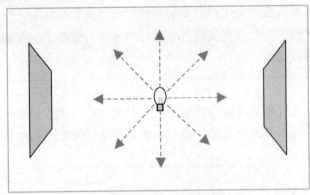

图 12-16　来自于点光源的光线

3. 聚光光源

最后一类光照是聚光光源。它结合了平行光源和点光源的特性：在游戏世界中具有固定的位置，但在指定的方向上进行照射。

除了定义聚光光源的位置和方向外，它还有两个属性：遮光角及聚焦指数。

遮光角定义了从聚光光源所发射出的光线的范围。该角度被定义为从光的中心线到光束外边线之间的夹角。其值为 0~90，0 表示光束无限细，90 则表示光完全覆盖了光源方向所在的一侧。还可以将遮光角指定为 180，该值位于 0~90 的范围之外(并且是默认值)，将聚光光源变回到平行光或点光源。

聚焦指数定义了光线聚焦在其中心点的紧密程度。光线从聚焦区域向外逐渐朝遮光角扩散。聚光光源的聚焦指数为一个 0~128 之间的值，当值为 0 时，表示光完全平均地分布在定义的遮光角范围内。该值越大表示光线在光束中心附近越集中。

图 12-17 中给出了一个聚光光源示例。

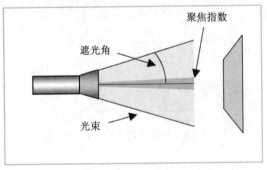

图 12-17　从聚光光源发出的光束

12.4.8　在 OpenGL 中计算光反射

我们在对各种光进行解释时，还要考虑渲染的对象中每一个三角形是面向光源还是背离光源。当三角形相对于光源呈合适的角度时，对象在光照下会很明亮。而如果三角形背离光源，就会比较暗，甚至根本不被照亮。

OpenGL 如何分辨三角形是否朝向光源？这其实没有什么神秘的地方。事实上，答案很简单：只需要让 OpenGL 知道每个三角形表面的朝向即可。

对象被创建完后就要执行这些操作。当对象在游戏中旋转或移动时，OpenGL 利用该信息来应用所有对象变换，与对顶点位置所进行的操作相似。因此，当对象或光源在场景中移动时，对象上的光会被自动且动态地计算出来。

1. 描述三角形的朝向

为了使 OpenGL 能够知道三角形的朝向，我们将使用法线值来描述。法线是一个包含了几个值的集合，代表一条与三角形正面垂直的直线。图 12-18 展示了一个三角形及其法线。该三角形本身是完全平坦的，它的表面垂直向上。它的法线由带箭头的虚线表示，因此也是垂直向上的。

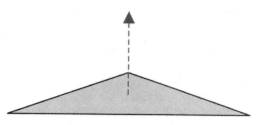

图 12-18 一个三角形及其法线

在图 12-19 中展示了一个立体对象及其法线。立方体的每一面都有不同的方向，同样的，图中还是用带箭头的虚线来表示每一个面的法线方向。

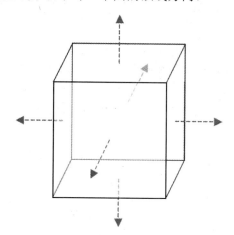

图 12-19 一个立方体及其每个面上的法线

我们使用一个 3D 向量来向 OpenGL 提供法线。该向量包含 3 个不同的值(分别代表 x 轴、y 轴和 z 轴)，用来描述单位法线在 3 个轴上的投影长度。

注意:

向量的书写方式与坐标是相同的，其 x、y 和 z 值之间以逗号分隔，放在括号中。

位于立方体顶面中的三角形，其表面是垂直向上的，所以其法线向量为(0,1,0)。这表示该法线在 x 轴和 z 轴上的位移距离为 0，在 y 轴正方向上移动 1 个单位距离——简单来说，就是垂直向上移动。方向为垂直向下的底面，其法线向量为(0, - 1,0)。按照该向量移动则会朝 y 轴的反方向移动。

类似的，可以得到立方体右边侧面中的三角形法线向量为(1,0,0)，立方体背面(背对我们)中的三角形法线向量为(0,0, - 1)

当渲染对象时，需要将这些法线向量传递给 OpenGL。只需要提交对象在默认位置上未发生任何变化时的各个向量。当对象在场景中移动时，OpenGL 会自动重新计算最新状态下的法线向量。

注意我们所讨论的法线，其长度全部为 1 个单位。这一点很重要，因为 OpenGL 在进行光照计算时需要考虑法线长度，法线向量的长短会影响到光照的明暗。长度为 1 的向量为归一化向量，其他更长的或更短的向量为非归一化向量。

OpenGL 只要知道了每个三角形表面的方向，就可以计算出这些表面是面向还是背离场景中的光，还能得出提供给该三角形的光照量。

2. 计算法线

当法线向量与 x 轴、y 轴或 z 轴平行或重叠时，法线向量很容易计算。但当三角形表面方向偏离这些轴时，计算法线向量就会困难得多。手动计算这些三角形的法线向量既枯燥又容易出错。

然而，我们正在使用的是计算机(手机也相当于计算机，尽管很微型)，所以可以让它自动计算法线。它还可以轻松地进行归一化计算，为我们节约了很多工作量。

在计算向量时，可以用多种多样的数学运算来实现(如果您愿意进行深入研究，有大量的书籍和在线资料可供参考)，在这里我们将使用叉积方法来计算法线。

要执行叉积运算，需要找出三角形表面上的两个向量。这两个向量很容易得到，三角形顶点之间的形成的向量就可以使用。将这两个向量命名为 a 和 b。

考虑图 12-20 中所示的三角形，它是水平的所以其表面垂直向上(为了使示例能够简单)，其顶点坐标如图所示。

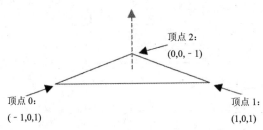

图 12-20　用于计算法线的向量的三角形顶点

注意三角形顶点总是按逆时针顺序定义的。在计算时这一点很重要；如果以顺时针方向定义顺序，那么我们所计算的法线会朝向相反的方向(在这种情形中方向向下)。

要计算所需的两个向量，将顶点 0 的坐标减去顶点 1 的坐标将得到第一个向量，然后将顶点 1 的坐标减去顶点 2 的坐标将得到第二个向量，计算方式如下所示。

● 向量 a：(- 1－1,0－0,1 - 1) = (−2, 0, 0)

- 向量 b：$(1-0,0-0,1--1) = (1, 0, 2)$

可以看到，这些向量实际的含义是每个顶点到下一个顶点之间的距离。要从顶点 1 移动到顶点 0，需要在 x 轴上移动 - 2 个单位，在 y 轴和 z 轴上不需要移动。为了从顶点 2 移动到顶点 1，需要在 x 轴上移动 1 个单位，在 y 轴上不发生移动，在 z 轴上移动 2 个单位。

接下来进行叉积运算，需要在向量 a 和向量 b 上执行下列计算，结果为法线向量 n：

- $n.x = (a.y \times b.z) - (a.z \times b.y)$
- $n.y = (a.z \times b.x) - (a.x \times b.z)$
- $n.z = (a.x \times b.y) - (a.y \times b.x)$

将其中的变量替换为顶点上的值，就会得到结果：

- $n.x = (0 \times 2) - (0 \times 0) = 0 - 0 = 0$
- $n.y = (0 \times 1) - (-2 \times 2) = 0 - -4 = 4$
- $n.z = (-2 \times 0) - (0 \times 1) = 0 - 0 = 0$

因此计算得到结果向量为(0,4,0)。这确实是一条 y 轴正方向上的线段，垂直向上，与我们预料的完全相同。不管三角形顶点位置如何都可以执行相同的计算。

不过以上计算得到的向量为非归一化向量。要对它进行归一化，需要应用一个 3D 版的勾股定理。幸运的是，它并不比我们在第 6 章中讨论过的 2D 版勾股定理复杂多少。可以用以下公式计算向量长度：

$$向量长度 = \sqrt{x^2 + y^2 + z^2}$$

得到长度后，将向量中每个维度上的值除以该长度，就可以将向量的长度缩放为 1 个单位。

在结果向量上进行如下计算：

$$向量长度 = \sqrt{0+16+0} = \sqrt{16} = 4$$
$$n \times x = 0/4 = 0$$
$$n \times y = 4/4 = 1$$
$$n \times z = 0/4 = 0$$

因此，结果向量为(0,1,0)——一个方向为垂直向上的归一化向量。至此得到了完善的结果。

在 12.4.10 一节中我们将看到实现该算法的完整代码。

3. 使用表面法线与顶点法线

在此之前，我们仅考虑了在 3D 对象的每个面上应用法线。实际上，法线不只是应用在面上，也可以应用于构成点的顶点。OpenGL 根据光照方程计算顶点的颜色，然后在顶点之间进行颜色内插计算，从而将颜色应用到整个三角形上，与我们自己根据提供的顶点颜色手动进行颜色内插计算是相似的。

这样我们就有机会执行一个非常有用的光照技巧。即向单个三角形的各个顶点提供不同的法线。OpenGL 会认为每个顶点面对不同的方向，因此可以对三角形整个表面在光照方向上实现有效的内插。

考虑图 12-21 中的三角形；它们以粗线表示，代表三角形的边界。带箭头的长虚线表示每个三角形顶点上的法线。注意，对于每个不同的三角形，法线的方向有所不同。

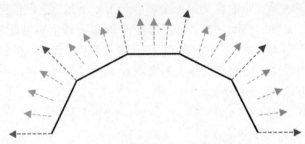

图 12-21　进行内插后的顶点法线

三角形内部通过内插算法得到的有效法线为带箭头的短虚线。它们依次平滑过渡，使对象表面非常光滑，尽管实际上该对象是由 5 个平面组成的。

图 12-22 中给出了一个实际的示例。这是两个相同的圆柱体，在渲染时使用了许多平整的表面，在左图中可以清晰地看到每一个单独的表面，在该图中每一个表面的顶点都采用了相同的法线。在右图中，顶点法线经过修改，每个表面两条边之间的法线都不同(正如我们在图 12-21 中所进行的处理)。可以看到，右图中的圆柱体非常平滑，尽管它与左图中的圆柱体都是由相同的平面构成的。

图 12-22　在每个面上应用法线(左)与在每个单独的顶点上应用法线(右)

12.4.9　在游戏引擎中添加光照

现在已经有了够多的理论。接下来就看看如何在游戏引擎中添加对光照的支持。本节中所有的代码都包含在本章配套下载代码的 Lighting 项目中。

1. 启用光照

要启用光照，只需要调用 Enable 函数来通知 OpenGL 将该功能打开即可，程序清单 12-15 展示了该操作需要的代码。

程序清单 12-15　在 OpenGL 中启用光照

```
// Enable lightihg
gl.Enable(gl.GL_LIGHTING);
```

要禁用光照功能，调用相应的 Disable 函数即可。在 Lighting 示例项目中，您会看到光照功能是在 CLightingGame.InitLight 函数中启用的。

当开启光照模型后,必须将每个可用光源单独启用,才能将它们应用到被渲染的场景中。前面已经讨论过,OpenGL 可以对多达 8 个的光源进行单独配置。这些光源使用 GL_LIGHT*n* 常量进行标识:例如 GL_LIGHT0 就表示第一个光源,GL_LIGHT7 表示第 8 个光源。

要启用某个光源,需要再次调用 Enable 函数,并且将该光源对应的常量传递给该函数。要关闭某个光源,则需要将对应常量传递给 Disable 函数。程序清单 12-16 展示了如何启用光源 0 以及关闭光源 1。

程序清单 12-16　将单个光源打开和关闭

```
gl.Enable(gl.GL_LIGHT0);
gl.Disable(gl.GL_LIGHT1);
```

在 Lighting 示例项目中,您将看到光源虽然是在 InitLight 函数中进行配置的,但没有实际打开。当项目启动时,所有的光源都是禁用的,于是 3D 对象在渲染时都是一个黑色的轮廓。最终是通过游戏窗体中的菜单选择事件将光源启用或禁用。

2. 在游戏引擎中添加光照函数

光照功能中要用到不同的参数,来定义光照颜色、位置、方向等信息。在 OpenGL 中有两个函数可以对这些参数进行设置:Lightf(传递单个值)或者 Lightfv(传递值数组)。在这两个函数中,都要告诉 OpenGL 要对哪个光源进行更新,要对哪个参数进行设置,以及要应用什么参数值。

大部分 OpenGL 光照参数都需要提供一个指向数组的指针。该数组中包括颜色、方向或者位置,依赖于光照参数的设置。为了将该指针传递到 OpenGL 中,我们再次使用 fixed 语句来获得指向该数组的指针。在程序清单 12-17 中给出了一个示例,设置光源 0 的漫射光颜色为红色。

程序清单 12-17　设置光源的漫射光颜色

```
// Declare the color -- full red intensity, no green or blue
float[] diffuseColor = new float { 1, 0, 0, 1 };
// Get a pointer to the color array
fixed (float* colorPointer = &diffuseColor[0])
{
    // Pass the pointer into OpenGL to configure the light
    gl.Lightfv(gl.GL_LIGHT0, gl.GL_DIFFUSE, colorPointer);
}
```

然而用这种方式设置颜色有一些不方便:

- 需要将项目和函数都配置为允许非安全代码。这样在 VB.NET 中就无法调用这些函数,因为 VB.NET 不支持非安全代码。
- 代码非常冗长,简单的颜色变化就需要编写很多行代码。当在不同光源上设置多种不同类型的光照时,就需要很多代码,大大地降低了程序的可读性。

为了消除这两个问题，需要在 CGameEngineOpenGLBase 类中添加一些新函数。SetLightParameter 函数就是其中之一，它以我们想要修改的光源、要设置的光源参数、float 值数组作为自己的参数。

还要为该函数添加第二个重载，在该重载中采用一个 float 值作为参数而不是数组(有些光源参数，如聚光光源的遮光角，就需要的是一个单值而非数组)。对于这些光照参数，不需要使用指针。在这种情形中，不必非要调用游戏引擎中的函数，但采用该重载可以保持函数调用上的一致性，增加了代码的可读性。

SetLightParameter 函数的两个重载的实现如程序清单 12-18 所示。

程序清单 12-18　游戏引擎中 SetLightParameter 函数的实现

```
/// <summary>
/// Set a light parameter to the provided value
/// </summary>
public void SetLightParameter(uint light, uint parameter, float value)
{
    gl.Lightf(light, parameter, value);
}

/// <summary>
/// Set a light parameter to the provided value array
/// </summary>
unsafe public void SetLightParameter(uint light, uint parameter, float[]
    value)
{
    fixed (float* valuePointer = &value[0])
    {
        gl.Lightfv(light, parameter, valuePointer);
    }
}
```

现在如果想设置光源 0 的漫射光颜色，所需的代码如程序清单 12-19 所示，与程序清单 12-17 中的代码相比简短了很多。

程序清单 12-19　使用游戏引擎中的 SetLightParameter 函数设置光源的漫射光颜色

```
// Set the diffuse color of light 0 to red
SetLightParameter(gl.GL_LIGHT0, gl.GL_DIFFUSE, new float[] {1, 0, 0, 1});
```

当配置光源时，各个参数及参数的期望值如表 12-1 所示。

表 12-1　光源参数及其期望值

参　　数	期　望　值
GL_AMBIENT	由 4 个浮点值组成的数组，定义了环境光颜色中的红、绿、蓝及 alpha 分量值
GL_DIFFUSE	由 4 个浮点值组成的数组，定义了漫射光的颜色

(续表)

参　数	期　望　值
GL_SPECULAR	由 4 个浮点值组成的数组，定义了反射光的颜色
GL_POSITION	由 4 个浮点值组成的数组，定义了光源的位置或光线的方向(在 12.4.7 节的第 3 小节及第 4 小节中将进行详解)
GL_SPOT_DIRECTION	由 3 个浮点值组成的数组，定义了聚光光源的方向
GL_SPOT_EXPONENT	一个范围为 0～128 的浮点值，定义了聚光光源的聚焦指数
GL_SPOT_CUTOFF	一个范围为 0～90 的浮点值(或者为特殊值 180)，定义了聚光光源的遮光角

3. 创建有向平行光

为了创建有向平行光，我们要根据需要配置其颜色，然后设置其 GL_POSITION 属性。位置数组中的前三项定义了光线照射的方向，这样总有一束光线同时经过该位置及原点 (0,0,0)。

这意味着，如果指定位置为(0,0,1)，那么光线方向将经过坐标(0,0,1)及(0,0,0)两点，也就是说光线是沿着 z 轴负方向照射的。如果将位置设定为(0,1,0)，那么光线将从上至下沿着 y 轴的负方向照射。

为平行光设置 GL_POSITION 属性时，将第 4 个(并且也是最后一个)值设置为 0，OpenGL 通过该值知道我们使用的是平行光。

程序清单 12-20 中展示了 Lighting 示例项目中的部分代码，用于将光源 0 配置为位置 (1,0,0)上的平行光。

程序清单 12-20　配置平行光

```
// Configure light 0.
// This is a green directional light at (1, 0, 0)
SetLightParameter(gl.GL_LIGHT0, gl.GL_DIFFUSE, new float[] { 1, 1, 0, 1 });
SetLightParameter(gl.GL_LIGHT0, gl.GL_SPECULAR, new float[] { 0, 0, 0, 1 });
SetLightParameter(gl.GL_LIGHT0, gl.GL_POSITION, new float[] { 1, 0, 0, 0 });
```

4. 创建点光源

为了创建点光源，要执行与创建平行光时相同的步骤，但是在 GL_POSITION 数组中指定第 4 个元素为 1。它通知 OpenGL 将该光源作为点光源而非有向平行光。

当光源为点光源时，给定的位置坐标就是光源的实际位置，而非用于计算方向。位于坐标(2,0,0)上的光源与位于坐标(4,0,0)上的光源是不同的。而对于有向平行光而言，这两个光源将是等效的。

程序清单 12-21 中展示了 Lighting 示例项目中的部分代码，用于将光源 1 配置为红色点光源，同时还有白色的反射光。

程序清单 12-21　配置点光源

```
// Configure light 1.
// This is a red point light at (0, 0, 2) with white specular color
SetLightParameter(gl.GL_LIGHT1, gl.GL_DIFFUSE, new float[] {1, 0, 0, 1});
SetLightParameter(gl.GL_LIGHT1, gl.GL_SPECULAR, new float[] { 1, 1, 1, 1 });
SetLightParameter(gl.GL_LIGHT1, gl.GL_POSITION, new float[] { 0, 0, 2, 1 });
```

5. 创建聚光光源

创建聚光光源的方法与创建点光源相同，只是还要指定 GL_SPOT_CUTOFF 角度。在大部分情况下，还要设置 GL_SPOT_DIRECTION(默认的方向为(0,0,-1))以及聚焦指数。

程序清单 12-22 中包含了部分示例代码,在位置(0,10,0)上创建了一个黄色的聚光光源，该光源照射方向为垂直向下，遮光角为 22°。

程序清单 12-22　设置聚光光源

```
// Configure a yellow spotlight positioned at (0, 10, 0) and shining downwards
SetLightParameter(gl.GL_LIGHT2, gl.GL_DIFFUSE, new float[] {1, 1, 0, 1});
SetLightParameter(gl.GL_LIGHT2, gl.GL_SPECULAR, new float[] { 0, 0, 0, 0 });
SetLightParameter(gl.GL_LIGHT2, gl.GL_POSITION, new float[] { 0, 10, 0, 1 });
SetLightParameter(gl.GL_LIGHT2, gl.GL_SPOT_DIRECTION, new float[] { 0, -1,
    0 });
SetLightParameter(gl.GL_LIGHT2, gl.GL_SPOT_CUTOFF, 22);
```

▆注意:

由于光照实际只对顶点的颜色产生影响，当聚光光源照射在三角形的中心时，光线到达不了其顶点，因此不会产生任何视觉效果。当包含了大三角形的对象发生位移，使其顶点移动至聚光光源的光束中或离开该光束时，可能会产生意想不到的光照效果，那些顶点会单独地受到光照的影响。要使聚光光源将其聚光点照射在一个平面上，必须将该平面分为多个小三角形，于是这些顶点距离较近，能对照射来的光更精确地进行反射。

6. 设置场景中的环境光

尽管环境光可以作为任何单独光照的一个组成部分添加到场景中，但环境光本身也会单独对整个渲染的场景产生影响。事实上，启用环境光时其默认的颜色为(0.2,0.2,0.2,1)。所以，需要将它设置为黑色才不会影响到场景中已经渲染好的对象。

设置场景中的环境光要用到前面所介绍的 Lightfv 参数，只是要调用 LightModelfv 函数。我们将该操作包装到了 CGameEngineOpenGLBase 类的一个名为 SetAmbientLight 的函数中，该函数如程序清单 12-23 所示。

程序清单 12-23　SetAmbientLight 函数

```
/// <summary>
/// Set the scene ambient light to the provided four-element color array
/// </summary>
```

```
unsafe public void SetAmbientLight(float[] color)
{
    fixed (float* colorPointer = &color[0])
    {
        gl.LightModelfv(gl.GL_LIGHT_MODEL_AMBIENT, colorPointer);
    }
}
```

这样就可以很容易地调用该函数来设置场景中的环境光。例如，程序清单 12-24 使用该函数将环境光完全关闭。

程序清单 12-24　使用 SetAmbientLight 函数来关闭环境光

```
// Default the ambient light color to black (i.e., no light)
SetAmbientLight(new float[] { 0, 0, 0, 1 });
```

7. 设置材质属性

设置材质属性与设置光照属性很相似。只是使用的是 Materialf 函数及 Materialfv 函数，而非 Lightf 函数及 Lightfv 函数，同样还是包含单值参数与值数组参数两个版本。

在介绍光照函数时为其创建了包装函数，基于同样的原因，我们也要对设置材质属性的操作进行包装，该包装函数名为 SetMaterialParameter，它同样也包含两个版本：一个以数组作为参数，一个以单个 float 值作为参数，如程序清单 12-25 所示。

程序清单 12-25　游戏引擎中 SetMaterialParameter 函数的实现

```
/// <summary>
/// Set a material parameter to the provided value
/// </summary>
public void SetMaterialParameter(uint face, uint parameter, float value)
{
    gl.Materialf(face, parameter, value);
}

/// <summary>
/// Set a material parameter to the provided value array
/// </summary>
unsafe public void SetMaterialParameter(uint face, uint parameter, float[]
    value)
{
    fixed (float* valuePointer = &value[0])
    {
        gl.Materialfv(face, parameter, valuePointer);
    }
}
```

这次不再传递光源的编号，而是传递我们想要为其设置材质的对象表面的类型，该参数为 GL_FRONT 时，就会作用于三角形的正面；为 GL_BACK 时就会作用于三角形的后面；为 GL_FRONT_AND_BACK 时，则作用于两面。当然，该参数值只有在隐藏表面忽略被禁用时才有效，否则无论设置什么材质，三角形的背面都不会进行渲染。

要注意，当设置材质时，并非在某个指定的对象上应用该材质。与 OpenGL 中的其他属性相似，材质是一个状态，在发生后继修改之前会一直保持不变。因此，在需要时，可以为整个游戏对某个材质进行一次性配置，或者如果需要不同的材质，则为每个要渲染的对象配置一次。

在配置材质时，可能传递的参数及其期望值如表 12-2 所示。

表 12-2　材质参数及其期望值

参　　数	期　望　值
GL_AMBIENT	由 4 个浮点值组成的数组，定义了材质环境光反射中红、绿、蓝及 alpha 分量的值
GL_DIFFUSE	由 4 个浮点值组成的数组，定义了材质漫反射光
GL_SPECULAR	由 4 个浮点值组成的数组，定义了材质镜面反射光
GL_EMISSION	由 4 个浮点值组成的数组，定义了材质辐射光
GL_SHININESS	一个范围为 0~128 的值，定义了材质的光泽度，当值为 0 时表示材质完全光滑，当值为 128 时表示材质毫无光泽

程序清单 12-26 中展示了 Lighting 示例项目中的部分代码，设置材质对所有环境光、漫射光、镜面反射光完全反射，并且还配置了该材质光泽度数。

程序清单 12-26　设置材质的属性

```
// Set the material color to fully reflect ambient, diffuse and specular light
SetMaterialParameter(gl.GL_FRONT_AND_BACK, gl.GL_AMBIENT, new float[] { 1,
                1, 1, 1 });
SetMaterialParameter(gl.GL_FRONT_AND_BACK, gl.GL_SPECULAR, new float[]
                { 1, 1, 1, 1 });
SetMaterialParameter(gl.GL_FRONT_AND_BACK, gl.GL_DIFFUSE, new float[] { 1,
                1, 1, 1 });
// Set the material shininess (0 = extremely shiny, 128 = not at all shiny)
SetMaterialParameter(gl.GL_FRONT_AND_BACK, gl.GL_SHININESS, 20);
```

8. 运行中的 OpenGL 光照示例

前面曾经多次提到 Lighting 示例项目，该项目演示了本章所讨论的大部分光照功能。图 12-23 中展示了程序在运行时的一些截屏。

该示例可以显示立方体或圆柱体；可以从菜单中选择对象。在显示圆柱体时，可以令每个面上的所有顶点都应用相同的法线，也可以在每个面(平滑)上通过内插来得到法线，但要注意这两个版本的圆柱体中顶点的位置都是相同的。

在项目中提供了 3 个光照选项。打开 Ambient Light 菜单项会使整个场景应用深蓝色的光。打开 Light 0 选项将有绿色的有向平行光从右向左照射。打开 Light 1 选项将在对象前方开启一个红色点光源，该光源还会有白色的镜面反射光成分。镜面反射光的效果在圆柱体上体现的非常明显。

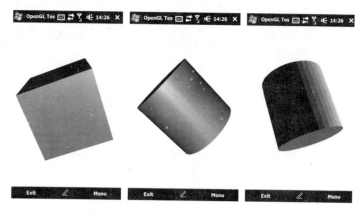

图 12-23　Lighting 项目运行时的截屏

立方体和圆柱体是分别在 CObjCube 类和 CObjCylinder 类中创建的。立方体的结构非常简单，可以在代码中直接给定其顶点和法线。圆柱体要复杂一些，其顶点和法线都是循环使用简单的三角函数计算得到的。该计算过程只需要在圆柱体对象被实例化时执行一次即可，顶点和法线都保存在类级别的变量数组中，这样每次渲染该圆柱体时就不需要重复该计算过程了。

请花一些时间仔细研究此示例项目，它能帮助我们熟悉这里所讨论过的概念。可以随意修改已有的光照、创建新的光照、体验创建自己的对象并计算法线。

12.4.10　编程计算法线

在前面已经介绍过通过公式计算三角形的法线是很简单的，但手动计算则是个很繁琐的工作。为了使任务能够简单化，我们在游戏引擎中添加一些代码来自动计算法线。

由于在渲染三角形时有两种不同的方式(使用简单三角形列表或顶点索引)，因此我们将创建两个相应的函数来分别处理这两种格式的数据。为了减少代码量，我们将创建两个函数，并且令其中一个函数直接调用另外一个函数，这样就可以将所有的计算任务放到一个单独的函数中。

要实现这种方式，最简单的方法是以简单三角形列表(不包含顶点索引)作为参数来构造对应的索引数组。这样就可以将顶点及索引传递给另一个函数进行计算。

三角形列表的索引非常简单：每个三角形由列表中相邻的 3 个顶点构成，所以该索引是一个递增的数值序列。第一个三角形由索引 0、1、2 组成；第二个三角形由索引 3、4、5 组成；第三个由索引 6、7、8 组成，以此类推。

该功能对应的函数名为 GenerateTriangleNormals，被添加在游戏引擎 CgameObjectOpen-GLBase 类中，如程序清单 12-27 所示。它为索引创建了一个数组，数组长度与顶点数相同(顶点数组的大小要可以被 3 整除，因为每个顶点都包含了 3 个坐标值)。然后用从 0 开始的连续的数字对该数组进行填充，并且将顶点数组及结构索引数组传递给 GenerateIndexed-TriangleNormals 函数，稍后我们会介绍该函数。

程序清单 12-27　为非索引三角形计算法线

```
/// <summary>
/// Builds an array of vertex normals for the array of provided triangle
/// vertices.
/// </summary>
/// <param name="vertices">An array of vertices forming the triangles to
/// render. Each set of threevertices will be treated as the next triangle
/// in the object.</param>
/// <returns>Returns an array of vertex normals, one normal for each of the
/// provided vertices. The normals will be normalized.</returns>
protected float[] GenerateTriangleNormals(float[] vertices)
{
    int[] indices;

    // Build an array that allows us to treat the vertices as if they were
    // indexed.
    // As the triangles are drawn sequentially, the indexes are actually just
    // an increasing sequence of numbers: the first triangle is formed from
    // vertices 0, 1 and 2, the second triangle from vertices 3, 4 and 5,
    // etc.

    // First create the array with an element for each vertex
    indices = new int[vertices.Length / 3];

    // Then set the elements within the array so that each contains
    // the next sequential vertex index
    for (int i = 0; i < indices.Length; i++)
    {
        indices[i] = i;
    }

    // Finally use the indexed normal calculation function to do the work.
    return GenerateIndexedTriangleNormals(vertices, indices);
}
```

实际的计算发生在 GenerateIndexedTriangleNormals 函数中，您可以参考本章前面的
12.4.10 节，因为在该节中描述过与此函数完全相同的步骤。

该函数首先声明了几个数组。3 个顶点数组用于存储构成目标三角形的顶点坐标，这
些坐标将用于计算法线。Va 数组和 vb 数组保存从三角形获取到的两个向量。vn 数组保存
计算得到的法线向量。最后，normals 数组就是我们所需要的顶点法线数组，后面的代码会
对它进行处理。该函数的起始部分如程序清单 12-28 所示。

程序清单 12-28　在 GenerateIndexedTriangleNormals 函数中为计算法线做准备

```
/// <summary>
/// Builds an array of vertex normals for the array of provided vertices and
/// triangle vertex indices.
/// </summary>
/// <param name="vertices">An array of vertices that are used to form the
/// rendered object.</param>
```

```
/// <param name="indices">An array of vertex indices describing the triangles
/// to render.
/// Each set of three indices will be treated as the next triangle in the
/// object.</param>
/// <returns>Returns an array of vertex normals, one normal for each of the
/// provided vertices. The normals will be normalized.</returns>
protected float[] GenerateIndexedTriangleNormals(float[] vertices, int[]
    indices)
{
    // Three arrays to hold the vertices of the triangle we are working with
    float[] vertex0 = new float[3];
    float[] vertex1 = new float[3];
    float[] vertex2 = new float[3];

    // The two vectors that run along the edges of the triangle and a third
    // vector to store the calculated triangle normal
    float[] va = new float[3];
    float[] vb = new float[3];
    float[] vn = new float[3];
    float vnLength;

    // The array of normals. As each vertex has a corresponding normal
    // and both vertices and normals consist of three floats, the normal
    // array will be the same size as the vertex array.
    float[] normals = new float[vertices.Length];
```

接下来，代码遍历所有三角形。使用 indices 数组来判断哪 3 个顶点会构成接下来要处理的三角形。对于每一个顶点，将 3 个坐标复制到某一个顶点数组中(vertex0、vertex1 或 vertex2)。

一旦得到坐标，将 vertex0 减去 vertex1，得到 va 向量，然后将 vertex1 减去 vertex2 得到 vb 向量。这些步骤的代码如程序清单 12-29 所示。

程序清单 12-29　在 GenerateIndexedTriangleNormals 函数中获取三角形的两个向量

```
// Loop for each triangle (each triangle uses three indices)
for (int index = 0; index < indices.Length; index += 3)
{
    // Copy the coordinates for the three vertices of this triangle
    // into our vertex arrays
    Array.Copy(vertices, indices[index] * 3, vertex0, 0, 3);
    Array.Copy(vertices, indices[index+1] * 3, vertex1, 0, 3);
    Array.Copy(vertices, indices[index+2] * 3, vertex2, 0, 3);

    // Create the a and b vectors from the vertices
    // First the a vector from vertices 0 and 1
    va[0] = vertex0[0] - vertex1[0];
    va[1] = vertex0[1] - vertex1[1];
    va[2] = vertex0[2] - vertex1[2];
    // Then the b vector from vertices 1 and 2
    vb[0] = vertex1[0] - vertex2[0];
    vb[1] = vertex1[1] - vertex2[1];
```

```
        vb[2] = vertex1[2] - vertex2[2];
    }
```

计算出两个向量后，现在代码就对它们执行叉积运算。将计算结果用于构造法线向量 vn。由于需要确保法线是归一化的，然后代码就判断该向量的长度，如果长度非 0(0 意味着两个或多个三角形顶点在相同的位置上)并且非 1(1 意味着该向量已经归一化了)，就令向量中每个维度值除以向量长度，这样向量的长度就转变为 1 个单位了。这部分计算的代码如程序清单 12-30 所示。

程序清单 12-30　在 GenerateIndexedTriangleNormals 函数中计算法线向量并进行归一化

```
// Now perform a cross product operation on the two vectors
// to generate the normal vector.
vn[0] = (va[1] * vb[2]) - (va[2] * vb[1]);
vn[1] = (va[2] * vb[0]) - (va[0] * vb[2]);
vn[2] = (va[0] * vb[1]) - (va[1] * vb[0]);

// Now we have the normal vector but it is not normalized.
// Find its length...
vnLength = (float)Math.Sqrt((vn[0]*vn[0]) + (vn[1]*vn[1]) + (vn[2]*vn[2]));
// Make sure the length isn't 0 (and if its length is 1 it's already normalized)
if (vnLength > 0 && vnLength != 1)
{
    // Scale the normal vector by its length
    vn[0] /= vnLength;
    vn[1] /= vnLength;
    vn[2] /= vnLength;
}
```

这样，vn 数组中就包含了计算得到的法线。该循环的最后部分是将法线写入 normals 数组合适的位置中(要将法线与构成三角形的相应顶点对应排放)。当循环完成后，整个 normals 数组也计算完成，可以将它返回给调用方。这些步骤如程序清单 12-31 所示。

程序清单 12-31　在 GenerateIndexedTriangleNormals 函数中构建 normals 数组并返回

```
    {
        {
            // The normal for this triangle has been calculated.
            // Write it to the normal array for all three vertices
            Array.Copy(vn, 0, normals, indices[index] * 3, 3);
            Array.Copy(vn, 0, normals, indices[index + 1] * 3, 3);
            Array.Copy(vn, 0, normals, indices[index + 2] * 3, 3);
        }

        // Finished, return back the generated array
        return normals;
    }
```

可以尝试修改 Lighting 项目的 CObjCube 类和 CObjCylinder 类的代码，令它们使用此函数，而不是目前的实现方式。注意返回值与之前专门为对象计算得到的值是完全相同的，除了光滑圆柱体外。为了创建像光滑圆柱体那样的光滑顶点法线，需要对代码进行修改，查找位于同一个位置上的顶点并对其法线进行平均化。

12.4.11 在缩放对象时使用法线

对于顶点法线，最后要注意一点：它们会像被渲染对象中所有其他因素一样受到 gl.Scale 函数的影响。这意味着，只要对对象应用了缩放，法线就不再是归一化的了，从而导致反射光与期望值相比变强或变暗。

对于这个问题，OpenGL 提供了一个简单的解决方案，即可以将某个选项启用，这样就可以将所有法线向量自动进行归一化。当使用缩放变换时，该功能可以确保所有的顶点法线在用于光照计算之前重新进行归一化。

要启用自动归一化，需要调用 gl.Enable 函数，如程序清单 12-32 所示。要将它禁用，则调用 gl.Disable 函数。

程序清单 12-32　启用自动归一化

```
// Switch on automatic normalization
gl.Enable(gl.GL_NORMALIZE)
```

当然，讨论对顶点法线手动进行归一化，而不是一开始就开启该功能是有原因的：OpenGL 要执行许多额外的步骤来对顶点法线进行归一化，这样在渲染时就会大大增加处理时间。在没有必要使用自动归一化时将其关闭，会节省很多处理开销。在绘制那些动态缩放的对象时，由于无法提供一个单独的、预先计算好的、归一化的向量，自动归一化才无法避免。

12.5　掌握 3D

从平面 2D 图形跨入到具有深度的 3D 世界中无疑是一个巨大的进步。无论是代码复杂度还是图形建模，都会出现各种各样的新增的挑战。然而，OpenGL 提供了一个既可靠又灵活的基础平台，使得 3D 游戏编程也会给玩家和开发人员带来巨大的回报。

一旦您对本章中所讨论的概念以及代码完全适应，下一章就将介绍许多 OpenGL 中用得到的技术，让游戏更加逼真。

∎∎∎

第 13 章

更多 OpenGL 功能与技术

在本章中将对 OpenGL 知识进行扩展，使您的代码在功能和性能上提升到一个新的水平。当阅读完本章后，您可以从一个外部建模应用程序中导入 3D 模型，并能使用一些附加的 OpenGL 功能使游戏显得更加生动。

13.1 导入几何图形

在第 12 章中使用了两种不同的方法来在 OpenGL 程序中定义 3D 对象。第一种方法需要我们手动定义一个用于顶点坐标的大数组。对于诸如立方体这样的简单物体而言，该方法是可行的(尽管可能有些乏味)，但如果是百宝箱或太空飞船这样的复杂物体，使用该方法就不现实了。第二种方法使用数学公式来创建图形(Lighting 示例项目中的圆柱体)。在生成规则的几何图形时，该方法很实用，但在对于实际的游戏对象，它还是力不从心。

复杂对象的解决方案是使用 3D 建模应用程序。建模程序能够提供丰富(同时也比较复杂)用户界面，专门用于设计构建 3D 模型的第三方软件。

除了能够创建几何图形外，大多数建模应用程序还能将纹理映射到它们所构建的对象表面，并提供最终的纹理坐标。它们可能还能够计算顶点的法线向量，并作为对象的一部分进行保存。

这听上去很好，但用于保存 3D 对象的格式很多且容易混淆，并且不是所有的格式都易于读取。

但是，有一个建模应用程序可以自由下载，该应用程序比较容易使用，并且能够保存为容易读取的文件格式。该应用软件就是 Google SketchUp。

13.1.1 SketchUp 简介

SketchUp 最初是由一个名为@Last Software 的公司开发的，它的目的是让用户只用笔和纸就能创建 3D 建模应用程序。因此，它的用户界面掌握起来比很多其他应用程序容易得多。

几年以后，@Last Software 对 SketchUp 进行了加强，可以用它为 Google Earth 创建 3D 构建模型。Google 随即收购了这家公司，并将 SketchUp 纳入到 Google 自己的应用程序中。可以通过访问 www.sketchup.com 来下载该软件。

新的 Google SketchUp 包含了两个不同的版本：SketchUp 与 SketchUp Pro。基本功能

版的 SketchUp 可以免费下载，其包含了很多功能。Pro 版中则添加了更多功能，包括支持更多的 3D 文件格式。

但是，免费版 SketchUp 所能导出的文件格式都不适合我们的 OpenGL 应用程序进行读取。不过我们有个变通的解决方案，稍后就会介绍。

1. 在 SketchUp 中创建 3D 对象

即使是最简单的 3D 建模应用程序使用起来也会比较复杂，用 2D 的输入输出设备(鼠标、键盘和显示器)以交互的方式描绘出一个 3D 的世界，总是使该需求很难实现。

尽管 SketchUp 相对易于使用，但要精通的话还是需要学习很多东西，该软件完整的使用指南则超出了本书讨论的范畴。不过不要灰心，因为 SketchUp 提供了大量的在线帮助和向导，包括使用手册、教程、示例以及视频向导。通过 SketchUp 首次启动时所提供的链接，可以对这些资源进行访问。

为了在本章中对导入的几何图形进行操作，我们将在 SketchUp 中创建一个简单的对象，并在随后通过游戏引擎将它读入到一个示例项目中。接下来的几个小节中将创建一个非常简单的房子模型。我们不会刻意地一步一步地指导您使用 SketchUp，而是只提供创建这样一个模型所需的操作步骤。

当 SketchUp 启动后，会提示您选择一个模板。选择两个 Simple Template 中的一个选项，然后单击 Start using SketchUp 进入到主用户界面中。默认情况下，为了得到场景的尺寸，SketchUp 在空白场景中添加了一个人的图片。在创建我们的 3D 对象时可以将它删除掉。

现在可以在空白的场景中构建对象了。首先要进行的几步操作如图 13-1 所示。先是在 x/z 平面上绘制一个矩形作为房子的地基，如图 13-1(a)所示。然后使用 Push/Pull 工具将矩形拔高形成一个长方体，如图 13-1(b)所示。再使用 Line 工具在长方体上表面的中间画一条线，如图 13-1(c)所示。

将上表面分成两部分后，就可以对这条线段进行移动，所有与其相关的面都会随之移动。因此，将这条线直接向上拉，创建一个合适的屋顶形状，如图 13-1(d)所示。这时，房子的基本图形就完成了。

当然，我们还想在刚刚创建好的对象上应用纹理，使它看上去更真实一些。SketchUp 提供了一些简单有效的工具用于在对象上添加纹理，其在线帮助提供了熟悉该工具所需的所有信息。

在图 13-1(e)中，在房子的正面应用了纹理。完成后的房子对象如图 13-1(f)所示，其每个面都应用了纹理。

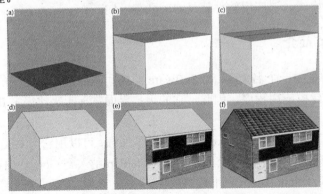

图 13-1　在 Google SketchUp 中创建一个简单 3D 房子对象所需要的步骤

在给对象设置纹理时要记住一个重要的细节，即在渲染时每次只能使用一个单独的纹理图片。如果要用多个纹理渲染对象，必须执行 3 次单独的渲染，在不同的纹理之间进行切换。

有一个更加简单的方法可以将所有对象纹理图片都放在一个单独的图像中，然后将该图像的不同部分而非整个图像应用到模型的表面上。这里显示的房子就采用了该方法：正面、侧面、屋顶的纹理都包含在一个单独的纹理图像中，如图 13-2 所示。

图 13-2　用于 3D 房子对象的纹理图片

正如图 13-2 所示，房子的纹理被分为 3 个部分：左边的 1/3 纹理包含了用于房顶的图像，剩余的区域分成房子的侧面和正面。将所有这些必需的纹理信息放置到一个单独的图形文件中，可以简化对象的设计和渲染。使用单独的图形文件还可以使渲染效率更高，因为图形硬件在单独的一步中可以处理整个对象，不需要在设备的内存中对那么多纹理进行移动。

对象完成后，将其保存为 SketchUp 的.skp 文件以便以后进行检索读取。

2. 导出 3D 图形

SketchUp 的免费版在导出对象时只有很有限的一些选项。它本身支持两种文件格式，即 Collada 文件(.dae)和 Google Earth 文件(.kmz)。

Collada 文件是一种基于 XML 表示的输出文件。SketchUp 能够将纹理坐标包含在文件中，并且将几何图形的表面分裂为三角形，这正是我们需要导入的。

通过一点努力，肯定可以从 Collada 文件中导入对象。然而，我们并不将它导入到本书的游戏引擎中；稍后您将看到一种更简单的替代方法。

Google Earth 文件完全不适合导入到我们的游戏中。它们实际是一个由多个文件组成的 zip 压缩文件，其中包含了 Collada 格式的几何图形。必须对其中的内容解压(可以手动操作也可以通过代码)，这样在获取 Collada 文件时很耗费时间，而这些 Collada 文件是可以直接导出的。

我们该如何保存模型才能使它能以理想的方式导入呢？

在众多 3D 模型文件格式中，有一种格式已经存在了很多年，即.obj 格式。这是一个非常普通的文件扩展名，原本是由 Wavefront Technologies 在 20 世纪 80 年代开发的，用于为它们的 Advanced Visualizer 建模及动画应用程序保存几何图形。尽管这些应用程序随着历史的发展已经黯然失色，但这种文件格式仍然对我们有用。

使用这种格式的原因是它非常易于解码。它包含了由顶点位置、纹理坐标以及顶点法线向量组成的简单列表，接着是一个三角形定义列表，而该列表又相互连接构成了 3D 图形。

问题在于，只有 SketchUp 的 Pro 版才能够将对象导出为.obj 文件格式。如果购买了 SketchUp 的完整版，就可以使用其内置的导出工具，否则其他用户是无法将对象保存为该格式的。

为了让开发人员节省不必要的开支，Internet 上的企业程序员已经能够试图让免费版的 SketchUp 也可以将对象保存为.obj 格式。SketchUp 提供了一个编程接口，使用 Ruby 编程语言可以进行访问，并且能够查询当前所处理的对象的所有信息。于是，就有人编写了 Ruby 脚本利用该功能从免费版的 SketchUp 中创建.obj 文件。可以访问 http://www.idevgames.com/forum/showthread.php?t=13513 来下载这段脚本，也可以在本章下载代码所包含的 ExportObj.rb 文件中找到它。

要在 SketchUp 中安装该导出器，请关闭应用程序，将 ExportObj.rb 复制到 SketchUp 的 PlugIns 目录中(默认情况下可以在 C:\Program Files\Google\Google SketchUp 7\Plugins 中找到)，重新启动 SketchUp，在 PlugIns 菜单下就会出现两个新的菜单项：ExportOBJ 和 ExportTexturedOBJ，如图 13-3 所示。这两个插件都用于将当前对象保存为.obj 文件，分别对应于不包含纹理坐标及包含纹理坐标。

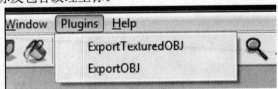

图 13-3　SketchUp 中的 ExportOBJ 和 ExportTexturedOBJ 插件

当从菜单中选择某个插件时，它会提示您如何将模型保存为一个 OBJ 文件。

> ■注意：
> 别忘了也要将对象保存为 SketchUp 本身支持的.skp 文件格式。导出的.obj 文件是加载到游戏中的理想文件格式，但 SketchUp 本身不能从该格式中读回数据。

13.1.2　使用.obj 文件格式

.obj 文件中的内容很容易读取和处理。文件中的每一行都包含了多个由空格分隔的数据项。每行的第一项定义了该行数据中其他项的用途。

顶点坐标用包含字母 v(是 vertex 的缩写)的第一项指定，在 v 后面是 3 个浮点值，表示顶点的 x、y 和 z 坐标。文件中的每个顶点都会自动获得一个数字索引，从 1 开始。因此，第一个 v 元素就是 vertex 1；第二个 v 元素是 vertex 2，以此类推。程序清单 13-1 中展示了顶点的定义格式。

程序清单 13-1　obj 文件中的一行，包含一个顶点定义

```
v 0.0 0.0 37.0
```

如果导出的对象中包含纹理，那么它的坐标存储在第一项为 vt(vertex texture)的行中。它后面会跟两个浮点数，分别表示纹理中的 s 坐标和 t 坐标。与顶点相似，每个纹理坐标也会自动获得一个从 1 开始的隐式索引值。程序清单 13-2 中就定义了一个纹理坐标。

程序清单 13-2　obj 文件中的一行，包含了一个纹理坐标

```
vt 0.25 0.5
```

如果导出的数据中包含了顶点法线，那么该数据行的第一项为 vn(表示 vertex normal)。接下来是法线向量中 x、y 和 z 的值。法线不一定经过了归一化，因此当处理对象文件时也许需要进行归一化。同样，法向量也是从 1 开始进行索引。一个顶点法线的例子如程序清单 13-3 所示。

程序清单 13-3　obj 文件中的一行，包含一个顶点法线

```
vn 1.0 0.0 0.0
```

我们所感兴趣的最后一种数据类型是构成对象的三角形。它们保存在第一项为 f(face)的行中。虽然该文件没有指定它们必须为三角形，但 SketchUp 导出插件总是将每个表面作为三角形进行渲染。该行中其他的值分别为构成该三角形的 3 个顶点、纹理坐标、法线的索引。

每一个表面元素都包含至少一个顶点索引。如果还有纹理坐标及法线，那么它们将跟随在顶点索引后面，用斜线(/)进行分隔。如果有元素缺失或为空，那么它们所代表的特性(纹理坐标或法线向量)就不被当前对象定义支持。注意，SketchUp 导出插件并不提供顶点法线。

程序清单 13-4 中展示了一个三角形表面的定义示例(包含了顶点与纹理坐标，但不包含顶点法线)。

程序清单 13-4　obj 文件中的一行，包含了一个表面定义

```
f 1/1 2/2 3/3
```

在.obj 文件中可能还保存了其他的数据，但在我们的.obj 文件导入代码中会将它们忽略。

■注意：

我们向游戏引擎中添加的导入器功能是相对基础的。但对于从 SketchUp 插件所创建的所有.obj 文件，它的处理是令人满意的。从 Internet 上下载的其他.obj 文件可能会包含它无法处理的信息。如果在游戏代码中要包含这样的对象，那么需要对提供的导入器进行加强，使之能够应对该文件所需的额外特性。

程序清单 13-5 中展示了一个简单的.obj 文件中的完整片段。这些数据表示一个不包含纹理的、单位尺寸的立方体，该立方体以(0,0,0)点作为中心。注意这里首先指定了构成立方体的 8 个顶点的坐标，然后用这些坐标组成了 12 个三角形，从而形成了立方体的各个面。

程序清单 13-5　一个简单的立方体的.obj 文件定义

```
v 0.5 0.5 -0.5
```

```
v -0.5 -0.5 -0.5
v -0.5 0.5 -0.5
v 0.5 -0.5 -0.5
v 0.5 -0.5 0.5
v -0.5 0.5 0.5
v -0.5 -0.5 0.5
v 0.5 0.5 0.5
f 1 2 3
f 2 1 4
f 5 6 7
f 6 5 8
f 6 2 7
f 2 6 3
f 6 1 3
f 1 6 8
f 1 5 4
f 5 1 8
f 5 2 4
f 2 5 7
```

注意每个表面指定的顶点索引是从 1 开始的，所以第一个顶点被指定为 1，而不是 0。还要注意，每个表面的顶点都是以逆时针顺序进行指定的，就像在 OpenGL 中使用它们所需要的那样。

13.1.3　将几何图形导入到游戏引擎中

现在我们已经可以将 3D 模型导出为.obj 文件了，接下来是时候看看将它读入到游戏引擎中的代码了。

为了执行数据导入，我们需要先在游戏引擎中创建一个新的几何图形加载程序类。该类设置好后，就可以从文件中、数据流中(包括嵌入资源)甚至是包含了几何图形数据的字符串中加载几何图形。

为了使游戏引擎能够容易地扩展到可以支持其他文件格式(如 Collada 的.dae 文件)，我们使用一个名为 CGeomLoaderBase 的抽象基类来构建导入功能，该基类提供了特定的核心几何图形函数，然后再创建一个继承类专门用于加载.obj 文件。如果将来想支持其他文件格式，就再从基类继承出新的类，这样可以省去一些重复的工作。不过在本书中不计划添加对其他几何图形文件类型的支持。

该基类中提供了 3 部分基本功能：声明分别用于保存顶点、纹理坐标、法线的 float 类型数组。它提供函数以简化从文件、数据流或字符串中获取几何图形数据时所做的操作。并提供函数对加载后的几何图形进行操作。

1. 获取几何图形数据

几何图形基类假定对象数据最终是从字符串中读取的。有 3 个函数用来获取这些数据：LoadFromFile、 LoadFromStream 和 LoadFromString。实际上，前面两个函数是从指定的文件或数据流中将数据读取到一个字符串中，然后把控制权传递给 LoadFromString 函数。

LoadFromString 本身是个抽象函数，所以必须在继承类中对它进行重载。

这 3 个函数的代码如程序清单 13-6 所示。

程序清单 13-6　准备从文件、数据流或字符串中加载几何图形数据

```csharp
/// <summary>
/// Load geometry from a file
/// </summary>
public virtual void LoadFromFile(string filename)
{
    string content;

    // Load the file into a string
    using (StreamReader file = new StreamReader(filename))
    {
        content = file.ReadToEnd();
    }

    // Call LoadFromString to process the string
    LoadFromString(content);
}

/// <summary>
/// Load geometry from a stream
/// </summary>
public virtual void LoadFromStream(Stream stream)
{
    string content;
    byte[] contentBytes;

    // Create space to read the stream
    contentBytes = new byte[stream.Length];
    // Seek to the beginning of the stream
    stream.Seek(0, SeekOrigin.Begin);
    // Read the string into the byte array
    stream.Read(contentBytes, 0, (int)stream.Length);

    // Convert the byte array into text
    content = Encoding.ASCII.GetString(contentBytes, 0,
        contentBytes.Length);

    // Call LoadFromString to process the string
    LoadFromString(content);
}

/// <summary>
/// Load geometry from a string
/// </summary>
public abstract void LoadFromString(string content);
```

■注意:

.obj 文件(和.dae 文件)中保存的是字符串，但其他类型的文件未必是可行的。例如，通常由 Autodesk 3ds Max 生成的.3ds 文件是二进制文件，无法保存在字符串变量中。LoadFromFile 函数和 LoadFromStream 函数被声明为虚函数，所以可以在继承的几何图形加载程序类中对这些文件格式进行处理，可以将文件或流数据加载到一个字节数组中，然后再进行处理。

在继承类中将对象文件加载后，它的详细信息就保存在_vertices 数组、_texcoords 数组和 _normals 数组中。外部代码可以通过相应的属性来读取它们，也可以由即将要介绍的几何图形处理函数对它进行更新。如果在导入的几何图形中不包含纹理坐标及法线数据，就将相应的数组保留为 null，这样就可以被调用代码检测到。

我们马上就会看到如何从.obj 文件中实际读取几何图形。

2. 操纵几何图形数据

将 3D 模型加载到几何图形类中以后，在进行渲染之前有机会对它先进行一些游戏所需要的处理。常见的两个任务可能是将对象放到坐标为(0,0,0)的中心点和缩放对象。

调用类的 CenterObject 函数就可以将对象放置到中心位置，该函数通过扫描对象所有的顶点来判断其在 x 轴、y 轴和 z 轴上的最小值和最大值。得出这些值后，将每个轴上的最小值与最大值进行平均就得到中点。然后将每个顶点的坐标减去中点坐标，就可以使对象的中点位于坐标(0,0,0)处。CenterObject 函数的代码如程序清单 13-7 所示。

程序清单 13-7　CenterObject 函数

```
/// <summary>
/// Adjust the vertex positions so that the object is centered around
/// the coordinate (0, 0, 0).
/// </summary>
public void CenterObject()
{
    // Make sure we have some vertices to work with
    if (_vertices == null || _vertices.Length == 0) return;

    float minx = float.MaxValue, miny = float.MaxValue, minz = float.MaxValue;
    float maxx = float.MinValue, maxy = float.MinValue, maxz = float.MinValue;
    float xcenter, ycenter, zcenter;

    // Loop through the vertices getting the minimum and maximum values
    // in each axis
    for (int i = 0; i < _vertices.Length; i += 3)
    {
        if (_vertices[i] < minx) minx = _vertices[i];
        if (_vertices[i] > maxx) maxx = _vertices[i];
        if (_vertices[i + 1] < miny) miny = _vertices[i + 1];
        if (_vertices[i + 1] > maxy) maxy = _vertices[i + 1];
        if (_vertices[i + 2] < minz) minz = _vertices[i + 2];
        if (_vertices[i + 2] > maxz) maxz = _vertices[i + 2];
```

```
    }

    // Now we know the box inside which the object resides,
    // subtract the object's current center point from each
    // vertex. This will put the center point at (0, 0, 0)
    xcenter = (minx + maxx) / 2;
    ycenter = (miny + maxy) / 2;
    zcenter = (minz + maxz) / 2;
    // Apply the offset to the vertex coordinates
    for (int i = 0; i < _vertices.Length; i += 3)
    {
        _vertices[i] -= xcenter;
        _vertices[i + 1] -= ycenter;
        _vertices[i + 2] -= zcenter;
    }
}
```

通过调用 ScaleObject 函数可以缩放对象。如果对象总是以相同的尺寸进行渲染，那么在这个阶段对它进行缩放要好过使用 gl.Scale 函数。这样我们就不必担心对象的法线向量也被缩放。

缩放操作是一个简单的任务，只需要将每个顶点的 x 值、y 值和 z 值乘以给定的缩放因子即可。正如 gl.Scale 函数，缩放因子为 1 时，对象的尺寸保持不变；缩放因子为 2 时，对象的尺寸会翻倍；为 0.5 时，对象会变成原来尺寸的一半等。ScaleObject 函数的代码如程序清单 13-8 所示。

程序清单 13-8　ScaleObject 函数

```
/// <summary>
/// Scale the object by the specified amounts
/// </summary>
/// <param name="scalex">The amount by which to scale on the x axis</param>
/// <param name="scaley">The amount by which to scale on the y axis</param>
/// <param name="scalez">The amount by which to scale on the z axis</param>
public void ScaleObject(float scalex, float scaley, float scalez)
{
    // Loop through the vertices...
    for (int i = 0; i < _vertices.Length; i += 3)
    {
        // Scale each vertex
        _vertices[i] *= scalex;
        _vertices[i + 1] *= scaley;
        _vertices[i + 2] *= scalez;
    }
}
```

CenterObject 函数和 ScaleObject 函数都是对_vertices 数组中的值进行操作，所以必须在从对象中获取顶点数组之前调用它们。

3. 从.obj 文件中读取几何图形数据

准备好基类后，接下来可以从它继承一个类来读取.obj 文件。该创建的继承类名为
CGeom LoaderObj。

这里不准备对它的工作原理进行过于详细的介绍，因为它实际上是一系列字符串处理
函数及数组处理函数。该类重载了 LoadFromString 函数，对内容字符串中包含的每一行文
本进行遍历。识别每一行中第一个空格前面的文本，如果是 v、vt 及 vn 行，就将该行后面
的值相应地添加到名为_objDefinedVertices、_objDefinedTexCoords 及_objDefinedNormals
的私有 List 对象中。

当循环中发现了 f 行，就使用该行提供的索引在这 3 个列表中进行查找，读出已经添
加在列表中的顶点位置、纹理坐标以及法线向量。然后用它们构建最终的值列表，当加载
完成时会将这些值放到数组中。这些值会在私有的_outputVertices 数组、_outputTexCoords
数组及_outputNormals 数组中累计。

处理完整个文件后，将输出列表复制到 float 类型数组中，准备由相关的过程进行调用。
读取.obj 文件所需的全部代码包含在本章配套下载代码的游戏引擎项目中。

4. 使用几何图形加载程序类

有了.obj 文件加载程序类，从 3D 模型中获取几何图形就非常容易了。CHouseObj 类的
构造函数就包含了执行该操作所需的全部代码，该类包含在本章配套下载代码 Importing-
Geometry 项目中，如程序清单 13-9 所示。

程序清单 13-9　加载房子模型

```
public CObjHouse(CGeometryGame gameEngine)
    : base(gameEngine)
{
    // Store a reference to the game engine as its derived type
    _myGameEngine = gameEngine;

    // Set the initial object state
    XAngle = 90;
    YAngle = 180;
    ZAngle = 0;

    // Load the object
    GameEngine.CGeomLoaderObj objLoader = new GameEngine.CGeomLoaderObj();
    Assembly asm = Assembly.GetExecutingAssembly();
    objLoader.LoadFromStream(asm.GetManifestResourceStream(
        "ImportingGeometry.Geometry.House.obj"));

    // Center the object
    objLoader.CenterObject();
    // Scale the object to 1.5% of its original size
    objLoader.ScaleObject(0.015f, 0.015f, 0.015f);

    // Read the object details
    _vertices = objLoader.Vertices;
```

```
_texCoords = objLoader.TexCoords;
_normals = objLoader.Normals;

// Were normals provided by the object?
if (_normals == null)
{
    // No, so generate them ourselves
    _normals = GenerateTriangleNormals(_vertices);
}

// Have we loaded our house texture?
if (!_myGameEngine.GameGraphics.ContainsKey("House"))
{
    // No, so load it now
    Texture tex = Texture.LoadStream(asm.GetManifestResourceStream(
        "ImportingGeometry.Graphics.House.jpg"), false);
    _myGameEngine.GameGraphics.Add("House", tex);
}
}
```

该类首先将自己的顶点、纹理坐标及法线保存在类级别的数组中。只需要在初始化时对这些变量进行一次设置即可，不需要在每次渲染时都重复该工作。

为了读取几何图形，代码首先实例化了一个 CGeomLoaderObj 对象，并调用其 LoadFromStream 方法，将嵌入式资源 House.obj 作为 Stream 对象进行传递。这样就将该模型的全部数据都加载到几何图形加载程序对象中。

由于房子对象不在中心点上，并且相对渲染环境而言尺寸过大，因此代码接下来将它放置到中心点，并且将其缩小为原始尺寸的 1.5%。

然后检测对象的法线，如果为不可获得(SketchUp 插件创建的.obj 文件就不包含该项)，那么调用第 12 章中开发的 GenerateTriangleNormals 函数来对它们进行计算。

最后，检测对象是否加载了纹理。如果没有加载，就从项目的嵌入资源中加载。

您可以查看示例项目来看看这些代码是如何运行的。当然，我们这里使用的几何图形非常简单，但您可以使用这里所使用的代码和技术来为自己的游戏创建喜欢的对象。

13.2　移动摄像头

除了在 3D 场景中移动对象外，有时还需要将摄像头围绕着场景移动，使玩家可以从不同的角度来观察 3D 世界。在 OpenGL 概念中摄像头实际上并非它的字面意思，而是另一种变换，应用在对象被渲染之前。但实际上我们可以将它当作观看游戏世界的摄像头。

有时，摄像头似乎是没有必要的。毕竟将摄像头向对象移动与将对象向摄像头移动在视觉上没有什么差异。然而，当我们构建了复杂的包含了灯光效果的多对象场景时，如果能够计算对象和灯光的位置的话，就会很方便，为了模拟摄像头的移动而需要移动场景中所有的对象，就更加方便。

接下来看看在 OpenGL 中变换摄像头的位置的方法。

13.2.1　定位摄像头

要移动摄像头，就需要准确地计算出为获得摄像头位置所需要的变换矩阵。glu 库考虑到了该功能并提供了一个非常有用的函数：glu.LookAt。它可以设置模型视图矩阵，这样接下来会在计算结果位置上渲染对象，就如同将摄像头移动到请求的位置一样。

需要向 glu.LookAt 函数提供 3 部分信息：

- 摄像头的当前位置，作为 3D 场景中的一个坐标(眼睛的位置)
- 摄像头所观测的位置的坐标(中心位置)
- 方向矢量，告诉 OpenGL 什么方向为上(向上矢量)

前两个部分比较容易理解。眼睛位置就是真实世界中摄像头实际的位置。从该位置观看所要渲染的场景。中心位置则定义了摄像头面对的方向。特定的位置将直接出现在渲染场景的正中央。

向上矢量需要多一些解释。简而言之，它告知 OpenGL 相对于摄像头位置而言什么方向是向上的。在大多数情况下，可以简单地指定该向量为 y 轴的正方向(0,1,0)。向上矢量不必与摄像头的视线方向垂直。

在两种情形发生时需要将向上矢量设置为不同的值。第一种情形是当摄像头发生绕转时。使摄像头围绕其 z 轴转动，我们的视角就会偏离真实世界中向上的视角(如果将摄像头绕转 180°，那么所有的物体就会上下颠倒)。图 13-4 中用两个不同的视角观察我们前面导入的房子对象。第一个图中摄像头的向上矢量为(0,1,0)，第二个图中摄像头向上矢量被修改为(0.5,1,0)。

图 13-4　以两个视角查看房子模型，第一个视角用垂直向上的向上矢量，第二个视角用(0.5,1,0)的向上矢量

将摄像头绕转并非在所有的游戏中都有用，但有时是很方便的。例如，模拟飞机或飞船的运动时，就可能需要绕转摄像头使飞行器能够向一边倾斜。

第二种情形是当摄像头的视线直接沿着 y 轴时。如果摄像头直接向上看，那么向前与向上将是同一个方向。这种情况不会发生，所以 OpenGL 的变换矩阵会导致不显示任何东西。

在所有其他情形中，OpenGL 对给定的向上矢量有很强的包容性，能够处理未归一化的向量，以及那些与摄像头视角并不垂直的向量。

程序清单 13-10 中简单地调用了 glu.LookAt 函数，设置摄像头使其定位在坐标(0,5,5)上，中心位置为(0,0,0)，向上矢量为(0,1,0)。

程序清单 13-10　定位摄像头

```
glu.LookAt(0, 5, 5, // eye position
           0, 0, 0, // center position
           0, 1, 0); // up vector
```

13.2.2　在游戏引擎中添加 camera 对象

如果我们决定在游戏中对摄像头进行控制，很可能会需要移动摄像头。移动的摄像头需要将所有传递给 glu.LookAt 函数的信息定义为属性，游戏引擎每次更新时都要重新定位摄像头，并且能在计时器模型中对摄像头位置进行内插。

这些功能都是我们游戏对象中的标准功能，所以应将摄像头也作为一个游戏对象来实现。

不过，camera 对象稍微有些特殊，因为我们必须确保在任何对象被渲染之前就对它进行处理。camera 对象负责在对象被渲染之前对场景中的各种属性进行初始化，这样在渲染对象时就可以应用这些场景属性，而不只是在渲染之前处理光照。为了确保首先对摄像头进行处理，我们直接在游戏引擎中添加对 camera 对象的支持。

首先添加一个名为 CGameObjectOpenGLCameraBase 的基类。该类从 CGameObjectOpenGLBase 继承，所以已经包含了用于保存位置和更新位置的属性。对该类进行扩展，为摄像头中心位置(Xcenter、YCenter 及 ZCenter 属性)和向上矢量(XUp、YUp 及 ZUp 属性)提供相同的功能。对 UpdatePreviousPositions 函数进行重载来确保这些属性中的每一个之前的值都得到了更新，此外要添加 GetDisplayXCenter、GetDisplayXUp 之类的函数，这样就可以根据内插因子得到实际渲染时的值。

所有这些函数与我们的对象基类中用于获取位置、角度及缩放系数的函数一样，都是标准的函数。

既然游戏引擎能够识别 camera 对象(从该 camera 基类中继承)，我们就可以添加一些额外的代码来确保在处理其他对象之前对 camera 对象进行处理。在 CgameEngineOpenGLBase 类中对 Advance 函数进行修改，查看是否有 camera 对象，如果列表中第一个对象不是 camera，而在列表中又存在 camera 对象，就将它移动到第一项上。修改后的 Advance 函数如程序清单 13-11 所示。

程序清单 13-11　判断 camera 对象是否存在的 Advance 函数

```
/// <summary>
/// Advance the simulation by one frame
/// </summary>
public override void Advance()
{
    CGameObjectOpenGLCameraBase camera;

    // If the game form doesn't have focus, sleep for a moment and return
    // without any further processing
    if (!GameForm.Focused)
    {
```

```
        System.Threading.Thread.Sleep(100);
        return;
    }

    // Is the first object in the game objects list a camera?
    if (!(GameObjects[0] is CGameObjectOpenGLCameraBase))
    {
        // If we have a camera object, move it to the head of the object list.
        // This will ensure that the camera moves before any objects are
        // rendered.
        camera = FindCameraObject();
        // Did we find a camera?
        if (camera != null)
        {
            // Remove the camera from the object list...
            GameObjects.Remove(camera);
            // ...and re-add it at the beginning of the list
            GameObjects.Insert(0, camera);
        }
    }

    // Call base.Advance. This will update all of the objects within our game.
    base.Advance();
    // Swap the buffers so that our updated frame is displayed
    egl.SwapBuffers(_eglDisplay, _eglSurface);
}
```

在 Advance 函数中引用的 FindCameraObject 函数通过一个简单的循环来判断 Game-Objects 列表中的对象是否为 CGameObjectOpenGLCameraBase 继承类，如程序清单 13-12 所示。

程序清单 13-12　在 GameObjects 列表中查找 camera 对象

```
/// <summary>
/// Find a camera object (if there is one) within the GameObjects list.
/// </summary>
/// <returns>Returns the first camera object identified, or null if
/// no cameras are present within the list.</returns>
public CGameObjectOpenGLCameraBase FindCameraObject()
{
    foreach (CGameObjectBase obj in GameObjects)
    {
        if (obj is CGameObjectOpenGLCameraBase)
        {
            return (CGameObjectOpenGLCameraBase)obj;
        }
    }

    // No camera was found
    return null;
}
```

CGameEngineOpenGL 类最后需要添加的是一个名为 LoadCameraMatrix 的函数。在其派生对象类中用它来重置变换矩阵，与前面在 gl.LoadIdentity 中所用的方法完全相同。实际上，如果没有 camera 对象，LoadCameraMatrix 函数就只需要调用 gl.LoadIdentity 函数即可。

假设找到了 camera 对象(还是使用 FindCameraObject 函数寻找)，就获取该对象的显示信息，并传递到 glu.LookAt 函数中来设置摄像头的位置。LoadCameraMatrix 函数的代码如程序清单 13-13 所示。

程序清单 13-13　为 Camera 加载变换矩阵

```
/// Resets the projection matrix based upon the position of the
/// camera object within the object list. If no camera is present,
/// loads the identity matrix instead.
/// </summary>
/// <param name="interpFactor">The current render interpolation
    factor</param>
public void LoadCameraMatrix(float interpFactor)
{
    float eyex, eyey, eyez;
    float centerx, centery, centerz;
    float upx, upy, upz;
    CGameObjectOpenGLCameraBase camera;

    // Load the identity matrix.
    gl.LoadIdentity();
    // See if we have a camera object
    camera = FindCameraObject();
    if (camera != null)
    {
        // Get the camera's eye position
        eyex = camera.GetDisplayXPos(interpFactor);
        eyey = camera.GetDisplayYPos(interpFactor);
        eyez = camera.GetDisplayZPos(interpFactor);
        // Get the camera's center position
        centerx = camera.GetDisplayXCenter(interpFactor);
        centery = camera.GetDisplayYCenter(interpFactor);
        centerz = camera.GetDisplayZCenter(interpFactor);
        // Get the camera's up vector
        upx = camera.GetDisplayXUp(interpFactor);
        upy = camera.GetDisplayYUp(interpFactor);
        upz = camera.GetDisplayZUp(interpFactor);
        // Set the camera location
        glu.LookAt(eyex, eyey, eyez, centerx, centery, centerz, upx, upy,
            upz);
    }
}
```

在游戏引擎中完成了所有这些修改后，就可以在游戏中实现摄像头功能。为了实现该功能，我们首先用通常所用的方式定义一个游戏对象，但让它继承于 CgameObjectOpen-GLCameraBase 类。完整的摄像头类的实现如程序清单 13-14 所示。

程序清单 13-14　一个简单的 Camera 类的代码

```
class CObjCamera : GameEngine.CGameObjectOpenGLCameraBase
{
    // Our reference to the game engine.
    private CCameraGame _myGameEngine;

    /// <summary>
    /// Constructor. Require an instance of our own game class as a parameter.
    /// </summary>
    public CObjCamera(CCameraGame gameEngine)
        : base(gameEngine)
    {
        // Store a reference to the game engine as its derived type
        _myGameEngine = gameEngine;

        // Set the initial camera position
        Update();
    }

    public override void Update()
    {
        base.Update();

        // Use the x and z angle to rotate around the y axis
        XAngle += 1.5f;
        ZAngle += 1.5f;
        XPos = (float)Math.Cos(XAngle / 360 * glu.PI * 2) * 5;
        ZPos = (float)Math.Sin(ZAngle / 360 * glu.PI * 2) * 5;
    }
}
```

该 camera 类中使用了一些简单的三角函数计算令视口围绕 y 轴旋转,从而设置摄像头的位置。中心位置保持不变,仍然为默认的(0,0,0),向上矢量也保持为默认的(0,1,0)。

要使摄像头产生效果,还要对 camera 类进行最后一处修改。在渲染每个非摄像头游戏对象时需要观察摄像头的位置。到目前为止,我们所有的对象在进行变换和渲染之前都要调用 gl. LoadIdentity 函数,但如果现在调用的话,就会用单位矩阵将摄像头变换覆盖掉,摄像头位置会被清除。

因此每个对象的 Render 方法不能调用 gl.LoadIdentity 函数,而需要调用之前在程序清单 13-13 中创建的游戏引擎中的 LoadCameraMatrix 函数。该函数同样可以加载单位矩阵,但要能确保摄像头位置能被观测到。

对象修改后的 Render 函数如程序清单 13-15 所示。从突出显示的代码中可以看到调用了 LoadCameraMatrix 函数,而不是加载的单位矩阵。

程序清单 13-15　绘制对象并观测摄像头位置

```
/// <summary>
/// Render the object
/// </summary>
```

```
public override void Render(Graphics gfx, float interpFactor)
{
    base.Render(gfx, interpFactor);

    // Enable hidden surface removal
    gl.Enable(gl.GL_CULL_FACE);

    // Set the camera position
    _myGameEngine.LoadCameraMatrix(interpFactor);

    // Translate the object
    gl.Translatef(GetDisplayXPos(interpFactor),
        GetDisplayYPos(interpFactor), GetDisplayZPos(interpFactor));

    // Rotate the object
    gl.Rotatef(GetDisplayXAngle(interpFactor), 1, 0, 0);
    gl.Rotatef(GetDisplayYAngle(interpFactor), 0, 1, 0);
    gl.Rotatef(GetDisplayZAngle(interpFactor), 0, 0, 1);

    // Render the object
    RenderTriangles(_vertices, null, _texCoords, _normals);
}
```

在本章配套下载代码的 CameraControl 示例项目中就能看到摄像头的运动情况。动画中显示的房子其实是完全静止的，而摄像头围绕它进行移动。对房子对象应用的变换在执行时完全与摄像头相独立；它们使用自己的局部坐标系，完全不受摄像头位置的影响。

13.2.3　光照、摄像头与移动

当在也使用了光照的场景中引入移动的摄像头时，就会遇到一个问题：灯光也会同摄像头一起移动，这不符合我们想要实现的效果。虽然在某些场景中需要这样(例如，光照可能表示与摄像头连接在一起的光源)，但更常见的需求是光照是静止的，而摄像头在单独移动。

光照发生移动是因为它们位于单位矩阵相关的空间中。当通过变换矩阵设置了摄像头位置，以产生摄像头移动的效果时，我们实际上移动的是空间中的对象。将摄像头向前移动 10 个单位，实际上是将物体向观察点移动 - 10 个单位。由于没有对光照进行平移，因此它们并没有伴随对象一起移动，而是保持静止。

这个问题很容易解决。实际上，光的位置是包含在变换矩阵中的一部分。当在上一章的程序清单 12-22 中将光的位置设置为(0,0,2)时，只是设置了在全局空间中的位置，因为在调用 InitLight 函数之前就加载了单位矩阵。

变换矩阵应用于光照，也应用于渲染的对象，所以每次摄像头移动后，将它们的位置重置，就能使光与其他游戏对象的相对位置保持不变。这样摄像头的变换矩阵就可以影响光的位置，与影响被渲染对象的方式完全相同。这样做的效果就是光照在游戏世界中是静止的，从而允许摄像头可以独立移动。

在上一节中，我们修改了游戏引擎使 GameObjects 列表中的摄像头对象能够被优先处理。这样，就可以利用它的 Render 方法(在渲染其他对象之前调用，当前并不做任何操作)

来更新光照的位置，其中将考虑到摄像头的位置。程序清单 13-16 展示了 CameraControl 示例项目中 CObjCamera 类的 Render 函数。加载摄像头矩阵采用了与渲染对象时相同的方式(而不是加载单位矩阵)，并且调用 InitLight 函数来更新光的位置。

程序清单 13-16　在 Camera 类的 Render 函数中更新光的位置

```
public override void Render(Graphics gfx, float interpFactor)
{
    base.Render(gfx, interpFactor);

    // Set the camera position
    _myGameEngine.LoadCameraMatrix(interpFactor);
    // Set the light positions
    _myGameEngine.InitLight(true);
}
```

如果我们只是更新光照的位置，那么还要对 InitLight 函数进行一点改动以减少所需的工作量。要为 InitLight 函数传递一个 Boolean 类型的参数，指示对光进行了完整的配置(参数值为 false)还是只更新光照的位置(参数值为 true)。该参数用于防止函数将那些不变的光与材质的数据重复地传递给 OpenGL，修改后的 InitLight 如程序清单 13-17 所示。

程序清单 13-17　初始化游戏中的光，可选择是否只更新光的位置

```
/// <summary>
/// Enable and configure the lighting to use within the OpenGL scene
/// </summary>
/// <param name="positionOnly">If true, only the light positions will be
/// set</param>
internal void InitLight(bool positionOnly)
{
    if (positionOnly == false)
    {
        // Enable lighting
        gl.Enable(gl.GL_LIGHTING);

        // Set the ambient light color to dark gray
        SetAmbientLight(new float[] { 0.1f, 0.1f, 0.1f, 1 });

        // Set the material color
        SetMaterialParameter(gl.GL_FRONT_AND_BACK,gl.GL_AMBIENT,new float[]
            {1,1,1,1});
        SetMaterialParameter(gl.GL_FRONT_AND_BACK,gl.GL_DIFFUSE,new float[]
            {1,1,1,1});

        // Configure light 0.
        SetLightParameter(gl.GL_LIGHT0,gl.GL_DIFFUSE,new float[]
            {0.8f,0.8f,0.8f,1});
        gl.Enable(gl.GL_LIGHT0);
    }

    // Set the light positions
```

```
SetLightParameter(gl.GL_LIGHT0, gl.GL_POSITION, new float[] { 2, 2, 2,
    1 });
}
```

您可以尝试将示例项目 CObjCamera 类中的渲染函数注释掉，然后运行项目。可以看到房子模型仿佛自己在移动，而不是摄像头在移动，因为摄像头在四周移动时，光的位置受影响也会发生变化。接下来取消代码注释，光的位置就会得到更新。观察场景动画，房子上的光照是静止的，现在的效果就是摄像头在移动，而不是对象在移动。

13.2.4　优化摄像头计算

我们目前描述的摄像头移动机制需要用 glu.LookAt 函数为每个单独的对象重新计算摄像头位置。由于每帧只将摄像头移动一次，这就会造成大量的重复计算。只要我们为第一个对象确定了摄像头变换，所有后续的对象就会一遍又一遍地重复同样的计算。

在每一帧首次计算出摄像头变换矩阵后，我们可以将该矩阵缓存，这样可以减少这些不必要的处理。变换矩阵是一个 4×4 的 float 值数组，所以每当计算出一个新的摄像头位置，就将它保存在摄像头类内部数组中。其他对象就调用 LoadCameraMatrix 函数将它取出，直到摄像头再次移动。

该缓存数组是在 CGameObjectOpenGLCameraBase 类中声明的，为私有的二维数组，该类还提供了名为 CachedCameraMatrix 的内部属性。为了确保每一帧刚开始时能将缓存清空，则对该类的 Render 方法进行重载，以将缓存数组设置为 null，如程序清单 13-18 所示。

程序清单 13-18　在每一帧的开始清空摄像头矩阵缓存

```
public override void Render(System.Drawing.Graphics gfx, float
    interpFactor)
{
    base.Render(gfx, interpFactor);
    // Clear the cached camera transformation matrix
    _cachedCameraMatrix = null;
}
```

接下来，对 CGameEngineOpenGLBase.LoadCameraMatrix 函数进行修改使它可以使用矩阵缓存。当确定存在摄像头后，代码查看缓存数组是否可用，如果不可用(其值为 null)，就按照之前的方法计算光照的位置，并使用 glu.LookAt 函数来设置摄像头变换矩阵。设置完矩阵后，代码调用一个新的名为 GetModelviewMatrix 的函数将它从 OpenGL 中读取回来(稍后就将该函数添加到游戏引擎中)。

或者，如果代码发现了可用的缓存数组，它就会绕开这部分代码(忽略摄像头位置内插计算及 glu.LookAt 函数的计算)，而只是通过调用另一个新的名为 SetModelviewMatrix 的函数，简单地将缓存中的矩阵加载到 OpenGL 中。修改的函数代码如程序清单 13-19 所示。

程序清单 13-19　摄像头变换矩阵在缓存中的设置和读取

```
/// <summary>
/// Resets the projection matrix based upon the position of the
```

```
/// camera object within the object list. If no camera is present,
/// loads the identity matrix instead.
/// </summary>
/// <param name="interpFactor">The current render interpolation
/// factor</param>
unsafe public void LoadCameraMatrix(float interpFactor)
{
    float eyex, eyey, eyez;
    float centerx, centery, centerz;
    float upx, upy, upz;
    CGameObjectOpenGLCameraBase camera;

    // Load the identity matrix.
    gl.LoadIdentity();

    // See if we have a camera object
    camera = FindCameraObject();
    if (camera != null)
    {
        // Do we already have a cached camera matrix?
        if (camera.CachedCameraMatrix == null)
        {
            // No, so calculate the camera position.
            // Get the camera's eye position
            eyex = camera.GetDisplayXPos(interpFactor);
            eyey = camera.GetDisplayYPos(interpFactor);
            eyez = camera.GetDisplayZPos(interpFactor);
            // Get the camera's center position
            centerx = camera.GetDisplayXCenter(interpFactor);
            centery = camera.GetDisplayYCenter(interpFactor);
            centerz = camera.GetDisplayZCenter(interpFactor);
            // Get the camera's up vector
            upx = camera.GetDisplayXUp(interpFactor);
            upy = camera.GetDisplayYUp(interpFactor);
            upz = camera.GetDisplayZUp(interpFactor);

            // Calculate the transformation matrix for the camera
            glu.LookAt(eyex, eyey, eyez, centerx, centery, centerz, upx, upy,
                upz);

            // Now we will store the calculated matrix into the camera object.
            camera.CachedCameraMatrix = GetModelviewMatrix();
        }
        else
        {
            // The camera has not moved since its matrix was last calculated
            // so we can simply restore the cached matrix.
            SetModelviewMatrix(camera.CachedCameraMatrix);
        }
    }
}
```

通过调用 gl.Get 函数从 OpenGL 中获取当前的模型视图矩阵并加载到一个数组中。将它放回到 OpenGL 中时用 gl.LoadMatrixf 函数。GetModelviewMatrix 函数与 SetModelviewMatrix 函数将这些操作进行了包装从而简化了它们的使用，如程序清单 13-20 所示。

程序清单 13-20　对 OpenGL 中的模型视图矩阵进行获取与设置

```
/// <summary>
/// Retrieve the current modelview matrix as a 4x4 array of floats
/// </summary>
/// <returns></returns>
unsafe public float[,] GetModelviewMatrix()
{
    float[,] ret = new float[4, 4];

    // Fix a pointer to the array
    fixed (float* matrixPointer = &ret[0,0])
    {
        // Retrieve the model view matrix into the array
        gl.GetFloatv(gl.GL_MODELVIEW_MATRIX, matrixPointer);
    }

    return ret;
}

/// <summary>
/// Set the current modelview matrix from a 4x4 array of floats
/// </summary>
/// <param name="matrix"></param>
unsafe public void SetModelviewMatrix(float[,] matrix)
{
    // Fix a pointer to the array
    fixed (float* matrixPointer = &matrix[0, 0])
    {
        // Load the array data into OpenGL's modelview matrix
        gl.LoadMatrixf(matrixPointer);
    }
}
```

虽然这些代码在仿真时没有产生直接的可见影响，但那些不必要的重复的后续计算减少了。游戏对象越多效果就越明显，只需要经过很少的计算就可以获得复杂的场景。

13.2.5　摄像头与投影矩阵

请记住，当摄像头在四周移动时进行更新的是模型变换矩阵而不是投影矩阵，这在前面已经讨论过。因此，要记住以下两点：

首先，应用于投影矩阵上任何变换在摄像头移动时都仍然有效，并且总是相对于摄像头位置。例如，CGameEngineOpenGLBase.InitGLViewport 函数中的代码调用 gl.Translate 函数对投影矩阵进行变换，这样对象就可以相对投影向前移动(看上去就像将摄像头向后移动)。当摄像头发生移动后，该变换仍然存在，并且是应用在相对于移动后的摄像头位置上。

其次，不要忘记定义视锥时所用的近截面与远截面。若摄像头移动得过远，物体就会落在远截面的后面而无法看到。

13.3　雾化渲染

OpenGL 提供了一个有用的功能，即在渲染的场景中添加雾化效果。它对真实世界中的雾提供了一种简单的模拟，使距离摄像头远的物体随着距离的增加逐渐淡化直至不再可见。

图 13-5 中展示了在 OpenGL 中在渲染场景时使用雾化效果的几个示例。左图禁用了雾化功能，其余两幅图展示了逐渐增加的雾化效果。在右图中，远处的物体完全消失在背景中了。

图 13-5　在渲染场景时采用浓度逐渐加深的雾化效果

在游戏中提供那些密闭与恐怖的场景时使用雾化很有用，它使玩家不能看到远处的东西。它还可以作为将被远截面屏蔽的对象遮挡起来的一种手段。这将不用在那些看不到的对象前放置一个遮挡物，而可以在视锥的后方应用雾化，这样那些对象就可以逐渐平滑地淡化。

OpenGL 使用了一个简单而有效的技巧来实现雾化，它计算被渲染对象的每个顶点的颜色，判断顶点距离观测点的距离。由于顶点更远的话，被雾化的程度就更深，OpenGL 就使顶点颜色朝定义好的雾色逐渐变化。如果对象足够远，其顶点颜色就完全设置为定义好的雾色，这样对象就完全消失在背景中。

13.3.1　为游戏引擎增加雾化支持

雾化功能使用起来很容易，只需要设置一点参数即可。然而与光照和材质相似，有一个雾化参数(雾色)类型是数组，所以还是要依赖非安全代码。

为了简化数组的传递，并使在 VB.NET 中使用雾化效果时也更加简单，我们再次调用 CGameEngineOpenGLBase 中那些简单的函数将雾化数组进行包装。SetFogParameter 函数有 3 个版本，每一个都接收雾化参数名，这 3 个版本中另一个参数分别是一个 int 值、一个 float 值以及一个浮点数组。SetFogParameter 函数如程序清单 13-21 所示。

程序清单 13-21　SetFogParameter 函数的实现

```
/// <summary>
/// Set a fog parameter to the provided value
/// </summary>
```

```
public void SetFogParameter(uint parameter, float value)
{
    gl.Fogf(parameter, value);
}

/// <summary>
/// Set a fog parameter to the provided value
/// </summary>
public void SetFogParameter(uint parameter, int value)
{
    gl.Fogx(parameter, value);
}

/// <summary>
/// Set a fog parameter to the provided value array
/// </summary>
unsafe public void SetFogParameter(uint parameter, float[] value)
{
    fixed (float* valuePointer = &value[0])
    {
        gl.Fogfv(parameter, valuePointer);
    }
}
```

13.3.2 使用雾化

实际上，使用雾化功能只需要几行代码。首先需要将雾化功能启用，并将雾色告诉 OpenGL，雾色也就是当对象远离摄像头时，OpenGL 将这些对象的顶点颜色进行淡化时所采用的颜色。一般情况下，雾色最好设置为环境中的背景色。

接下来，要告诉 OpenGL 采用哪种雾化算法。有 3 种算法可以使用：GL_EXP、GL_EXP2、及 GL_LINEAR。前两种算法都是指数雾化算法，会对场景中所有的对象应用雾化。指定雾的浓度，就能够控制物体被雾化的程度。浓度值为 0 表示雾化被完全禁用，浓度值越高，雾的厚度也就越大。当值为 5 时物体实际就完全被雾遮挡了。GL_EXP 和 GL_EXP2 算法在功能上非常相近，两者的差别在于当对象向远离观察点的方向移动时，GL_EXP2 算法会使对象更快地消退。

剩下的线性算法在计算雾时稍微有些不同，它没有采用浓度，而采用了近雾点与远雾点的距离进行计算。当顶点与观测点之间的距离小于近雾点中指定的值，则完全不会被雾化。当顶点与观测点之间的距离超过了远雾点中指定的值，则完全被雾遮盖。这样可以对场景中雾的位置进行更好的控制。

具体哪种算法最好，则要看雾是如何出现渲染的场景中的。可以对各种算法进行尝试，并且设置不同的参数值，直到找到效果不错的组合。

指数雾化法如程序清单 13-22 所示。

程序清单 13-22 打开指数雾化特效，并配置其参数

```
private void InitFog()
```

```
{
    // Enable fog
    gl.Enable(gl.GL_FOG);

    // Set the fog color. We'll set this to match our background color.
    SetFogParameter(gl.GL_FOG_COLOR, ColorToFloat4(BackgroundColor));

    // Use exponential fog
    SetFogParameter(gl.GL_FOG_MODE, gl.GL_EXP);
    SetFogParameter(gl.GL_FOG_DENSITY, 0.25f);
}
```

线性雾化法所需的代码如程序清单 13-23 所示。

程序清单 13-23　打开线性雾化特效，并配置其参数

```
private void InitFog()
{
    // Enable fog
    gl.Enable(gl.GL_FOG);

    // Set the fog color. We'll set this to match our background color.
    SetFogParameter(gl.GL_FOG_COLOR, ColorToFloat4(BackgroundColor));

    // Use linear fog
    SetFogParameter(gl.GL_FOG_MODE, gl.GL_LINEAR);
    SetFogParameter(gl.GL_FOG_START, 2.0f);
    SetFogParameter(gl.GL_FOG_END, 4.0f);
}
```

■注意：

GL_FOG_START、 GL_FOG_END 与 GL_FOG_DENSITY 参数的值必须为 float 值。但一不小心就会传递 OpenGL 所不希望得到的 int 值而无法产生期望的效果。

在 Fog 示例项目中可以看到一个实际的雾化的示例。可以在 CFogGame.InitFog 函数中实验不同的雾化参数，来看看在场景中产生的效果。

13.4　billboard

billboard 是渲染在游戏世界中的一个简单的四边形，它直接面对着摄像头。它有很多潜在的用途，例如渲染灯光亮点周围的光斑，使用 2D 图像渲染摄像头正前方的基本树，以及渲染微粒系统(由很多小的多边形所组成的场景中的一部分，如火焰所产生的火星，或者爆炸的焰火所产生的亮点)等。

在本节中，我们就来研究 billboard 的工作方式，以及如何在游戏中添加 billboard。

13.4.1　渲染 billboard

为了渲染简单的 billboard，我们要做的只是将其对应的四边形绕转，使它能直接面对摄像头。对于很多类型的渲染对象，这样会使其看上去有深度，即使该对象实际上完全是平面的。

例如，假设在游戏中要渲染一个无纹理并且不发光的球体，这样的球无论从什么角度观察都是相同的，所以我们可以只渲染一个平面的球，并且使它的角度始终是直接面对摄像头，这样看上去就和实际中的球没有差别。

billboard 四边形对于微粒系统而言是非常有用的，如果我们想要绘制焰火，就需要确保所有发光的点都是实际可见的。如果不使用 billboard，那么构成焰火的四边形可能会是边缘面对着摄像头，从而导致无法看到烟火。

然而，作为 billboard 渲染的四边形仍然是位于 3D 场景中的。它们仍保持在游戏中的位置、具有透视变换且与所有普通的四边形一样会受到 z 缓冲区的影响。

图 13-6 展示了四边形在作为 billboard 时，方向是如何改变的。图中的箭头表示它们的方向。您会注意到所有的箭头都与摄像头的 z 轴是平行的。随着摄像头的移动，四边形就会被偏转，其方向始终是面朝摄像头。

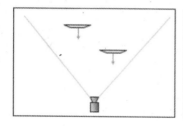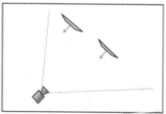

图 13-6　对场景进行俯视，billboard 四边形随着不同的摄像头位置进行旋转

使四边形这样旋转实际上是很简单的，但需要做一些之前未做过的操作——手动处理变换矩阵。

我们每次对对象位置执行变换时——可以是平移，旋转或缩放——OpenGL 都会对模型视图矩阵进行处理来执行请求。模型视图矩阵是一个 4×4 的值数组。在 13.2 节中介绍从 OpenGL 获取矩阵并将摄像头位置返回到矩阵时，我们就已经见过该矩阵了。图 13-7 是该矩阵的一个示例。

0,0	1,0	2,0	3,0
0,1	1,1	2,1	3,1
0,2	1,2	2,2	3,2
0,3	1,3	2,3	3,3

图 13-7　一个 4×4 的值数组构成的变换矩阵

该变换矩阵实际将对象的位置保存在单元格(3,0)到(3,2)中，如图 13-7 中的深灰色区域。旋转及缩放保存在单元格(0,0)到(2,2)之间，如图 13-7 中的浅灰色区域。如果我们可以对矩阵进行修改，将旋转及缩放部分重置为单位矩阵，那么该四边形就会在摄像头的 z 轴上重新放置。

图 13-8 展示了使用该方法修改后的矩阵。旋转及缩放所对应的单元格被重置为单位矩阵(除了斜对角线上的值为 1 外，其他值都为 0)，暂时不管矩阵的其他部分。

1	0	0	x
0	1	0	y
0	0	1	z
a	b	c	d

图 13-8　修改后的变换矩阵旋转和缩放对应的元素被设置为单位矩阵

如果将修改后的矩阵加载回 OpenGL 的变换矩阵中，四边形就会以我们想要的方式摆放。

此外使用 billboard 还要考虑到一点，虽然某些类型的 billboard 在朝向摄像头时表现很好，但另外一些可能不会有同样好的效果，例如，用于显示树的 billboard。

将树绘制为 3D 图形是很复杂的，在很多情形中，将一个树的 2D 图像绘制在一个 billboard 上是非常有效的。我们已经探讨过，billboard 方法的问题在于它会使对象向它的各个轴旋转。这就意味着如果将摄像头向上抬，树就会向后倾斜。如果摄像头向下低，树就会向前倾斜。

图 13-9 中展示了两幅对包含了树的场景从侧面进行观察时的情形，当摄像头向上或向下移动时，树也会跟着发生旋转使其保持面向摄像头。这与一般情形不相符。

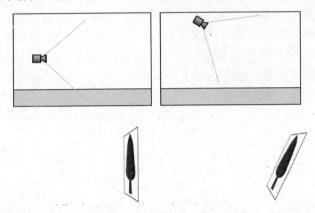

图 13-9　树所在的 billboard 发生了不正确的旋转，始终朝向摄像头

我们可以通过保持该矩阵的部分不变从而使 billboard 不再像这样随摄像头旋转。在第 2 列的前 3 个值，即图 13-7 所示矩阵中的单元格(1,0)到单元格(1,2)，控制着四边形的向上向量。令它们保持不变，我们就可以确保图形能够围绕摄像头的 x 位置和 z 位置进行旋转，而忽略其 y 位置的坐标。这样不论摄像头位于什么高度，树都会保持直立。

■注意：
如果摄像头移动到树的正上方，这种简单的树的实现会失效。如果摄像头直接向下看树，将只能看到一条线，因为树实际就是一张图片。摄像头越接近垂直方向，树就会越变形。但是，只要摄像头能保持相对合理的高度，这种效果就可以接受。

13.4.2　为游戏引擎增加 billboard 支持

要在游戏引擎中实现 billboard，只需要非常少的代码。在处理摄像头移动时我们已经创建了 GetModelviewMatrix 函数和 SetModelviewMatrix 函数，它们可以帮我们检索矩阵，以便进行修改，并且当修改完成后还能传回给 OpenGL。

为了简化矩阵的操作，我们在 CGameEngineOpenGLBase 类中添加一个名为 RotateMatrixToCamera 的新函数。该函数包含两个重载：第一个不包含参数，并且可以将矩阵围绕所有的轴旋转。第二个重载包含了一个名为 keepUpVector 的 bool 型参数，在类似于渲染树那样的情形中，它可以使矩阵的向上矢量保持不变。

RotateMatrixToCamera 函数的两个重载如程序清单 13-24 所示。

程序清单 13-24　RotateMatrixToCamera 函数

```
/// <summary>
/// Rotate the current modelview matrix so that it is facing towards
/// the camera.
/// </summary>
public void RotateMatrixToCamera()
{
    RotateMatrixToCamera(false);
}
/// <summary>
/// Rotate the current modelview matrix so that it is facing towards
/// the camera.
/// </summary>
/// <param name="keepUpVector">If true, the object's Up vector will be left
/// unchanged</param>
public void RotateMatrixToCamera(bool keepUpVector)
{
    // Retrieve the current modelview matrix
    float[,] matrix = GetModelviewMatrix();

    // Reset the first 3x3 elements to the identity matrix
    for (int i = 0; i < 3; i++)
    {
        for (int j = 0; j < 3; j++)
        {
            // Are we skipping the up vector (the values where i == 1)
            if (keepUpVector == false || i != 1)
            {
                // Set the element to 0 or 1 as required
                if (i == j)
                {
                    matrix[i, j] = 1;
                }
                else
                {
                    matrix[i, j] = 0;
                }
            }
        }
    }

    // Set the updated modelview matrix
    SetModelviewMatrix(matrix);
}
```

Fireworks 示例项目中对该函数的使用做了演示，程序运行时的一个截屏如图 13-10 所示。地面上的树和所有的焰火都会朝摄像头旋转，摄像头本身围绕着场景的边缘进行移动。要执行该定位所需要的只是在每个对象的 Render 函数代码中调用 _myGameEngine.RotateMatrixTo-Camera 函数。要记得在任何变化与旋转或缩放操作之前调用该函数，因为它们会被 billboard

功能擦除掉。

图13-10　在Fireworks示例项目中对树和焰火使用billboard

13.5　深入学习 OpenGL ES

经过前面几章的学习，您已经掌握了不少 OpenGL ES 的使用方法，并且能够从简单的 2D 项目升级到复杂的 3D 场景中。虽然当前 Windows Mobile 设备的性能还非常有限，尤其是与强大的桌面 PC 显卡相比，不过，Windows Mobile 仍然具有灵活的图形环境，能为移动游戏开发提供巨大的潜力。随着新硬件的发布，OpenGL ES 应用程序的处理能力也正在不断地快速提高。

虽然我们介绍了不少 OpenGL ES 功能，但它是一个非常丰富且灵活的环境，如果您希望进一步扩展知识的话，还有大量可以学习的地方。

多年以来，http://nehe.gamedev.net 上提供了 Internet 上最好的 OpenGL 资源和很多可读而且可访问的 OpenGL 教程。它们全部针对的是 OpenGL 而非 OpenGL ES，但还是值得一看。QOpenCD 网站中包含了一个页面，提供了这些教程中大多数的 OpenGL ES 版本(经过了转化)；可以通过 http://embedded.org.ua/opengles/lessons.html 来访问这些内容。这些教程全部是用 C/C++编写的，但 NeHe 教程中所用的技术可以很容易转换到.NET CF 平台上。

访问 http://www.khronos.org/opengles/sdk/1.1/docs/man/，可以找到完整的 OpenGL ES 文档，其中包括了所有可用的 OpenGL ES 命令及其期望的参数。

此外，也有许多关于 OpenGL 和 Open GL ES 的在线论坛。http://www.gamedev.net/community/ forums/forum.asp？forum_id=25 就是该主题众多活跃的讨论区之一。在这样的讨论区中既可以浏览已有的内容，也可以在需要帮助时发布自己的问题。

祝您在今后的日子里能快乐地使用 OpenGL ES 编程！

第IV部分

■ ■ ■

发　布

第 14 章　发布游戏

第 14 章

发 布 游 戏

在本书的主要课程中，涉及了很多不同的游戏编程技巧和技术，从如何处理设备多样性到 3D 图形，再到使用声效及输入等。希望您已经做好了准备，并渴望使用学到的知识来编写自己的游戏。

但在创建游戏过程中还有一个重要的环节——如何将它放到其他人的手机中，这样他们才能玩到游戏。

本章中将解决在发布游戏时会遇到的问题和挑战，探究如何将游戏所需的文件打包发布以及如何在市场上销售创建的游戏。

14.1 准备发布

在开始为游戏创建安装包之前，需要先了解一些背景需求。虽然这些不会对游戏的执行产生直接影响，但对确保游戏能够正确地安装，并在发布游戏的后续版本时也能进行管理仍然很重要。

接下来就看看在发布游戏时需要做哪些准备。

14.1.1 设置程序集属性

当准备发布游戏时，首先出现的是 Assembly Information 窗口。该窗口中提供了游戏的标题、作者、公司、版本号以及其他所需的信息。所有这些信息都要整合到 Visual Studio 所创建的可执行文件中。

要访问 Assembly Information 窗口，请打开游戏项目的 Properties 窗口，然后在 Application 选项卡中单击 Assembly Information 按钮，如图 14-1 所示。

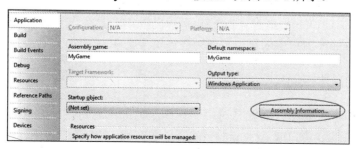

图 14-1　打开 Assembly Information 窗口

Assembly Information 窗口如图 14-2 所示。

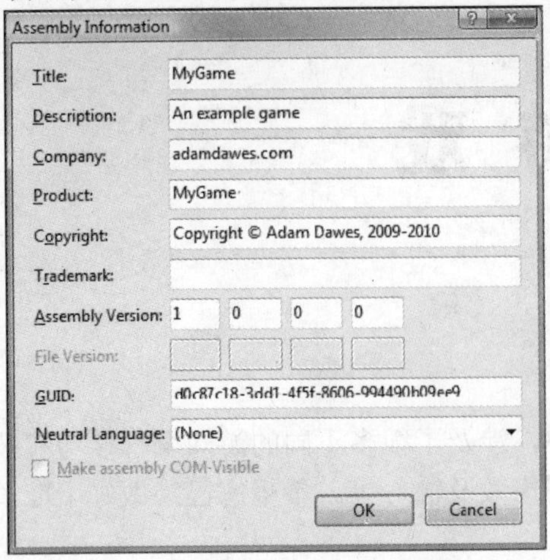

图 14-2　Assembly Information 窗口

该窗体中包含如下字段：

- **Title**　用于指定程序集的标题。通常情况下，它与程序集的名称相同。
- **Description**　用于为程序集提供较长的描述。
- **Company**　创建该程序集的公司的详细名称。
- **Product**　指定该程序集从属于哪个产品。例如，如果您的游戏《火星入侵者》中包含了几个单独的程序集，那么所有这些程序集都可以将"火星入侵者"指定为它们的产品。
- **Copyright**　可以输入一条版权信息。它的格式通常为 Copyright @ name，year。
- **Trademark**　指定相关的商标。
- **Assembly Version**　包含该程序集的版本号信息。我们稍后将详细讨论版本号。
- **GUID**　为程序集提供一个识别码。Visual Studio 会自动提供该值，通常不需要进行修改。
- **Neutral Language**　指定该程序集支持哪种语言，可以将它保留为默认值，None。

除了 Assembly Version、GUID 和 Neutral Language 之外，其他所有字段的值都是可选的，如果愿意可以将它们留空。

此外，您还可以直接在普通的源代码编辑窗口中编辑 AssemblyInfo.cs 文件来修改这些数据(在 VB.NET 项目中是 AssemblyInfo.vb 文件)。如果是 C#项目，该文件可以在 Solution Explorer 的 Properties 节点中找到。如果是 VB.NET 项目，可以在 My Project 节点中找到(在 Solution Explorer 窗口中展开 My Project 节点之前，需要将 Show All Files 选项打开)。Assembly Information 窗口中的每个字段都在该资源文件中有对应的特性设置。

14.1.2　项目的版本控制

管理游戏一个重要的方面就是对每个程序集的版本号进行跟踪管理。这也可以通过 Assembly Information 窗口或 AssemblyInfo 文件来实现，在上节中我们已经进行过详细的介绍。对游戏可执行文件和 DLL 的每个版本设置不同的版本号，使您可以轻松地确定运行的是什么代码，软件用户在报告所遇到的问题时，您也可以进行诊断。

版本号由 4 个数字构成，这 4 个数字之间用点隔开。例如，1.0.0.0 就可能表示已发布执行文件的第一个版本。构成版本号的 4 个数字，从左到右依次是：

- 主版本号
- 次版本号
- 内部版本号
- 修订号

其中每一项都包含一个位于 0～65535 之间的值。至于如何定义版本号完全是由您决定的，不过这里将提供一些建议的策略：

- 当整个产品发布一个新版本时才增加主版本号(例如，游戏经过重新编写，或基本与上一版本不同)。将主版本号设置为 0 意味着产品仍然为测试状态，还不能作为已完成产品来发布。
- 每当应用程序发布了一个新版本，并且该程序仍然是上一版本中的基本产品时，就令次版本号增加。例如，产品中添加了新功能，但尚未被重写，或者尚未进行能令主版本更新的实质性修改，就将次版本号的值增加。如果主版本号增加了就应将次版本号重置为 0。
- 内部版本号则反映了当前次版本中进行的修订。如果程序有重大的改进或者修复了其中的 bug，并且这些修改对产品没有明显的影响，那么可以令次版本号保持不变，而增加内部版本号。如果主版本号或次版本号增加了，那么内部版本号应当被重置为 0。
- 每当产品发布一个新版本时，就令修订号增加。它实际记录了产品的发布次数，即使版本号中的其他部分都发生了改变，它也不会被重置。

注意:

要记得版本号中的点只是字段分隔符，而不是小数点分隔符。如果当前版本号为 1.0.0.9，那么增加修订号后，结果的版本号应为 1.0.0.10，而不是 1.0.1.0。

默认情况下，Visual Studio 在创建项目时，版本号是 1.0.0.0 或 1.0.*。句法 1.0.*会告诉 Visual Studio 每当程序被编译时自动为其内部版本号和修订号提供值，使用这种方式虽然可以很轻松地得到一个新的版本号，但也会导致该字段中出现不可预料的值。更好的做法是每次准备编译一个程序集用于发布时就手动增加版本号。

注意:

当 Visual Studio 将您的应用程序部署到手机上进行调试时，如果手机中已存在更高版本的 DLL 或可执行文件，那么这些文件是不会被覆盖的。不需要对此给出太多解释，文件并不会部署。如果确实需要使用低版本的文件(当版本从 1.0.*转换到 1.0.0.0 时就会出现这种情况)，需要手动将已有文件删除，这样才能确保 Visual Studio 可以根据期望来部署。

如果回忆我们在第 9 章中创建的 About 框组件，那么可能还会记得该组件能够显示运行中的程序集的版本号。将{VersionNumber}占位符放在任何添加到 About 框的字符串中，

就会在相应的位置上显示当前的版本号。这是一种向玩家显示游戏当前版本既简单又有效的方法。

14.1.3 创建图标

当把游戏安装在手机上以后，最终用户通常可以从 Start 菜单或者 Program 应用程序项中访问它。这两个地方都会显示程序安装后的图标。所以，要想使自己的游戏能够显眼并能吸引用户的注意，就需要一个恰当并能吸引人的图标。

图标创建 ico 文件，与桌面程序图标所用的格式相同。这些.ico 文件实际上包含了不止一个简单的图片。它们可以包含多个不同大小、颜色质量不同的图片，并且还可以保存 alpha 透明度信息。

创建一个吸引人的并且包含完整 alpha 通道的图标并非一项简单的任务，必须要求一定的图形处理能力，但在需要时，可以创建一个简单的图标，它依然能在屏幕上为您的游戏提供有用的表示。

.ico 文件中可以创建下列大小的图标图像，如表 14-1 所示。

表 14-1　图标图像大小

大小(单位为像素)	适 用 环 境
16·16	低分辨率屏幕上的小图标
21·21	低分辨率正方形屏幕上的小图标
22·22	smart phone 屏幕上的小图标
32·32	低分辨率屏幕上的大图标，或者高分辨率屏幕上的小图标
43·43	高分辨率屏幕上的大图标
44·44	smart phone 屏幕上的大图标
45·45	Windows Mobile 6.5 上的小图标
60·60	Windows Mobile 6.5 正方形屏幕上的大图标
64·64	高分辨率屏幕上的大图标
90·90	Windows Mobile 6.5 屏幕上的大图标

并不是所有这些大小的图标都必须包含在 ico 文件中，因为 Windows Mobile 会将已有的图像中的一个进行缩放来满足使用需求。然而，缩放并不总会产生吸引人的结果，所以提供各种大小的图标才能确保完全掌控对显示图标的需求。

大多数图标编辑应用程序允许创建一个特定分辨率的图标，然后以该图标作为基础来添加其他大小的图标。要使用这种方式的话，先创建最大大小的图标，然后根据该大图标创建更小的图标。当添加了许多不同大小的图标时，要确保是以最大的图标作为模板进行缩放的，而不是以前面所创建的小一些的图标为模板。

有很多应用程序可以用于创建和编辑.ico 文件，Visual Studio 也内置了一个简单的图标编辑器。不过第三方应用程序要比这复杂很多。IcoFX 就是其中一个，它非常灵活并且是免费的；可以通过访问 http://icofx.ro 来下载该软件的最新版本。它完全支持图标 alpha 通道，可以在单个.ico 文件中包含多个不同大小的图标，能够从图标已有的图像中创建其他大小的图标。IcoFX 在运行时如图 14-3 所示。

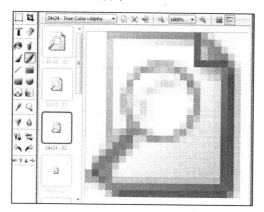

图 14-3　用 IcoFX 来编辑包含多个不同分辨率图像的图标文件

一旦创建好图标，将它保存为.ico 文件放到项目的目录中，与.csproj 或.vbproj 主项目文件放在一起。这样就可以将图标添加到可执行程序项目中。

打开项目属性窗口，在 Resources 面板中单击 Icon 域右边的浏览文件按钮(标有省略号)。浏览并选择.ico 文件，就可以添加图标到 C#项目中，选定图标的文件名会显示在 Icon 域中，该图标也会出现在 Solution Explorer 中。在 C#项目中配置图标如图 14-4 所示。

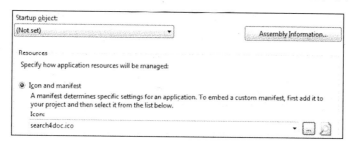

图 14-4　在 C#项目中的配置图标

在为创建的 VB.NET 项目设置图标时有一点不同，如图 14-5 所示。仍然是在项目属性窗口中设置图标，但要打开 Icon 域旁边的下拉列表，然后再选择其中的 Browse 项，才能在获得的对话框中选择图标文件，图标被选中后会显示在 Icon 域中，接下来的操作和在 C#项目中是一样的。

图 14-5　在 VB.NET 项目中的配置图标

通过这种方式配置项目，在后续的编译时图标就会构建到可执行程序中。

14.2 创建分发包

完成前面所介绍的步骤后，就可以打包发布项目了。

长久以来，形成了两种不同的应用程序打包方式：CAB 安装程序或可执行安装程序。

CAB 文件(CAB 是 cabinet 的缩写)是一种压缩文件的存档方式，与 ZIP 文件相似——事实上，许多 ZIP 文件应用程序(例如 Winzip、7-Zip 以及 WinRAR)都可以与该类型的文件交互。当 CAB 文件用于安装 Windows Mobile 应用程序时，它们被设置为一种特殊的结构，只有 Windows Mobile 能识别。在 Windows Mobile 手机上执行 CAB 文件就会执行应用程序的安装。

当可执行文件用做安装程序时，通常要在桌面 PC 上(而不是在手机上)执行该安装程序。当启动运行该可执行文件时手机必须同 PC 连接。这种 Windows Mobile 应用程序的安装方式感觉很标准，因为用户可能会对这种在电脑上安装程序的方式更熟悉一些。

CAB 文件与可执行文件相比，其一大优势在于它可以直接在手机上进行安装。如果用户身边没有 PC(对于移动设备而言这是很常见的情形)或根本就没有 WindowsPC 时，CAB 文件还是很容易下载并安装的。

因此，CAB 文件现在成为分发移动应用程序的标准方式。用于 Microsoft 自己的移动商店(Windows Marketplace for Mobile)以及其他移动商店，如社区开发版的 OpnMarket，可以从 http://www.freewarepocketpc.com 网站上下载。

Visual Studio 在其 IDE 中提供了创建 CAB 文件的支持，所以我们将用该功能来创建安装程序。下面的小节就将介绍如何为您的游戏创建和配置一个安装程序项目。

14.2.1 切换为 Release 模式

在开始创建安装程序项目之前，首先要设置 Visual Studio 以 Release 模式(而非 Debug 模式)进行构建。在 Debug 模式中编译时，Visual Studio 编译器会在输出的 DLL 和可执行文件中添加额外的数据用于同调试器进行交互。当发布最终的应用程序时，就不需要包含这些数据，因为它们在最终用户的手机上没有任何作用。它还增加了可执行文件的大小，并且影响其执行的效果。

将 Visual Studio 切换到 Release 模式时，这些调试数据就会从输出的二进制文件中删除。我们可以在 Solution Configuration 框中选择相应的选项从而切换 Debug 生成方式和 Release 生成方式，Solution Configuration 框位于标准的 Visual Studio 工具栏中。图 14-6 显示了切换到 Release 配置模式的情况。

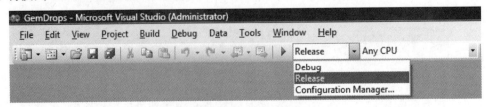

图 14-6 选择 Release 配置模式

注意，该设置将影响到整个 Visual Studio 环境，而不只是选中的项目。

一旦切换到 Release 模式，请确保解决方案可以编译。您可能需要对一些配置进行修改(例如，在 Assembly Properties 窗口中重新设置 Allow unsafe code 选项)，因为许多项目属性特定于原来的配置。还需要修改对外部 DLL 的引用。在继续前请确保所有的代码在生成时不产生任何错误。

14.2.2　创建安装程序项目

接下来在解决方案中添加一个安装程序项目。该项目生成移动设备上所用的 CAB 文件。虽然还是像普通的项目那样添加到解决方案中，但它不包含配套的程序语言，因此，不论是 C#项目还是 VB.NET 项目，操作上都是一样的。

在 Visual Studio 中打开游戏的解决方案，通过主菜单 File|Add|New Project 项来添加一个安装程序项目。当如图 14-7 所示的 Add New Project 窗口显示时，在左侧的 Project types 树中选择 Other Project Types | Setup and Deployment 项，然后在右侧的 Templates 区域中选择 Smart Device CAB Project。为安装程序项目命名并选择一个位置，然后单击 OK 按钮创建并添加该项目。

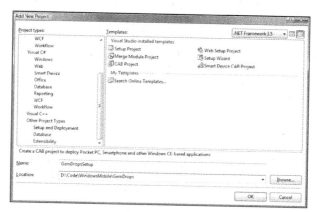

图 14-7　在解决方案中添加一个新的安装程序项目

该安装程序项目会被添加到解决方案中。该项目在 IDE 中只有一个主窗口，允许您控制在手机上安装 CAB 时哪些文件要部署，以及要部署到什么地方。该窗口分为左右两部分，左边的面板是一个文件夹结构的树，而选定文件夹中的文件就会在右边的面板中列出。在一个新的安装程序项目中，该窗口默认的内容如图 14-8 所示。

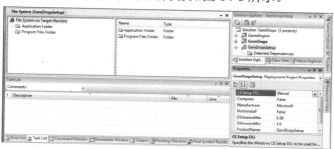

图 14-8　空的安装程序项目窗口

■注意：

如果之前关闭了安装程序项目窗口而需要将它重新打开，那么在 Solution Explorer 中右击安装程序项目的主节点，然后从菜单中选择 View | File System 即可。

在 Solution Explorer 中选择安装程序项目节点时，在 Properties 窗口中许多属性会变得可用。将 Manufacturer 属性设置为您的名字(或您公司的名称)，将 ProductName 属性设置为游戏的名称。对这些属性进行正确的设置是很重要的，因为在安装游戏的过程中，当在手机的 Program Files 文件夹下创建游戏文件所用的文件夹时，ProductName 会定义为该文件夹的名称。用户选择删除程序时，这些值还会出现在 Remove Programs 列表中。其他属性可以保留为默认值。

14.2.3 向安装程序项目添加文件

现在，我们就开始向 CAB 文件中添加一些内容。首先要添加游戏本身。在 Solution Explorer 中右击安装程序项目节点并在菜单中选择 Add | Project Output 项，如图 14-9 所示。

图 14-9 在安装程序项目中选择添加文件

这时会显示 Add Project Output Group 窗口，如图 14-10 所示。在该窗口中，为您的游戏选择项目。确保下方列表框中的 Primary Output 被选中，然后单击 OK 按钮。Visual Studio 会将该项目及其依赖文件都添加到安装程序项目中，这些文件都添加在安装树中的 Application Folder 分支中。图 14-11 中展示的是 GemDrops 示例程序的输出。

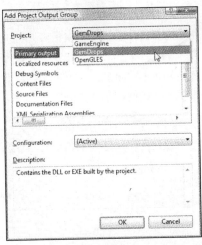

图 14-10 选择主项目添加到安装程序项目中

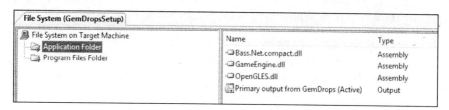

图 14-11 通过 Add Project Output Group 窗口所添加的文件

这是 Visual Studio 计算出来的我们将要在程序安装目录中添加哪些文件的最好结果(该目录会创建在手机的 \ Program Files 文件夹中)。在本例中,Visual Studio 理解了我们的部分需求,但不完全正确。

首先,我们需要在项目中添加 bass.dll。因为该 dll 是一个非托管的 DLL 文件,所以 Visual Studio 无法检测到它,因此就没有将它包含到安装程序中。为了手动添加该文件,右击左边面板中的 Application Folder 项,选择 Add│File 菜单,浏览选择要添加的文件,该文件就会出现在文件列表中。

第二个需要的改动是将 OpenGLES.dll 去掉,GameEngine.dll 使用了该文件来支持 OpenGL ES 游戏,但 GemDrops 是一个 GDI 游戏,所以不需要该文件。我们可以在 Solution Explorer 中找到它,然后将它删除。该文件会出现在安装程序项目的 Detected Dependencies 节点中。右击该文件,然后在菜单中选择 Exclude 项,如图 14-12 所示。这样选定的文件就会从主窗口的列表中消失。

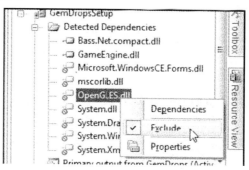

图 14-12 从安装程序项目中去掉一个依赖文件

只有当文件作为主项目的依赖项由 Visual Studio 自动添加到安装程序中时,才需要用该方法将文件从安装程序中删除。对那些手动添加到安装程序中的文件,如本例中的 bass.dll,直接从文件列表面板中删除即可。

■注意:

在安装程序中也可能需要配置注册表,当需要时,在 Solution Explorer 中右击安装程序项目,然后在菜单中选择 View│Registry 项,就可以根据需要在项目中添加注册表键。

14.2.4 创建 Programs 菜单快捷方式

安装程序项目中现在包含了将游戏安装到目标设备时所需的全部文件。然而还没有在

Programs 菜单中添加一个快捷图标，所以用户在手机上无法找到该游戏。

在安装程序项目的左面板中右击 File System on Target Machine 节点，然后在菜单中选择 Add Special Folder｜Programs Folder 项，如图 14-13 所示。于是在左面板已有文件夹的下方会添加一个新的名为 Programs 的空文件夹。

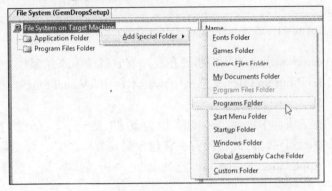

图 14-13　在安装程序项目中添加 Programs 文件夹

如果愿意我们可以直接将快捷方式添加到 Programs 文件夹中。但这样会使快捷方式出现在 Programs 菜单的最顶层。然而通常情况下，游戏应该出现在 Programs 的 Games 子菜单中，所以我们的项目应遵循这个标准。右击 Programs 文件夹，选择 Add Folder 菜单项，将新建文件夹命名为 Games。

选择新创建的 Games 文件夹，右侧面板中的文件列表现在为空，右击空的文件列表。在菜单中选择 Create New Shortcut 项。这时将会出现一个文件选择窗口，其中显示了所有已经包含在安装程序中的文件。导航到 Application Folder 目录中，从列表中选择 Primary output 项，如图 14-14 所示。然后单击 OK 按钮，在 Programs|Games 文件夹中就会出现一个新的快捷方式，该快捷方式可以根据需要进行重命名，本例中为 GemDrops。

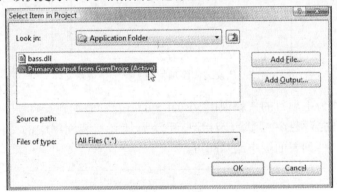

图 14-14　选择快捷方式将指向的文件

这样，菜单中显示的图标就会实际链接到选定的应用程序上。既然我们在前面的 14.1.3 节中添加了一个图标，所以就将该图标用到刚才创建的快捷方式上。

14.2.5 生成 CAB 文件

现在安装程序项目已经配置完成，可以生成 CAB 文件了。为此，在 Solution Explorer 中右击安装程序项目，在菜单中选择 Build 项。Visual Studio 会将解决方案中所有的项目进行重编译，而安装程序项目是最后才进行编译的。

当生成操作完成后，查看硬盘上安装程序项目所在的文件夹。您会看到该文件夹中包含了一个名为 Release 的子目录，生成的 CAB 文件就在其中。

该 CAB 文件的名称起初会被设置为与安装程序项目的名称匹配(在本例中为 GemDropsSetup.CAB)。但在分发之前，将其重命名并在新名称中包含游戏主版本和次版本信息——例如，GemDrops_1_0.CAB 是个好主意。如果发布了游戏的多个版本，那么这样做就可以很容易判断每个 CAB 文件将会安装哪个版本的游戏。

强烈建议在公开分发 CAB 文件之前花些时间对它进行测试。首先在仿真器和您自己的手机上进行测试。在执行测试之前，请确保将所有已有的该游戏的相关文件删除，然后安装该 CAB 文件，从 Programs 菜单中运行游戏。确保 Programs 菜单中的图标和文字能正确显示，所有程序都可以根据期望运行，并且不发生错误。此外，还要使用 File Explorer 查看添加在\Program Files 文件夹中的文件，确保没有多余的文件或者在预期外的文件名。如果发生问题，就从手机上将安装好的文件卸载掉，并根据需要对安装程序项目进行更新，使每个文件都能安装到正确的位置，然后再次生成 CAB 文件，并进行测试。

当您对在自己手机上的测试效果感到满意时，就可以让朋友或同事在他们的手机上测试安装。测试手机的种类越多越好。如果没有这些条件，那么仿真器和您自己的手机就已经提供了一个足够好的测试环境。

接下来就可以向全世界的用户发布您的游戏了！

14.3 销售游戏

有时，游戏的作者会决定将游戏发布为免费软件，允许其他人免费下载和分发。或者您也许会尝试销售自己的游戏，使用一个商业模型或者共享软件模型来销售。在本节中，我们就会看到这些销售游戏的途径。

14.3.1 创建应用程序的评估版

要劝说一个潜在客户实际购买游戏是很困难的。在 Windows Mobile 设备中有大量的竞争对手，要确保取得良好的销量，首先要使客户能够意识到您的游戏的存在，然后必须劝导他们试用，最终再说服他们实际花钱购买。

每当有人发现了您的游戏(您可以在稍后的 14.5 节中看到如何使用户更容易发现您的游戏)，最好使他们有机会对您的游戏进行评价。大多数人不会情愿出钱购买软件，除非他们知道实际能得到什么。消费者身边充斥着许多低质量的软件，这使得消费者在购买软件时特别当心。

让用户能够相信您的游戏，最简单的方法就是提供一个评估版。有下列几种主要的方式来实现这件事情：

- 提供游戏的功能限制版本。可以只允许玩第一关，或者只提供最初级的游戏模式。这种缩减版会给玩家一个机会来判断该游戏的质量是否可以接受，他们是否喜欢该游戏。如果在这两个方面都感觉不错，那么玩家购买的可能性会大很多。
- 提供游戏的时间限制版本。游戏本身在功能上没有进行任何限制，但游戏将玩家首次运行的日期数据保存在系统中的一个加密文件中(可能是注册表)。经过一段时间后，游戏就停止运行，并请求用户注册。这种方式实现起来要困难些，因为您需要防止用户重新安装游戏而将评估时间重置。

到目前为止，第一种方法是最容易实现的，也完全能够让用户了解该游戏是否值得购买。为您的游戏提供一个评估版是非常重要的：不能只因为目标用户对您的游戏不了解而失去销售机会。

14.3.2　升级为完整版

当销售出一份游戏复本后，就需要传递一份完整版将玩家手机上的游戏解锁。将游戏升级为完整版主要有两种方式：

- 向用户提供一个单独的完整版安装文件。
- 提供一个注册码，对已经安装了的应用程序解锁，从而使玩家能够访问那些受限制的功能。

第一种方法实现起来相对更简单，但对玩家而言却不太方便，因为他们必须安装一个全新的应用程序才能玩游戏。然而，该方法的简单性可能会弥补它的弊端。

第二种方法对玩家而言更加友好，但需要做更多的工作才能实现。一般而言，这类算法会根据用户名来生成一个码，并且将该码作为注册码，当将用户名和注册码输入到系统中后，系统会比较这两个码是否匹配。如果匹配，就将游戏解锁。否则，就提示用户代码无效。由于注册码是与用户名相关的，因此这也会防止用户将注册码告诉其他人。

CodeGenerator 示例项目提供了一个代码生成及验证算法的简单实现。它包含了一个简单的用户界面，在窗体的上半部分可以为某个用户名生成一个代码，要验证的用户名和代码显示在窗体的下半部。

为用户名生成注册码时要遵循下列步骤。首先，使用 TEA 算法(在第 9 章的积分榜中首次出现过)将用户名加密。这将导致用户名转变为一个不可读的字符串。

然后将这些字符放到一个长度为 6 的 byte 数组中。前 6 个字符直接写入，其余的字符与那些已经存在的值采用异或运算进行组合。加密后的字符继续执行组合，在需要时对该 byte 数组进行多次循环，直到所有字符都得到处理。

最后，将该 byte 数组转换为一个十六进制数字的字符串，每个 byte 使用两个十六进制数字(值从 00 到 ff)来表示。该代码将作为激活码来展示给用户。要确保该代码可读并且不能太长，这里 12 个字母数字字符正合适。

该示例项目在一个名为 GenerateCode 的函数中执行所有的编码操作，该函数如程序清单 14-1 所示。

程序清单 14-1　根据用户名创建激活码

```
/// <summary>
/// Create an activation code from the supplied name.
/// </summary>
/// <param name="Name"></param>
/// <returns></returns>
private string GenerateCode(string Name)
{
    string encrypted;
    byte[] encryptedBytes;
    byte encryptedByte;
    int encryptedBytesIndex = 0;
    string result = "";

    // Make sure the name is at least 4 characters
    if (Name == null || Name.Length < 4)
    {
        throw new Exception("Name must be at least 4 characters long.");
    }

    // First encrypt the name
    encrypted = CEncryption.Encrypt(Name, "CodeGenerator");

    // Copy the encrypted string into a byte array.
    // After each 6 bytes, loop back to the start of the array and combine
    // the new bytes with those already present using an XOR operation.
    encryptedBytes = new byte[6];
    for (int i = 0; i < encrypted.Length; i++)
    {
        // Convert the character into a byte
        encryptedByte = (byte)encrypted[i];
        // Xor the byte with the existing array content
        encryptedBytes[encryptedBytesIndex] ^= encryptedByte;
        // Move to the next array index
        encryptedBytesIndex += 1;
        // If we reach the end of the array, loop back to the start
        if (encryptedBytesIndex == encryptedBytes.Length)
            encryptedBytesIndex = 0;
    }

    // Now we have a byte array, convert that to a string of hex digits
    foreach (byte b in encryptedBytes)
    {
        result += b.ToString("x2");
    }

    // Return the finished string
    return result;
}
```

由于数据采用这种方式加密，所以不可能将生成的激活码还原回原始的名字，即使知道生成激活码的算法。那么我们如何来验证用户名与注册码是否实际匹配呢?

我们只需要简单地对输入的用户名重新用加密算法计算一次即可,如果生成的代码与用户输入的相匹配,就接受该用户名和注册码的组合,允许用户访问完整的游戏。如果生成的激活码与用户输入的不匹配,就拒绝该组合,继续限制使用一些功能。

在决定使用该方法之前,必须要注意下列几个要点:

- 必须对包含注册码生成函数的项目进行混淆处理。在本章后面的 14.4 节中我们将讨论混淆处理。不进行混淆处理的话,即使是个新手黑客也可以轻而易举地从您的项目中得到加密算法,不仅能绕过安全检测,还可以自己生成注册码,毕竟代码算法是包含在您的游戏中的。

- 不要提供公共 API 来访问该函数,由于.NET 应用程序完全有可能查询和调用某个程序集中的私有函数,将该函数设置为内部函数或私有函数,会使它更加难以定位。如果将该函数作为公共函数添加到 DLL 中,那么所有人都可以引用该 DLL,并用它来生成他们自己的注册码。

- 不要不加修改地使用本示例,您至少应修改调用 CEncryption.Encrypt 函数时的密钥,但在您从头开始编写自己的加密算法时,最好使用本示例给您带来灵感。

- 当用户输入不正确的注册码时,在告知用户输入不正确之前暂停几秒,当几次输入错误之后,将应用程序关闭。这样当有人企图使用暴力破解法来攻击游戏激活功能时,会更加困难。

- 还要注意大小写区分的问题。在执行加密之前先将用户名转换为小写,这样当用户输入正确的注册码时,不会仅仅因为不小心按错大小写而激活失败。

在项目中无论花费多大努力对加密算法进行保护,那些资深黑客还是有可能对它反编译,并且创建出他们自己的注册码生成器。您能做的是设置足够好的障碍,使普通用户无法以其他途径通过检验。我们在 14.3.4 节中会更深入地讨论这个主题。

14.3.3 使用 Windows Marketplace for Mobile

最近,在 Windows Mobile 发展的里程碑上迎来一件大事,那就是 Microsoft 推出了 Windows Marketplace for Mobile(微软移动手机应用程序商店)。这里集中了各种类型的应用程序,可以通过浏览器在线访问,也可以通过手机本身的 Marketplace 软件进行访问。Marketplace 软件在所有的 Windows Mobile 6.5 设备中是默认安装的,在 Windows Mobile 6.0 和 Windowa Mobile 6.1 设备中需要手动安装该软件。

可以通过 Web 浏览器访问 http://marketplace.windowsphone.com 来查看有哪些可用的软件。这些应用程序被分为若干类(游戏是其中一类),也可以根据收录时间及受欢迎程度排序显示。

通过 Marketplace 来销售自己的游戏需要认真考虑。因为要使用 Marketplace,必须先加入 Microsoft Developer Program,当前的费用是每年$99。除了成为会员,您还会拥有 5 次提交资格,用于向移动商店中提交软件。每提交一个软件会消耗一个提交资格。提交资格用完后每个资格要花费$99。

应用程序提交到移动商店后,不会自动出现在列表中,而是首先提交给 Microsoft 进行一系列测试。这些测试涵盖了各个方面的功能，从检测程序的稳定性、检测是否会崩溃或者泄漏内存、确保程序不会未经用户许可就修改系统设置，到检测应用程序不会包含恶意程序。

可以访问 http://developer.windowsphone.com/ 来查看有关 Developer Program、程序提交向导以及测试方面的所有信息。该网站中还包含了使用手册、视频向导和许多其他有用的资源。

在提交过程中有一项测试是压力测试，即通过运行名为 Hopper 的 Microsoft 压力测试应用程序来看游戏的行为。Hopper 会不断地向手机发送随机的按键和屏幕单击，看程序是否会发生意外的崩溃或者其他不好的行为。Hopper 会对提交的程序连续运行两个小时，只有不发生任何问题时才会退出。从 Microsoft 的网站上能够下载到该软件(在 Application Submission Requirements 文档中查看其详细信息)，所以在提交软件之前，可以自己使用它来进行测试。为了确保游戏的稳定性，在测试时可以花费更多的时间并使其不引起任何问题——让 Hopper 通宵运行是个好办法。

如果您的应用程序未通过 Microsoft 的测试，就会被拒绝添加到 Marketplace 中。同时，提交该应用程序时所用的提交资格也会作废。因此，在将游戏提交给 Microsoft 进行测试之前对应用程序进行完全测试，并仔细阅读提交要求(Submission Requirement)是很有必要的。否则，那些简单的错误只会浪费您的资金。

Marketplace 运作了许多不同的 market(软件商店)，每个国家对应一个。现在 Marketplace 中支持超过了 30 个不同的 market。用户在不同的 market 购买应用程序时可能会使用不同的货币。在提交应用程序时，您应选定一个应用程序要添加进的主 market。当将应用程序添加到其他 market 时，Microsoft 过去会收取$10 的额外费用，但这项费用现在取消了，您可以根据需要将市场软件添加到尽量多的 market 中，而不会产生额外的费用。

如果需要 Marketplace 应用程序提交方面的帮助，或对它的使用方法有疑问，请访问 Marketplace 论坛 http://social.msdn.microsoft.com/Forums/en-US/mktplace/，该论坛非常活跃，是寻求帮助时最理想的地方。

通过 Marketplace 安装应用程序的过程完全由 Marketplace 软件进行处理，其中内置的安全机制可以防止用户购买的游戏未经授权就在其他设备上执行。这为您的应用程序提供了合理的安全保护。

Marketplace 应用程序未将软件的演示版或评估版作为提交资格的一部分。所以如果想让用户找到您游戏的免费评估版，就需要再使用一个提交资格。如果在购买软件之前不能对软件进行正确的试用，那么对用户而言是不公平的，这样会给软件的销售带来障碍。提供一个评估版是很值得的，这样可以赢得用户的信任。

如果没有提供评估版，那么用户购买软件后觉得不合适的话，Microsoft 会退款给用户。但退款只在程序安装后 24 小时内有效，并且每个月只能有一次退款机会，所以，这与理想的"先试后买"策略还有很大差距。

尽管与其他一些移动平台上相应的软件商店相比，Windows Marketplace for Mobile 中的应用程序数量还不是很庞大，但它仍然是值得您考虑的销售渠道。

14.3.4　减少盗版

软件盗版问题一直是软件开发人员的难题，在 Windows Mobile 软件中也是一样。任何流行的商业应用程序都不可避免地存在一定程度的盗版现象。

当然，如何看待这个问题完全是由您自己决定的，但要知道如果在验证和检验软件合法性时使用户感到过于痛苦，那么将会弄巧成拙。如果用户对反盗版方式感到沮丧，那么很可能会放弃使用该软件，甚至会觉得盗版软件的实际比正版的还要好用。

可以采用折中的办法，用一些适当的检验方式来减少或者消除随意性盗版(例如，简单地在设备之间复制可执行程序)，而不必花费大量精力来打击恶意盗版或职业的软件破解者。开发反盗版方法需要不少资金，这些费用会减少您的收益。如果这些盗版方法最终被攻破，那么投入的资金就浪费了。

能够接受不可避免的盗版看上去似乎与生产目标相反，但实际上您可以将更多的精力放到游戏的创新上，而不是与那些高智商的盗版者做无用的斗争。

14.4　实现反向工程

尽管您将游戏发布出去了(尤其是请求用户付费)，还应当注意对.NET CF 程序进行反向工程是容易的。像 Reflector.NET(http://reflector.red-gate.com)这样强大而免费易用的工具可以将编译后的.NET 及.NET CF 程序可执行文件与 DLL 文件反编译为源代码。反编译得到的源代码与原来的代码虽然不完全相同，但通常是非常清晰的，足够读懂。如果您在游戏中包含了一些敏感的代码(如生成注册码的算法)，就要考虑如何防止别人对您的游戏进行反编译。

图 14-15 展示了 Reflector.NET 对从之前看过的示例项目编译的 CodeGenerator.exe 进行反编译时的情形。可以看到代码非常清晰，甚至是变量名都清楚，并且还是用 Release 模式编译的。

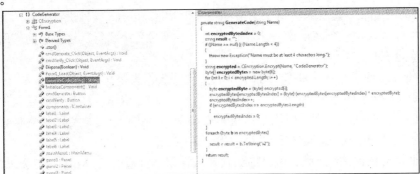

图 14-15　使用 Reflector.NET 进行反编译的示例

Reflector.NET 不是黑客工具，只是利用了.NET 内置的反射功能对编译后的可执行文件进行检测的工具。除了反编译代码之外，它还列出了项目中包含的类，以及每个类中的字段、属性以及方法等信息。所以，如果想保护自己的源代码，就需要将代码从窥视者的眼球下隐藏起来。

我们所能采用的策略就是混淆。如果对可执行文件和 DLL 进行混淆，就会使它们的内部工作机制变得模糊，进行反向工程时会变得困难。

Microsoft 在 Visual Studio 中免费提供了 PreEmptive Solutions 的 Dotfuscator 社区版，接下来我们就看看如何利用该工具给我们的游戏应用一些保护。

14.4.1 使用 Dotfuscator 社区版进行混淆

当安装 Visual Studio 时，安装程序会给出提示是否要安装 Dotfuscator Community Edition(在后文中就简称为 Dotfuscator)的选项。Dotfuscator 是在 Visual Studio 外部启动的，它在 Start 菜单中有自己的快捷方式图标。如果您找不到，就检查并更新安装 Visual Studio 来确保它实际被安装。

在开始运行 Dotfuscator 之前，必须先启动 Visual Studio，Dotfuscator 会在后台中与 Visual Studio 进行交互，因此需要先将 Visual Studio 运行起来。

启动 Dotfuscator 后，它会提示是创建一个新项目，还是打开一个已有项目。Dotfuscator 项目中包含了要执行混淆的程序集的信息，以及要应用的混淆类型。由于我们还没有项目，因此选择创建新项目。

Dotfuscator 首先展示的是 Input 选项卡，其中显示了要执行混淆操作的程序集。单击工具栏中最左侧的按钮(该按钮执行的功能是"浏览并将程序集添加到列表中")，并定位要进行混淆的程序集(应该是本章前面所讨论过的使用 Release 模式生成的文件)，该程序集就会被添加到如图 14-16 所示的程序集列表中。

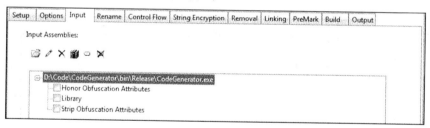

图 14-16　在 Dotfuscator 的 Input 选项卡中添加一个程序集

如果愿意，在这一步骤中，您可以向 Dotfuscator 项目中添加多个程序集，一次性全部对其进行混淆。

添加完所有需要的程序集后，从主应用程序菜单中选择 File | Build。Dotfuscator 会提醒您保存 Dotfuscator 项目文件，然后就开始进行混淆处理。该操作会执行几秒钟，完毕后，就会显示混淆状态窗口，如图 14-17 所示。这就表示混淆完成了：打开 Dotfuscator 项目文件所在的文件夹，混淆后的输出文件就保存在该文件夹的 Dotfuscated 子目录中。

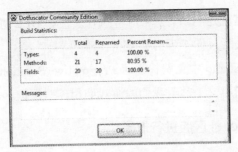

图 14-17　Dotfuscator 的混淆完成状态窗口

　　如果在 Reflector 中打开混淆后的可执行文件，就可以看到做过了什么。所有类、字段、属性及函数都被重命名了。应用程序中的窗体名不再是原来的 Form1，现在为 d。GenerateCode 过程被重命名为 b。因此，要花费更多的精力才能理解该项目试图做的是什么。

　　类似的，反编译后的代码也更难以读懂。变量名都被修改了；例如，名为 encrypted 的字符串现在被改为 str，名为 encryptedBytes 的 byte 数组现在被改为 buffer。这些名字包含的意义很不明显，也会使代码理解起来更加困难。在 Reflector 中打开混淆后的可执行文件，如图 14-18 所示。

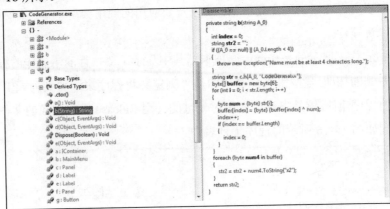

图 14-18　在 Reflector.NET 中对混淆后的可执行文件进行反编译

　　然而，您也许已经注意到一个潜在的问题：如果将所有的类和方法都重命名了，那么外部的程序集就无法再调用这些代码了。例如，如果我们将 GameEngine.dll 混淆了，那么我们的游戏所调用的类与方法会被重命名，因此当游戏要调用它们时就会导致错误。

　　可以将 Dotfuscator 设置为 library 模式来解决这个问题。该模式激活后，所有公共类、字段、属性、方法以及所有虚函数都会保持不变。只有程序集中的私有元素及内部元素会被重命名。这提供了在该库正常调用的前提下进行重命名的方法。要对所有的 DLL 使用这种模式进行混淆，不需要对可执行文件采用这种模式(除非它们本身被其他程序集引用)。

　　在 Dotfuscator 的 Input 选项卡中，单击 Library 模式对应的工具栏按钮就可以将其激活，如图 14-19 所示。每次单击该按钮，所有程序集旁边的 Library 选择框就会在选中与未选中模式之间切换。在 Dotfuscator 社区版中，只能在项目层上来设置该模式，而不能对单独的程序集进行设置，所以如果有一些程序集需要采用 library 模式，而其他程序集不采用，就需要创建两个单独的项目。

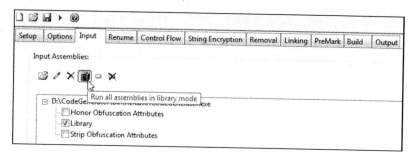

图 14-19   选择 library 模式进行混淆

对可执行文件及 DLL 文件应用了混淆之后，要确保它们仍能正常运行。如果因为对 DLL 进行了混淆，而使它们无法被应用程序调用，那么您之前进行的仔细测试就前功尽弃了。

如果在项目中使用了反射来查询类和类中成员，那么也需要注意。由于这些项经过混淆后都有了不同的名称，因此项目中的反射会无法找到要找的项。如果您的项目中存在这种情形，就可以使用 Dotfuscator 的 Rename 选项卡，将特定的类和类成员排除在重命名方案之外。

14.4.2   使用更高级的混淆

前面一节介绍了 Dotfuscator 社区版所提供的全部扩展功能，然而，其他第三方混淆器可以执行更高级的混淆功能。如果您决定需要更强大的混淆，就可以使用一个合适的应用程序；通过 Google 可以找到很多共享的和商业的混淆软件。

在 http://en.wikipedia.org/wiki/Comparison_of_.NET_obfuscators 上提供了一个包含了很多 .NET 混淆器的列表，并对它们进行了比较。尽管有些其他的混淆器未列出，但该表还是很详尽。请记住要选择支持 .NET CF 程序集的混淆器。大部分混淆器都会支持 .NET CF 的，但有些只在价格更高的版本中才包含该功能。

有些期望的功能只有更强大的混淆器才会提供，接下来的小节就会介绍这些功能。所有这些技术都需要对源代码进行重构，这些技术运用得越多，反编译就会变得越不现实且费神。

1. 混淆控制流

最有用的一类混淆是控制流混淆。它会在代码中进行一些小小的改动，但足以让像 Reflector 这样的反编译器无法对程序代码进行反编译。

这种混淆的工作方式是在程序集中插入额外的指令。大部分 .NET 指令是由编译好的程序集中的多字节数据组成的，控制流混淆会引入一个 jump 指令，这样就使程序流跳转到位于该过程后面的一个指令上，然后再将一个不完整的指令(缺少一些字节)插入到跳转后的位置上。.NET 运行时根本不会试图执行这个不完整的指令，因为前面有指令告诉它要跳过该指令，但反编译器不会遵循跳转指令，而企图对不完整指令进行反编译。这样它就会偏离实际的指令，所以一部分代码就会消失，或在大部分情况下，反编译失败。

这种混淆方式使代码保护质量得到了显著的提高。重命名机制会使代码更难理解，但代码本身还是可见的。而控制流混淆在大多数情况下会将代码隐藏起来。

2. 字符串加密

在前面的图 14-18 中显示了一条异常消息"Name must be at least 4 characters long",这条异常消息在反编译后的代码中仍然可见,这为猜测该函数的功能提供了重要线索。

支持字符串加密的混淆器会将所有像这样可读的字符串从编译后的程序集中删除掉,并将用一个函数调用来替换这些字符串,该函数以一个看似随机生成的数字作为参数,并将使用该数字来获得加密后的字符串,然后进行解密,再将解密后的字符串返回给调用过程。

执行完这些步骤后,还是可以对信息的实际意义进行确定,但要理解编译后的程序集中每个字符串要花费大量的精力,这种混淆方式大大地增强了代码的隐蔽性。

3. 标识重命名方案

Dotfuscator 社区版提供了一个简单的标识重命名方案,将每个类和类中成员重命名为字母表中的一个字母。其他混淆器提供了该功能的增强版,混淆后的名称比 DotfuscatorCE 提供的名称更加不容易理解。

典型的重命名方案在元素名称中使用了非打印字符,这样它们在 Reflector 中根本不会显示,并且将所有函数都重命名为相同的名称,通过不同的参数来识别它们。对于这些改动,.NET 仍然可以运行(它不关心元素的名称是否可读,并且可以根据参数的类型来调用相应的同名函数),但我们人类就会觉得这种重命名方案混淆后的代码完全无法跟踪。

4. 阻止 Reflector.NET

有些混淆器包含了专门针对 Reflector.NET 的代码,阻止它与编译后的程序集打交道。这种混淆器对程序集中的数据进行了处理,当 Reflector 打开混淆后的程序集时就会遇到错误。将这种混淆器配合其他混淆选项一起使用,可以为私有代码提供更高层次的保护。

5. 保护资源

在编译后的程序集中具有价值的不只是代码,游戏图形、音效以及音乐也包含在其中。

虽然您可以自己来实现对嵌入式资源的加密,但使用混淆器来完成这个工作会方便很多。您的代码不需要修改仍可以访问这些资源,但如果从程序集的外部来访问它们就会导致文件无法访问。您可能还会发现一些其他功能,例如对嵌入式资源进行压缩或者将编译后程序集的总体大小进行缩减等。

14.4.3 将混淆后的文件添加到 CAB 安装程序项目中

有些混淆器能将自己整合到生成进程中,这意味着 Visual Studio 每次编译可执行文件或 DLL 时,就自动进行了混淆。当采用这种方式时,不需要额外的步骤将混淆后的文件添加到 CAB 安装程序中,因为当构建 CAB 时安装程序项目已经获得了混淆后的文件。

其他混淆器,包括 Dotfuscator 社区版,不能使用这种方法整合到生成进程中,因此,为了将混淆后的程序集添加到 CAB 文件中,要创建一个小项目。

这个问题的解决方案尽管有一点笨拙,但很简单。当构建用于生成 CAB 文件的安装程序项目时,不使用 Add|Project Output 菜单项,而采用 Add|File 选项。浏览硬盘上的

混淆的文件将它们单独添加到 CAB 中。

采用这种方法时要注意以下两个主要问题：

- Visual Studio 不会自动检测选择的程序集的依赖项。您需要确保将它们所需的依赖项用同样的方式手动添加到安装程序项目中，即，使用 Add | Fille 选项。
- 由于要添加的文件是混淆后的文件，并不是由 Visual Studio 编译后的输出文件，因此每次生成安装程序之前，要记得对选定的程序集重新进行混淆。否则生成的 CAB 文件中所包含的混淆后的程序集是过时的。

14.5 发布游戏的新版本

将游戏向公众发布基本上就是游戏开发的最后一个环节了。当您的游戏包含了新的游戏功能、进行了改进、或者修复了漏洞后，您也许会希望发布新版本。当建立了一定的运行游戏的用户基础后，如果在他们的设备上提示更新并简化更新安装，就会鼓励用户安装新的游戏版本。

如果通过 Windows Marketplace for Mobile 发布游戏，那么 Marketplace 应用程序会自动将新版本通知给已安装该游戏的用户。如果没有使用 Marketplace，那么可以在游戏中添加一个版本检测功能来通知用户进行更新。

该检测很简单。通过 Internet 从您自己的网站上下载一个 XML 文件，其中包含了指示该游戏最新发布版程序集的修订号。获取该修订号后，代码将它同当前程序集的修订号进行对比。如果获取的值更大，就提示用户应用程序有新的版本。如果用户想获得更详细的信息，可以访问您的网站来查看新版软件中包含了哪些更新，并且可以下载新版软件并安装到他们的手机上。

UpdateCheck 示例项目就展示了如何达到该功能。关键部分的代码包含在 CheckForUpdate 函数中。它首先确认用户是否允许程序连接到 Internet 上来获取这一信息。您总要在连接 Internet 之前获得这样的确认，以免因为数据访问而产生意外的费用，当用户处于漫游状态时这些费用是很高的。

当得到用户的允许后，代码就从 Internet 上获取该 XML 文件。该示例中使用 http://www.adamdawes.com/windowsmobile/LatestVersion.xml 来查找更新信息。这个 URL 中包含了一个版本信息文件，其中包含的内容如程序清单 14-2 所示。

程序清单 14-2　LatestVersion.xml 文件中的内容

```
<LatestVersion>
  <Revision>5</Revision>
</LatestVersion>
```

将获取到的修订号(在本例中为 5)与当前程序集的修订号(在本例中为 2)进行对比，如果获取的修订号更大，就通知用户软件有新的版本可用。他们可能会选择查看更多信息，这就会打开 Web 浏览器，并跳转到包含该信息的页面上。

CheckForUpdate 函数中的代码如程序清单 14-3 所示。在实际使用中，应当将高亮部分的代码修改为您自己的网站地址。

程序清单14-3　检测软件是否有新版本

```
/// <summary>
/// Check to see if a newer version of this game is available online.
/// </summary>
private void CheckForUpdate()
{
    XmlDocument xmlDoc = new XmlDocument();
    int latestRevision;

    // Make sure the user is OK with this
    if (MessageBox.Show("This will check for updates by connecting to the
        internet. "
        + "You may incur charges from your data provider as a result of this. "
        + "Are you sure you wish to continue?", "Update Check",
        MessageBoxButtons.YesNo, MessageBoxIcon.Asterisk,
        MessageBoxDefaultButton.Button1) == DialogResult.No)
    {
        // Abort
        return;
    }

    try
    {
        // Display the wait cursor while we check for an update
        Cursor.Current = Cursors.WaitCursor;

        // Try to open the xml file at the specified URL
        xmlDoc.Load("http://www.adamdawes.com/windowsmobile/LatestVersion
            .xml");

        // Remove the wait cursor
        Cursor.Current = Cursors.Default;
        // Read the revision from the retrieved document
        latestRevision = int.Parse(
            xmlDoc.SelectSingleNode("/LatestVersion/Revision").InnerText);

        // Is the retrieved version later than this assembly version?
        if (latestRevision >
        Assembly.GetExecutingAssembly().GetName().Version.Revision)
        {
            // Yes, notify the user and allow them to visit a web page with
            // more info
            if (MessageBox.Show("A new version of this application is available. "
                + "Would you like to see more information?", "New Version",
                MessageBoxButtons.YesNo, MessageBoxIcon.Asterisk,
                MessageBoxDefaultButton.Button1) == DialogResult.Yes)
            {
                // Open the information page
                Process.Start("http://www.adamdawes.com", "");
```

```
        }
      }
      else
      {
        // No newer version is available
        MessageBox.Show("You are already running the latest version.");
      }
    }
    catch
    {
      // Something went wrong, tell the user to try again
      Cursor.Current = Cursors.Default;
      MessageBox.Show("Unable to retrieve update information at the moment. "
          + "Please check your internet connection or try again later.");
    }
  }
```

14.6　提高游戏的知名度

　　即使您的游戏很优秀，但如果没有人知道，就不会有人玩或者购买。要提高游戏的关注度有很多种方法。下面就给出一些建议：

- 创建一个网站，用其为游戏做广告。要让该网站看上去很吸引人，要提供游戏的内容信息和玩法。还要有一些截屏、购买或下载信息，以及任何您认为对玩家有用或玩家会感兴趣的信息。

- 如果将游戏作为免费软件发布，那么许多流行的网站会为您提供信息和下载链接。由于这些网站每天都有大量的用户访问，因此可以很好地提高游戏的关注度。这些提供免费软件的网站有：http://www.freewarepocketpc.net/(它还是 OpnMarket 应用程序的宿主，OpnMarket 是一个非常方便的工具，用于在手机上直接浏览并安装软件)，以及 http://freewareppc.com/。将免费软件提供给这些网站会提高您的游戏与您的网站的关注度和信誉度。要注意，这些网站通常不会包含那些付费应用程序的广告功能版或缩减版。

- 将您的游戏添加到在线分类列表中。可以将游戏包含到 Windows Marketplace for Mobile 或者其他的在线软件商店中，如 http://www.pocketgear.com/。这样可以提高软件的关注度，并提供潜在的销售渠道。但是，要注意这些软件商店的费用。

- 获得游戏的评论。有很多网站对您的游戏进行评论，例如 http://www.bestwindowsmobileapps.com/。要对诚实评测做好准备，在评测之前确保游戏中的方方面面都已得到完善，这样才能使获得好评的机会最大。

- 在 Windows Mobile 新闻网站上发布游戏的最新信息。并非所有的网站都关注这种类型的新闻，但尝试一下并没有坏处。您也许可以试试 http://wmpoweruser.com/，它包含了一个用户提交信息页面，在该页面上可以自己提交新闻故事。您还可以试试网站 http://www.wmexperts.com/。

14.7　开始创建

现在唯一需要增加到您的工具集中的东西的就是自己的想象力！Windows 移动游戏开发正值大好时机，尽情地发挥创造力吧！希望您在编写 Windows Mobile 手机游戏的过程中能够体会到快乐。

请将您创作的游戏告诉我，我也很希望听到您对本书的建议，可以发送电子邮件至 adam@adamdawes.com 联系我。